高等院校规划教材

上海市精品课程特色教材

上海市教育高地建设项目

# 数据库原理应用与实践

## SQL Server 2014

### （第2版）

贾铁军　主编

科学出版社

北　京

# 内 容 简 介

**主要特色：**本书是上海市精品课程"数据库原理及应用"配套教材，主要特色是"教、学、做、用"一体化。突出实用性、特色性、新颖性、操作性，采用新技术、新应用，实用性强，资源丰富。

**主要内容：**重点结合最新的 SQL Server 2014 技术及应用，介绍数据库的基本原理和技术方法。本书共 11 章，包括数据库基础知识、关系数据库基本理论、SQL Server 2014 新功能特点、数据库与表操作、查询与更新数据操作、视图及索引、T-SQL 应用编程、存储过程及触发器、数据库安全与规范化、数据库应用系统设计、数据库新技术，每章配有数据库应用同步实验等内容。

**配套资源：**通过上海市精品课程网站提供动画视频、程序、教案等资源，并配有辅助教材《数据库原理及应用学习与实践指导》，包括学习要点、详尽实验及课程设计指导、习题与实践练习、自测试卷和答案等。

本书可作为高等院校计算机类、信息类、工程类、电子商务类和管理类各专业本科生相关课程的教材，高职院校也可选用，同时可作为培训教材及其他参考用书。

**图书在版编目(CIP)数据**

数据库原理应用与实践 SQL Server 2014/ 贾铁军主编.—2 版.—北京：科学出版社，2015.6
　　高等院校规划教材　上海市精品课程特色教材　上海市教育高地建设项目
　　ISBN 978 - 7 - 03 - 044451 - 6

Ⅰ.①数… Ⅱ.①贾… Ⅲ.①关系数据库系统-高等学校-教材 Ⅳ.①TP311.138

中国版本图书馆 CIP 数据核字(2015)第 109597 号

责任编辑：王艳丽　王迎春
责任印制：谭宏宇 / 封面设计：殷　靓

**科学出版社** 出版
北京东黄城根北街 16 号
邮政编码：100717
http://www.sciencep.com
南京展望文化发展有限公司排版
上海叶大印务有限公司印刷
科学出版社发行　各地新华书店经销
*
2013 年 1 月第　一　版　　开本：787×1092　1/16
2015 年 6 月第　二　版　　印张：20 1/2
2016 年 7 月第五次印刷　字数：497 000
**定价：59.00 元**

# 第 2 版前言

　　数据库技术是计算机科学与技术中发展最快、应用最广泛的一项技术,已经成为信息化建设及各类计算机信息系统的核心技术和重要基础。数据库技术是数据管理与处理的高新技术,是计算机科学的重要分支,与计算机网络、人工智能一起被称为计算机技术界三大热门技术,是现代化信息管理的有力工具。

　　进入 21 世纪,信息技术的快速发展为现代信息化社会带来了深刻的变革。信息、物资和能源已经成为人类赖以生存和发展的重要保障,数据已经成为重要信息资源和新拓展能源,数据管理与处理已经广泛应用于各种业务,数据库技术及应用已经遍布各行各业的各个层面,电子商务系统、网络银行、管理信息系统、企业资源计划、供应链管理系统、客户关系管理系统、决策支持系统、数据挖掘信息系统等,都离不开数据库技术强有力的支持,数据库技术具有广阔的发展和应用前景。

　　SQL Server 2014 是微软公司具有重要意义的数据库新技术产品。作为新一代数据平台,SQL Server 2014 数据处理能力强大,全面支持云技术与多种系统,可快速构建相应的解决方案,实现私有云与公有云之间数据的扩展与应用的迁移,提供对企业基础架构最高级别的支持——专门针对关键业务应用的多种功能与解决方案,并可提供高可用性。在业界领先的商业智能领域,提供了更多、更全面的功能,以满足不同人群对数据信息的需求,包括支持不同网络环境的数据交互,全面自助分析等创新功能。在企业级支持、商业智能应用、管理开发效率等方面具有显著功能,是集数据管理与商业智能分析于一体的新式数据管理与分析平台,并具有完整的关系数据库创建、管理、设计和开发功能。

　　本书作者长期从事计算机相关专业的教学与科研工作,不仅积累了丰富的教学经验,而且具有多年数据库应用系统的研发设计经历。本书是 2012 年上海市精品课程"数据库原理及应用"的特色教材和"校企-校校合作的新成果",是在《数据库原理应用与实践 SQL Server 2012》深受欢迎并多次重印后,经过在知识体系结构、内容和技术等方面的优化整合修改和完善后的第 2 版教材,特别注重突出实用性的特色和新技术、新应用、新案例、新成果,同时吸收借鉴了国内外一些经验和规范,特此奉献给广大师生以供教学和交流。

　　本书共 11 章,重点结合最新的 SQL Server 2014 介绍数据库的基本原理、新技术、新应用和新方法。

**本书主要内容**包括数据库基础知识、关系数据库基本理论、SQL Server 2014 新功能特点、常用的数据库与表操作、查询与更新等数据操作、视图及索引、T-SQL 应用编程、存储过程及触发器、数据库安全与完整性、备份与恢复技术、数据库应用系统设计、数据库新技术、数据库应用同步实验和案例等。书中带"＊"部分为选学内容。

本书主要突出"实用、特色、新颖、操作性强"的特点,采用新技术、新应用、新案例,实用性强,旨在重点介绍数据库的最新成果、基本原理、新技术、新方法和实际应用。其**特点**如下。

(1) 内容先进,结构新颖。吸收了国内外大量新知识、新技术和新方法,注重科学性、先进性、操作性,图文并茂,学以致用。每章配有"教学目标"、案例和"讨论思考"等栏目。

(2) 注重实用性和特色。坚持"实用、特色、规范"的原则,突出实用及素质能力培养,增加大量案例和同步实验,在内容安排上将理论知识与实际应用有机结合。

(3) 资源配套,便于教学。为了方便师生教学,使用本书作为教材可提供多媒体课件和简单同步实验指导,并通过上海市精品课程网站 http://jiatj.sdju.edu.cn 提供动画视频、程序代码、教学大纲及教案等资源。另外单独配有学习与实践指导辅助教材《数据库原理及应用学习与实践指导》(上海市精品课程配套教材)、学习要点、详尽实验及课程设计指导、习题与实践练习、自测试卷和答案等。

本书由获得上海市优秀教材奖并主持上海市精品课程"数据库原理及应用"的贾铁军教授任主编、统稿并编著第 1 章、第 3 章、第 4 章、第 8 章和第 10 章等,俞小怡(大连理工大学)副教授任副主编并编著第 5 章,上海电机学院沈学东副教授任副主编并编著第 9 章、连志刚副教授任副主编并编著第 11 章、陈国秦(深圳腾讯有限公司)编著第 2 章,万程(南京医科大学)编著第 6 章,邢一鸣(北京科技大学)编著第 7 章,邹佳芹完成部分习题解答和课件制作,并对全书的文字、图表进行校对编排及查阅资料等。另有多位老师参加本书编著大纲的讨论、编著审校等工作。

非常感谢科学出版社为本书的编著与出版提供了重要的帮助和指导意见。同时,感谢对本书编著给予大力支持及帮助的院校及企业领导和同仁。对编著过程中参阅大量的重要文献资料难以完全准确注明,在此深表诚挚谢意。

由于内容庞杂,技术更新迅速,时间仓促及水平有限,本书难免存在不足之处,敬请海涵见谅! 欢迎读者提出宝贵意见和建议。作者邮箱 jiatj@163.com。

编　者

2015 年 2 月

# 目　录

# 第1章 数据库概述

数据库是计算机科学技术中发展最快、应用最广泛的重要分支,已成为计算机数据处理与信息化的重要基础和核心。在现代信息化社会,数据库技术与计算机网络、人工智能一起被称为计算机技术界三大热门技术,已经成为各领域业务数据处理的重要工具和最新技术。随着信息技术的快速发展和广泛应用,数据库技术的应用已经从事务处理扩大到计算机网络信息服务、商务智能、计算机辅助设计和决策支持系统等领域,通过学习数据库有关技术知识,可以为以后的业务数据处理及就业奠定重要基础。

## 教学目标

熟悉数据、数据处理和数据库的基本概念
掌握数据库技术特点、应用及发展趋势
了解数据库系统的组成及数据库的体系结构
掌握 DBMS 的工作模式、主要功能和组成
理解概念模型与数据模型及其实际应用

## 1.1 数据库有关概念及特点

【案例 1-1】 信息无处不在,数据无处不用,数据库技术应用极其重要且广泛。数据库技术是现代信息科学与技术的重要组成部分,是数据处理与信息系统的核心。美国的托尔勒曾指出:"谁掌握了信息,谁控制了网络,谁就将拥有整个世界。"进入 21 世纪信息化时代,物资、信息和能源已经成为人类社会赖以生存和发展的三大支柱,数据资源和数据库高新技术已经成为世界各国的重要发展战略。

### 1.1.1 信息和数据的概念

数据库技术涉及许多基本概念和知识,包括信息、数据、数据处理、数据库、数据库管理系

统和数据库系统等。熟悉这些基本知识,对数据库技术的学习极为重要。

### 1. 信息的概念

在客观世界,信息无处不在、无处不用,各种业务及人们生活的衣食住行都离不开信息。

**信息**(information)是客观事物的状态和特征在人们头脑中的反映,是人们对现实客观事物的状态和特征的描述,是进行决策的重要依据。例如,在企事业单位,制定一项计划、政策或决定之前,必须"知己知彼",先要掌握有关信息。又如,购买一本图书,需要知道书名、内容、特点、出版社、出版时间和作者等信息。

实际上,信息是各种客观事物的存在方式、运动形态、具体特征及其之间的相互联系等要素在人脑中的反映,通过人脑的抽象后形成的概念及描述。

企业的客户资料、供应商情况、进货的采购订单、销售报表、库存资料、产品资料、财务报表等都是企业营销的重要信息。

### 2. 数据的概念

在实际业务处理过程中,各种信息只有经过数据载体的描述和表示,才能进行采集、传输、存储、管理与处理,并产生新的更有价值的信息。

**数据**(data)是信息的表达方式和载体,是人们描述客观事物及其活动的具体抽象表示,是描述事物的符号记录,是利用信息技术进行采集、处理、存储和传输的基本对象。数据的概念包括描述事物特性的数据内容和存储在某一种媒体上的数据形式。即数据的概念包括两方面含义:一是数据的内容是信息;二是数据的表现形式是符号。

通常,数据分为数值数据和非数值数据两大类,可以是数字、文字、符号、图形、表格、图像、声音、录像、视频等。数据是计算机存储与处理的基本对象,人们收集并抽取所需要的大量数据之后,将其保存并经过进一步加工处理,从而得到新的有用信息。

### 3. 信息与数据的区别

数据与信息既有区别又互相依存。数据是信息的载体和具体表示形式,是物理性的。数据是数据库操作的基本内容和基本对象,是信息的一种符号化表示方法。信息来源于数据,反映数据的含义,是概念性的。信息以数据的形式存储、管理、传输和处理,数据经过处理后可得到更多有价值的新信息。信息可用数据的不同形式表示,可以人为规定所采用的表示形式及方式方法,如文字、图像、语音等,数据的表现形式可以选择,而信息不随数据表现形式而改变。

## 1.1.2　数据处理与数据库相关概念

### 1. 数据处理与数据管理

**数据处理**(data processing)是对数据进行加工的过程。对数据进行的查询、分类、修改、变换、运算、统计、汇总等都属于加工。其目的是根据需要,从大量的数据中抽取有意义、有价值的数据(信息),作为决策和行动的依据,其实质是信息处理。

**数据管理**(data management)以对原有基本数据进行管理为目的,在数据处理过程中,数据收集、存储、检索、分类、传输等基本环节统称数据管理。

> △**注意**:数据处理与数据管理的区别:在狭义上一般使数据发生较大根本性变化的数据加工称为数据处理,如数据汇总,而用于管理方面业务时称为数据管理。实际上,在广义上通常不加区别地统称数据处理。

【**案例 1-2**】 货物信息管理系统主要用于货物数据管理。从其中的"货物价格"表中索引货物并查询价格最高的货物、按价格从高到低排序、修改或打印货物价格等操作都属于数据管理,而进行货物价格的统计与汇总或制作货物价格的数据图则属于数据处理。

### 2. 数据库与数据库系统

**数据库**(database,DB)是存储在计算机上的结构化的相关数据集合。可将其概念理解为"按一定结构存储与管理数据的库",是在计算机内的、有组织(结构)的、可共享、长期存储的相关数据集合。数据库中的数据可按一定的数据模型(结构)进行组织、描述和存储,具有较高的数据独立性和易扩展性,有较小的冗余度,并可共享。数据库还具有集成性、共享性、海量性和持久性等特点。应用数据库技术的主要目标是根据用户需求自动处理、共享、管理和控制大量业务数据。

数据库中的数据具有两个**特性**。

(1)整体性。数据库中的数据需要从具体事务的某项业务的全局观点出发进行建立,并按一定的数据模型(结构)进行组织、描述、存储、管理和控制。

(2)共享性。数据库中的业务数据是为多用户共享服务建立的,已经摆脱了具体调用处理程序的限制和制约,不同的用户可以按各自的权限和用途共同使用数据库中的数据。

**数据库系统**(database system,DBS)是指具有数据库功能特点的计算机系统,是实现有组织地、动态地存储大量关联数据,方便多用户访问的软硬件和数据资源组成的计算机系统。其**主要特性**为:实现数据共享,减少数据冗余;保持数据一致性和数据独立性;提高系统的安全保密性,并发控制及故障恢复。

### 3. 数据库管理系统

**数据库管理系统**(database management system,DBMS)是指建立、运用、管理和维护数据库,并对数据进行统一管理和控制的系统软件。DBMS 主要用于用户定义(建立)及操作、管理和控制数据库和数据,并保证数据的安全性、完整性、多用户对数据进行并发使用及发生意外时的数据恢复等。DBMS 是整个数据库系统的**核心**,对数据库中的各项数据进行统一管理、控制和共享。DBMS 的功能和结构将在 1.5 节介绍,其地位如图 1-1 所示。常用的大型关系型 DBMS 有微软的 SQL

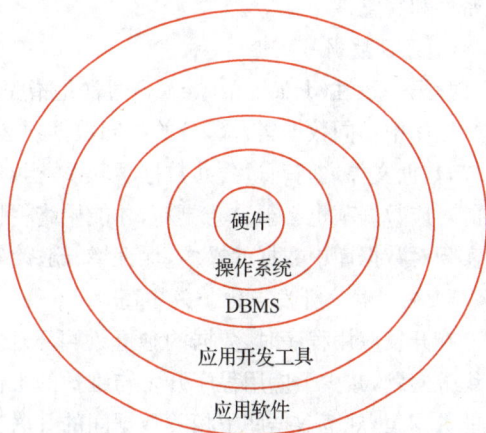

图 1-1 DBMS 的地位

Server、IBM 的 DB2、Oracle、Sybase、Informix、VFP、Access 等。

### 1.1.3 数据库技术的特点、内容及应用

#### 1. 数据库技术的主要特点

1)数据高度集成

数据处理应用系统中的数据源于多项业务,且数据之间相互关联。例如,在一个商品供销信息系统中,进货数据来源于供货管理,销售数据来源于售货管理,员工数据来源于人力资源管理等。对这些数据进行集中管理,保持相关数据之间的正确关联,才能完成所需的综合数据处理。利用数据库技术和 DBMS 提供的数据管理功能,可以实现多种数据的集成。

2) 数据广泛共享

在一个数据库应用系统中,通过网络可对集中管理的多种数据进行共享。例如,供货管理需要参考商品销售管理系统中近期的销售数据,确定进货种类与数量;确定销售单价需要参照最近的进货单价等,利用数据库技术通过计算机网络可实现数据广泛共享。

3) 数据独立性强、冗余低

**数据独立性**是指数据库中存储的数据与应用处理程序之间互相独立。在传统的数据处理应用系统中,应用程序关联依赖相关业务数据(各程序携带数据包),致使各种业务数据在多种不同的数据文件中分别存储,出现数据大量冗余且无法统一更新。数据库技术可对所有数据集中管理,并利用有效的数据共享功能,不再需要各项业务单独保存各自的数据文件,极大地减少了数据冗余。

4) 实施统一的数据标准

**数据标准**是指数据库中数据项的名称、数据类型、数据格式、有效数据的判定准则及要求等数据项特征值的取值规则。在实际应用中,以统一的数据标准实施。

5) 数据的完整性和安全性高

**数据完整性**(data integrity)是指数据的精确性(accuracy)和可靠性(reliability),用于防止数据库中存在不符合语义规定的数据和防止因错误数据的输入/输出造成无效操作或错误。DBMS 具有用户身份认证和数据完整性检测机制,可以保障数据库应用系统及数据的安全性、机密性和完整性。

6) 保证数据一致性

**数据一致性**(data consistency)通常是指关联数据之间的逻辑关系正确性和同一性。存储在数据库中不同数据集合(表)的相同数据项必须具有相同的值。一个数据库由多种数据文件组成,数据文件之间通过公共数据项联系,当对一个数据文件中的数据项更新时,相关联文件中的对应数据项也必须自动更新,才能始终保持数据的一致性和正确性。通过 DBMS 可以自动实现对数据库中数据的操作,保证增、删、改等操作的一致性。

7) 应用程序开发与维护效率高

在开发应用程序时,数据的独立性可不必考虑软件和数据关联问题,以及所处理的数据组织等问题,减少了应用程序开发与维护的工作量。只在应用系统开发初期,规划设计数据库中的数据集,规范数据库中相关数据间的关联。只有满足规范化设计要求的数据库,才能够真正实现各类业务数据不同的应用需求。

**2. 数据库技术涉及的内容和应用**

数据库技术研究和管理的基本对象是数据,所涉及的基本内容主要包括:通过对数据的统一组织和管理,按照指定的结构建立相应的数据库;利用 DBMS 设计能够实现对数据库中的业务数据进行添加、修改、删除、查询、处理、分析、形成报表和打印等多种功能的数据库应用系统;并利用应用系统实现对数据的分析和处理。

随着信息技术的快速发展,数据库技术得到了广泛深入的应用。特别是,进入 21 世纪现代信息化社会,由于信息(数据)无处不在且无处不用,所以数据库技术的应用更快、更广泛、更深入,遍布各个领域、行业、业务部门和各个层面。网络数据库系统及数据库应用软件已成为信息化建设和应用中的重要支撑性产业,得到了极为广泛的应用,鉴于篇幅所限,在此仅概述一些典型的应用案例。

【**案例 1-3**】　数据库技术应用行业案例。

（1）销售业：网购对商品数据的输入、存储、查询、订购、销售、统计和汇总等。

（2）金融业：常用的网银和证券交易等，用于银行客户信息、账户、贷款和银行的交易记录，还可用于股票、债券、金融票据、出售和买卖金融与保险产品等数据处理。

（3）电信业：用于各种网络通信、数据交换、各种电信业务服务，存储通信网络信息、通话记录及短信、用户付费业务记录、通信账单和交费情况等。

（4）制造业：主要应用于零部件等产品的生产、供销、库存及生产产品的订单、原料供应及进展情况，跟踪产品的生产、质量和库存清单，如零部件生产及组装各种业务数据的管理和应用，可以极大地提高企业经济效益和管理水平。

（5）航空业：航空业是最先以地理分布的方式使用数据库的行业之一，分布于世界各地的终端通过通信网络或其他数字网络访问中央数据库系统，主要用于输入、存储、查询、网络订购国内外各种航班及票务信息，以及进行数据的传输、更新、统计、汇总等。

（6）教育系统：存储院校教学与管理相关信息、课程及实验信息、图书资料信息、人力资源、设备及实验室、学生及成绩信息、大学生科创活动和毕业及就业信息等。

数据库技术是数据处理及信息管理的最新技术，给广大企事业单位及个人用户的业务发展和生活带来了极大便利，如通过网络查询信息、预订机票、网上购物和付费等，数据库的应用得到了快速发展。

随着信息技术的快速发展，数据库技术也产生了一些新的应用领域，包括计算机辅助设计（机械部件、建筑、动画制作、3D 打印技术等设计）、人工智能（专家系统、图像识别、机器人、商务智能、智能控制与通信、数据挖掘等）、决策支持系统（对各种决策提供数据信息支持、管理、预测和协助等）和网络云服务与大数据应用（电子商务、网银、证券交易、电子政务、移动通信等）等。

📖**讨论思考**

（1）什么是数据管理？它与数据处理有何区别？

（2）数据库系统与数据库管理系统的区别有哪些？

（3）数据库技术的主要特点有哪些？

## 1.2　数据库的发展及趋势

信息通信和网络技术的快速发展，极大地促进了数据库技术的快速发展和广泛应用。数据库技术的发展主要经历了人工管理、文件管理、数据库管理以及高级数据库管理四个发展阶段。鉴于篇幅所限，"数据库新技术"内容将在第 11 章具体介绍。

### 1.2.1　人工管理阶段

1946 年世界上第一台计算机 ENIAC 诞生，它以电子管为主要元器件，主要依靠硬件系统，包括运算器、控制器、存储器和简单的输入/输出设备，当时没有磁盘等直接存取的存储设备，也没有操作系统和数据文件处理软件，ENIAC 体积大、运行慢，只能计算并输入/输出很少的数据。20 世纪 50 年代前期的计算机主要用于科学计算，面临的一个重要问题就是数据存储，计算机将数据和程序以打孔的方式存储到纸带上，很难检索或修改。致使数据管理基本还是依靠手工方式,用纸卡和表格等进行记录、存储、查询和修改。

人工管理数据阶段的**主要特点**如下。

(1) 计算机不存储数据。由于当时计算机软硬件技术所限,数据随程序一起输入计算机,处理结束后输出结果,无法长期保存,计算后数据空间与程序一起被释放。

(2) 数据面向应用。数据对应应用程序,多个程序若使用相同数据,需在这些程序中重复存储相同的数据,程序之间数据不能共享,造成数据冗余,且易导致不一致。

(3) 数据不独立。当应用程序改变时,数据的逻辑结构和物理结构也发生相应变化。

(4) 无数据文件处理软件。数据的组织方式由程序员设计与安排,数据需要由应用程序管理,没有相应的数据文件处理软件。

### 1.2.2 文件管理阶段

20 世纪 50 年代中期～60 年代中期,计算机以晶体管取代了运算器和控制器中的电子管,由于存储介质的更新,数据以文本文件或二进制文件的形式存储,可将成批数据单独组成文件存储到外部存储设备,于是出现了操作系统、汇编语言和一些高级语言。计算机不仅限于科学计算,还大量用于各种业务的管理等,在操作系统中有专门的数据管理软件,称为文件系统,并非真正的数据库系统。

#### 1. 文件系统管理数据的特点

(1) 数据可长期保存。各种数据主要以文件形式保存在计算机中,如同电子表格数据。

(2) 数据不能共享。在文件系统中,文件仍然面向应用,当不同文件具有相同的数据时,必须建立各自的文件,而不能共享数据,致使数据冗余大,浪费存储空间。

(3) 数据无独立性。软件带"数据包",数据结构发生改变时,需修改应用程序和文件结构,应用程序的改变也会改变数据结构,文件系统为无数据结构的数据集合。

(4) 具有简单数据管理功能。由文件系统进行数据管理,程序和数据之间有了一定的独立性,可减小程序员的工作量。文件系统管理阶段应用和数据文件之间的关系如图 1-2 所示。

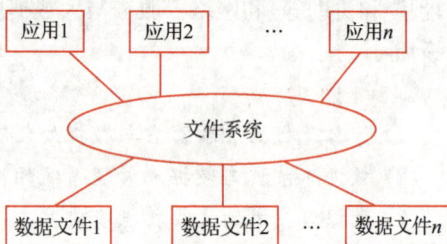

图 1-2  应用和数据文件间的关系

#### 2. 文件系统的不足

随着数据管理规模的扩大,数据量急剧增加,文件系统的缺陷逐渐显现出来,**主要表现**在以下三方面。

(1) 数据冗余大、不共享。由于文件之间缺乏联系,每个应用程序都有对应的数据文件,导致相同的数据在多个文件中重复存储。

(2) 数据不一致。由于数据冗余,在进行业务数据增、删、改操作时,很容易使相同的数据在多个文件中不一致或遗漏等,导致出现严重问题。

(3) 数据文件缺乏关联。数据文件之间相互独立,缺乏必要的关联,从而影响数据管理。

### 1.2.3 数据库管理阶段

从 20 世纪 60 年代中期开始,计算机技术的快速发展,为存储和处理大数据量的数据库提供了极大的技术支持。同时操作系统得到了发展,各种 DBMS 软件不断涌现,使得数据库管理技术不断发展和完善,成为计算机领域最具影响力和发展潜力、应用范围最广、成果最显著的技术之一,形成了"数据库时代"。数据库系统建立了数据之间的有机联系,实现了数据的统一、集中、独立管理和共享。1969 年,IBM 公司研制的层次模型的数据库管理系统 IMS,以及 20 世纪 70 年代美国数据库系统语言协会 CODASYL 构建的网状模型,是第一代数据库的代表,以网状和层次数据库系统为主,第二代以关系数据库系统为主,第三代以面向对象模型为主要特征的数据库系统。在 20 世纪 90 年代初,关系数据库技术曾一度受到面向对象数据库的巨大挑战,但是市场最后还是选择了关系数据库。

**数据库管理阶段**的**主要特点**如下。

(1) 数据结构化集成。数据库系统统一了数据结构方式,使数据结构化;全局的数据结构由多个应用程序调用共享,各程序可以调用局部结构的数据,全局与局部结构模式构成数据集成。

(2) 数据共享,冗余度低。数据库系统从整体角度描述数据,数据面向整个系统而不再面向某个应用,数据可以被多用户多应用所共享。数据库与网络技术结合扩大应用,数据共享程度极大地减小了数据冗余度,节约了存储空间,且避免了数据之间的不相容和不一致性。

(3) 数据具有独立性。用户的应用程序与数据库中的数据相互独立,当数据的物理结构和逻辑结构更新变化时,不影响应用程序使用数据,反之,修改应用程序不影响数据。

(4) 统一管理和控制数据。DBMS 对所有数据进行统一管理和控制,保证了数据的安全性和完整性。数据库系统自动检查访问用户身份及其操作的合法性,以及数据的一致性及相容性,保证数据符合完整性约束条件,以并发控制手段有效地控制多用户程序同时对数据操作,保证共享及并发操作,恢复功能保障出现意外时可自动恢复到正确状态。

### 1.2.4　高级数据库管理阶段

20 世纪 80 年代以后,数据库技术在商业领域取得了巨大成功,激发开辟了很多新的应用领域和业务,极大地推动了数据库技术的发展,特别是面向对象数据库系统。同时数据库技术不断与其他技术结合,形成高级数据库技术,具体将在第 11 章介绍。

#### 1. 分布式数据库技术

随着跨境跨地区企事业单位及业务与服务的发展、网络技术的发展和异地用户对数据共享的需求,分布式数据库系统应运而生。**分布式数据库**具有 5 个**主要特点**。

(1) 以本地为主处理大部分数据。在本地区分布式处理当地的各种业务数据,提高了整个系统的处理效率和可靠性,并通过数据复制技术实现网络数据共享。

(2) 减小中心数据库及数据传输压力。数据库中的数据物理上分布各地,逻辑上为相互联系的整体,可实现数据的物理分布性和逻辑整体性,减小了中心数据存储及传输压力。

(3) 提高系统的可靠性。即使局部系统意外发生故障,其他部分仍可继续工作。

(4) 数据通信网络将各地终端互连。本地终端(计算机/服务器)单独不能胜任的处理任务,可以通过通信网络取得其他数据库和终端的支持。

(5) 数据库发布明确,便于系统扩充。从用户的角度来看,整个数据库仍是个集中的数据库,用户不必关心数据的逻辑分片、物理位置分布、与副本的一致性,由分布式 DBMS 实现分布。

分布式数据库系统兼顾集中管理和分布处理两项任务，因而具有良好的性能，其具体结构如图 1-3 所示。

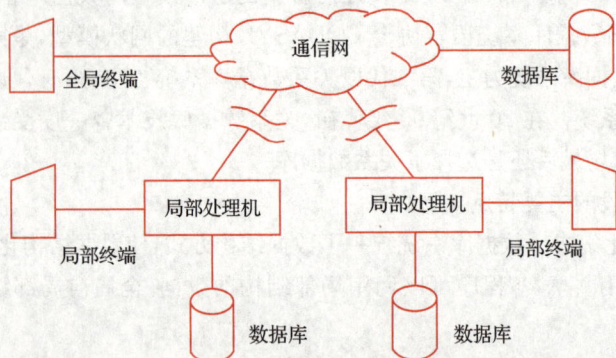

图 1-3　分布式数据库系统

### 2. 面向应用领域的数据库技术

数据库技术经过几十年的发展，已经形成了完善的理论体系和实用技术。为了适应应用多元化的需求，结合各应用领域的特点，将数据库技术应用到特定领域，产生了工程数据库、地理数据库、统计数据库、科学数据库、空间数据库、大数据等多种数据库，也出现了数据仓库和数据挖掘等技术，使数据库领域的新技术不断涌现，如图 1-4 所示。

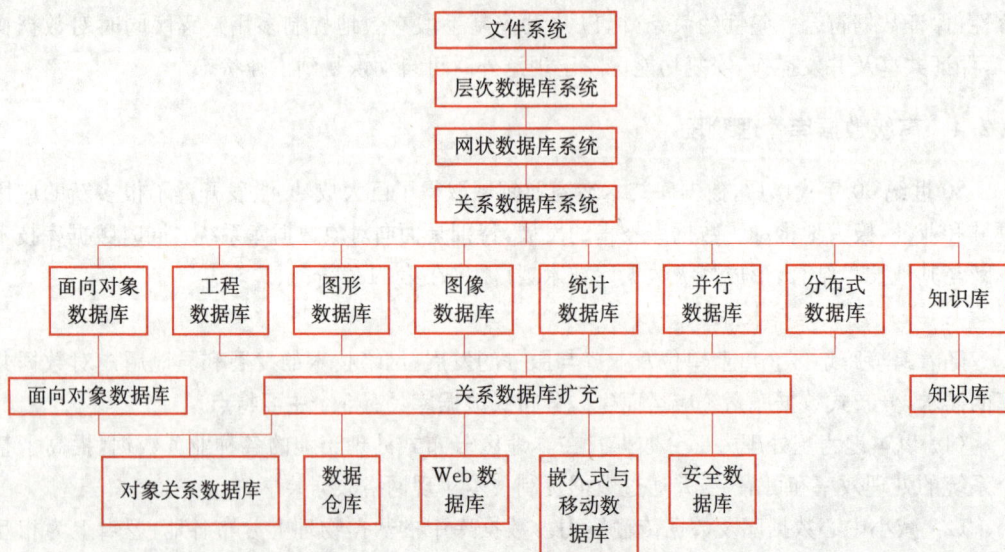

图 1-4　数据库系统发展简图

最新的 SQL Server 2014 实现了一个云信息处理平台，可以有效地解决日益增加的庞杂业务数据量带来的挑战，帮助用户管理任何大小或地方（本地或云端）的任何数据。通过提供的数据平台和工具，用户可以提取更有价值的数据，从而作出有效决策。

SQL Server 2014 更具扩展性和可靠性，并提供了更高的性能。此外，它还具备微软称为

"行业领先的商业智能功能"，该功能通过强大的交互能力，可将用户对任何地方及各种数据的探索转变成一种更加自然、轻松的体验。

### 3. 面向对象数据库技术

在实际应用中，对于一些较特殊的复杂数据结构的应用领域，层次、网状和关系三种模型无法满足需要，如多媒体数据、多维表格数据、CAD 数据等应用问题，都需要更高级的数据库技术，以便于管理、构造与维护大容量的持久数据，并与大型复杂程序紧密结合，将面向对象程序设计技术与数据库技术相结合，便产生了面向对象数据库技术。**面向对象数据库技术的主要特点**如下。

(1) 对象数据模型可完整地描述现实世界的数据结构，表达数据间嵌套及递归的联系。

(2) 具有面向对象技术的封装性（数据与操作定义一起）和继承性（继承数据结构和操作）的特点，提高了软件的可重用性。

## *1.2.5　数据库技术的发展趋势

根据数据库应用及多家分析机构的评估，数据库技术发展将以应用为导向，面向业务服务，并与计算机网络和人工智能等技术结合，为新型应用提供多种支持。

### 1. 混合数据快速发展

在 SQL Server 2014、DB2 和 Oracle 都很重视软件产品的可扩展置标语言（extensible markup language, XML）特性，数据应用的主要开发平台也将转换到 XML 化的操作语义。随着服务组件体系结构（service component architecture, SOA）和多种新型 Web 应用的普及，XML 数据库将完成一个从文档到数据的转变，同时，"XML 数据/对象实体"的映射技术也将得到广泛应用。

### 2. 数据集成与数据仓库趋向内容管理

**数据仓库**（data warehouse）是在企业管理和决策中的一个面向主题的、集成的、相对稳定的、反映历史变化的数据集合，是决策支持系统和联机分析应用数据源的结构化数据环境，主要侧重于对企业已有历史数据的综合分析利用，从中找出对企业发展有价值的信息，以提供决策支持，帮助企业提高效益。其特征在于面向主题、集成性、稳定性和时变性，用于支持和管理决策。新一代数据库的出现，使数据集成和数据仓库的实施更简单，连续处理、实时处理和小范围数据处理都成为数据集成和分析人员面临的新课题。随着数据应用逐步过渡到数据服务，还应注重处理三个问题：关系型与非关系型数据的融合、数据分类、国际化多语言数据。数据仓库和数据挖掘技术将在第 11 章具体介绍。

### 3. 主数据管理

在企业内部的应用整合和系统互连中，许多企业具有相同业务语义的数据被反复定义和存储，导致数据大量冗余成为信息技术环境发展的障碍，为了有效使用和管理这些数据，主数据管理成为一个新的研究热点。

### 4. 数据仓库的发展方向

随着数据仓库技术的逐渐普及，前端应用集成并让投资决策者看到实效成为热点。需要在存储和计算能力方面多投资，为了让投资获得实际回报，其应用需加强内容展现。另外，与以往一味强调的"战略性"分析不同，为了适应业务环境的快速变化，依托新一代数据仓库产品,战术性分析将成为促进业务快速发展的有效手段。

数据仓库将向内容展现和战术性分析及智能化方向发展。

### 5. 基于网络的自动化管理

随着从 Enterprise-class 到 World-class 的转变,数据库管理除了更加自动化之外,还提供了更多基于 Internet 环境的管理工具,完成数据库管理网络化。从 SQL Server、DB2 和 Oracle 的新一代产品可见,数据库管理的应用程序接口(application programming interface,API)将更开放,基于浏览器端技术的 Intranet/Internet 管理套件,便于分布在各地的数据管理员、开发人员通过浏览器管理另一端的数据库。

对数据库管理中的大部分流程化、模式化工作,相关管理套件除了提供交互的浏览器外,还提供各种自动化任务定制、数据库运行情况实时监控和异常报告,结合数据库产品的通知服务,可以实时将分散的数据库运行数据以电子邮件等形式传递给管理员。

### 6. PHP 将促进数据库产品应用

随着各类新一代 Web 技术的应用,在.NET 和 Java 成为数据应用的主体开发平台后,很多厂商为了争取市场,在新版本数据库产品推出后,提供面向超文本预处理(hypertext preprocessor,PHP)语言的专用驱动和应用。

### 7. 数据库将与业务语义的数据内容融合

数据库将更多地作为"信息服务"的技术支撑。对新一代基于 AJAX、MashUp、SNS 等技术的创新应用,数据从集中于一个逻辑上的中心数据库改为分布式网络,为了给予技术支持,数据聚集及基于业务语义的数据内容融合也成为数据库发展的亮点,不仅在商务智能领域不断加强对应用的支持,而且注重加强数据集成服务。

📖**讨论思考**

(1) 数据管理技术经历了哪几个阶段?其特点是什么?

(2) 分布式数据库的主要特点有哪些?

(3) 数据库技术的发展趋势是什么?

## 1.3　数据库系统的组成和类型

### 1.3.1　数据库系统的组成

**数据库系统**是一个具有数据库功能的计算机系统,是按照数据库方式存储、管理、维护并可提供数据支持的系统,一个典型的数据库系统包括数据库、硬件、软件(应用程序)和数据库管理员四部分。个别教材也将"广义的"数据库系统概括为数据库、DBMS、应用系统、数据库管理员和用户五个主要部分,如图 1-5 所示。在不至于混淆的情况下,通常将数据库系统简称数据库。

**用户**(user)是指使用数据库的各类人员,包括终端用户和应用程序员。**终端用户**(end user)是指在终端按权限操作业务数据库的人员。**应用程序员**(application programmer)负责为终端用户设计、编制和维护数据库应用程序,以便终端用户对数据库进行操作。

**数据库管理员**(database administrator,DBA)是数据库所属机构的专职管理员。当机构决定开发或引进数据库系统时,要先确定 DBA 的人选。DBA 不仅应当熟悉系统软件,还应熟

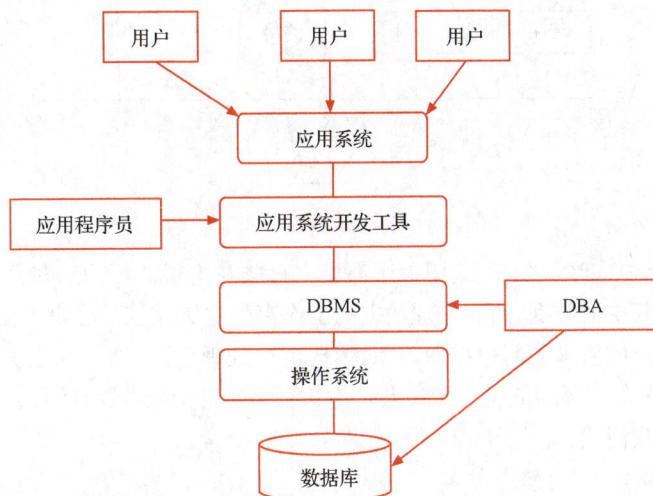

图 1-5　数据库系统的组成

悉本机构的实际业务工作。DBA 应始终参与整个数据库系统的研发或引进工作,之后将全面负责数据库系统的管理、维护和正常使用。DBA 对大型数据库系统应具有较强的管理能力和丰富的管理经验,其**主要职责**如下。

（1）参与数据库分析设计或引进的整个过程,决定数据库的结构和数据内容。

（2）定义数据的安全性和完整性,负责分配用户对数据库的使用权限和口令管理。

（3）监督控制数据库的使用和运行,改进和重新构造数据库系统。当数据库受到意外破坏时,负责进行恢复;当数据库的结构需要改变时,负责对其结构进行修改。

现代数据处理的主要方式是将 DBMS 作为数据库系统的核心。数据库系统由 DBMS 统一管理和控制,DBMS 直接面向应用程序和数据库,数据面向自身集成,并以结构化组织存放在数据库中,具体参见 1.5 节,数据库与应用程序的关系如图 1-6 所示。

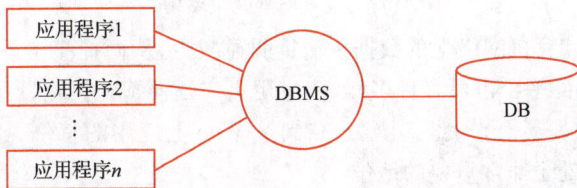

图 1-6　数据库与应用程序的关系

### 1.3.2　数据库系统的结构类型

数据库系统的类型可以从不同的角度进行划分。通常,从用户的角度来看,数据库系统的外部体系结构分为集中式、客户机/服务器式、分布式和并行式 4 种。

#### 1. 集中式系统

**集中式**（centralized）系统是指一台主机带有多个用户终端的数据库系统。终端一般只是主机的扩展（如显示屏）,并非独立的计算机。终端本身并不能完成任何操作,完全依赖主机完成所有的操作,如图 1-7 所示。

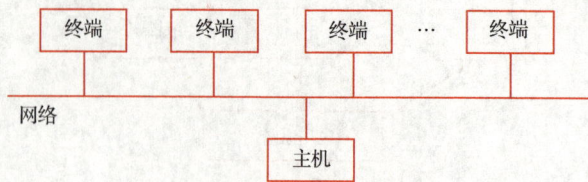

图1-7　集中式数据库系统结构

在集中式系统中,DBMS、DB、应用程序都集中存放在主机。用户通过终端并发地访问主机上的数据,共享其中的数据,所有处理数据的工作都由主机完成。用户若在一个终端上提出要求,主机根据用户的要求访问数据库,并对数据进行处理,再将结果回送该终端输出。集中式结构的**优点**是简单、可靠、安全。其**缺点**是主机任务繁重,终端数有限,且当主机出现故障时,整个系统将无法使用。

### 2. 客户机/服务器系统

在**客户机/服务器**(client/server, C/S)系统中,将计算机业务应用任务分解成多个子任务,由多台计算机分工完成,即采用"功能分布"原则。客户机完成数据处理、数据表示和用户交互功能,服务器完成 DBMS 的核心功能。这种客户请求服务、服务器提供服务的处理方式是一种常用的新型计算机应用模式,如图1-8所示。访问服务器数据库的用户提出请求后,服务器可以向客户机发送结果而非整个文件。客户机根据用户对数据的要求,对数据进行后续处理。例如,网上购物需要多次查询、选购、确认和提交等操作。

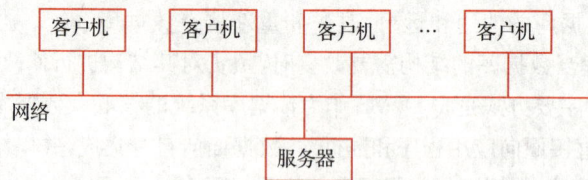

图1-8　C/S系统的一般结构

在 C/S 结构中,计算机网络上的数据传输量明显减少,从而提高了系统的性能。同时,客户机的硬件平台和软件平台也可多种多样,使应用更广泛便捷。浏览器/服务器(B/S)结构是一种由二层 C/S 结构发展而来的三层 C/S 结构在 Web 上应用的特例。其中,中间层的 Web 服务器(Web server)处于非常重要的地位。

三层结构的 C/S 体系结构比二层结构增加了一个应用服务器层,如图1-9所示。客户机上只安装具有用户界面和简单的数据处理功能的应用程序,负责处理与用户的交互和与应用服务器的交互。将商业和应用逻辑的处理功能移到中间层——应用服务器上,由应用服务器负责处理商业和应用逻辑,接受客户端应用程序的请求,然后根据商业和应用逻辑将此请求转化为数据库请求后与数据库服务器交互,并将与数据库服务器交互的结果传送给客户端应用程序。

数据库服务器软件根据应用服务器发送的请求

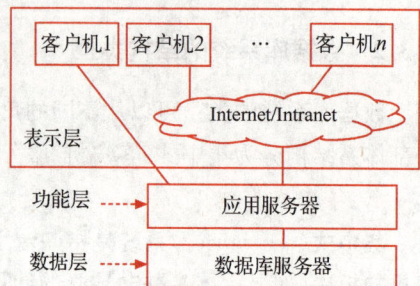

图1-9　三层 C/S 体系结构

进行数据库操作,并将操作结果传送给应用服务器。**三层 C/S 结构的优点**主要包括:整个系统被分成不同的逻辑块,层次清晰,一层的改动不会影响其他层次,可减轻客户机的负担,开发和管理工作向服务器端转移,使得分布的数据处理成为可能,管理和维护变得相对简单。

### 3. 分布式系统

**分布式**(distributed)**数据库系统的特点**在 1.2.4 节介绍过,其数据具有"逻辑整体性和物理存储分布性"。将分布在各地(节点)的业务数据逻辑上作为一个整体,由计算机网络、数据库和多个节点构成,用户通过网络使用时如同一个集中式数据库,这是与分散式数据库的区别。例如,分布在不同地域的大型银行或企事业单位采用的都是这种数据库系统。分布式数据库系统结构如图 1-10 所示。

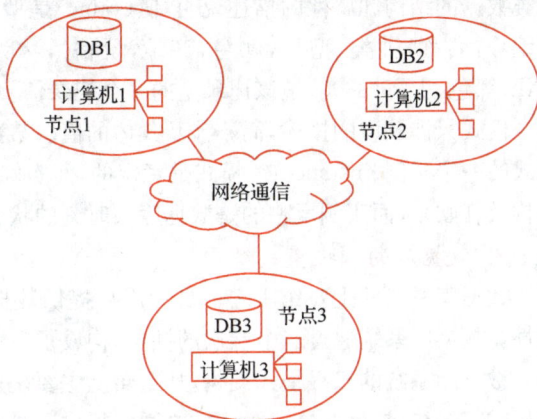

图 1-10　分布式数据库系统结构

### 4. 并行式系统

**并行式**(parallel)**数据库系统**同时使用多个机器的 CPU 和多个磁盘进行并行操作,以提高数据处理和 I/O 速度。并行处理时,许多操作同时进行,而不是采用分时方法。

现在数据库的数据量大幅度提高,巨型数据库的容量已达到太字节(TB)和皮字节(PB)(1PB=1 024 TB, 1 TB=1 024 GB)。此时要求事务处理速度极快,每秒处理成千上万个事务才能满足系统运行需求。集中式 DBS 和 C/S DBS 都无法应对这种情况,只有并行数据库系统才可以解决这类问题。

在大规模并行数据库系统中,计算机的 CPU 可达数百甚至数千个。在商用并行系统中,CPU 也可达几百个。并行 DBS 有两个重要的性能指标。

(1) 吞吐量,即在给定时间间隔内能完成任务的数目。

(2) 响应时间,即完成一个任务所花费的时间。

📖**讨论思考**

(1) 数据库系统是如何构成的?

(2) 数据库系统的外部系统结构有哪几种类型?

(3) C/S 系统的一般结构是什么?画图表示。

# 1.4　数据库的模式结构

通常从 DBMS 的角度看,数据库系统内部的体系结构通常分为三级模式的总体结构,并形成了二级映像,实现了数据的独立性。数据与数据库可能随时间发生变化,数据库模式则相对稳定,是对数据库中所有数据逻辑结构和特征的描述,是对现实世界的抽象。

## 1.4.1　数据库的三级模式结构

在数据库中,整体数据的逻辑结构及存储结构由于业务等需要可能发生变化,一般用户不习惯面对的网页等局部数据的逻辑结构经常变化。不同业务的 DBMS 使用的环境有所不同,内部数据的存储结构及使用的语言各异,通常对于数据都采用三级模式结构。

### 1. 数据模式

**数据模式**(data schema)是数据库中所有数据的逻辑结构和特征的描述。**型**(type)是对某一类数据的结构和属性的描述说明,**值**(value)是型的一个具体值。例如,货物记录定义为(货物编号,名称,种类,型号,颜色,产地,价格),称为**记录型**,而具体的(K01101,西服,服装,XXL,黑色,上海,2800)是该记录型的一个**记录值**。

模式只涉及型的描述,而不涉及具体的值。某数据模式下的一组具体的数据值称为数据模式的一个**实例**(instance)。模式是稳定的,而实例可不断变化和更新。模式反映的是数据的结构及其联系,而实例反映的是数据库某时刻的状态。

### 2. 数据库的三级模式结构

数据库系统的主要作用之一是为用户提供数据的抽象视图(如购书网页界面)并隐藏复杂性。数据库系统通过三个层次的抽象,构成了数据库的三级模式结构。

**数据库系统的三级模式结构**,从逻辑上主要是指数据库系统由外模式、模式(概念模式)和内模式三级构成,且在这三级模式之间还提供了外模式/模式映像、模式/内模式二级映像,分别反映了看待数据库的三个角度。数据库的**三级模式结构**如图 1-11 所示。

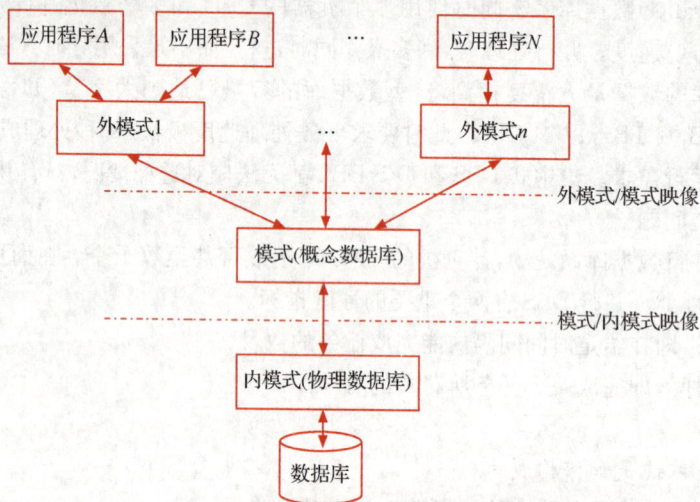

图 1-11　数据库系统的三级模式结构

（1）**外模式**(external schema)也称为**子模式**(subschema)或**用户模式**、**外视图**,用于描述数据库数据的局部逻辑结构和特征。通常是模式的子集,一个数据库可以有多个外模式,是数据的局部逻辑表示。一个外模式是描述一类数据库用户所能看见和使用的数据的逻辑表示,或描述与某一类应用相关的数据的逻辑表示。

（2）**模式**(schema)也称为**逻辑模式**(logic schema)、**概念模式**(conceptual schema)或**概念视图**,是数据库中所有数据的整体逻辑结构和特征的描述。视图可理解为一组记录的值,是用户或程序员见到和使用的数据库中的具体数据内容。一个数据库只有一个模式,是数据的逻辑表示,即描述数据库中存储的具体数据及其之间存在的联系。

（3）**内模式**(internal schema)也称为**内视图**或**存储模式**(storage schema),是三级模式结构中的最内层,是靠近物理存储的一层,即与实际存储的数据方式有关的一层,是数据在数据库内部的表示方式,详细描述了数据复杂的物理结构和存储方式,由多个存储记录组成,不必关心具体的存储位置。一个数据库只有一个内模式。例如,记录的存储方式是顺序存储还是其他方式存储,数据是否压缩存储与加密等。

**三级模式结构的优点**主要包括四方面。

① 三级模式结构是数据库系统最本质的系统结构。从数据结构来看,可将外模式和模式分开,确保数据的**逻辑独立性**(指数据的总体逻辑结构改变时,如修改数据模式、改变数据间的联系等,不需要修改相应的应用程序)。将模式和内模式分开,可保证数据的**物理独立性**(指数据的物理结构(包括存储结构、存取方式等)的改变,如更换存储设备或物理存储、改变存取方式等都不影响数据库的逻辑结构,从而不致引起应用程序的改变)。

② 数据共享。对不同的外模式可有多个用户共享系统中数据,可极大地降低数据冗余度。

③ 简化用户接口。按照外模式编写应用程序或输入命令,而不用了解数据库内部的存储结构,方便用户使用系统。

④ 数据安全。根据使用权限和属性等要求,在外模式下操作,可以限定对数据的操作,从而保证其数据的安全性。

### 1.4.2　数据库的二级映像

为了在数据库系统内部实现抽象层次的联系和转换,DBMS 在三级模式之间提供了二级映像(外模式/模式映像和模式/内模式映像)功能。数据的独立性由 DBMS 的二级映像功能实现,一般分为物理独立性和逻辑独立性两种。

#### 1. 外模式/模式映像

**外模式/模式映像**位于外部级和概念级之间,**用于**定义外模式和概念模式之间的对应性。外模式描述数据的局部逻辑结构,模式描述数据的全局逻辑结构。数据库中的同一模式可以有任意多个外模式,对于每一个外模式,都存在一个外模式/模式映像。

映像确定了数据的局部逻辑结构与全局逻辑结构之间的对应关系。例如,在原有的记录类型之间增加新的联系,或在某些记录类型中增加新的数据项时,使数据的总体逻辑结构改变,外模式/模式映像也发生相应的变化。

这一映像功能保证了数据的局部逻辑结构不变,因为应用程序是依据数据的局部逻辑结构编写的,所以应用程序不必修改,从而保证了数据与程序的逻辑独立性。

#### 2. 模式/内模式映像

**模式/内模式映像**位于概念级和内部级之间,**用于**定义概念模式和内模式之间的对应性。数据库中的模式和内模式都只有一个,所以模式/内模式映像是唯一的,确定了数据的全局逻辑结构与存储结构之间的对应关系。例如,存储结构变化时,模式/内模式映像也应有相应的变化,使其概念模式仍保持不变,即将存储结构变化的影响限制在概念模式之下,这使数据的存储结构和存储方式能较好地独立于应用程序,通过映像功能保证数据存储结构的变化不影响数据全局逻辑结构的改变,从而不必修改应用程序,即确保了数据的物理独立性。

数据与应用程序之间相互独立,可使数据的定义、描述和存取等问题与应用程序分离。此外,由于数据的存取由 DBMS 实现,用户不必考虑存取路径等问题,可以简化应用程序的研发和维护。

📖**讨论思考**

（1）什么是数据模式？请举例说明。

（2）什么是数据库系统的三级模式结构？并画图表示。

（3）数据的独立性如何由 DBMS 的二级映像功能实现？

# 1.5　数据库管理系统概述

## 1.5.1　数据库管理系统的工作模式

1.1.2 节介绍过数据库管理系统的概念，DBMS 是对数据库及数据进行统一管理控制的系统软件，是**数据库系统的核心和关键**，用于统一管理和控制数据库系统中的各种操作，包括数据定义、查询、更新及各种管理与控制，都是通过 DBMS 进行的。**DBMS 的查询操作工作示意图**如图 1-12 所示。

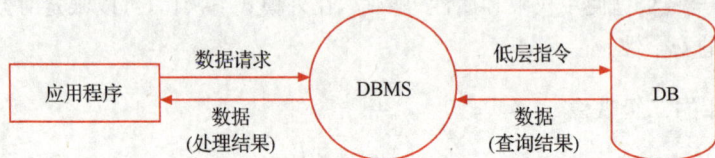

图 1-12　DBMS 的查询操作工作示意图

**DBMS 的查询操作工作模式**如下。

（1）接收用户通过应用程序的查询数据请求和处理请求。

（2）将用户的查询数据请求转换成复杂的机器代码。

（3）实现对数据库的操作。

（4）从对数据库的操作中接收查询结果。

（5）对查询结果进行处理。

（6）将处理结果返回给用户。

由于 DBMS 总是基于某种数据模型，所以可将 DBMS 看作某种数据模型在计算机系统上的具体实现。根据不同的数据模型，DBMS 可以分成层次型、网状型、关系型和面向对象型等。在不同的计算机系统中，由于缺乏统一的标准，即使同种数据模型的 DBMS，在用户接口和系统功能等方面也可能有所不同。

**【案例 1-4】**　用户利用 DBMS 查询数据的操作过程。为了对数据库系统工作有整体的了解，现以查询为例，概述访问数据库的主要步骤，其过程如图 1-13 所示。

（1）当用户执行应用程序中查询一条数据库的记录时，就会向 DBMS 发出读取相应记录的命令，并指明外模式名。

（2）DBMS 接到命令后，调出所需的外模式，并进行权限检查；若合法，则继续执行，否则向应用程序返回出错信息。

（3）DBMS 访问模式，并根据外模式/模式映像确定所需数据在模式上的有关信息（逻辑记录型）。

（4）DBMS 访问内模式，并根据模式/内模式映像确定所需数据在内模式上的有关信息

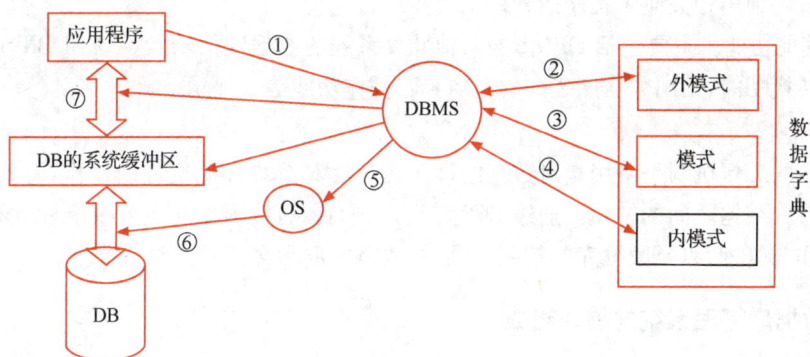

图 1-13　用户访问数据库的过程

（读取的物理记录及存取方面）。

（5）DBMS 向操作系统发出读相应数据的请求（读取记录）。

（6）操作系统执行读命令，将有关数据从外存调入系统缓冲区。

（7）DBMS 将数据按外模式的形式送入用户工作区，返回正常执行的信息。

由此可见，**DBMS 是数据库系统的核心**，需要借助操作系统对数据进行统一协调管理和控制。

### 1.5.2　数据库管理系统的功能和机制

#### 1. DBMS 的主要功能

在计算机系统中，对数据的管理是通过 DBMS 和数据库实现的。其**主要功能**如下。

（1）数据定义功能。主要是通过 DBMS 的数据定义语言（data definition language，DDL）提供的，可以定义数据库及其组成元素的结构。用户利用 DDL 可以方便地对数据库中的相关内容进行定义，如对数据库、基本表、视图和索引进行定义。

（2）数据操作功能。主要是通过 DBMS 的数据操作语言（data manipulation language，DML）提供。用户可用 DML 实现对数据库的基本操作，如对数据库中的数据进行查询、插入、删除和修改等。少数文献称之为数据操纵语言，并将数据查询语言（data query language，DQL）单列。

（3）事务与运行管理。事务与运行管理是 **DBMS 的核心功能**。利用数据控制语言（data control language，DCL）、事务管理语言（transact management language，TML）和系统运行控制程序等，在建立、运行和维护数据库时，由 DBMS 进行统一管理和控制具体事务操作与运行，并保证数据的安全性、完整性、多用户对数据的并发使用及发生意外时的系统恢复。

（4）组织、管理和存储数据。DBMS 可对各种数据分类组织、管理和存储，包括用户数据、数据字典、数据存取路径等。确定文件结构种类、存取方式（索引查找、顺序查找等）和数据的组织，实现数据之间的联系等，提高了存储空间的利用率和存取效率。

（5）数据库的建立和维护功能。数据库的建立是指数据的载入、存储、重组与恢复等。数据库的维护是指数据库及其组成元素的结构修改、数据备份等。数据库的建立和维护主要包括数据库初始数据的输入、转换，数据库的转储与恢复，数据库的重新组织功能、性能监视和分析功能等。可利用相关应用程序或管理工具实现。

(6) 其他功能。主要包括 DBMS 与其他软件系统的数据通信功能，不同 DBMS 或文件系统的数据转换功能，不同数据库之间的互访和互操作功能等。

### 2. DBMS 的工作机制

DBMS 的**工作机制**是将用户对数据的操作转化为对系统存储文件的操作，有效地实现数据库三级模式结构之间的转化。通过 DBMS 可以进行数据库及数据的定义和建立、数据库和数据的操作与管理，以及数据库的控制与维护、故障恢复和交互通信等。

### 1.5.3 数据库管理系统的模块组成

DBMS 是一个复杂的软件系统，由许多模块组成。由于 DBMS 的用途、版本及复杂程度各异，其程序不尽相同，**按程序实现的功能可分为四部分**。

(1) 语言编译处理程序，包括数据定义语言、数据操作语言、数据控制语言和事务管理语言功能及其编译程序。

(2) 系统运行控制程序，主要包括系统总控程序、安全性控制程序、完整性控制程序、并发控制程序、数据存取和更新程序以及通信控制程序。

(3) 系统建立与维护程序，主要包括装配程序、重组程序和系统恢复程序。

(4) 数据字典，包括来自用户的信息、系统状态信息和数据库的统计信息，并无明确规定，一般根据 DBMS 的功能强弱而定。

此外，**按照模块结构分**，可将 DBMS **分成**查询处理器和存储管理器**两大部分**。其中，查询处理器有 4 个主要成分：DDL 编译器、DML 编译器、嵌入式 DML 的预编译器及查询运行核心程序。存储管理器有 4 个主要成分：权限和完整性管理器、事务管理器、文件管理器及缓冲区管理器。

📖**讨论思考**

(1) DBMS 的工作模式有哪些？

(2) 概述 DBMS 的主要功能。

(3) DBMS 的模块组成有哪些？

# 1.6　数据模型及应用

各种业务数据都需要经过分析、表示、整理、规范和组织的过程，才能存储到数据库中。在数据库中，数据以一定的数据模型（结构）进行组织、描述和存储，供用户共享。数据模型是一种表示数据特征的抽象模式，是数据处理的关键和基础，对于掌握数据库技术极为重要。

### 1.6.1 数据模型的概念和类型

#### 1. 数据模型的基本概念

在客观现实世界，任何客观事物（实体）都具有特定的信息，各种主要的相关信息构成了信息世界。将具体事物及其之间的相关信息转换成计算机能处理的数据，需要用数据模型对这些信息的特征进行抽象、描述和表示。数据从现实生活进入数据库实际上经历了几个过程。

一般分为三个阶段,即现实世界阶段、信息世界阶段和机器世界阶段,也称为**数据的三个范畴**。其**抽象转换过程**如图 1-14 所示。

(1) 现实世界。现实世界是客观存在的事物(实体)及联系。

(2) 信息世界。信息世界是对现实世界的认识与抽象描述,按用户的观点对数据和信息进行建模(概念模型——实体与联系)。

(3) 机器世界。机器世界是建立在计算机上的逻辑模型,以计算机系统的观点进行数据建模(数据模型,如存储结构及方式)。

**数据模型**(data model)是一种表示数据特征的抽象模型,是数据处理的**关键和基础**,用于现实世界中的数据特征的抽象、表示和处理,DBMS 的实现都是建立在某种数据模型基础上的。

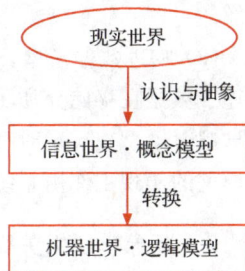

图 1-14　**数据抽象转换过程**

**数据模型**是对现实世界的模拟,**需要满足三方面要求**:较真实地模拟现实世界,容易理解,易在计算机上实现。针对不同的使用对象和应用目的,可采用不同的数据模型。

### 2. 数据模型组成三要素

数据模型是数据库操作的重要基础,DBMS 可以支持多种数据模型。数据模型是严格定义的一组结构、操作规则和约束的集合,描述系统的静态特性、动态特性和完整性约束条件,**数据模型**的三要素包括数据结构、数据操作和完整性约束(数据的约束条件)。

(1) 数据结构。数据结构是信息世界中的实体及其之间联系的表示方法,各种数据模型都规定了一种数据结构,主要描述系统的静态特性,是所研究的对象类型的集合。其对象是数据库的组成部分,包括两类:一类是与数据类型、内容、性质有关的对象,如关系模型(表状结构)中的域、属性、关系等;另一类是与数据之间联系有关的对象。

数据结构是描述一个数据模型性质最重要的方面。在数据库系统中,通常按照其数据结构的类型命名数据模型,如将层次结构、网状结构和关系结构的数据模型分别命名为层次模型、网状模型和关系模型。

(2) 数据操作。数据操作描述系统的动态特性,是对数据库中的各种对象(型)的实例(值)允许执行的操作的集合,包括操作及其有关规则。对数据库的操作主要有数据维护和数据检索两大类,是数据模型都必须规定的操作,包括操作符、含义和规则等。

(3) 数据的约束条件。数据的约束条件是一组完整性规则的集合。完整性规则是给定的数据模型中的数据及其联系所具有的制约和依存规则(条件和要求),用于限定符合数据模型的数据库状态以及状态的变化,以保证数据的正确性、相容性和有效性。

### 3. 数据模型的类型

**数据模型按应用层次**可以**分成三类**:概念数据模型、逻辑数据模型、物理数据模型。

(1) 概念数据模型。**概念数据模型**(conceptual data model)也称**信息模型**,是面向数据库用户的实现世界的模型,主要**用于**描述事物的概念化结构,使数据库的设计人员在设计的初期,避开计算机系统及 DBMS 具体技术问题,以图形化方式分析表示事物(实体)数据特征(属性)及其之间的联系等,最常用的是实体-联系模型(E-R 图),具体在 1.6.2 节介绍。

(2) 逻辑数据(结构)模型。**逻辑数据模型**(logical data model)是逻辑数据模型的简称,是以计算机系统的观点对数据建模,是直接面向数据库的逻辑结构,是对现实世界的第二层抽象,是具体的 DBMS 所支持的数据模型,如网状模型、层次模型和关系模型等。

逻辑数据模型既要面向用户又要面向系统，主要用于 DBMS 实现，具体将在 1.6.3 节介绍。

（3）物理数据模型。**物理数据模型**（physical data model）是面向计算机物理表示的模型，描述了数据在存储介质上的组织结构，既与具体的 DBMS 有关，又与操作系统和硬件有关。各种逻辑模型在实现时都有对应的物理模型，DBMS 为了保证其独立性与可移植性，大部分物理模型的实现工作由系统自动完成，而设计者只负责完成索引、聚集等特殊结构。

### 1.6.2 概念模型相关概念及表示

#### 1. 概念模型的基本概念

人们在对客观事物认识和抽象时，有时需要对数据结构形式只考虑其数据本身的结构和相互间的内在联系，暂不考虑计算机的具体实现，这通过概念模型进行分析。

1）实体的有关概念

**实体**（entity）是现实世界中可以相互区别的事物或活动，如一个文件、一项活动等。

**实体集**（entityset）是同一类实体的集合，如一个班级的全部课程、一个图书馆的全部藏书、一年中的所有会议等都是相应的实体集。

**实体型**（entitytype）是对同类实体的共有特征的抽象定义，如大学生的共有特征为（姓名，性别，年龄，住址，专业，班级）等，这几个特征定义了其实体型，每个学生都具有这些特征，但具体的特征值可以相同也可以不同。对于同一类实体，根据人们的不同认识和需要可能抽取的不同特征，从而定义不同的实体型。

**实体值**（entityvalue）是符合实体型定义的、对一个实体的具体描述。

**【案例 1-5】** 客户的实体型可用（姓名，年龄，地区，职业，学历）等特征定义，如（张三，35，北京，教师，研究生）就是一个实体值，描述的是一个具体的人员。在表 1-1 中，第一行规定了客户的实体型，以下各行称为该实体型的一次取值（当前值）。

表 1-1 职员登记表

| 姓名 | 年龄 | 地区 | 职业 | 学历 |
|------|------|------|------|------|
| 张三 | 35 | 北京 | 教师 | 研究生 |
| 李四 | 28 | 上海 | 商人 | 研究生 |
| 王五 | 32 | 广东 | 公务员 | 本科 |
| 刘六 | 43 | 辽宁 | 军人 | 大专 |
| 赵一 | 32 | 天津 | 工人 | 高中 |
| 孙二 | 55 | 山东 | 医生 | 本科 |
| … | … | … | … | … |

> 注意：实体、实体集、实体型、实体值等概念有时很难区分，在以后的叙述中经常统称为实体，可根据上下文感知其具体含义。

2）联系的有关概念

**联系**（relationship）是指实体之间的相互关系，通常表示一种活动，如一张订单、一个讲座、一场比赛、一次选课等都是联系。一张订单中涉及商品、客户(顾客)和销售员之间的关系,即某个客户从某个销售员手里订购某件商品。

**联系集**(relationshipset)是同一类联系的集合,如一次展销会上的全部订单、一次会议安排中的全部讲座、一次比赛活动中的所有比赛场次、一个班级学生的所有选课等都是相应的联系集。**联系型**(relationshiptype)是对同类联系的共有特征的抽象定义。

【案例 1-6】 对于学生选课联系,联系型可以包括(选课序号,学号,课程号,上课时间,上课地点,学分)等特征,其中学号和课程号分别对应"学生"实体和"课程"实体中的相应学生和课程。表 1-2 中的第一行(二维表表头)为选课联系的型,其后各行为选课记录,即选课联系型的值。

**表 1-2 学生选课表**

| 选课序号 | 学号 | 课程号 | 上课时间 | 上课地点 | 学分 |
|---|---|---|---|---|---|
| 1 | B09120 | 327 | 周三 14:00～16:00 | 1205 | … |
| 2 | B09120 | 460 | 周一 8:00～10:00 | 1403 | … |
| 3 | B11135 | 254 | 周三 14:00～16:00 | 3205 | … |
| 4 | B11213 | 367 | 周四 10:00～12:00 | 2336 | … |
| 5 | B12413 | 254 | 周三 14:00～16:00 | 3205 | … |
| 6 | B12540 | 366 | 周五 13:00～15:00 | 5136 | … |
| 7 | B12578 | 367 | 周四 10:00～12:00 | 5136 | … |
| … | … | … | … | … | … |

与实体的有关概念类似,联系、联系集、联系型、联系值等概念也常统称为**联系**。**联系元数**是指一个联系中所涉及的实体型的个数。若涉及两个实体型则称为**二元联系**,若涉及三个实体型则称为**三元联系**等。特殊地,若涉及的两个实体型对应同一个实体则为**一元联系**。在选课联系中,涉及学生和课程两个实体,被称为二元联系。

一个联系涉及实体,由用户需求决定。例如,对于选课联系,最简单的是二元联系,只涉及学生和课程;较复杂的有三元联系,涉及学生、课程和教师三个实体。

实体和联系实际上无本质区别,都有相应的特征标识,都具有型和值的概念,只是含有较多的联系特征,例如,在选课联系中含有学号、课程号等联系特征,通过联系特征与其他实体发生联系。以后为了叙述方便,常将联系和实体统称为实体(或联系实体)。

3) 属性、键和域

**属性**(attribute)是描述实体或联系中的一种特征(性),一个实体或联系通常具有多个(项)特征,需要多个相应属性来描述。实体选择的属性由实际应用需要决定,并非一成不变。例如,对于人事、财务部门都使用职工实体,但每个部门所涉及的属性不同,人事部门关心的是职工号、姓名、性别、出生日期、职务、职称、工龄等属性,财务部门关心的是职工号、姓名、基本工资、岗位津贴、内部津贴、交通补助等属性。

**键**(key)也称为码、关键字、关键码等,是区别实体的唯一标识,如学号、身份证号、工号、电话号码等。一个实体可以存在多个键。在职工实体中,若包含职工编号、身份证号、姓名、性别、年龄等属性,则职工编号和身份证号都是键。

键可能是实体中的一个或一组属性,特别是在联系实体中,常为一组属性。例如,在学生或课程实体中,键分别是学号和课程号,所对应的都是单个属性;而在选课联系中,由学号和课程号联合表示的(学号,课程号)才能标识一个联系值。实体中用于键的属性称为**主属性**(mainattribute),否则称为**非主属性**(nonmainattribute)。在职工实体中,职工号为主属性,其余为非主属性。**域**(domain)是实体中相应属性的取值范围,如通常性别属性域为(男,女)。

4) 联系分类

**联系分类**(relationship classify)是指两个实体型(含联系型)之间的联系的类别。按照一个实体型中的实体个数与另一个实体型中的实体个数的对应关系,可分类为一对一联系、一对多联系、多对多联系三种情况。

(1) 一对一联系。若一个实体型中的一个实体至多与另一个实体型中的一个实体发生关系,同样另一个实体型中的一个实体至多与该实体型中的一个实体发生关系,则这两个实体型之间的联系被定义为一对一联系,**简记为 1:1**,如每个人只有一个身份证号。

【**案例 1-7**】 一对一联系的两个实体型可以相同也可以不同,若相同则来自同一个实体型。例如,在同一个网站注册的客户登记表实体中,注册登记次序是一对一联系,即一个报名者后面只有一个直接后继者,但最后一个无后继,同样,每个后继者前面只有一个直接前驱者,但第一个没有前驱。表 1-3 是一个网站注册登记表,图 1-15(a)为注册登记次序联系图,其中每个注册登记者用姓名代替。若要从表 1-3 中得到按年龄从大到小的排列次序,则注册登记者之间也是一对一的联系,如图 1-15(b)所示。

表 1-3 网站注册登记表

| 姓名 | 性别 | 年龄 | 姓名 | 性别 | 年龄 |
| --- | --- | --- | --- | --- | --- |
| 马东 | 男 | 27 | 刘丽 | 女 | 46 |
| 周红 | 女 | 52 | 李涛 | 男 | 39 |
| 王凯 | 男 | 31 | 张强 | 男 | 28 |

马东 — 周红 — 王凯 — 刘丽 — 李涛 — 张强

(a) 注册登记次序

周红 — 刘丽 — 李涛 — 王凯 — 张强 — 马东

(b) 年龄次序

图 1-15 一对一联系图

(2) 一对多联系。若一个实体型中的一个实体与另一个实体型中的任意多个实体(含 0个)发生关系,而另一个实体型中的一个实体至多与该实体型中的一个实体发生关系,则这两个实体型之间的联系被定义为一对多联系,**简记为 1:n**,如企业和客户之间就是一对多联系。与一对多联系相反的是多对一联系。一对多联系的两个实体也可以为同一个实体,如在一个职工表中,领导与被领导之间的关系。

(3) 多对多联系。若一个实体型中的一个实体与另一个实体型中的任意多个实体(含 0个)发生关系,反过来也一样,另一个实体型中的一个实体与该实体型中的多个实体(含 0 个)实体发生关系,则这两个实体型之间的联系被定义为多对多联系,**简记为 m:n**。

【**案例1-8**】　学生与所选课程之间为多对多联系,每个学生允许选修多门课程,每门课程允许由任何学生选修。表1-4为学生表,表1-5为课程表,图1-16为选课联系。

表1-4　学生表

| 学号 | 姓名 | 性别 | 专业 |
|------|------|------|------|
| 4051 | 马东 | 男 | 经管 |
| 4052 | 周红 | 女 | 经管 |
| 4061 | 王凯 | 男 | 计算机 |
| 4062 | 刘丽 | 女 | 机械制造 |
| 4063 | 李涛 | 男 | 计算机 |
| 4071 | 张强 | 男 | 电子 |

表1-5　课程表

| 课程号 | 课程名 | 学分 |
|--------|--------|------|
| C001 | 高等数学 | 6 |
| C002 | 大学英语 | 5 |
| C003 | 图像处理技术 | 4 |
| C004 | 程序设计基础 | 3 |
| C005 | 计算机网络 | 4 |

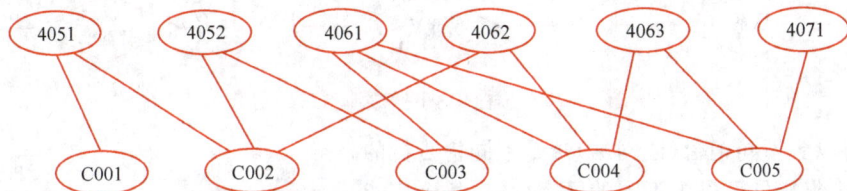

图1-16　选课联系图

从图1-16可以看出,每个学生选修了哪些课程,每门课程由哪些学生所选修。

多对多联系的两个实体也可以来自同一个实体,如零件装配,一种零件可以由多种零件组装而成,一种零件又使用在多种零件中。

**2. 概念模型及其表示方法**

美籍华人陈平山在1976年提出的**实体联系模型**(entity relationship model)也称为**E-R模型**或**E-R图**或**实体-联系方法**,是描述事物及其联系的概念模型,是数据库应用系统设计者与普通用户进行数据建模和交流沟通的常用工具,直观易懂、简单易用。进行数据库应用系统设计时,先要根据用户需求建立E-R模型,然后建立与DBMS相适应的逻辑数据模型和物理数据模型,最后在计算机系统上建立、调试和运行数据库。

1) E-R模型的基本构件

**E-R模型**是一种用图形表示数据及其联系的方法,所使用的**图形构件(元件)**包括矩形、菱形、椭圆形和连接线。矩形表示实体,矩形框内写实体名;菱形表示联系,菱形框内写联系名;椭圆形表示属性,椭圆形框内写属性名;连接线表示实体、联系与属性之间的所属关系或实体与联系之间的相连关系。

2) 各种联系的E-R图表示

**实体之间**的三种联系包括一对一、一对多和多对多联系,对应的E-R图如图1-17所示,其中每个实体或联系暂时没画出相应的属性框和连线。

若每种联系的两个实体均来自同一个实体,则对应的E-R图如图1-18所示。

在实际业务中,经常出现三个或更多实体相互联系的情况。例如,在顾客购物活动中,涉及顾客、售货员和所售商品三者之间的关系,某个顾客通过某个售货员购买某件商品,其中每两个实体间都是多对多联系。一个顾客可以购买多种商品,每种商品可以卖给不同的顾客;每

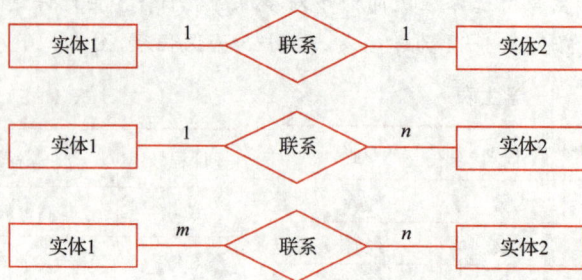

图 1-17　三种联系的 E-R 图

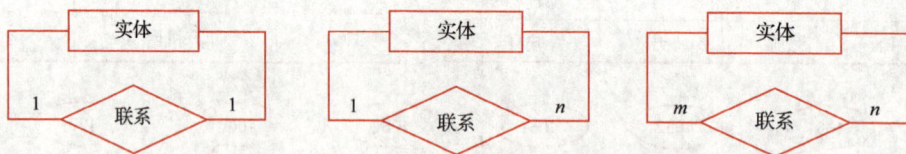

图 1-18　三种联系的单实体的 E-R 图

个顾客可以到不同柜台(或网站)接受不同售货员的服务,每个售货员可以为不同的顾客服务;每个售货员可以出售多种商品,每种商品可以由不同的售货员售出。购物联系所对应的 E-R 图如图 1-19 所示。

3) E-R 模型应用案例

使用 E-R 模型建立数据及其联系,首先要将应用系统中涉及的所有数据分类整理划分为若干相互独立的实体,然后通过数据之间实际存在的各种关系建立各独立实体之间的相互联系,最后形成统一的 E-R 图。

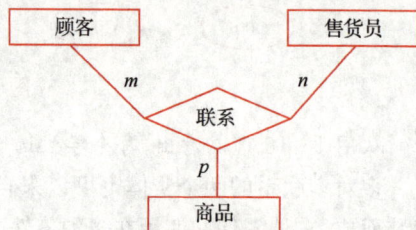

图 1-19　购物联系的 E-R 图

【案例 1-9】　以一个批发商品案例说明建立 E-R 图的过程。

经过对某大型商场批发运营和管理情况实地考察,进行数据的搜集整理分析。假定某客户的一次批发购物活动为:先到某个柜台(或购物网站)向某个售货员订购某种货物,得到售货员开具的订货单;客户拿着订货单到收款柜台(处)向某个收款员交款,得到收款员开具的收款单;客户凭此收款单到库房换为提货单,并找到提货员提取货物。

批发购物管理所对应的 E-R 图如图 1-20 所示。

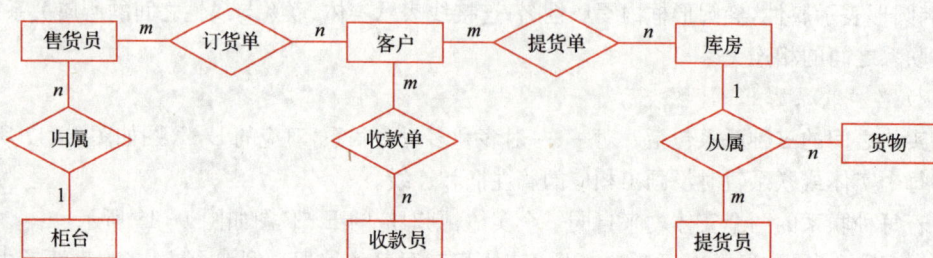

图 1-20　购物过程的 E-R 图

该商场批发运营管理涉及客户、柜台、售货员、收款员、提货员、货物(商品)、库房、归属、从属、订货单、收款单、提货单等实体和联系,其中前7个为实体,后5个为联系。

**说明:** 订货单联系的售货员和客户是多对多联系,每个售货员可以为多个客户服务,每个客户可以到不同的售货员那里订购不同的货物。收款单联系的客户和收款员也是多对多联系,每个收款员可以为多个客户服务,每个客户可以拿着不同的订货单到不同的收款员处交款。同样,提货单联系的客户和库房也是多对多联系,每个库房可以为不同的客户服务,每个客户可以拿着不同的收款单到相应的库房换取提货单。

在实际 E-R 图设计中,除了设计各实体及其联系外,还要确定每个实体或联系所含的属性。由于设计思路差异,针对某一应用系统设计的 E-R 图也略有不同。

### 1.6.3 逻辑模型概述

实际上,DBMS 针对具体的逻辑(数据)模型,数据库需要根据某种逻辑模型建立、组织和管理。目前,主要有层次、网状、关系和面向对象**四种数据模型**。20世纪60年代末产生的层次模型是最早出现和使用的数据库逻辑数据模型。

#### 1. 层次模型的结构及特点

1) 层次模型的结构

**层次模型**(hierarchical model)是一个树状结构模型,有且只有一个根节点,其余节点为其子孙节点;每个节点(除根节点外)只能有一个**父节点**(也称双亲节点),却可以有一个或多个子节点,也允许无子节点(称为**叶**);每个节点对应一个记录型,即对应概念模型中的一个实体型,每对节点的父子联系隐含为一对多(包括一对一)联系。

图1-21所示为一个描述学校组织层次结构的层次数据模型。学校为根节点,有3个学院,学院1有两个子节点,即系部,系部又有两个子节点,即教研室,教研室是叶。

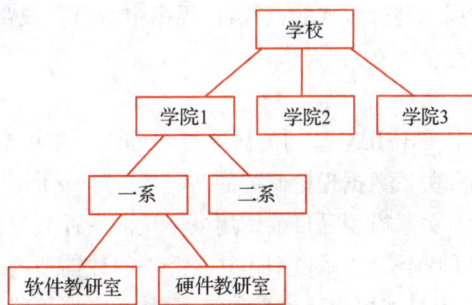

图1-21 学校组织结构的层次模型

2) 层次模型的特点

在这种模型的数据库系统中,要定义和保存每个节点的记录型及其所有值和每个父子联系。对数据进行操作,需要给出从根节点开始的完整路径。用层次模型表示概念模型时,对于一对一和一对多联系可直接转换成层次模型中的父子联系,而对于多对多联系则不能直接转换,通常需要分解为一对多联系来实现。用层次模型表示概念模型不方便,因此产生了网状模型。

#### 2. 网状模型的结构及特点

1) 网状模型的结构

**网状模型**(network model)是一个网状结构模型,是对层次模型的扩展,允许有多个节点无双亲,同时也允许一个节点有多个双亲。层次模型为网状模型的一种最简单的情况。如图1-22所示为几个企业工厂和生产零件的网状模型。

在网状模型中,父子节点联系同样隐含为一对多联系,每个节点代表一种记录型,对应概念模型中的一种实体型。

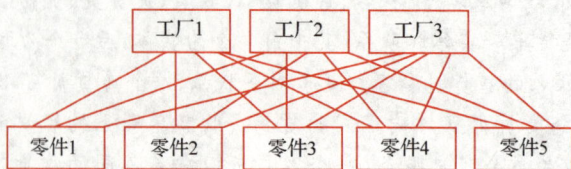

图1-22 网状模型示例

2) 网状模型的特点

网状模型也有型和值的区别。型是抽象的、静态的、相对稳定不变的；值是具体的、动态的且需要经常变化的。由于经常需要对数据库中的业务数据（值）进行插入、删除和修改等实际操作，改变具体实际的数据值；而逻辑数据结构模型一经建立后一般不会被轻易修改。以网状数据模型实现的数据库系统中，同样需要建立和保存所有节点的记录型、父子联系型以及所有数据值。

在数据库的查询和更新方面，网状模型比层次模型灵活，既允许按给定路径查询和更新数据，也允许直接按节点的数据值查询和更新数据，并可从子节点向父节点查询。

网状模型和层次模型统称**非关系模型**，其本质相同，网状模型包含层次模型，且适应范围更广。对数据的操作方式都是过程式的，即按照所给路径访问一个记录，若要同时访问多条记录，则必须通过用户程序中的循环过程来实现。

网状模型表示数据之间多对多联系仍不简便，也需要设法转换成一对多联系，而且存取数据仍是过程式的，还需在程序中给出存取路径和具体方法，增加了编程负担，程序和数据没有完全独立。

### 3. 关系模型概述

美国 IBM 公司的研究员 Codd 在 1970 年首次提出了关系数据模型，开创了数据库关系方面和关系数据理论研究的新时代，于 1981 年荣获 ACM 图灵奖。

关系模型是目前使用最广泛的一种数据模型，关系型数据库管理系统（RDBMS）是最常用的 DBMS。关系模型建立在严格的数学理论基础之上，具有结构简单，符合人们的逻辑思维方式，容易被用户所接受和使用，易于实现等**优点**。

1) 关系模型的概念

**关系模型**（relational model）是一种简单的二维表结构，其模型中的每个实体和实体之间的联系都可以直接转换为对应的二维表形式。每个二维表称为一个**关系**，一个二维表的表头称为**关系的型（结构）**，其表体（内容）称为**关系的值**。关系中的每一行数据（记录）称为一个**元组**，其列数据称为**属性**，列标题称为**属性名**。同一个关系中不允许出现重复元组（两个完全相同的元组）和相同属性名的属性（列）。

**【案例 1-10】** 某企业职工的关系如表 1-6 所示。该关系的型为（工号，姓名，性别，年龄，职务），值为表中 6 个记录（元组），表中的每一列称为该关系的一个属性。性别属性的当前全部取值为（男，女），年龄属性的当前全部取值为（36,48,32,43,28）。一个属性的当前全部取值加上可能的取值构成该属性的域，通常职工年龄的域为 18～60 的整数。

2) 关系模型应用案例

关系模型易于表示概念模型中的实体和各种类型的联系，同样对应一个关系，必定包含相联系的每个实体的各键。如表 1-4、表 1-5 和图 1-16 表示的学生表、课程表及选课联系，

表 1-6  一个职工关系示例

| 工号 | 姓名 | 性别 | 年龄 | 职务 |
|------|------|------|------|------|
| 3050 | 陈海斌 | 男 | 36 | 正处 |
| 3051 | 刘敏娜 | 女 | 48 | 副处 |
| 3074 | 张平 | 男 | 32 | 正科 |
| 3065 | 王东惠 | 女 | 43 | 副处 |
| 3053 | 李新 | 女 | 28 | 科员 |
| 3066 | 周涛 | 男 | 36 | 科员 |

对应的关系模型包含三个关系,包括学生关系和课程关系,选课联系所对应的关系如表 1-7 所示,在此对选课联系增加了成绩属性,其语义是学生选修课程的成绩。

表 1-7  选课联系的关系表

| 学号 | 课程号 | 成绩 | 学号 | 课程号 | 成绩 |
|------|--------|------|------|--------|------|
| 4051 | C001 | 78 | 4061 | C005 | 63 |
| 4051 | C002 | 64 | 4062 | C002 | 78 |
| 4052 | C002 | 96 | 4062 | C004 | 90 |
| 4052 | C003 | 78 | 4063 | C004 | 88 |
| 4061 | C003 | 75 | 4063 | C005 | 76 |
| 4061 | C004 | 82 | 4071 | C005 | 75 |

3) 关系型的关系定义

在以关系模型为数据库逻辑结构建立的数据库系统中,所有数据及其结构(关系定义)都以关系(表)的形式定义和保存。为了区别于一般的保存数据的关系,将保存关系定义的关系称为该**数据库的元关系**、**元数据**、**系统数据**、**数据字典**等,其提供了数据库中所有关系的模式(关系的型)。元关系是在用户建立数据库应用系统时,由 DBMS 根据该数据库中每个关系的模式自动定义的。学生选课关系模型的元关系如表 1-8 所示。

表 1-8  学生选课关系模型的元关系

| 序号 | 属性名 | 类型 | 长度 | 关系名 | … |
|------|--------|------|------|--------|---|
| 1 | 学号 | N | 4 | 学生 | … |
| 2 | 姓名 | C | 6 | 学生 | … |
| 3 | 性别 | C | 2 | 学生 | … |
| 4 | 专业 | C | 6 | 学生 | … |
| 5 | 课程号 | C | 4 | 课程 | … |
| 6 | 课程名 | C | 12 | 课程 | … |
| 7 | 学分 | N | 1 | 课程 | … |
| 8 | 学号 | N | 4 | 选课 | … |
| 9 | 课程号 | C | 4 | 选课 | … |
| 10 | 成绩 | N | 3 | 选课 | … |

📖**说明：**序号是对每一个属性定义所在元组的编号，属性名为各关系（表）中的属性，类型为相应属性的取值类型，如 N 和 C 分别表示数值型和字符型，长度是指相应属性取值最大存储字节数，超过的多余部分被自动舍去，关系名给出相应属性所属的关系。

4）关系模型中的查询和更新

在关系数据库中进行查询和更新运算非常方便，用户在每个关系和相关的若干关系上都可进行，相关关系是靠关系之间共同使用的相同属性实现的，其相同属性被称为**连接属性**或**关联属性**。例如，在学生选课关系模型中，既可以分别在学生、课程、选课三个单独的关系上进行查询和更新，也可以通过它们之间的连接属性学号和课程号将相关关系连接后进行查询和更新。

5）关系模型的特点

采用关系模型建立数据库系统具有以下**五方面的优点**。

（1）坚实的理论基础。关系模型与非关系模型不同，从初期就注重理论研究，建立在严格的数学概念基础上。关系系统研究逐渐完善，也促进了软件工程等方面的发展。

（2）数据结构简单。关系模型中的实体或实体之间的联系都用关系表示，关系不仅表示数据的存储，也表示数据之间的联系。从用户的角度看，模型中数据的逻辑结构是一个二维表，数据及其定义都以二维表的结构形式表示，符合人们使用数据的习惯，也便于计算机实现，每个关系（表）可以作为一个文件被保存到外存，由 DBMS 和操作系统共同管理。

（3）查询处理方便，存取路径清晰。关系操作采用集合操作方式。关系模型中常用的关系操作包括选择、投影、连接、除、并、交、差等查询操作和插入、删除、修改等更新操作两部分。操作对象和结果都是集合，一次可操作所有满足条件的记录。

（4）关系的完整性好。关系模型的完整性规则是对数据的约束。关系模型提供了三类完整性规则：实体完整性规则、参照完整性规则和用户自定义完整性规则。

（5）数据独立性高。在关系模型中，对数据的操作不涉及数据的物理存储位置，而只须给出数据所在的表、属性等有关数据自身的特性，具有较高的数据独立性。

关系模型存在的**缺点**：① 查询效率低，关系模型的 DBMS 提供了较高的数据独立性和非过程化的查询功能，致使系统的负担重，直接影响查询速度和效率；② RDBMS 实现较难，由于 RDBMS 效率较低，需关系模型的查询优化，此项工作复杂且实现难度大。

**【案例 1-11】** 关系模型用于 GIS 地理数据库的局限性。

借助电子地图查询地理位置极为便利，主要利用关系模型表示各种地理实体及其关系，方式简单、灵活，支持数据重构，具有严格的数学基础，并与一阶逻辑理论密切相关，具有一定的演绎功能，关系操作和关系演算具有非过程式的特点。

**关系模型**用于 GIS 地理数据库存在一些**不足**，主要问题如下。

（1）无法用递归和嵌套的方式描述复杂关系的层次和网状结构，模拟和操作复杂地理对象的能力较弱。

（2）用关系模型描述本身具有复杂结构和含义的地理对象时，需对地理实体进行不自然的分解，导致存储模式、查询途径及操作等方面均显得语义不甚合理。

（3）由于概念模式和存储模式的相互独立性及实现关系之间的联系需要执行系统开销较大的连接操作，运行效率不高。

由此可见，关系模型的根本问题是无法有效地管理复杂地理对象。

#### * 4. 面向对象模型

**面向对象模型**(object-oriented model，OOM)是用面向对象观点描述实体的逻辑组织、对象间限制、联系等模型。将客观世界的事物(实体)都模型化为一个对象，每个对象有唯一的标识。共享同样属性和方法集的所有对象构成一个对象类(简称**类**)，而一个具体对象就是某一类的一个实例。

1) 面向对象的概念

面向对象的基本概念是 20 世纪 70 年代提出的，将系统工程中的模块和构件视为问题空间的一个(类)对象。20 世纪 80 年代其方法得到快速发展，后来在更高层次和更广领域进行研究。

(1) 有关基本概念。在面向对象的方法中，基本概念主要有对象、类、方法和消息。

① 对象。**对象**是含有数据和操作方法的独立实体，是数据和行为的统一体，例如，一个城市、一座桥梁或高楼大厦都可作为地理对象。对于一个对象，应具有的**特征**为：以唯一的标识表明其存在的独立性；以一组描述特征的属性表明其在某一时刻的状态；以一组表示行为的操作方法用于改变对象的状态。

② 类。共享同一属性和方法集的所有对象的集合构成**类**。从一组对象中抽象出公共的方法和属性，并将它们保存在一类中，类是面向对象的核心内容，如汽车具有共性，如品牌、颜色、长度等，以及相同的操作方法，如查询、计算长度、求数量等，因而可抽象为汽车类。被抽象的对象称为**实例**，如轿车、公共汽车等。

③ 消息。**消息**是对象进行操作的请求，是连接对象与外部世界的唯一通道。

④ 方法。**方法**是指对于具体对象的所有操作方式，如对对象(数据库、数据表、视图等)的数据进行操作的指令、函数等。

(2) 面向对象的基本思想。**面向对象的基本思想**是通过对问题领域进行自然分割，以更接近人的思维方式建立问题领域的模型，并进行结构模拟和行为模拟，从而使设计的软件能尽可能地直接表现出问题的求解过程。面向对象方法是将客观世界的一切实体模型转化为对象。每一种对象都有各自的内部状态和运动规律，不同对象之间的相互作用和联系就构成了各种不同的系统。

2) 面向对象的特性

**面向对象的特性**包括抽象性、封装性、多态性等。

(1) 抽象性。**抽象**是对现实世界的简明表示。形成对象的关键是抽象，对象是抽象思维的结果。抽象思维是通过概念、判断、推理来反映对象的本质，揭示对象内部联系的过程。任何一个对象都是通过抽象和概括而形成的。面向对象方法具有很强的抽象表达能力，因此，可将对象抽象成对象类，实现抽象的数据类型，允许用户定义数据类型。

(2) 封装性。**封装**是指将方法与数据放于同一对象中，以使对数据的操作只可通过该对象本身的方法进行。即一个对象不能直接作用于另一个对象的数据，对象间的通信只能通过消息来进行。对象是一个封装好的独立模块。封装是一种信息隐蔽技术，封装的目的在于将对象的使用者和对象的设计者分开，用户只能见到对象封装界面上的信息，其内部对用户是隐蔽的。对用户而言，只需了解此模块的功能，至于如何实现这些功能则是隐蔽在对象内部的。一个对象的内部状态不受外界的影响，其内部状态的改变也不影响其对象的内部状态。封装本身即模块化，将定义模块和实现模块分开，就使得用面向对象技术开发或设计的软件的可修改性及可维护性大大改善。

(3) 多态性。**多态**是指同一消息被不同对象接收时,可解释为不同的含义。因此,可以发送更一般的消息,将实现细节都留给接收消息的对象。即相同的操作可作用于多种类型的对象,并能获得不同的结果。4 种逻辑数据模型的比较如表 1-9 所示。

**表 1-9  逻辑数据模型的比较**

| 比较项 | 层次模型 | 网状模型 | 关系模型 | 面向对象模型 |
|---|---|---|---|---|
| 创始 | 1968 年 IBM 公司的 IMS 系统 | 1969 年 CODASYL 的 DBTG 报告(1971 年通过) | 1970 年 Codd 提出关系模型 | 20 世纪 80 年代 |
| 数据结构 | 复杂(树) | 复杂(有向图) | 简单(二维表) | 复杂(嵌套递归) |
| 数据联系 | 通过指针 | 通过指针 | 通过表间的公共属性 | 通过对象标识 |
| 查询语言 | 过程性语言 | 过程性语言 | 非过程性语言 | 面向对象语言 |
| 典型产品 | IMS | IDS/Ⅱ、IMAGE/3000、IDMS、TOTAL | Oracle、Sybase、DB2、SQL Server、Informix | ONTOS DB |
| 盛行期 | 20 世纪 70 年代 | 20 世纪 70 年代～80 年代中期 | 20 世纪 80 年代至今 | 20 世纪 90 年代至今 |

3) 面向对象数据模型的核心技术

(1) 分类。**类**是具有相同属性结构和操作方法的对象的集合,属于同一类的对象具有相同的属性结构和操作方法。**分类**是将一组具有相同属性结构和操作方法的对象归纳或映射为一个公共类的过程。对象和类的关系是"实例"(instance of)的关系。

同一类中的多个对象用于类中所有对象的操作都相同。属性结构(即属性的表现形式)相同,但具有不同的属性值。在面向对象数据库中,只需对每个类定义一组操作,供该类中的每个对象使用,而类中每一个对象的属性值要分别存储,因为每个对象的属性值不完全相同。例如,在面向对象的地理数据模型中,城镇建筑可分为行政区、商业区、住宅区、文化区等类。对于住宅区类,每栋住宅作为对象都有门牌号、地址、电话号码等相同的属性结构,但具体的门牌号、地址、电话号码等各不相同,对其操作方法(如查询等)却相同。

(2) 概括。**概括**是将几个类中某些具有部分公共特征的属性和操作方法的抽象,形成一个更高层次、更具一般性的超类的过程。子类和超类用来表示概括的特征,表明其之间的关系是"即"(is a)关系,子类是超类的一个特例。

构成超类的子类还可进一步分类,一个类可能是超类的子类或几个子类的超类。因此,概括可能有任意多层次。例如,建筑物是住宅的超类,住宅是建筑物的子类,如果将住宅的概括延伸到城市住宅和农村住宅,则住宅又是城市住宅和农村住宅的超类。

以一种可自动从超类的属性和操作中获取子类对象的属性和操作的机制,采用概括技术可避免说明和存储大量冗余,如住宅地址、门牌号、电话号码等是"住宅"类的实例(属性),同时也是其超类"建筑物"的实例(属性)。

(3) 聚集。**聚集**是将几个不同类的对象组合成一个更高级的复合对象的过程。"复合对象"用于描述更高层次的对象,"部分"或"成分"是复合对象的组成部分,"成分"与"复合对象"的关系是"部分"(part of)的关系,反之,"复合对象"与"成分"的关系是"组成"的关系。例如,医院由医护人员、病人、门诊部、住院部、道路等聚集而成。

每个不同属性的对象是复合对象的一个部分,有各自的属性数据和操作方法,这些是不能为复合对象所公用的,但复合对象可以从其派生得到一些信息。复合对象有自己的属性值和操作,只从具有不同属性的对象中提取部分属性值,且一般不继承子类对象的操作。这就是说,复合对象的操作与其成分的操作是不兼容的。

(4) 联合。**联合**是将同一类对象中几个具有部分相同属性值的对象组合(集成),形成一个更高水平的集合对象的过程。以术语"集合对象"描述由联合构成的更高水平的对象,具有联合关系的对象称为**成员**,成员与集合对象关系是"成员"(member of)的关系。

在联合中,强调的是整个集合对象的特征,而忽略成员对象的具体细节。集合对象通过其成员对象产生集合数据结构,集合对象的操作由其成员对象的操作组成。例如,一个农场主有三个水塘,可用同样的养殖方法养殖同样的水产品,由于农场主、养殖方法和养殖水产品三个属性相同,所以可以联合成一个包含这三个属性的集合对象。

> ⚠ **注意:** 联合与概括在概念上不同。概括是对类进行抽象概括;而联合是对属于同一类的对象进行抽象联合。联合有些类似于聚集,所以在许多文献中将联合的概念附在聚集的概念中,都使用传播工具提取对象的属性值。

4) 面向对象数据模型的核心工具

(1) 继承。继承为面向对象方法所独有,服务于概括。在继承体系中,子类的属性和方法依赖父类的属性和方法。**继承**是父类定义子类,再由子类定义其子类,一直定义下去的一种工具。父类和子类的共同属性和操作由父类定义一次,然后由其所有子类对象继承,但子类可以有不是从父类继承的另外的特殊属性和操作。一个系统中,对象类是各自封装的,如果没有继承这一强有力的机制,类中的属性值和操作方法就可能出现大量重复。所以继承是一种十分有用的抽象工具,减少了冗余数据,又能保持数据的完整性和一致性,因为对象的本质特征只定义一次,然后由其相关的所有子类对象继承。父类的操作适用于所有子类对象,由于每一个子类对象同时也是父类的对象。当然,专为子类定义的操作是不适用于其父类的。

**继承**有单重继承和多重继承**两种类型**。

① 单重继承:指仅有一个直接父类的继承,要求每一个类最多只能有一个中间父类,这种限制意味着一个子类只能属于一个层次,而不能同时属于几个不同的层次。

**【案例 1-12】** 如图 1-23 所示,"住宅"是父类,"城市住宅"和"农村住宅"是其子类,父类"住宅"的属性(如"住宅名")可被其两个子类继承,同样给父类"住宅"定义的操作(如"进入住宅")也适用于其两个子类;而专为一个子类定义的操作如"地铁下站",只适用于"城市住宅"。

单重继承可以构成树形层次,最高父类在顶部,最特殊的子类在底部,每一类可看作一个节点,两个节点的"即"关系可以用父类节点指向子类节点的矢量表示,矢量的方向表示从上到下、从一般到特殊的特点。

继承不仅可以将父类的特征传给中间子类,还可以向下传给中间子类的子类。图 1-24

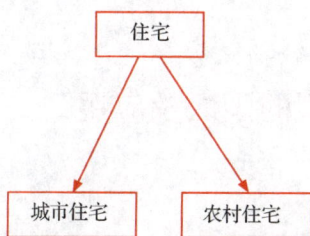

图 1-23　一个直接父类的单重继承

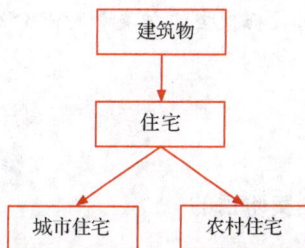

图 1-24　三个层次的继承体系

是有三个层次的继承体系。"建筑物"的特征(如"户主"、"地址"等)可以传给中间子类"住宅",也可以传给中间子类的子类"城市住宅"和"农村住宅"。

② 多重继承:允许子类有多于一个的直接父类的继承。严格的层次结构是一种理想的模型,对现实的地理数据常常不适用。多重继承允许几个父类的属性和操作传给一个子类,这就不是层次结构。

【案例1-13】 GIS中经常遇到多重继承问题。图1-25是两个不同的体系形成的多重继承的例子。一个体系为交通运输线,另一个体系为水系。运河具有人工交通运输线和河流两个父类特性,通航河流也有自然交通运输线和河流两个父类的特性。

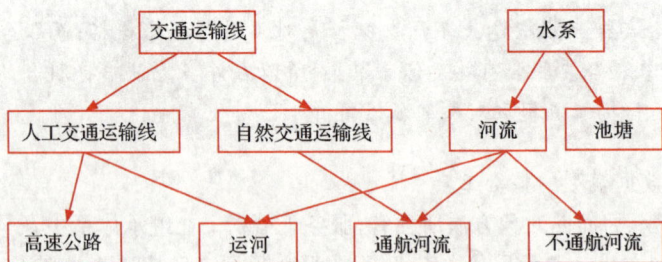

图1-25 两个不同的体系形成的多重继承

(2) 传播。**传播是一种作用于聚集和联合的工具**,用于描述复合对象或集合对象对成员对象的依赖性并获得成员对象的属性的过程。其通过一种强制性的手段将成员对象的属性信息传播给复合对象。复合对象的某些属性不需要单独存储,可从成员对象中提取或派生。成员对象的相关属性只能存储一次。这样就可以保证数据的一致性,减少数据冗余。从成员对象中派生复合对象或集合对象的某些属性值,其公共操作有"求和"、"集合和"、"最大"、"最小"、"平均值"和"加权平均值"等。例如,一个国家最大城市的人口数是此国家所有城市人口数的最大值。

继承和传播在概念和使用上都有差别,其主要表现在:继承是用概括("即"关系)体系来定义的,服务于概括,而传播是用聚集("成分"关系)或联合("成员"关系)体系来定义的,作用于联合和聚集;继承是从上层到下层,应用于类,而传播是自下而上,直接作用于对象;继承包括属性和操作,而传播一般仅涉及属性;继承是一种信息隐含机制,只要说明子类与父类的关系,则父类的特征一般能自动传给其子类,而传播是一种强制性工具,需要在复合对象中显式定义其每个成员对象,并说明其需要传播的具体属性值。

📖讨论思考

(1) 什么是数据模型?数据模型的组成要素有哪些?

(2) 什么是概念模型?E-R模型的基本构件有哪些?

(3) 数据模型的种类和特点分别是什么?

# 1.7 实验一 数据模型的画法及应用

## 1.7.1 实验目的

(1) 掌握使用 PowerDesigner 15.1 建模工具绘制概念模型图。

(2) 学会使用 PowerDesigner 15.1 建模工具生成物理模型图。

（3）理解使用建模工具生成 SQL Server 数据库对应的 SQL 脚本。

### 1.7.2　实验内容及步骤

使用 PowerDesigner 15.1 绘制概念模型 E-R 图,绘制 E-R 图的步骤如下。

（1）启动 PowerDesigner 15.1 工具软件。

（2）新建概念模型图。概念模型图类似于 E-R 图,只是模型符号略有不同。在工作区右击,从出现的快捷菜单选择"新增"及下级菜单"文件夹",然后更名为"学生选课管理"。在"学生选课管理"命令上右击,出现快捷菜单,选择"新增"及下级菜单"Conceptual Data Model",出现创建概念模型图界面,如图 1-26 所示。

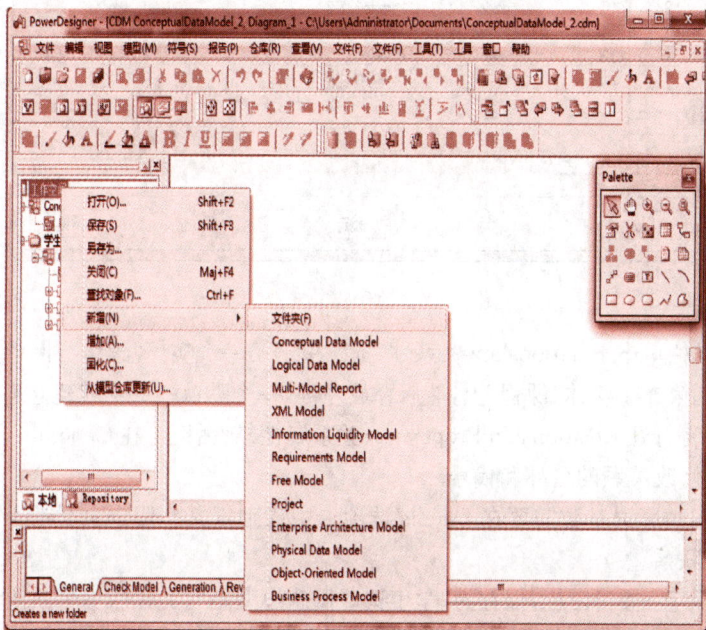

图 1-26　创建概念模型图界面

（3）添加实体。在绘图工具栏中选择"实体"图标,光标变成图标形状,在设计窗口的适当位置单击,将出现一个实体符号,在绘图窗口的空白区域右击,使得光标变为正常的箭头形状。然后选中该实体并双击,打开实体属性窗口。其中 General 选项卡中主要选项的含义为:① Name 为实体名,常用中文;② Code 为实体代号,一般输入英文;③ Comment 为注释,输入对此实体更加详细的说明。

（4）添加属性。不同标准的 E-R 图中使用椭圆表示属性,要在 PowerDesigner 中添加属性,只需打开 Attributes（属性）选项卡,如图 1-27 所示。

（5）添加实体之间的关系。同理,添加课程实体,并添加相应的属性。

读者可以自行操作练习。添加上述两个实体之间的关系,如果两个实体间是多对多联系,则有两种方法建立关系:一种方法是在绘图工具栏单击 Relationship（关系）图标 🐛 ,直接建立多对多联系;另一种方法是先添加 association 联系对象 ⬭ ,再通过两个实体分别与联系对象通过 Association Link 图标建立关系,可在 association 联系对象上添加额外的属性。

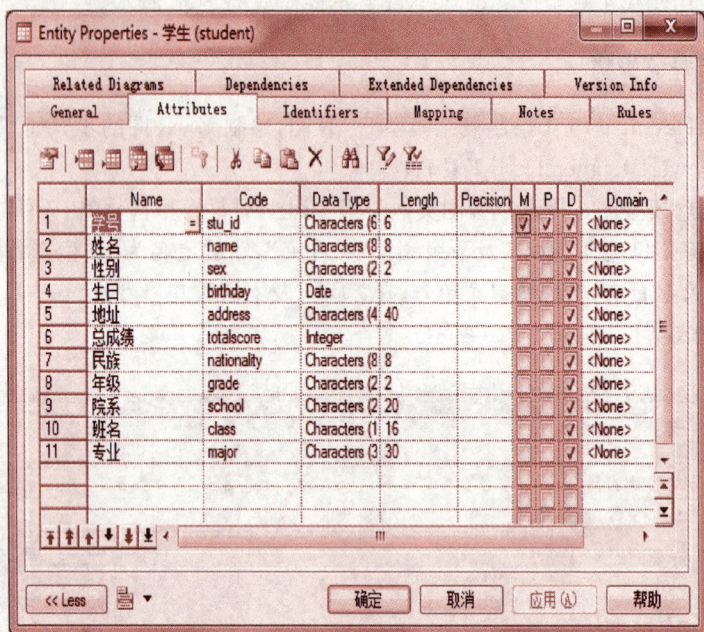

图 1-27　Attributes 选项卡

在绘图工具栏单击 Relationship(关系)图标。单击第一个实体"学生",保持左键按下的同时把光标拖拽到第二个实体"课程"上,然后释放左键,一个默认的关系就建立了。选中图中定义的关系,双击将打开 Relationship Properties(关系属性)对话框。在 General 选项卡中定义关系的常规属性,修改关系的名称和代号。

两个实体间的影射基数需要在 Details 选项卡中详细定义。假定一个学生有多门课程的成绩,即一对多联系。

(6) 单击"保存"按钮图标,保存为"学生选课概念模型图",文件后缀名默认为.CDM。

(7) 检查概念模型。选择 Tools→Check Model 菜单命令,出现检查窗口。单击"确定"按钮后出现检查结果。如果有错误,将在结果列表中出现错误列表,用户可以根据这些错误提示进行改正,直到出现"0error(s)"信息。

(8) 生成物理模型图。绘出概念模型图并经过项目组和客户讨论后,可进一步选择具体的数据库,生成物理模型图。选择 Tools→Generate Physical Data Model 菜单命令,出现 PDM Generation Options 窗口。单击"保存"图标,保存为"teachingSystem",后缀名默认为.PDM。

(9) 生成 SQL 数据库脚本。选择 Database→Generate Database 菜单命令,在弹出的对话框中输入 SQL 脚本文件名,单击"确定"按钮,将自动生成对应数据库的 SQL 脚本。

　　说明:生成的 SQL Server 脚本无建库语句,只有建表语句,建库语句需要人工添加。验证由 PowerDesigner 生成的 SQL Server 脚本是否可行,可先在 SQL Server 2014 中建立一个数据库,然后单击"新建查询"按钮,将脚本的语句复制到新建查询窗口中,选择刚建立的数据库,单击"执行"按钮即可建立数据库。

### 1.7.3　实验练习

本实验借鉴某院校教务系统数据库建模,共有 6 个数据表,其中 4 个实体表和 2 个关系表,实体表包括学院表(department)、学生表(student)、老师表(teacher)、课程表(course)。关系表包括教师开课表(teacher_course)、学生选课表(student_teacher_course)。通过分析数据表及业务功能,可得出初步模型图,如图 1-28 所示。

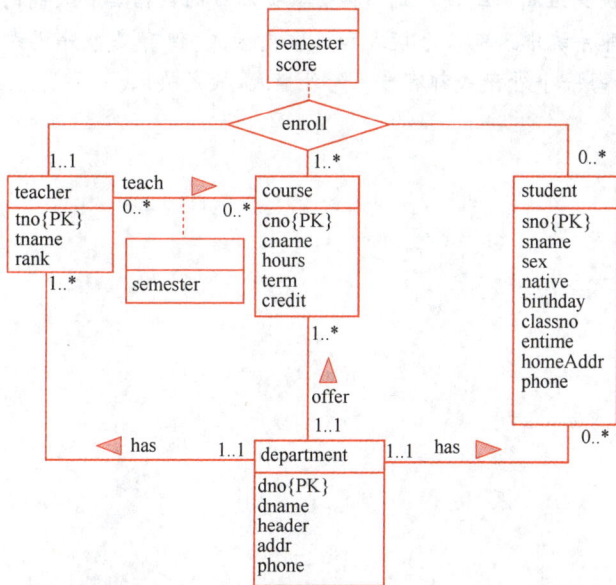

图 1-28　某院校教务系统数据模型图

使用前面介绍的方法建立学院(department)、学生(student)、教师(teacher)、课程(course) 4 个实体对象,及教师开课(teacher_course)、学生选课(student_teacher_course)两个联系对象。

具体要求为:添加每个实体的属性,然后添加各个实体之间的联系,绘制完毕后对概念模型图进行检查,选择 SQL Server 数据库生成物理模型图。最后生成 SQL Server 对应的 SQL 脚本。创建好一个数据库后,验证 SQL 脚本的正确性。

> ⚠注意:在实验过程中需要注意 PowerDesigner 建模工具的使用方法,正确添加每个实体及其属性,正确建立各个实体之间的关系。学生应在老师的指导和检查下按时完成上机任务。

# 1.8　本章小结

本章概述了数据库的基本概念,并通过对数据管理技术发展的四个阶段的介绍,阐述了数据库技术产生和发展的背景,也说明了数据库系统的优点。

数据库具有实现数据高度集成、数据共享、减少数据冗余、保证数据一致性、实施统一的数据标准、控制数据安全性和完整性保障、实现数据的独立性、减少应用程序开发与维护工作量等特点。

数据模型是数据库系统的关键和基础。本章介绍了组成数据模型的三个要素和概念模型。概念模型也称为信息模型,用于信息世界的建模,E-R 模型是这类模型的典型代表,

E－R模型简单、清晰,应用十分广泛。

数据模型的发展经历了非关系模型、关系模型,正走向面向对象模型。

在数据库系统中,数据具有三级模式结构的特点,由外模式、模式、内模式及外模式/模式映像、模式/内模式映像组成。三级模式结构使数据库中的数据具有较高的逻辑独立性和物理独立性。一个数据库系统中只有一个模式和一个内模式,但有多个外模式。因此,模式/内模式映像是唯一的,而每一个外模式都有自己的外模式/模式映像。

# 第2章 关系数据库基础

随着计算机技术的快速发展,关系数据库技术在商业等领域取得了巨大成功,其中关系模型是数据库发展史上一项最重要的成就,致使关系数据库的应用领域迅速扩大,并成为应用最广泛的数据库技术。为了更好地掌握这项技术,需要学习有关基础知识。

**教学目标**

掌握关系模型及关系数据库的基本概念
掌握关系模型的完整性规则及用法
熟练掌握常用的关系运算及其应用
了解关系演算和查询优化的基本过程
掌握 SQL Server 2014 安装登录和操作界面实验

## 2.1 关系模型概述

【案例 2-1】 1970 年,美国 IBM 公司的 Codd 发表的著名论文中首次提出了关系数据模型,后来又提出了关系代数和关系演算的概念、函数依赖的概念、关系的三个范式,为关系数据库系统奠定了重要的理论基础。

### 2.1.1 关系模型的相关概念

关系模型是应用最广泛最简洁的数据库模型,主要是其数据结构简便且易用,可统一用关系(二维表)表示现实世界中的实体及其之间的联系。

#### 1. 关系及关系模型常用概念

关系模型是最常用的数据模型,涉及以下重要概念。

(1) 关系。**关系**(relation)是满足某种条件的二维表,各关系都有一个关系名。

（2）属性、元组和关系。在关系模型中，二维表（关系）的列称为**属性**。每个属性对应表中一个字段（数据项），属性名对应字段名，属性值对应各行的字段值。二维表的行称为**元组**（也称为**记录**）。元组类型称为**关系模式**，元组的集合称为**关系**或**实例**（instance）。

（3）域。**域**（domain）是一组具有相同数据类型的值的集合。在关系中用域表示属性的取值范围。属性 $A$ 的域用 $DOM(A)$ 表示，域中所包含的值的个数称为**域的基数**（用 $m$ 表示）。每一个属性对应一个域，不同的属性可对应同一域。

**【案例 2-2】**已知下述三个域，确定其基数：

$D1 = \{1, 2, 3, 4, 5, 6, \cdots\}$ 表示自然数集合。

$D2 = \{李宝清, 陈江海, 张晓, 薛敬文\}$ 表示姓名集合。

$D3 = \{男, 女\}$ 表示性别集合。

其中，$D1$ 的基数为无穷，$D2$ 的基数为 4，$D3$ 的基数为 2。

（4）关系模型。**关系模型**（relation model）是指以二维表结构表示的实体集（关系），用键（可唯一标识元组的属性或属性组）表示实体间联系的数据模型。

**关系模型组成**的三要素为关系数据结构、关系操作集合和关系完整性约束。关系数据库系统是以关系模型为基础而构建的数据库系统，支持关系模型。在关系模型中，无论实体还是实体之间的联系都由单一的（二维表）结构类型即关系表示，每个关系对应一个二维表。

**【案例 2-3】**企业网站的一个客户信息表（关系）如表 2-1 所示。

**表 2-1　客户信息表**

| 客户 ID | 客户名称 | 注册日期 | 联系人 ID | 类型 |
| --- | --- | --- | --- | --- |
| 20120146 | 汽车公司 | 2008/2/12 | 31002894 | 大客户 |
| 20121832 | 大众宾馆 | 2009/6/13 | 20121832 | 大客户 |
| 20121845 | 王永贵 | 2007/9/18 | 20121845 | 流动 |
| 20122481 | 李为明 | 2003/7/25 | 20122481 | 流动 |

（5）元数和基数。关系中的属性个数称为**元数**（arity），元组个数称为**基数**（cardinaity）。表 2-1 的关系元数为 5，基数为 4。

**2. 键、主键和外键**

**键**也称为**码**或**关键码**，在关系中有可标识元组（记录）的属性（列）或属性组，如客户 ID。在实际应用中，主要有下列几种键。

（1）超键。**超键**（super key）：在关系中能唯一标识元组的属性或属性集称为关系模式的超键，如（客户 ID，客户名称，联系人 ID）。

（2）候选键。**候选键**（candidate key）指不含多余属性的超键。若关系表中的某一属性或属性组（多个属性的最小组合）的值能唯一地确定一个元组，则称该属性或属性组为候选键。候选键可以有多个。

（3）主键。**主键**（primary key）是在候选键中选定的一个键，也称为该关系的**主关键字**或**关键字**。一般如不加以说明，键是指主键（码）。如果有多个候选键，可取其一作为关系的主键，其值不允许为空值 NULL（非 0，也非空格）。

（4）外键。**外键**（foreign key）指若在模式 $R$ 中包含另一个关系 $S$ 的主键所对应的属性或属性组 $K$，则称 $K$ 为 $R$ 的外键（码）。是一个关系中的属性或属性组，但不是本关系的主键，而是另一关系的主键,称该属性或属性组是该关系的外键,也称为外关键字。关系数据库的表间关系必须借助外键建立。

在关系数据模型中主键和外键提供了一种两个关系联系的桥梁。基本关系 $R$ 称为**参照关系**,基本关系 $S$ 称为**被参照关系**或**目标关系**。

📎**说明:** 对于关系模型,需要说明以下几点。

(1) 关系 $R$ 和 $S$ 不一定是不同的关系,也可以是相同的关系。

(2) 目标关系 $S$ 的主键 $K$ 和参照关系的外键 $F$ 必须定义在同一个(或一组)域上。

(3) 外键并不一定要与相应的主键同名。只是当外键与相应的主键属于不同关系时,习惯上往往取相同的名字,以便于识别。

### 2.1.2　关系的类型和性质

关系模型是建立在集合运算基础上的,可以从集合论的角度给出关系的定义。

通常,假设关系 $R$ 是一个元数为 $K(K \geqslant 1)$ 的元组(记录)的集合。可将关系 $R$ 看成一个集合,集合中的元素是元组,每个元组的属性数目相同。

关系具有**三种类型**:基本关系(常称为**基本表**或**基表**)、查询表和视图表。基本表是实际存在的表,由实际存储数据的逻辑表示。查询表是查询结果对应的表。视图表是由基本表或其他视图表临时导出的表,是虚表,不对应实际存储的数据。

**基本关系的性质**有以下六条。

(1) 关系中的每一个属性值都是不可分解的(原子的),即每一个分量都必须是不可分的数据项。例如,一个能存储三门成绩的学生成绩表,表示成绩的三个属性的属性名,要有所区别,不可重复,在没有确定的情况下可暂时命名为成绩1、成绩2、成绩3。

(2) 同一列(属性)的数据是同质的(homogeneous),即每一列中的分量是同一类型的数据,来自同一个域,即要求数据同列同类同域。

(3) 同一关系的属性(列)名不能相同,即不同的列可出自同一个域,称其中的每一列为一个属性,不同的属性要给予不同的属性名。

(4) 任意两列(属性)的次序可以任意交换。新增加的属性都插至最后一列。

(5) 任意两行(元组)的次序可以任意交换。新增加的元组都放在最后一行。

(6) 任意两行(元组)不能完全相同。元组重复不仅会增加数据量,还会造成数据查询和统计错误,产生数据的不一致问题,所以数据库中应当绝对避免元组重复现象,确保实体的唯一性和完整性。

### 2.1.3　关系模式的表示

**关系模式**(relation schema)是对关系的描述方式,可形式化地**表示**如下:

$$R(U, D, \mathrm{dom}, F)$$

其中,$R$ 为关系名,$U$ 为组成该关系的属性(列)名集合,$D$ 为属性组 $U$ 中属性所来自的域,dom 为属性向域的映像集合,$F$ 为属性间数据的依赖关系集合。类似数学中的函数 $F(x, y, z)$ 关系。

关系是元组(数据表的记录)的集合,所以关系模式应表明其元组集合的结构,即属性构成、所在的域,以及属性与域之间的映像(对应)关系。

> **◎注意:** 由于客观事物相对繁杂且各有特点,限定了关系模式所有可能的关系必须满足一定的完整性约束条件,所以这些约束通过对属性取值范围限定,例如,百分制成绩必须为 0~100,或通过属性值间的相互关联(主要体现在值的相等与否)反映。关系模式应当描述出这些完整性约束条件。

通常,**关系模式**可以简记为 $R(U)$ 或 $R(A_1, A_2, \cdots, A_n)$。其中,$R$ 为关系名,$A_1$, $A_2$, $\cdots$, $A_n$ 为属性名。域名及属性向域的映像为属性的类型、长度、小数位数等。

例如,学生关系 Stu 的关系模式 $R(U)$ 可以表示如下:

$$Stu(Snum, Sname, Ssex, Sage, Sclass)$$

属性名不一定是汉字。

> **🖥说明:** 关系是关系模式在某一时刻的状态或内容。通常关系模式是静态的,关系数据库一旦定义,其结构不能随意改动;而关系是动态的,可以随时间不断变化,关系操作可以不断地增加、修改和删除数据库中的数据。

### 2.1.4　E-R 图转换为关系模型的方法

#### 1. 转换规则

关系模型的逻辑结构是一组关系模式的集合。E-R 图由实体、实体的属性和实体间的联系三个要素组成。实际上,将 E-R 图转换为关系模型,就是将 E-R 图转换成关系模式集合。实体类型和二元联系类型的**转换规则**如下。

(1) 实体转换关系规则:将每个实体转换成一个关系模式时,实体的属性就是关系的属性,实体的标识符就是关系的键,如学生实体中的属性"学号"等。

(2) 二元联系类型的转换规则如下。

① 若实体间的联系是 1:1,则可以在两个实体类型转换成的两个关系模式中,任选一个属性组在其中加入另一个关系模式的键和联系类型的属性。

② 若实体间的联系是 1:n,则在 n 端实体类型转换的关系模式中,加上在 1 端实体类型的键和联系类型的属性。

③ 若实体间的联系是 m:n,则将联系类型也转换成关系模式,其属性为两端实体类型的键加上联系类型的属性,而键为两端实体键的组合。

对于联系的转换方法,可以对二元联系的 1:1、1:n 和 m:n 三种情况分别举例说明。

#### 2. 转换方法

1) 一对一联系的转换方法

**【案例 2-4】**　客户与联系人的关联关系如图 2-1 所示。将联系与任意端实体所对应的关系模式合并,并加入另一端实体的主键和联系本身的属性,其关系模式如下:

客户(<u>客户 ID</u>,客户名称,密码,注册日期,类别,状态,预存费余额)

联系人(<u>联系人 ID</u>,姓名,身份证号码,职务,地址,通信方式)

对应的关系模式如下:

Customer(<u>CID</u>, CName, RID, CPassword, CRegistrationDate, CType, CStatus, CAccountBalance),PK(主键):CID;FK(外键):RID

Relation(<u>RID</u>, RName, RIndentityNo, RDuty, RAddress, RContactinfo), PK:RID

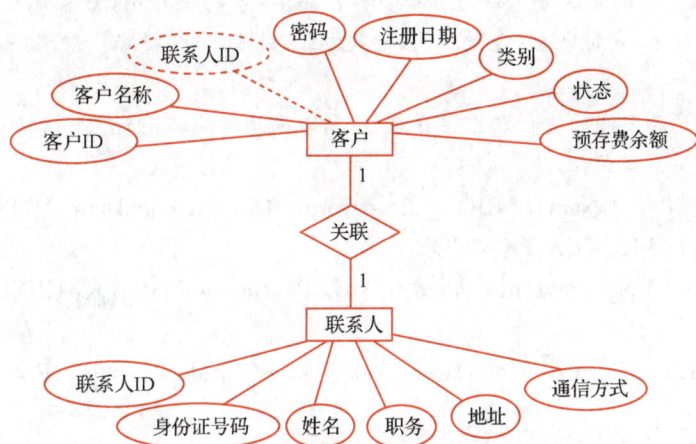

图 2-1 一对一联系

2）一对多联系的转换方法

**方法一：**将联系与多的一端实体所对应的关系模式合并，加入 1 端实体的主键和联系的属性。

**方法二：**联系可独立转换成一个关系模式，其属性包括联系自身的属性以及相连的两端实体的主键。

**【案例 2-5】** 客户实体与产品（产品号码，产品名称，购买日期，安装地址，单价）实体存在一对多的购买联系，将其转换为关系模式，其关系模式设计如下。

由于客户与产品之间存在的购买联系没有属性，所以使用方法一，如图 2-2 所示，将购买联系与产品合并，转换成一个关系模式：

Customer（CID，CName，RID，CPassword，CRegistrationDate，CType，CStatus，CAccountBalance），PK：CID；FK：RID

EProduct（ENo，EName，CID，EJoinDate，EAddress，EUnivalence），PK：Eno；FK：CID

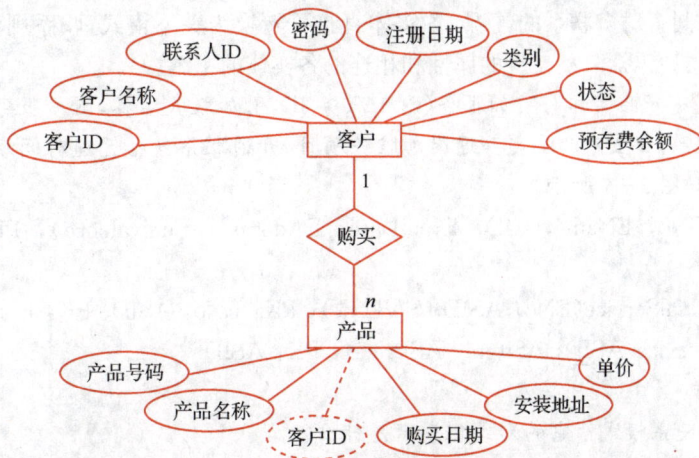

图 2-2 一对多联系（方法一）

**【案例2-6】** 客户实体与产品(产品号码,产品名称,购买日期,安装地址,单价)实体存在一对多的支付联系,支付联系(支付时间,付款方式,对应账号)将客户、产品和支付联系转换为关系模式。

由于客户与产品之间的支付联系存在属性,所以采用方法二,如图2-3所示,将支付联系独立转换成一个关系模式:

Customer（CID, CName, RID, CPassword, CRegistrationDate, CType, CStatus, CAccountBalance）, PK: CID; FK: RID

Payment(CID, ENo, PayDate, PaymentWay, PayAccountNo), PK: CID, Eno; FK: CID 和 Eno

EProduct2(ENo, Ename, EJoinDate, EAddress, EUnivalence), PK: Eno

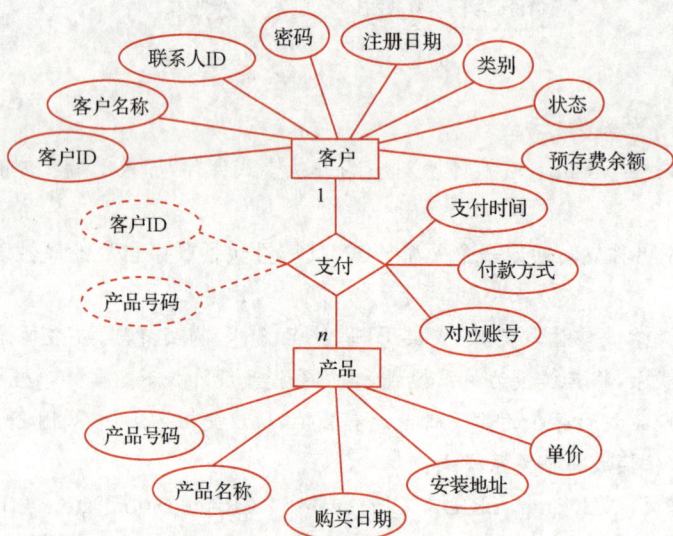

图 2-3  一对多联系(方法二)

3) 多对多联系的转换

对于实体之间多对多联系的情况,各实体直接可转换为关系模式,联系则独立转换成一个关系模式,其属性包括联系自身的属性和相连的各实体的主键。

**【案例2-7】** 产品实体与附加服务(附加服务ID,附加服务名称,附加服务收费)实体之间存在多对多联系,由主产品绑定开通附加服务项目,开通联系包括开通时间属性,现将其转换为关系模式,如图2-4所示。

EProduct（ENo, EName, CID, EJoinDate, EAddress, Eunivalence）, PK: Eno; FK: CID

StartAdditionalService(ENo, ASID, SATime), PK: ENo, ASID; FK: ENo 和 ASID

AdditionalService(ASID, ASitem, ASPrice), PK: ASID

📖**讨论思考**

(1) 什么是关系模式?它的形式化表示是什么?

(2) 关系应该具有哪些性质?

(3) E-R模型如何向关系模型转换?

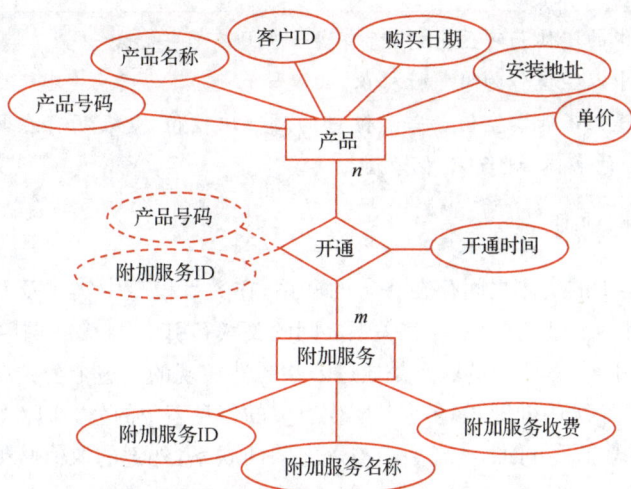

图 2-4　多对多联系

# 2.2　关系模型的完整性

关系完整性主要用于保证数据库中数据的正确性。系统在进行更新、插入或删除等操作时都要检查数据的完整性,核实其约束条件,即关系模型的完整性规则。在关系模型中有**三类完整性约束**,即实体完整性、参照完整性和用户自定义完整性,其中前两个约束条件称为关系的两个不变性。对于数据的完整性,将在 10.4 节具体介绍。

## 2.2.1　实体完整性规则

关系数据库的完整性规则是数据库设计的重要任务,是在数据库设计之前就需要考虑到的一项重要工作,以免设计的数据库出现问题。绝大部分关系型数据库管理系统都自动支持关系完整性规则,只要用户在定义(建立)表的结构时,注意选定主键、外键及其参照表,RDBMS 可以自动实现其完整性约束条件。

(1) 实体完整性。**实体完整性**(entity integrity)是指保证操作的数据(记录)非空、唯一且不重复性的要求。即实体完整性要求每个关系(表)有且仅有一个主键,每一个主键值必须唯一,而且不允许为空(NULL)或重复。

(2) 实体完整性规则要求。若属性 $A$ 是基本关系 $R$ 的主属性,则属性 $A$ 不能取空值,即**主属性不可为空值**。其中的空值不是 0,也不是空隔或空字符串,而是没有值。实际上,空值是指暂时"没有存放的值"、"不知道"或"无意义"的值。由于主键是实体数据(记录)的唯一标识且操作时用于调研本行记录,若主属性取空值,就会导致关系(表)中存在不可标识(区分)的实体数据(记录),这与实体的定义矛盾,而非主属性可以取空值,所以将此规则称为**实体完整性规则**。例如,学籍关系(表)中主属性"学号"(列)中不能有空值,否则无法调用学籍表中的数据(记录)。

💻**说明:**关于实体完整性规则的说明如下。

(1) 实体完整性规则主要是针对具体基本关系而言的。通常一个基本表(关系)对应现实客观世界的一个具体实体集。

（2）现实世界中的实体是可区分的，所有实体都具有唯一性标识。

（3）关系模型中以主键作为唯一性标识。

（4）主键中的属性不能取空值。若主键中的属性取空值，就表明存在某个不可标识的实体，即存在不可区分的实体，这与（2）相矛盾。

### 2.2.2　参照完整性规则

通常，客观现实中的实体之间存在一定的联系，在关系模型中实体及实体间的联系都是以关系描述的，因此，操作时就可能存在关系之间的关联和引用（如多表调用数据）。

在关系数据库中，关系之间的联系是通过公共属性实现的。这个公共属性经常是一个表的主键，同时是另一个表的外键，如多个与学生有关的信息表中的公共属性"学号"。

**参照完整性体现**在两方面：实现了表与表之间的联系，外键的取值必须是另一个表的主键的有效值，或是空值。

💻**说明：** 关系的外键的另一种严格定义是，若属性（或属性组）$F$ 与基本关系 $S$ 的主键 $K_S$ 相对应，则对于关系 $R$ 中的每个元组在 $F$ 上的值必须满足：或取空值（$F$ 的每个属性均为空值），或等于 $S$ 中某个元组的主键值，则称 $F$ 是基本关系 $R$ 的外键，即指对外（其他）关系的键（主键）。

**参照完整性规则**（referential integrity）：若属性（组）$F$ 是关系模式 $R_1$ 的主键，同时 $F$ 也是关系模式 $R_2$ 的外键，则在 $R_2$ 的关系中，**$F$ 的取值只允许两种可能**：为 $R_1$ 关系中某个主键值或空值。其中，$R_1$ 称为"被参照关系"模式，$R_2$ 称为"参照关系"模式。

例如，在案例 2-4 的关系模型中，客户关系 Customer 中的外键 RID 只能是下面两类值。

（1）非空值，其值必须为被参照关系中某一客户的 RID。

（2）空值，表示暂时还未确定。

其关系模型可以表示如下：

Customer（CID，CName，RID，CPassword，CRegistrationDate，CType，CStatus，CAccountBalance），PK：CID；FK：RID

Relation(RID，RName，RIndentityNo，RDuty，RAddress，RContactinfo)，PK：RID

🔊**注意：** 在实际应用中，对于案例 2-4，外键不一定与对应的主键同名。在关系模式中，外键常用下划曲线标出。此外，外键值是否允许为空，应视具体问题而定。在案例 2-6 中，客户关系的外键 RID 是主键中的属性，即主属性，所以不能取空值。

### 2.2.3　用户自定义完整性规则

为了在企事业业务应用领域遵循语义（实际）要求的约束条件，保证所操作的数据在规定的取值范围内，所有的关系数据库系统除了应当具备上述完整性规则要求之外，还要求满足**用户自定义完整性规则**（user-defined integrity）也称**域完整性规则**，是对数据表中字段属性的约束，包括字段（指此列存放的数据）的值域、类型、宽度和有效规则（如小数位数）等约束，是由确定关系结构时所定义的字段的属性决定的。

对于不同的关系数据库系统，当具体实际应用环境不同时，通常对各字段（列）值要求有特殊具体的约束条件。关系模型应提供定义和检验这类完整性的机制,以便用统一的系统检验方法处理,而不应由应用程序承担此功能。用户自定义完整性就是针对某一具体关系数据库的约束条件,反映某一具体应用所涉及的数据必须满足的语义要求。

例如,百分制成绩的取值范围是 $0 \sim 100$,是针对具体关系提出的完整性约束;课程(课程号,课程名,学分)中,"课程号"属性必须取唯一值,非主属性"课程名"也不能取空值,"学分"属性只能取值$\{1, 2, 3, 4\}$。

📖**讨论思考**

(1) 关系模型中有哪三类完整性约束?

(2) 关系为什么应该满足实体完整性规则和参照完整性规则?

(3) 举例说明用户自定义完整性规则。

# 2.3　常用的关系运算

在实际应用中,查询是最常用的基本操作,用户可以从数据库中及时获取所关注的数据(信息)。关系代数是一种抽象的查询语言,并以集合代数为基础,以关系为运算对象的高级运算是关系数据操作语言的一种传统表达方式。

## 2.3.1　关系运算种类及运算符

### 1. 关系运算的种类

传统的集合运算属于关系运算,关系代数的运算对象和结果都是关系,所以关系代数的运算简称**关系运算**。关系运算可分为**两类**:传统的集合运算和专门的关系运算。

1) 传统的集合运算

主要利用传统的集合运算方法,将关系(表)作为元组(行)的集合,并从关系(表)的"水平"方向进行角度运算。有时需要两个关系(表)进行运算,如找到两个表中相同的部分,这种运算机制即传统集合运算中的"交"。

**传统的集合运算**可以实现的**基本操作**如下。

(1) 并运算实现数据记录的添加和插入。

(2) 差运算实现数据记录的删除。

(3) 修改数据记录的操作,实际由先删除(差)后插入(并)两个操作步骤实现。

2) 专门的关系运算

**专门的关系运算**主要是针对关系数据库环境进行专门设计的,不仅涉及关系的行(记录),也涉及关系的列(属性)。比较运算符和逻辑运算符用于辅助专门的关系运算符操作。有时需要表(关系)本身进行运算,如果只需要显示表中某列的值,就需要利用关系的专门运算中的"投影"。

### 2. 关系运算的运算符

关系代数是一种抽象的查询语言,可以通过对关系的运算表达查询操作。

**关系运算**的三要素为运算对象、运算结果和运算符,其中运算对象和运算结果都是关系。关系运算所使用的**运算符**主要包括**4 类**:传统的集合运算符、专门的关系运算符、(算术)比较运算符和逻辑运算符。对其实际应用将在后面具体介绍。

(1) 传统集合运算符：∪（并运算）、−（差运算）、∩（交运算）、×（广义笛卡儿积）。

(2) 专门的关系运算符：σ（选择）、π（投影）、▷◁（连接）、÷（除）。

(3)（算数）比较运算符：＞（大于）、≥（大于等于）、＜（小于）、≤（小于等于）、＝（等于）、≠（不等于）。

(4) 逻辑运算符：¬（非）、∧（与）、∨（或）。

### 2.3.2 传统的关系运算

实际上，传统的关系运算属于集合运算，即对两个关系的二目集合运算，**常用的传统关系运算主要包括四种**：并运算、差运算、交运算、广义笛卡儿积。

#### 1. 并运算

设关系 $R$ 和关系 $S$ 具有相同的元数 $n$，即两个关系的属性个数均为 $n$，且相应的属性取自同一个域，则关系 $R$ 和关系 $S$ 的**并**（union）由属于 $R$ 或属于 $S$ 的元组组成。其结果关系的元数仍为 $n$，记为 $R \cup S$。**形式定义为**

$$R \cup S = \{t \mid t \in R \vee t \in S\}$$

**说明**：$t$ 是元组变量（关系表的行）。$R \cup S$ 的结果是 $R$ 中元组和（合并）$S$ 中元组合并在一起构成的一个新关系，并运算的结果要消除重复的元组。

【**案例 2-8**】 已知关系 $R$ 和关系 $S$ 如表 2-2 所示，求关系 $R$ 和关系 $S$ 的并集。

关系 $R$ 和关系 $S$ 的并运算结果如表 2-3 所示。

**表 2-2 关系 $R$ 和关系 $S$**

| 学号 | 姓名 | 年龄 |
| --- | --- | --- |
| 0701 | 李平 | 19 |
| 0603 | 张全 | 21 |
| 0803 | 李春 | 20 |

(a) 关系 R

| 学号 | 姓名 | 年龄 |
| --- | --- | --- |
| 0901 | 李丽 | 19 |
| 0603 | 张全 | 21 |

(b) 关系 S

**表 2-3 并运算结果**

| 学号 | 姓名 | 年龄 |
| --- | --- | --- |
| 0701 | 李平 | 19 |
| 0603 | 张全 | 21 |
| 0803 | 李春 | 20 |
| 0901 | 李丽 | 19 |

#### 2. 差运算

设关系 $R$ 和关系 $S$ 具有相同的元数 $n$，即两个关系的属性个数均为 $n$，且相应的属性取自同一个域，则关系 $R$ 和关系 $S$ 的**差**（difference）由属于 $R$ 但不属于 $S$ 的所有元组组成，其结果关系的元数仍为 $n$，记为 $R-S$，**形式定义**如下：

$$R-S = \{t \mid t \in R \wedge t \notin S\}$$

其中,$t$ 是元组变量(关系表的行)。

**【案例 2 - 9】** 已知关系 $R$ 和关系 $S$ 如表 2-2 所示,求关系 $R$ 和关系 $S$ 的差集。

关系 $R$ 和关系 $S$ 的差运算结果如表 2-4 所示。

表 2 - 4  差运算结果

| 学号 | 姓名 | 年龄 |
|------|------|------|
| 0701 | 李平 | 19 |
| 0803 | 李春 | 20 |

### 3. 交运算

设关系 $R$ 和关系 $S$ 具有相同的元数 $n$,即两个关系的属性个数均为 $n$,且相应的属性取自同一个域,则关系 $R$ 和关系 $S$ 的**交**(intersection)由既属于 $R$ 又属于 $S$ 的元组组成,其结果关系的元数仍为 $n$,**记为 $R \bigcap S$,形式定义**如下:

$$R \bigcap S = \{t \mid t \in R \wedge t \in S\}$$

关系的交可以用差表示,即 $R \bigcap S = R - (R - S)$。

**【案例 2 - 10】** 已知关系 $R$ 和关系 $S$ 如表 2-2 所示,求关系 $R$ 和关系 $S$ 的交集。

关系 $R$ 和关系 $S$ 的交运算结果如表 2-5 所示。

表 2 - 5  交运算结果

| 学号 | 姓名 | 年龄 |
|------|------|------|
| 0603 | 张全 | 21 |

### 4. 广义笛卡儿积

设关系 $R$ 和关系 $S$ 的元数分别为 $r$ 和 $s$。定义 $R$ 和 $S$ 的**广义笛卡儿积**(extended Cartesian product) $R \times S$ 是一个 $(r+s)$ 元的元组集合,每个元组的前 $r$ 个分量(属性值)来自 $R$ 的一个元组,后 $s$ 个分量是 $S$ 的一个元组,**记为 $R \times S$,形式定义**如下:

$$R \times S \equiv \{t \mid t = <t^r, t^s> \wedge t^r \in R \wedge t^s \in S\}$$

🖳**说明:** $t^r$、$t^s$ 中 $r$、$s$ 为上标,分别表示有 $r$ 个分量和 $s$ 个分量,若 $R$ 有 $n$ 个元组,$S$ 有 $m$ 个元组,则 $R \times S$ 有 $n \times m$ 个元组。

**【案例 2 - 11】** 已知两个关系 $R$ 和 $S$ 如表 2-6 所示,求关系 $R$ 和关系 $S$ 的广义笛卡儿积。

关系 $R$ 和关系 $S$ 的广义笛卡儿积结果如表 2-7 所示。

表 2 - 6  关系 $R$ 和关系 $S$

| 学号 | 课程号 | 成绩 | 学号 | 姓名 | 年龄 |
|------|--------|------|------|------|------|
| 0701 | C001 | 90 | 0701 | 王小平 | 19 |
|  |  |  | 0603 | 张全 | 21 |
| 0603 | C002 | 78 | 0803 | 李春 | 20 |

<table>
<tr><td align="center">(a) 关系 $R$</td><td align="center">(b) 关系 $S$</td></tr>
</table>

表 2-7 广义笛卡儿积结果

| R. 学号 | 姓名 | 年龄 | S. 学号 | 课程号 | 成绩 |
|---------|------|------|---------|--------|------|
| 0701 | 王小平 | 19 | 0701 | C001 | 90 |
| 0701 | 王小平 | 19 | 0603 | C002 | 78 |
| 0603 | 张全 | 21 | 0701 | C001 | 90 |
| 0603 | 张全 | 21 | 0603 | C002 | 78 |
| 0803 | 李春 | 20 | 0701 | C001 | 90 |
| 0803 | 李春 | 20 | 0603 | C002 | 78 |

> ⚠注意：$R$ 和 $S$ 中有相同的属性名"学号"，在计算结果中为了区别，需要在其属性名前标注相应的关系名，如 $R.$ 学号和 $S.$ 学号。

### 2.3.3 专门的关系运算

**专门的关系运算**主要包括四种：选择运筹、投影运筹、连接运筹、除运筹。其中，选择运算可以选取符合条件的元组构成新关系，投影运算可选取元组中指定的属性构成新关系，连接运算可选取符合条件的元组串联构成新关系，除运算可选取像集符合条件的元组的多个属性列构成新关系。

#### 1. 选择运算

**选择运算**实际是对表（关系）进行水平分割，即对元组（记录）水平方向的选取。

**选择**（selection）运算也称为**限制**（restriction），是在表中选择符合给定条件的元组，记为 $\sigma_F(R)$。其中，σ 为选择运算符，$F$ 表示选择条件，是一个条件（逻辑）表达式，$F$ 由逻辑运算符 ⌐、∧、∨ 连接各算术表达式组成。**算术表达式的基本形式**如下：

$$X\theta Y$$

🖥说明：$X$ 和 $Y$ 可以是常量（此时需用"定界符"即引号括起来），也可以是元组分量即属性名或列的序号，或简单函数。θ 表示比较运算符，可以是算术比较运算符（＞、≥、＜、≤、＝、≠），或逻辑运算符（⌐、∧、∨），如产地＝'上海'。

运算对象为常数（需用"定界符"即引号括起来）和元组分量（属性名或列的序号）。

选择运算的**形式定义**如下：

$$\sigma_F(R) = \{t \mid t \in R \wedge F(t) = \text{true}\}$$

🖥说明：$\sigma_F(R)$ 表示从 $R$ 中选取满足公式 $F$ 的元组所构成的关系。

【案例 2-12】 设有一个如表 2-8 所示的商品关系，查询上海生产的商品信息。

表 2-8 商品关系

| 商品编号 | 商品名 | 产地 | 价格 | 等级 |
|----------|--------|------|------|------|
| K001 | 手表 | 上海 | 80 | 一等品 |
| K002 | 挂钟 | 杭州 | 20 | 一等品 |
| K003 | 计算器 | 上海 | 76 | 特等品 |
| K004 | 电话 | 广州 | 127 | 二等品 |

选择运算 $\sigma_{\text{产地}='\text{上海}'}(\text{商品})$ 或 $\sigma_{3='\text{上海}'}(\text{商品})$ 结果如表 2-9 所示。

**表 2-9　选择运算结果**

| 商品编号 | 商品名 | 价格 | 等级 |
|---|---|---|---|
| K001 | 手 表 | 80 | 一等品 |
| K003 | 计算器 | 76 | 特等品 |

🔔**注意**：其中下角标 3 为产地的属性序号。

**【案例 2-13】**　查询价格低于 80 元的商品信息。

选择运算 $\sigma_{\text{价格}<'80'}(\text{商品})$ 或 $\sigma_{4<'80'}(\text{商品})$ 结果如表 2-10 所示。

**表 2-10　价格低于 80 元的商品信息**

| 商品编号 | 商品名 | 产地 | 等级 |
|---|---|---|---|
| K002 | 挂钟 | 杭州 | 一等品 |
| K003 | 计算器 | 上海 | 特等品 |

### 2. 投影运算

**投影运算**实际是对关系(表)进行垂直分割，即对元组(记录)列方向的筛选。

**投影**(projection)运算是在一个关系(表)中选取某些列(属性)，并重新安排列的顺序，再删去重复元组后构成的新的关系，是对关系(二维表)进行垂直分割，**记为 $\pi_A(R)$**。其中，$\pi$ 为投影运算符，$A$ 为 $R$ 中的属性列。

**投影运算**的形式定义如下：

$$\pi_A(R) = \{t[A] \mid t \in R\}$$

🔔**注意**：投影后不仅取消了原关系中的某些列，而且可能取消某些元组，因为取消了某些属性列后，就可能出现重复行，应取消这些完全相同的行。

**【案例 2-14】**　已知商品关系如表 2-8 所示，查询商品的产地。

投影运算 $\pi_{\text{产地}}(\text{商品})$ 或 $\pi_3(\text{商品})$ 的结果如表 2-11 所示。

**表 2-11　投影产地的运算结果**

| 产地 |
|---|
| 上海 |
| 杭州 |
| 广州 |

**表 2-12　投影商品名和价格运算结果**

| 商品名 | 价格 |
|---|---|
| 手表 | 80 |
| 挂钟 | 20 |
| 计算器 | 76 |
| 电话 | 127 |

🔔**注意**：由于投影的结果消除了重复元组，所以结果只有 3 个元组。

**【案例 2-15】**　已知商品关系如表 2-8 所示，查询商品的名称和价格。

投影运算 $\pi_{商品名,价格}(商品)$ 或 $\pi_{2,4}(商品)$ 的结果如表 2-12 所示。

### 3. 连接运算

**连接**(join)运算是从两个关系的广义笛卡儿积中,选取两个关系的属性满足一定条件的元组。连接运算是对关系的结合,可以**定义连接运算**如下:

$$R \underset{i\theta j}{\bowtie} S \equiv \sigma_{i\theta(r+j)}(R \times S)$$

📖**说明**:$i$ 和 $j$ 分别是关系 $R$ 和 $S$ 中的第 $i$ 个、第 $j$ 个属性;≡是比较运算符;$r$ 是关系 $R$ 的元数。该式表示连接运算是在关系 $R$ 和 $S$ 的广义笛卡儿积中选取第 $i$ 个分量和第 $(r+j)$ 个分量满足 $\theta$ 运算的元组。

连接也称为 $\theta$ **连接**,若 $\theta$ 为等号"=",则此连接操作称为**等值连接**。实际上,等值连接是从关系 $R$ 与 $S$ 的广义笛卡儿积中选取 $A$、$B$ 属性值相等的元组构成的新关系。

⚠️**注意**:自然连接是一种特殊的等值连接,要求两个关系中进行比较的分量必须是相同的属性组,并且在结果中将重复的属性列去掉。

**【案例 2-16】** 设关系 $R$ 和关系 $S$ 如表 2-13 所示,求 $R \underset{B>D}{\bowtie} S$、$R \underset{R.A=S.A}{\bowtie} S$ 和 $R \bowtie S$。

**表 2-13 关系 $R$ 和关系 $S$**

| $A$ | $D$ | $E$ |
|-----|-----|-----|
| a3 | 9 | 23 |
| a2 | 3 | 78 |

(a) 关系 $R$

| $A$ | $B$ | $C$ |
|-----|-----|-----|
| a1 | 4 | 11 |
| a2 | 6 | 34 |
| a3 | 8 | 20 |

(b) 关系 $S$

根据关系 $R$ 和 $S$,计算 $R \underset{B>D}{\bowtie} S$、$R \underset{R.A=S.A}{\bowtie} S$ 和 $R \bowtie S$ 过程如表 2-14~表 2-17 所示。

**表 2-14 广义笛卡儿积结果**

| $R.A$ | $B$ | $C$ | $S.A$ | $D$ | $E$ |
|-------|-----|-----|-------|-----|-----|
| a1 | 4 | 11 | a3 | 9 | 23 |
| a1 | 4 | 11 | a2 | 3 | 78 |
| a2 | 6 | 34 | a3 | 9 | 23 |
| a2 | 6 | 34 | a2 | 3 | 78 |
| a3 | 8 | 20 | a3 | 9 | 23 |
| a3 | 8 | 20 | a2 | 3 | 78 |

**表 2-15 $R \underset{B>D}{\bowtie} S$ 结果**

| $R.A$ | $B$ | $C$ | $S.A$ | $D$ | $E$ |
|-------|-----|-----|-------|-----|-----|
| a1 | 4 | 11 | a2 | 3 | 78 |
| a2 | 6 | 34 | a2 | 3 | 78 |
| a3 | 8 | 20 | a3 | 3 | 78 |

表 2-16　$R \underset{R.A = S.A}{\bowtie} S$ 结果

| R.A | B | C | S.A | D | E |
|---|---|---|---|---|---|
| a2 | 6 | 34 | a2 | 3 | 78 |
| a3 | 8 | 20 | a3 | 9 | 23 |

表 2-17　$R \bowtie S$ 结果

| R.A | B | C | D | E |
|---|---|---|---|---|
| a2 | 6 | 34 | 3 | 78 |
| a3 | 8 | 20 | 9 | 23 |

⚲**注意**：自然连接与等值连接的主要区别如下。

（1）等值连接中相等的属性可以是相同属性，也可以是不同属性，而自然连接中相等的属性必须是相同的属性。

（2）自然连接结果必须去掉重复属性，特指进行相等比较的属性，而等值连接结果不用。

（3）自然连接用于有公共属性的情况。若两个关系没有公共属性，则它们不能进行自然连接，而等值连接无此要求。

通常，自然连接在多表检索（查询）"调用多表数据"时常用。

### 4. 除运算

#### 1）除运算定义

关系的**除运算**实际上是广义笛卡儿积的逆运算。对于给定的关系 $R(X, Y)$ 和 $S(Y, Z)$，其中 $X$、$Y$、$Z$ 为属性组。$R$ 中的 $Y$ 与 $S$ 中的 $Y$ 可以有不同的属性名，但必须出自相同的域集。$R$ 与 $S$ 的**除**（division）运算是一个新的关系 $P(X)$，$P$ 是 $R$ 中满足下列条件的元组在 $X$ 属性列上的投影：元组在 $X$ 上分量值 $x$ 的像集 $Y_x$ 包含 $S$ 在 $Y$ 上投影的集合。**定义**如下：

$$R \div S = \{ t_r[X] \mid t_r \in R \wedge \pi_y(S) \subseteq Y_x \}$$

其中，$Y_x$ 为 $x$ 在 $R$ 中的像集，$x = t_r[X]$。

#### 2）除运算过程

关系（表）的**除运算**操作是从行和列同时进行的。具体**运算过程**如下。

（1）将被除关系的属性分为像集属性和结果属性两部分，与除关系相同的属性属于像集属性，不相同的属性属于结果属性。

（2）在除关系中，在与被除关系相同的属性（像集属性）上投影，得到除目标数据集。

（3）将被除关系分组，将结果属性值相同的元组分为一组。

（4）观察每个组，若它的像集属性值中包括除目标数据集，则对应的结果属性值应属于该除法运算结果集，并差去与原被除关系相同的分组。

#### 📖知识拓展

除的基本运算可以表示为等价表达式：

$$\pi_A(R) - \pi_A(\pi_A(R) \times S - R)$$

> ♤**注意**：除法应用。当问题中出现"至少"、"全部"、"所有"等类似的集合包含的概念时，可能用到除法；用到除法时，关键的问题是构造除关系和被除关系。

【**案例 2-17**】 设关系订购和零件数据如表 2-18 和表 2-19 所示，求订购÷零件（表 2-20）。

订购÷零件的具体**计算过程**如下。

(1) 将关系订购的属性分为像集属性（零件号）和结果属性（工程号，数量）两部分，如图 2-5 所示。

**表 2-18 订购关系**

| 工程号 | 零件号 | 数量 |
|---|---|---|
| a1 | b1 | 58 |
| a2 | b1 | 43 |
| a3 | b4 | 678 |
| a1 | b2 | 65 |
| a4 | b6 | 65 |
| a2 | b2 | 43 |
| a1 | b2 | 58 |

**表 2-19 零件关系**

| 零件号 | 零件名 | 颜色 |
|---|---|---|
| b1 | 螺母 | 红色 |
| b2 | 螺钉 | 蓝色 |

**表 2-20 订购÷零件结果**

| 工程号 | 数量 |
|---|---|
| a1 | 58 |
| a2 | 43 |

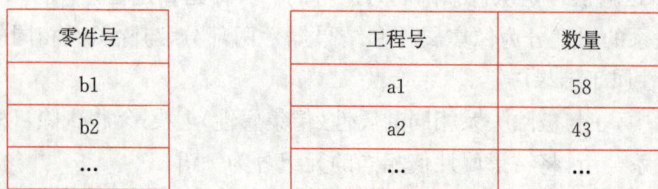

| 零件号 |
|---|
| b1 |
| b2 |
| ... |

| 工程号 | 数量 |
|---|---|
| a1 | 58 |
| a2 | 43 |
| ... | ... |

图 2-5 订购关系的划分

(2) 在关系零件中，在属性零件上进行投影，得到除目标数据集(b1, b2)。

(3) 将关系订购分组，将结果属性值相同的元组分为一组，共分为五组：(a1, 58)、(a2,

43)、(a3,678)、(a1,65)、(a4,65)。

(4) 观察每个组,若它的零件号属性值中包括除目标数据集(b1,b2),则对应的结果属性(工程号,数量)的值应属于该除法运算结果集。

下面举几个关系代数综合运算应用的案例。

设商品销售数据库有三个关系(表):商品关系、售货员关系和售货关系。三个关系的关系模式如下:

商品(商品编号,商品名,产地,价格,等级)

售货员(售货员编号,姓名,性别,年龄)

售货(商品编号,售货员编号,数量)

**【案例 2 - 18】** 查询等级是一等品的所有商品信息。

$$\sigma_{等级='一等品'}(商品)$$

**【案例 2 - 19】** 查询性别为男的所有售货员的编号和姓名。

$$\pi_{售货员编号,姓名}(\sigma_{性别='男'}(商品))$$

**【案例 2 - 20】** 查询售出商品编号为 K002 的售货员的姓名。

$$\pi_{姓名}(\sigma_{商品编号='K002'}(售货 \bowtie 售货员))$$

**【案例 2 - 21】** 查询曾经销售过所有商品类别的售货员的编号和姓名。

$$\pi_{售货员编号,姓名}((\pi_{商品编号,售货员编号}(售货) \div \pi_{商品编号}(商品)) \bowtie 售货员)$$

📖 **讨论思考**

(1) 作交、并、差运算的两个关系必须满足什么条件?

(2) 除运算的结果表示什么含义?

(3) 自然连接与等值连接有什么区别?

# *2.4   关系演算与查询优化

关系演算不同于关系运算,是以数理逻辑中的谓词演算为基础的一种运算。与关系代数相比较,关系演算是非过程化的。关系演算只需描述结果的信息,而不给出获得信息的具体过程。按谓词变元的不同,关系演算可分为元组关系演算和域关系演算。元组关系演算以元组为变量,域关系演算以域为变量。

## 2.4.1   关系演算概述

### 1. 元组关系演算

在**元组关系演算**(tuple relational calculus)中,其表达式的**一般形式**如下:

$$\{t \mid \varphi(t)\}$$

其中,$t$ 为元组变量,表示一个元数固定的元组;$\varphi(t)$ 是以元组变量 $t$ 为基础的公式。该表达式的含义是使 $\varphi(t)$ 为真的元组 $t$ 的集合。

原子公式(atoms)有以下**三种形式**。

（1）$R(t)$。$R$ 是关系名，$t$ 是元组变量，$R(t)$ 表示 $t$ 是关系 $R$ 的一个元组。

（2）$t[i]\theta s[j]$。其中，$t$ 和 $s$ 是元组变量，$\theta$ 是算术比较运算符（如 $>$、$<$、$=$ 等）。$t[i]\theta s[j]$ 表示元组 $t$ 的第 $i$ 个分量与元组 $s$ 的第 $j$ 个分量满足 $\theta$ 关系。例如，$t[2]=s[3]$ 表示 $t$ 的第 2 个分量等于 $s$ 的第 3 个分量。

（3）$t[i]\theta C$ 或者 $C\theta t[i]$。其中，$C$ 表示一个常量，$t$ 是元组变量，$\theta$ 是算术比较运算符。$t[i]\theta C$ 表示 $t$ 的第 $i$ 个分量与常量 $C$ 满足关系 $\theta$。例如，$t[1]>3$ 表示 $t$ 的第一个分量大于 3。

关系演算公式（formula）的**递归**定义如下。

（1）每个原子公式是公式。

（2）假如 $\varphi_1$ 和 $\varphi_2$ 是公式，则 $\neg\varphi_1$、$\varphi_1 \wedge \varphi_2$、$\varphi_1 \vee \varphi_2$ 也为公式，其中，$\neg\varphi_1$ 表示 $\varphi_1$ 为假，$\varphi_1 \wedge \varphi_2$ 表示 $\varphi_1$ 和 $\varphi_2$ 同时为真，$\varphi_1 \vee \varphi_2$ 表示 $\varphi_1$ 和 $\varphi_2$ 中的一个为真或同时为真。

（3）假如 $\varphi$ 是公式，则 $(\exists t)\varphi$ 和 $(\forall t)\varphi$ 也都是公式，其中，$(\exists t)\varphi$ 表示存在一个元组 $t$ 使得公式 $\varphi$ 为真，$(\forall t)\varphi$ 表示对于所有元组 $t$ 使得公式 $\varphi$ 为真。

（4）按照上述三条规则经过有限次组合形成的也都是公式。

在关系演算公式中，各种运算符的优先级次序如下。

（1）算术、比较运算符优先级。

（2）量词优先级，且 $\exists$ 的优先级高于 $\forall$ 的优先级。

（3）逻辑运算符优先级，且 $\neg$ 的优先级高于 $\wedge$ 和 $\vee$ 的优先级。

（4）若加括号，则括号内优先。同一括号内运算符的优先级遵循以上 3 项。

关系代数的运算符可以用元组关系演算表达式来模拟，因此，关系代数表达式可以等价地转换到元组演算表达式。由于所有的关系代数表达式都能用五个基本运算组合而成，所以只要用关系演算表达式表示五种基本运算，就可以实现关系代数表达式转换到元组演算表达式。

（1）并：$R \cup S = \{t \mid R(t) \vee S(t)\}$

（2）差：$R - S = \{t \mid R(t) \wedge \neg S(t)\}$

（3）广义笛卡儿积：

$$R \times S = \{t^{(m+n)} \mid (\exists u^{(m)})(\exists v^{(n)})(R(u) \wedge S(v) \wedge t[1]$$
$$= u[1] \wedge t[2] = u[2] \wedge \cdots \wedge t[m] = u[m] \wedge t[m+1]$$
$$= v[1] \wedge \cdots \wedge t[m+n] = v[n])\}$$

其中，关系 $R$ 有 $m$ 个属性，关系 $S$ 有 $n$ 个属性。

（4）选择：$\sigma_F(R) = \{t \mid R(t) \wedge F'\}$

其中，$F'$ 是 $F$ 的等价条件。例如，$\sigma_{1='a'}(R)$ 可以表示为 $\sigma_{1='a'}(R) = \{t \mid R(t) \wedge t[1] = 'a'\}$。

（5）投影：$\Pi_{i1, i2, \cdots, ik}(R) = \{t^{(k)} \mid (\exists u)(R(u) \wedge t[1] = u[i_1] \wedge \cdots \wedge t[k] = u[i_k])\}$

下面用关系演算来对商品销售数据库数据进行查询。

**【案例 2-22】** 查询等级是一等品的所有商品信息。

$$\{t \mid 商品(t) \wedge t[5] = '一等品'\}$$

**【案例 2-23】** 查询性别为男的所有售货员的编号和姓名。

$$\{t \mid (\exists u)(售货员(u) \wedge u[3] = '男' \wedge t[1] = u[1] \wedge t[2] = u[2])\}$$

### 2. 域关系演算

**域关系演算**(domain relational calculus)与元组关系演算相似,元组关系演算中表达式使用的是元组变量,元组变量的变化范围是一个关系,域关系演算表达式中以属性列为变量,即域变量,域变量的变化范围是某个属性的值域。

域关系演算的原子公式有**两种形式**。

(1) $R(x_1, x_2, \cdots, x_k)$。其中,$R$ 是一个元数为 $k$ 的关系,$x_i$ 是一个常量或者域变量。若 $(x_1, x_2, \cdots, x_k)$ 是 $R$ 的一个元组,则 $R(x_1, x_2, \cdots, x_k)$ 为真。

(2) $x\theta y$。其中,$x$ 和 $y$ 是常量或者域变量,但至少有一个是域变量。$\theta$ 是算术比较运算符。若 $x$ 和 $y$ 满足关系 $\theta$,则 $x\theta y$ 为真。

域关系演算表达式的**一般形式**如下:

$$\{x_1, x_2, \cdots, x_k \mid \varphi(x_1, x_2, \cdots, x_k)\}$$

其中,$x_1, x_2, \cdots, x_k$ 都是域变量,$\varphi$ 是公式。该表达式的含义是:使 $\varphi$ 为真的域变量 $x_1, x_2, \cdots, x_k$ 组成的元组的集合。

下例用域关系演算对商品销售数据库数据进行查询。

**【案例 2 - 24】**　查询性别为男的所有售货员的编号和姓名。

$$\{x_1 x_2 \mid (\exists u_1)(\exists u_2)(\exists u_3)(\exists u_4)(售货员(u_1 u_2 u_3 u_4) \wedge u_3 = {}'男' \wedge x_1 = u_1 \wedge x_2 = u_2)\}$$

### *2.4.2　查询优化常用规则及算法

查询操作是比较常用的数据操作,查询速度的快慢直接影响数据库系统效率,高效的查询能极大地提高系统的性能。

对于一个给定的查询,通常有许多可能的处理策略,也就是可以写出许多等价的关系代数表达式,不同的代数表达式具有不同的执行代价。为了提高效率,减少运行时间,可以在查询语言处理程序执行查询操作之前,先由系统对用户的查询语句进行转换,将其转变为一串需要执行时间较少的关系运算,并为这些运算选择较优的存取路径,以便大大缩短执行时间,这就是关系数据库的查询优化。

### 1. 关系代数等价变换规则

关系代数是各种数据库查询语言的基础,各种查询语言都能够转换成关系代数表达式,所以关系代数表达式的优化是查询优化的基本方法。两个关系代数表达式等价是指用同样的关系实例代替两个表达式中相应的关系时所得到的结果是一致的。两个关系表达式 E1 和 E2 等价可表示为 E1≡E2。

等价变换规则指出两种不同形式的表达式是等价的,可利用第二种形式的表达式代替第一种,或者用第一种形式的表达式代替第二种,主要原因是这两种表达式在任何有效的数据库中将产生相同的结果。

常用的等价变换规则如下。

(1) 广义笛卡儿积和连接的等价交换律。设 $E_1$ 和 $E_2$ 是两个关系代数表达式,$F$ 是连接运算的条件,则:

$$E_1 \times E_2 \equiv E_2 \times E_1$$
$$E_1 \bowtie E_2 \equiv E_2 \bowtie E_1$$
$$E_1 \underset{F}{\bowtie} E_2 \equiv E_2 \underset{F}{\bowtie} E_1$$

（2）笛卡儿积和连接的结合律。设 $E_1$、$E_2$ 和 $E_3$ 是三个关系代数表达式，$F_1$ 和 $F_2$ 是两个连接运算的限制条件，$F_1$ 只涉及 $E_1$ 和 $E_2$ 的属性，$F_2$ 只涉及 $E_2$ 和 $E_3$ 的属性，则：

$$(E_1 \times E_2) \times E_3 \equiv E_1 \times (E_2 \times E_3)$$
$$(E_1 \bowtie E_2) \bowtie E_3 \equiv E_1 \bowtie (E_2 \bowtie E_3)$$
$$(E_1 \underset{F_1}{\bowtie} E_2) \underset{F_2}{\bowtie} E_3 \equiv E_1 \underset{F_1}{\bowtie} (E_2 \underset{F_2}{\bowtie} E_3)$$

（3）投影的串联。设 $E$ 是一个关系代数表达式，$L_1$，$L_2$，…，$L_n$ 是属性名，则：

$$\pi_{L_1}(\pi_{L_2}(\cdots(\pi_{L_n}(E)\cdots))) \equiv \pi_{L_1}(E)$$

**注意：** 投影运算序列中只有最后一个运算是需要的，其余的可省略。

（4）选择的串联。设 $E$ 是一个关系代数表达式，$F_1$ 和 $F_2$ 是两个选择条件，则：

$$\sigma_{F_1}(\sigma_{F_2}(E)) \equiv \sigma_{F_1 \wedge F_2}(E)$$

**注意：** 选择条件可合并成一次处理。

（5）选择和投影的交换。设 $E$ 为一个关系代数表达式，选择条件 $F$ 只涉及 $L$ 中的属性，则：

$$\pi_L(\sigma_F(E)) \equiv \sigma_F(\pi_L(E))$$

若上式中 $F$ 还涉及不属于 $L$ 的属性集 $K$，则有：

$$\pi_L(\sigma_F(E)) \equiv \pi_L(\sigma_F(\pi_{L \cup K}(E)))$$

（6）选择对笛卡儿积的分配律。设 $E_1$ 和 $E_2$ 是两个关系代数表达式，若条件 $F$ 只涉及 $E_1$ 的属性，则：

$$\sigma_F(E_1 \times E_2) \equiv \sigma_F(E_1) \times E_2$$

若有 $F = F_1 \wedge F_2$，并且 $F_1$ 只涉及 $E_1$ 中的属性，$F_2$ 只涉及 $E_2$ 中的属性，则：

$$\sigma_F(E_1 \times E_2) \equiv \sigma_{F_1}(E_1) \times \sigma_{F_2}(E_2)$$

若 $F_1$ 只涉及 $E_1$ 中的属性，$F_2$ 却涉及了 $E_1$ 和 $E_2$ 两者的属性，则：

$$\sigma_F(E_1 \times E_2) \equiv \sigma_{F_2}(\sigma_{F_1}(E_1) \times E_2)$$

（7）选择对并的分配律。设 $E_1$ 和 $E_2$ 有相同的属性名，或者 $E_1$ 和 $E_2$ 表达的关系的属性有对应性，则：

$$\sigma_F(E_1 \bigcup E_2) \equiv \sigma_F(E_1) \bigcup \sigma_F(E_2)$$

（8）选择对差的分配律。设 $E_1$ 和 $E_2$ 有相同的属性名，或者 $E_1$ 和 $E_2$ 表达的关系的属性有对应性，则：

$$\sigma_F(E_1 - E_2) \equiv \sigma_F(E_1) - \sigma_F(E_2)$$

（9）投影对并的分配律。设 $E_1$ 和 $E_2$ 有相同的属性名，或者 $E_1$ 和 $E_2$ 表达的关系的属性有对应性，则：

$$\pi_L(E_1 \bigcup E_2) \equiv \pi_L(E_1) \bigcup \pi_L(E_2)$$

（10）投影对笛卡儿积的分配律。设 $E_1$ 和 $E_2$ 是两个关系代数表达式，$L_1$ 是 $E_1$ 的属性集，$L_2$ 是 $E_2$ 的属性集，则：

$$\pi_{L_1 \bigcup L_2}(E_1 \times E_2) \equiv \pi_{L_1}(E_1) \times \pi_{L_2}(E_2)$$

其他的等价变换规则可以查阅相关文献。

### 2. 关系表达式的优化算法

关系代数表达式的优化是由 DBMS 的 DML 编译器完成的。对于给定的查询，根据关系代数等价规则，可以得到与之等价的一系列表达式，而每一个表达式执行所需的代价可能是不同的。对于优化器来说，存在选择查询最佳策略的问题。下面给出应用等价规则变换来优化关系表达式的算法。

算法：关系代数表达式的优化。

输入：一个关系代数表达式的语法树。

输出：计算表达式的一个优化序列。

方法：

（1）利用等价变换规则（4）将形如 $\sigma_{F_1 \wedge F_2 \wedge \cdots \wedge F_n}(E)$ 变换为 $\sigma_{F_1}(\sigma_{F_2}(\cdots(\sigma_{F_n}(E))\cdots))$。

（2）对每一个选择，利用等价变换（4）～（8）尽可能将它移到叶端。

（3）对每一个投影利用等价变换规则（3）、（5）、（10）中的一般形式尽可能将它移向树的叶端。

（4）利用等价变换规则（3）～（5）将选择和投影的串接合并成单个选择、单个投影或一个选择后跟一个投影。使多个选择或投影能同时执行，或在一次扫描中全部完成。

（5）将上述得到的语法树的内节点分组。每一个二元运算和它所有的直接祖先为一组。若其后代直到叶子全是一元运算，则也将它们并入该组，但当二元运算是广义笛卡儿积，而且后面不是与它组成等值连接的选择时，则不能将选择与这个二元运算组成同一组，而是将这些一元运算单独分为一组。

　📖 **讨论思考**

（1）什么是关系演算？在关系演算公式中，各种运算符的优先级次序是什么？

（2）域关系演算和元组关系演算有什么区别和联系？

（3）为什么要进行查询优化？什么是等价变换规则？

（4）举例说明关系表达式的优化过程。

## 2.5　实验二　SQL Server 2014 安装登录及界面

鉴于篇幅有限，对于具体详尽的 SQL Server 2014 操作界面功能和步骤的介绍，请见"上海市精品课程配套教材"《数据库原理及应用学习与实践指导》（贾铁军主编，电子工业出版社）。

### 2.5.1　实验目的

（1）掌握 SQL Server 2014 的安装或升级方法及过程。

（2）理解 SQL Server 2014 服务器配置和登录方法。

（3）掌握 SQL Server 2014 的常用菜单界面及功能。

### 2.5.2　实验内容及步骤

#### 1. SQL Server 2014 的安装与升级

（1）安装过程。通过计算机"属性"可以查看操作系统位数，下面以 64 位系统为例概述。

安装前需要进行系统检查。在系统安装之前，务必通过系统配置检查器检查系统中影响其成功安装的可能因素，以减少安装过程中出现的错误。

将下载的软件放在同一个目录下，并双击打开可执行文件 CHSx64 SQLFULL_x64_CHS_Install.exe。系统解压缩后打开另外一个安装文件夹 SQLFULL_x64_CHS。打开该文件夹，并双击 SETUP.EXE，开始安装 SQL Server 2014。

在"SQL Server 安装中心"界面中，可通过"计划"、"安装"、"维护"、"工具"、"资源"、"高级"、"选项"等项进行系统安装、信息查看并进行系统设置。

（2）SQL Server 2014 的升级。如果需要升级安装，可以选择从 SQL Server 2005、SQL Server 2008 或 SQL Server 2012 升级到 SQL Server 2014。选择后，系统要求提供一个旧版本的升级磁盘等介质，同时系统会对此磁盘进行判断，然后系统还会谨慎地帮助完成一次"安装程序支持规则"的检查，提前搜索还缺哪些升级的条件。

非集群环境安装 SQL Server 2014 时，选中"全新 SQL Server 独立安装或向现有安装添加功能"项，通过向导逐步在"非集群环境"中安装 SQL Server 2014。

> ♀注意：系统默认的选择，是否与自己的处理器类型相匹配，以及指定的安装介质根目录是否正确。

#### 2. SQL Server 2014 服务器配置和登录

SQL Server 2014 数据库使用前必须启动数据库服务器，数据库服务器的配置和管理是使用 SQL Server 2014 的首要任务，启动、暂停和停止服务的方法很多，完成 SQL Server 配置管理器。

（1）安装 SQL Server 2014 前的设置。进入安装 SQL Server 2014 前的设置阶段，需要先设置角色，然后单击"下一步"按钮进入"选择要安装的功能"界面。选择安装 Evaluation 功能，选中"√"复选框，也可以单击"全选"按钮。然后单击"下一步"按钮再次检查系统是否符合安装规则。然后通过"实例安装"，可以指定 SQL Server 实例的名称和 ID，实例 ID 将成为安装路径的一部分，并达到"磁盘空间需求"后即可进行安装。

（2）SQL Server 2014 服务器配置。在安装所需要的硬件及软件要求、存储空间、操作系统等项配置完成后，在"服务器配置"选项中选择一种身份验证模式，如选择"Windows 身份验证模式"或"混合模式（SQL Server 身份验证和 Windows 身份验证）"，系统默认选择前一种模式。然后，系统要求必须设置一个 SQL Server 系统管理员，系统默认管理员是 sa。设置完成后进入"服务器配置"界面，如图 2-6 所示。

在图 2-6 中标记的功能是 SQL Server 2014 新增功能。单击"下一步"按钮后进入"数据库引擎配置"界面，如图 2-7 所示。最后，还需要添加 SQL Server 管理员名称并选择用户或组。

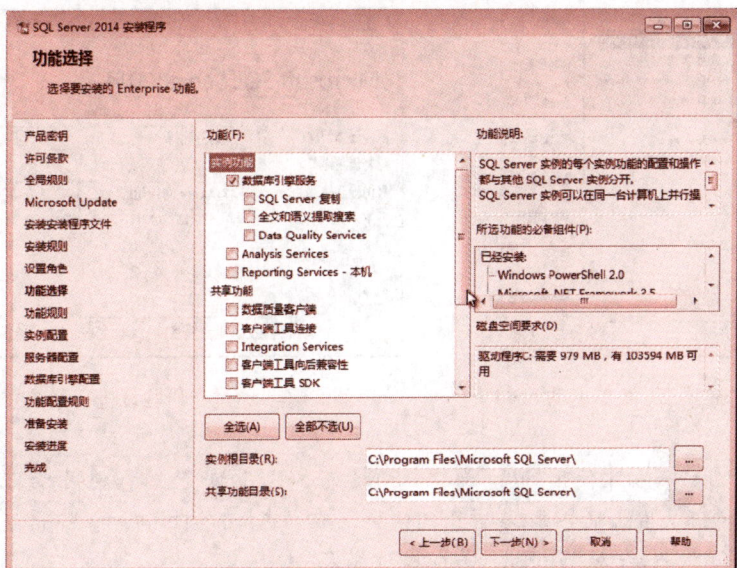

图 2-6　服务器配置

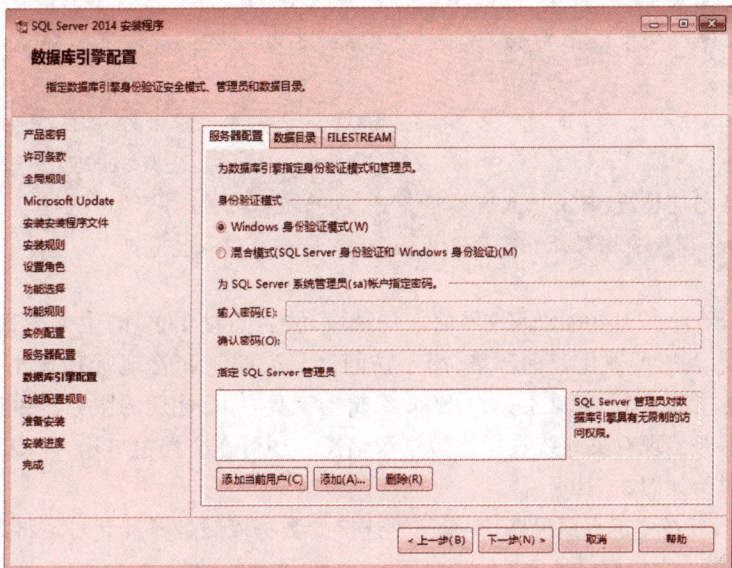

图 2-7　数据库引擎配置

### 3. SQL Server 2014 登录和 SSMS 界面

（1）SQL Server 2014 的启动和登录。在 SQL Server 2014 安装完成后，可以在"开始"及"程序"下拉菜单中，找到常用的 SSMS（SQL Server Management Studio），进行启动登录和使用。在"开始"菜单启动 SSMS 的界面如图 2-8 所示。当登录时，可以选择 Windows 身份验证，也可以使用 sa 账号以及用户之前安装时设置的密码进行登录，如图 2-9 所示。

图 2-8　在"开始"菜单启动 SSMS

图 2-9　通过身份验证进行系统登录

🔔**注意：** 在许多初次使用 SQL Server 2014 的 SQL 验证登录时，使用 sa 账户登录会出错，解决办法如下：右击服务器，在弹出的快捷菜单中选择"属性"命令。弹出服务器属性对话框，选择"SQL Server 和 Windows 身份验证模式"选项。

单击"确定"按钮后，弹出"重启服务器"对话框，返回主界面。再右击服务器，在弹出的快捷菜单中选择"重新启动"命令，则服务器重新启动。

接着选择服务器的"安全性"选项，右击"登录名"中的 sa，在弹出的快捷菜单中选择"属性"命令，弹出登录属性对话框，选择"常规"选项，设置 sa 用户的登录密码和确认密码。

再选择"状态"选项，选择"启用"登录，单击"确定"按钮即完成用户 sa 的登录设置。

断开服务器连接后，再次建立连接服务器，打开"连接到服务器"对话框，选择身份验证为"SQL Server 身份验证"，设置登录名为 sa，输入密码后进入主界面。

（2）SQL Server 2014 的 SSMS 界面。登录成功后，启动 SQL 的主要管理工具 SSMS，SSMS 为一个集成的可视化管理环境，用于访问、配置、控制和管理所有 SQL Server 组件。SSMS 主界面包括菜单栏、标准工具栏、SQL 编辑器工具栏、已注册的服务器和对象资源管理器等操作区域，并出现有关系统数据库等资源信息。还可在文档窗口输入 SQL 命令并单击"执行"按钮运行，如图 2-10 所示。

SSMS 为微软统一的界面风格，所有已经连接的数据库服务器及其对象将以树状结构显示在左侧窗格中。文档窗口是 SSMS 的主区域，SQL 语句的编写、表的创建、数据表的展示和报表展示等都在该区域完成，主区域采用选项卡的方式在同一区域实现这些功能。另外，右侧的属性区域自动隐藏到窗口最右侧，将鼠标指针移动到属性选项卡上会自动显示，主要用于查看和修改某对象的属性。

🔔**注意：** SSMS 中各窗口和工具栏的位置并非固定不变。用户可根据自己的喜好将窗口拖动到主窗体的任何位置，甚至悬浮脱离主窗体。

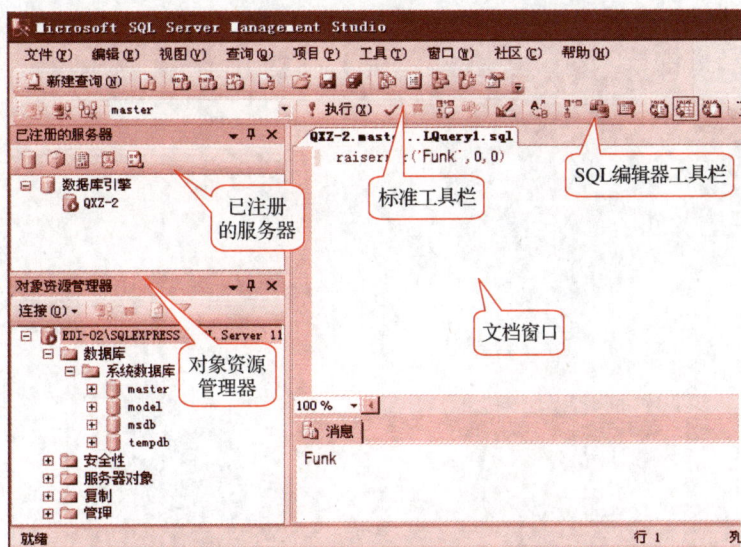

图 2-10　SSMS 的窗体布局及操作界面

# 2.6　本章小结

本章系统地介绍了关系数据库系统的有关概念等重要基础知识,包括关系模型、关系完整性约束、关系代数、关系演算和查询优化。通过对本章的关系数据库基础知识的学习,读者可以较好地理解关系模型的数据结构和关系的完整性约束规则;掌握常用的基本关系运算及其有关应用,学会用关系代数进行各种有关查询操作;了解两种关系演算语言;了解关系代数等价变换规则和查询优化算法。

最后,通过同步实验概要地介绍了 SQL Server 2014 的安装或升级方法及具体操作过程,SQL Server 2014 服务器配置和登录方法,以及 SQL Server 2014 的常用操作界面、各种菜单和主要的操作区域及使用方法等。

# 第3章 SQL Server 2014 基础概述

进入 21 世纪现代信息化社会，全球数据量急剧增加，据全球权威信息技术研究与咨询机构 Gartner 统计，未来十年的数据量将增长 40 多倍。互联网数据中心（Internet Data Center，IDC）的研究报告称中国数据增长最显著，到 2020 年将占全球的 21%。面对庞杂的数据处理，SQL Server 是世界上应用最广泛的关系型网络数据库管理系统，微软最新推出的 SQL Server 2014 可以帮助企事业单位更好地适应快速增长的业务需求。

## 教学目标

掌握 SQL Server 的发展历程、SQL Server 2014 的特点和功能
理解 SQL Server 的结构、数据库文件种类
掌握常量、变量、函数和表达式的使用和操作
掌握常量、变量、函数及表达式的实验操作及应用

## 3.1 SQL Server 的发展和特性

【案例 3-1】 2014 年微软推出的 SQL Server 2014 代表了数据库的最新技术和发展。

通过将 SQL Server 2014 及其内存 OLTP 特性与 LSI Nytro WarpDrive 技术结合使用，主要侧重关键业务和云性能，与旧版本的 SQL Server 相比，使得 LSI(Leadership Strategy. Inc) 集团获得了超过 24 倍的吞吐量。

### 3.1.1 SQL Server 及其发展概述

1974 年 IBM 圣约瑟实验室的 Boyce 和 Chamberlin 为关系数据库管理系统设计了一种查询语言，首先在 IBM 公司的关系数据库系统 System R 上实现，当时称为 SEQUEL 语言，后简称**结构化查询语言**（structured query language，SQL），是用于访问和处理数据库的标准的计算机语言，其**主要功能**包括面向数据库执行查询，创建、修改、删除数据库及数据表，数据库存取、

插入、更新、删除数据,在数据库中创建存储过程、索引及视图,设置表,以及存储过程和视图的权限等,主要操作和具体应用将陆续介绍。

1986 年被美国国家标准局(American Natural Standard Institute,ANSI)正式批准为关系数据库语言的美国标准,1987 年国际标准化组织(International Organization for Standardization,ISO)通过了这一标准,使其成为国际通用标准。现在,绝大部分数据库管理系统产品都支持 SQL,SQL 成为数据库广泛应用的标准语言。

**SQL Server** 是一种广泛应用于网络的**关系型数据库管理系统**。最初由 Microsoft、Sybase 和 AshtonTate 三家公司共同研发。从 SQL Server 6.0 开始第一次完全由 Microsoft 公司研发,1996 年推出 SQL Server 6.5 版本,1998 年又推出了 7.0 版本。并于 2000 年 9 月发布了 SQL Server 2000。在 2005 年推出 SQL Server 2005。2008 年 SQL Server 2008 正式发布,它是一个高效的智能数据平台,开发人员可以用其开发强大的数据库应用程序。

2011 年 4 月,微软公司对 SQL Server 2005 停止主流技术支持,转为扩展支持,并于 2013 年 4 月停止了对 SQL Server 2000 的扩展支持。支持服务的终止意味着将不再收到来自微软 SQL Server 2000 的任何更新,包括安全更新,将使企业数据暴露在安全风险之下。微软在 2012 年正式公布了 SQL Server 2012 关键词是云就绪,并在 2014 年 4 月发布了 SQL Server 2014,主要侧重关键业务和云性能。SQL Server 2014 的三个关键特性包括:通过内置的内存驻留技术为所有工作负载提供对关键业务的更高性能,用户可以通过熟悉的工具从任意数据中快速获取,利用混合云平台也可帮助企业快速搭建、部署并管理跨客户端和云的解决方案。

SQL Server 版本发布时间和开发代号如表 3-1 所示。

**表 3-1    SQL Server 版本发布时间和开发代号**

| 发布时间 | 版本 | 开发代号 |
| --- | --- | --- |
| 1995 年 | SQL Server 6.0 | SQL 95 |
| 1996 年 | SQL Server 6.5 | Hydra |
| 1998 年 | SQL Server 7.0 | Sphinx |
| 2000 年 | SQL Server 2000 | Shiloh |
| 2003 年 | SQL Server 2000 Enterprise(64 位) | Liberty |
| 2005 年 | SQL Server 2005 | Yukon |
| 2008 年 | SQL Server 2008 | Katmai |
| 2012 年 | SQL Server 2012 | Denali |
| 2014 年 | SQL Server 2014 | Hekaton |

### 3.1.2    SQL Server 2014 关键业务特性

SQL Server 2014 是微软最新一代数据库平台,通过内置的突破式内存驻留技术,可以为要求最高的数据库应用提供关键业务所需性能。其关键业务特性包括以下几项。

(1)内存驻留技术,使性能最高提升 30 倍。通过一个平台为所有工作负载提供内存计算,不需要重写整个应用,将利用率高的表存入内存,针对现有硬件优化内存驻留技术,编译存储过程。新的内存功能内置于核心数据库的联机事务处理(OLTP)和数据仓库,以补充现有内存数据仓库和 BI 功能,为市场上最全面的内存数据库解决方案。

（2）高可用性及安全性。通过 AlwaysOn 实现高可用性与灾难恢复,可以满足业务数据处理对高可用性的实际需求,提高服务器运行时间、可靠性和数据保护,可以快速实现服务器到云端的扩展和完善的服务。可以实现多个数据库的故障转移,新增的复制向导确保事务(访问并可更新数据库中各种数据项的一个程序执行单元)记录不丢失,提供了新的灾难恢复、备份和混合架构解决方案。

（3）关键业务支撑最广泛的覆盖率。主要包括解决方案验证、架构设计审核、工程师现场支持和微软提供更快速的响应等,SQL Server 合作伙伴生态系统成员总数已经达到 7 万多,近两年来,已有 900 多家企业将工作负载从 Oracle 迁移至 SQL Server。

（4）可扩展性服务广。通过灵活的部署选项,根据用户数据业务需求实现从服务器到云的扩展。在计算方面,可为计算机提供最多 640 个逻辑处理器,虚拟机最多 64 个虚拟处理器,虚拟机最多 1TB 内存。在网络方面,可通过池化网卡提供的网卡捆绑功能获得可伸缩的网络。在存储方面,将热数据保留在高性能存储位置,以提供更高的性能和服务。

（5）性能及数据发现快。在业界基准测试程序的支持下,用户可获得突破性、可预测等更高性能,可引导企业提出更深层次的商业应用,解决方案的实现更迅速。通过一体机和私有云/公共云产品,降低数据业务处理解决方案的复杂度并快速实现。

（6）数据可靠、一致性高。针对所有业务数据,可提供一个全方位的视图,并通过整合、净化、管理帮助确保数据处理可靠一致的置信度。

（7）全方位的数据仓库解决方案。利用全方位的数据仓库解决方案,以低成本向用户提供大规模的数据容量,可以实现较强的灵活性和可伸缩性。

（8）工作优化效率高。通过常见的工具,针对在服务器端和云端的信息技术人员的工作效率进行优化。通过易于扩展的开发技术,提高服务器或云端对数据的高效扩展。

📖**知识拓展**

SQL Server 2014 集成了内存 OLTP 技术的数据库产品,提供了对关键业务的高性能支持和保障,并使企业可以通过熟悉的工具快速获取深刻的洞察力,帮助企业构建完整、一致的混合云平台,并快速搭建、部署和管理跨越本地和云端的解决方案。同时,SQL Server 2014 也使企业更好地接触和使用 Azure 平台和应用。

📖**讨论思考**

（1）什么是 SQL？ SQL Server 最初是由谁研发的？

（2）SQL Server 2014 的关键业务性能有哪些？

## 3.2　SQL Server 2014 的功能和特点

微软网站提供了 SQL Server 2014 教程和联机丛书,与 SQL Server 2012 相比,除了一些拓展功能之外,常用操作部分的界面和部分有关内容等有很多类似之处。

### 3.2.1　SQL Server 2014 的功能

#### 1. SQL Server 2014 的主要功能

SQL Server 2014 内置最新的安全和更新功能,为市场带来了部署到核心数据库中的新内存功能,包括内存 OLTP,是对市场上大多数综合内存数据库解决方案的现有内存数据仓库和

BI 功能的补充,并提供新的云功能,以简化 SQL 数据库对云技术的采用,并帮助开创新的混合方案。SQL Server 2014 的**主要功能**如下。

(1) 突破性、in-memory 性能。在 SQL Server 2014 中,新的 in-memory 事务处理功能和数据仓库增强功能为现有数据仓库和分析技术提供了完美补充。利用平均 10 倍的事务处理性能提升和超过 100 倍的数据仓库性能提升,扩展业务并实现业务转型。

(2) 经检验的可预测性能。SQL Server 始终引领 TPC-E、TPC-H 和实际应用程序性能的基准。SQL Server 经过 SAP 认证,可运行一些要求最严苛的工作负载。使用资源调控器中的 IO 调控,更好地预测虚拟化 SQL Server 实例的性能。

(3) 高可用性和灾难恢复。AlwaysOn 是一个用于实现高可用性的统一解决方案,利用它可延长正常运行时间、加快故障切换、提高易管理性,以及更合理地利用硬件资源。SQL Server 2014 包含更多处于活动状态的辅助数据库、新的在线操作,并具有快速在 Windows Azure 中设置辅助数据库的功能。

(4) 跨计算、联网和存储的企业级可扩展性。对于 Windows Server,物理处理能力现已扩展至高达 640 个逻辑处理器,虚拟机扩展至高达 64 个逻辑处理器。SQL Server 2014 利用扩展的存储空间和网络虚拟化来充分发挥基础结构的效用,此外还可在 Windows Server Core 上运行,以减小攻击面。

(5) 安全性和合规性。利用透明数据加密、可靠的审核、可扩展的密钥管理和加密备份,帮助确保数据安全。甚至可以轻松地管理数据访问权限,以划分不同用户的职责。

(6) 从本地到云均提供一致的数据平台。在将现有的本地应用程序迁移到云以及迁移 Windows Azure SQL 数据库时,借助 Windows Azure 虚拟机中的 SQL Server,利用现有技能和微软数据平台中熟悉的工具,打造可充分利用云计算优势的新型现代化应用程序。

(7) 企业商业智能。利用全面的 BI 解决方案扩展 BI 模型,丰富数据和帮助保护数据,并确保质量和准确性。利用 Analysis Services 构建全面的企业范围分析解决方案,并利用 BI 语义模型简化 BI 模型部署。

(8) 利用熟悉的 Excel 等工具以及移动设备数据访问功能更快地获得对所有用户的洞察力。使用 SQL Server 2014 和 Power BI for Office 365 加快在本地和云中获得洞察力的速度。使用 PowerMap 和 PowerView 获得更丰富的可视化效果。使用 PowerQuery 搜索、访问和塑造内部、外部、结构化和非结构化数据。使用 Power BI for Office 365 从任意位置访问信息。

(9) 可扩展的数据仓库。将关系型数据仓库扩展到千万亿字节级别,并与 Hadoop 等非关系型数据源集成。支持从最低到最高各种规模的数据存储需求,同时利用 SQL Server 并行数据仓库通过大规模并行处理和 in-memory 技术,使查询处理速度与传统数据平台相比提高了 100 多倍。

(10) 数据质量和集成服务。集成服务包括为提取、处理和加载(ETL)任务提供广泛支持,以及能够采用单独 SQL Server 实例的形式运行和管理。通过数据质量服务,通过组织知识和第三方数据提供商来清理数据,从而提高数据质量。

(11) 易用的管理工具。SQL Server Management Studio 可帮助用户集中管理本地和云中的数据库基础结构。新增的对 Windows PowerShell 2.0 的支持可自动执行管理任务,而 Sysprep 增强功能使用户能够更高效地创建虚拟机。使用 Distributed Replay 简化在单个数据库上的应用程序测试。

（12）可靠的开发工具。SQL Server Data Tools 集成到 Visual Studio 中，可进行下载以便在本地和云中构建新一代 Web、企业和商业智能以及移动应用程序。客户可以在各种平台（包括.NET、C/C++、Java、Linux 和 PHP）上使用行业标准 API（ADO.NET、ODBC、JDBC、PDO 和 ADO）。

SQL Server 2014 支持的功能还包括跨机箱延展限制、延展性和效能、安全性、复写功能、管理工具、RDBMS 管理能力、开发工具、可程序性、集成服务 Integration Services（进阶配接器及进阶转换等）、主数据服务（Master Data Services）、数据库仓储、分析服务、BI 语意模型（多维度及表格式）、PowerPivot for SharePoint、数据挖掘、Reporting Services、商业智慧客户端、空间和位置服务和其他数据库服务等。

## 2. SQL Server 2014 版本及对应功能

SQL Server 2014 共有六个版本，其中，三个主要版本包括企业版（enterprise）、商业智能版（business intelligence）、标准版（standard）。专业版本为网络版（Web），扩展（延伸）版包括开发者版（developer）和 Express 版。其中开发者版是全功能版本，其他版本分别面向各种规模的网络、工作组和企业，所支持的机器规模和扩展数据库功能都不尽相同。

（1）SQL Server 2014 的主要版本及其对应功能如表 3-2 所示。

**表 3-2　SQL Server 2014 主要版本及功能**

| SQL Server 版本 | 主要功能说明 |
| --- | --- |
| 企业版（64 位和 32 位） | 作为高级版本，SQL Server 2014 Enterprise 版本提供了全面的高端数据中心功能，性能高，虚拟化不受限制，还具有端到端的商业智能，可为关键任务工作负荷提供较高服务级别，支持最终用户访问深层数据 |
| 智能商业版（64 位和 32 位） | SQL Server 2014 Business Intelligence 版本提供了综合性平台，可支持组织构建和部署安全、可扩展且易于管理的 BI 解决方案。它提供基于浏览器的数据浏览与可见性等卓越功能、功能强大的数据集成功能，以及增强的集成管理 |
| 标准版（64 位和 32 位） | SQL Server 2014 Standard 版本提供了基本数据管理和商业智能数据库，使部门和小型组织能够顺利运行其应用程序，并支持将常用开发工具用于内部部署和云部署，有助于以最少的信息技术资源获得高效的数据库管理 |

（2）SQL Server 2014 专业版本如表 3-3 所示，主要面向不同的业务工作负荷。

**表 3-3　SQL Server 2014 专业版本及功能**

| SQL Server 版本 | 主要功能说明 |
| --- | --- |
| Web（64 位和 32 位） | 对于为从小到大规模 Web 资产提供可伸缩性、经济性和可管理性功能的 Web 宿主和 Web VAP，SQL Server 2014 Web 版本是一项总拥有成本较低的选择 |

（3）SQL Server 2014 的扩展（延伸）版如表 3-4 所示，是针对特定用户应用而设计的，可免费获取或只需支付极少费用。

**表 3-4　SQL Server 2014 拓展（延伸）版本及功能**

| 版本 | 主要功能说明 |
| --- | --- |
| Developer（64 位和 32 位） | SQL Server 2014 Developer 版本支持开发人员基于 SQL Server 构建任意类型的应用程序，包括 Enterprise 版本的所有功能，但有许可限制，只能用作开发和测试系统，而不能用作生产服务器，是构建和测试应用程序人员的理想之选 |

续表

| 版本 | 主要功能说明 |
|------|------|
| Express（64 位和 32 位） | SQL Server 2014 Express 版本是入门级的免费数据库，是学习和构建桌面及小型服务器数据驱动应用程序的理想选择，是独立软件供应商、开发人员和热衷于构建客户端应用程序人员的最佳选择。如果需要使用更高级数据库功能，则可升级到其他更高端的版本。SQL Server Express LocalDB 是 Express 的一种轻型版本，该版本具备所有可编程性功能，但在用户模式下运行，并具有快速的零配置安装和必备组件要求较少的特点 |

📖**知识拓展**

利用现代化数据平台实现关键任务性能并更快地获得洞察力。

利用 SQL Server 2014，用户可以使用高性能的 in-memory 技术跨 OLTP、数据仓库、商业智能和分析工作负载构建关键任务应用程序和大数据解决方案，而不需要购买昂贵的外接程序或高端设备。将新的 in-memory 功能融入核心数据库，让用户可以更加容易地利用现有的技能来获得云所提供的优势，利用此技术，数据服务公司可以实时访问产品数据。为了确保其客户收到及时、准确的产品数据，Edgenet 决定通过 in-memory OLTP 增强在线销售指导功能。

### 3.2.2 SQL Server 2014 的特点

通常，一般版本的 **SQL Server 具有的主要特点**包括综合统一（集定义、查询、操作、控制和管理语言于一体）、通用（具有交互式（自含式）和嵌入式（嵌入高级语言）两种使用方式等）、功能极强、易学易用（核心功能只有十几条语句，语法简单）等。

最新的 SQL Server 2014 支持管理 Azure 公有云数据，提供了一批功能强大的核心任务工作负载、智能化业务和混合云服务。通过为关键任务应用提供突破性的性能、可用性和可管理性，而且通过内置的内存驻留技术为所有工作负载提供对关键业务的高性能应用，用户可以通过熟悉的工具从任意数据中快速获取重要信息，混合云平台也可以帮助企业快速搭建、部署并管理跨客户端和云的解决方案，成为 SQL Server 2014 的三个**关键特性**。

1）提供关键业务的高性能支撑

SQL Server 2014 通过内置的内存 OLTP 技术，将全新和现有部署在 SQL Server 上的应用性提升 10～30 倍，还增强了平台的安全性，提供跨越计算、网络以及存储的可扩展性。

通过 AlwaysOn 功能，全新的 SQL Server 更是提供高达 9 倍于企业所需的数据可用性，并简化与提升了数据的可管理性。对关键业务的支持可以给企业提供最高级别的保障，可以从为关键业务量身定制的支持解决方案中受益，包括解决方案测试、改进及架构复审等。

2）从任意数据中快速获取洞察力

（1）SQL Server 2014 使企业可以从任意规模的数据中更快速地获取深刻的洞察力。企业可以通过搜索、访问、利用内外部数据，并与非结构化数据相结合，拓展洞察力。

（2）SQL Server 2014 带来了更强大的自助式商业智能，让企业可以通过熟悉的工具，如 Office 中的 Excel 以及 Office 365 中的 Power BI，加速分析以快速获取突破性的洞察力，并提供基于移动设备的访问。

（3）提供的完整 BI 解决方案，助力企业从单纯的数据管理演进至商业智能和数据解析，同时，帮助企业扩展企业 BI 模型，丰富并保护企业数据，确保分析结果的质量与准确性。

3）完整、一致的混合云平台支持

SQL Server 2014 可以灵活构建跨越客户端和云端的最佳混合云平台，为企业提供了云备份和云灾难恢复等混合云应用场景,可有效降低企业的固定及运营成本,无缝迁移关键数据至 Azure。通过完整、一致的混合云平台,企业可以通过一套熟悉的工具,跨越整个应用的生命周期,扩建、部署并管理混合云解决方案,实现企业内部系统与云端的自由切换。

使用 SQL Server 2014 可以更轻松地以更低的成本快速构建高性能的关键任务应用程序、企业级大数据资产和 BI 解决方案,帮助员工在更短的时间内作出更明智的决策。这些解决方案可以在本地、云或混合环境中灵活部署,并可通过熟悉的常见工具集管理。

**📖知识拓展**

SQL Server 在网络方面的其他新应用。

(1) 将 SQL Server 用于 Internet 服务器。在 Internet 服务器(如运行 Internet Information Services (IIS)的服务器)上通常都会安装 SQL Server 客户端工具。客户端工具包括连接到 SQL Server 实例的应用程序所使用的客户端连接组件。

(2) 将 SQL Server 用于客户机/服务器应用程序。在运行直接连接到 SQL Server 实例的客户机/服务器应用程序的计算机上,只能安装 SQL Server 客户端组件。如果要在数据库服务器上管理 SQL Server 实例,或者开发 SQL Server 应用程序,那么客户端组件安装也是一个不错的选择。

> **⚠注意:** 尽管可以在运行 IIS 的计算机上安装 SQL Server 实例,但这种做法通常只用于包含一台服务器的小型网站。大多数网站都将其中间层 IIS 系统安装在一台服务器上或服务器群集中,将数据库安装在另外一个服务器或服务器联合体上。

**📖讨论思考**

(1) SQL Server 2014 的主要功能是什么?

(2) SQL Server 2014 的主要特点有哪些?

(3) SQL Server 2014 版本有哪几种? 功能如何?

## 3.3　SQL Server 结构及数据库文件

第 1 章介绍过一般数据库系统的体系结构和模式结构,在此对具体的 SQL Server 2014 数据库的体系结构、模式结构、组成结构和种类进行进一步概述。

### 3.3.1　SQL Server 2014 的结构

#### 1. 客户机/服务器体系结构

**Transact-SQL(简称 T-SQL)** 是微软在 SQL Server 系统中使用的事务-结构化查询语言,是 SQL Server 的核心组件,是对 SQL 的一种扩展形式。SQL Server 2014 的**客户机/服务器体系结构**主要体现在:客户机负责组织与用户的交互和数据显示,服务器负责数据的存储和管理,客户机向服务器发出各种操作请求(T-SQL 语句命令或界面菜单操作指令),服务器根据用户的请求处理数据,并将结果返回客户机,如图 3-1 所示。

#### 2. 数据库的三级模式结构

SQL 支持数据库三级模式结构,其中外模式对应视图,模式对应基本表,内模式对应存储文件,如图 3-2 所示。

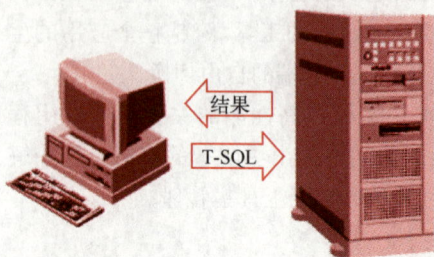

图 3-1　SQL 客户机/服务器结构

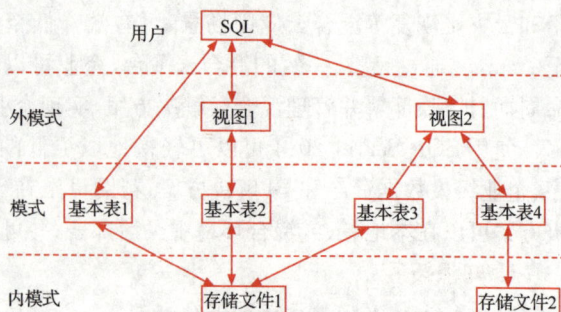

图 3-2　SQL 的三级模式结构

**1) 基本表**

**基本表**(base table)是模式的基本内容,是实际存储在数据库中的表,是独立存在的并非由其他表导出的表。一个基本表对应一个实际存在的关系。关系模型中元组(记录)为基本表的行,属性为其列。

**2) 视图**

**视图**(view)是外模式的基本单位,是从基本表或其他视图导出的虚表,用户可以通过视图(如网页)调用数据库中基本表的数据。视图本身不独立存储在数据库中,数据库中只存放视图的定义,而不存放视图对应的数据,数据库将视图以一种逻辑定义形式保存在数据字典中。当基本表中的数据发生变化时,从视图中查询的数据也将相应改变。

**3) 存储文件**

**存储文件**是内模式的基本单位,其逻辑结构构成关系数据库的内模式。物理结构可根据需要确定。存储文件的存储结构对用户是透明的,各存储文件与外部存储器上某个物理文件对应。基本表和存储文件的关系如下。

(1) 一个基本表可以对应一个或几个存储文件。

(2) 一个存储文件可以存放一个或几个基本表。

(3) 一个基本表可以有多个索引,索引存放在存储文件中。

**4) SQL 用户**

**SQL 用户**主要是与数据库系统及应用程序或终端操作有关的人员,包括终端用户、数据库管理员和数据库应用程序员。通常,各种用户可以利用 SQL 依其具体使用权限,通过网络应用系统的界面对视图和基本表进行业务数据的操作,如网上购物和网银操作等。

**3. SQL Server 2014 的组成结构**

**1) SQL Server 2014 总体结构和组件**

**SQL Server 2014 的组件**主要包括数据库引擎(database engine,DE)、分析服务(analysis service,AS)、集成服务(integration service,IS)、报表服务(reporting service,RS),以及主数据服务(master data service,MDS)组件等。各组件之间的关系如图 3-3 所示。

数据库引擎是整个 SQL Server 的**核心**,其他所有组件都与其有着密不可分的联系。如图 3-4 所

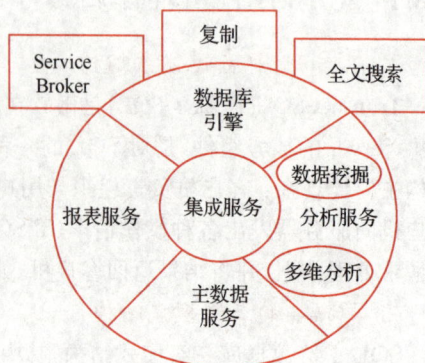

图 3-3　系统各组件之间的关系

示为 SQL Server 的总体架构,SQL Server 数据库引擎有四大组件:协议(protocol)、查询引擎(query compilation 和 execution engine)、存储引擎(storage engine)和 SQLOS(user mode operating system)。各客户端提交的操作指令都与这 4 个组件交互,总体上与 SQL Server 2012 结构类似。

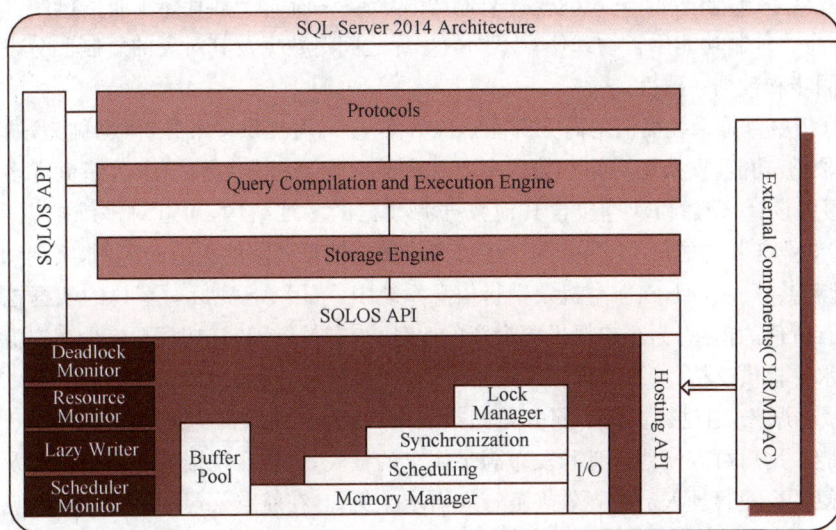

图 3-4　SQL Server 2014 总体架构

其中,客户端发送的请求提交给协议层,并将其转换为关系引擎可识别的形式,同时也能从关系引擎中获取查询结果、状态信息和错误信息等,然后将其结果转换为可理解的形式返回客户端。查询引擎负责处理协议层传送的 SQL 命令,并进行解析、编译和优化。如果查询引擎检测到 SQL 命令需要数据,就会向存储引擎发送数据请求命令。存储引擎收到查询引擎的数据请求命令后,负责数据的访问,包括事务、锁、文件和缓存的管理。SQLOS 层被认为是数据库内部的操作系统,负责缓冲池和内存管理、线程管理、死锁检测、同步单元和计划调度等。

SQL Server 2014 服务器常用的**五大组件及其对应的主要功能**如表 3-5 所示。

表 3-5　SQL Server 2014 服务器组件

| 服务器组件 | 主要功能说明 |
| --- | --- |
| SQL Server 数据库引擎 | SQL Server 数据库引擎包括数据库引擎(用于存储、处理和保护数据安全的核心服务)、复制、全文搜索、用于管理关系数据和 XML 数据的工具以及 DQS(data quality services)服务器 |
| 分析服务 | 分析服务包括用于创建和管理联机分析处理(OLAP)以及数据挖掘应用程序的工具 |
| 报表服务 | 报表服务包括用于创建、管理和部署表格报表、矩阵报表、图形报表以及自由格式报表的服务器和客户端组件,还是一个可用于开发报表应用程序的可扩展平台 |
| 集成服务 | 集成服务是一组图形工具和可编程对象,用于移动、复制和转换数据,还包括其 DQS 组件 |
| 主数据服务 | 主数据服务是针对主数据管理的 SQL Server 解决方案,可以配置 MDS 来管理任何领域;MDS 中可包括层次结构、各种级别的安全性、事务、数据版本控制和业务规则,以及可用于管理数据的用于 Excel 的外接程序 |

SQL Server 2014 的**服务器组件及功能**如下。

(1) 数据库引擎是系统的核心组件,负责业务数据的存储、处理、查询和安全管理等操作,如创建数据库和表、执行各种数据查询、访问数据库等。通常用 DE 调用数据库系统,例如,在用 SQL Server 作为后台数据库的航空公司机票销售信息系统中,SQL 的 SSDE 服务负责机票销售数据的添加、更新、删除、查询及安全控制等操作。实际上,DE 本身也是一个含有许多功能模块的复杂系统,如 Service Broker 和复制等。Service Broker 具有异步通信机制,可用于存储、传递消息。复制功能用于物理位置不同数据库之间对数据及其对象的复制和分发,保证数据库之间同步和数据一致性。

(2) 分析服务是系统提供的商务智能解决方案之一,可提供多维分析(也称为联机分析处理)和数据挖掘功能,支持用户建立数据仓库和商业智能分析。由数据库引擎负责多维分析,利用 AS 服务设计、创建和管理包含其他数据源数据的多维结构,通过对多维数据多角度分析,可支持对业务数据的更全面的理解,还可完成数据挖掘模型的构造和应用,实现知识发现、表示、管理和共享。例如,在航空机票销售信息系统中,可用 AS 完成对客户的数据挖掘分析,发现更多有价值的信息,为客户提供更满意的服务,为有效管理客户资源、减少客户流失、提高客户管理水平提供支持。

(3) 报表服务,通过提供基于服务器的报表平台,为各种数据源提供支持 Web 的企业级的报表功能。用户可方便地定义和发布满足需求的报表,轻松实现报表的布局格式及数据源,极大地方便了企业管理人员的高效规范管理需求。例如,在航空公司的机票销售信息系统中,使用 SQL Server 提供的 SSRS 服务可以方便地生成 Word、PDF、Excel、XML 等格式的报表。

(4) 集成服务是用于生成企业级数据集成和数据转换解决方案的平台,是从原来的数据转换服务派生并重新以. NET 格式改写而成的,可实现有关数据的提取、转换、加载等。例如,对于分析服务,数据库引擎是一个重要的数据源,将其中的数据适当处理加载到分析服务中可进行各种分析处理。IS 可高效地处理各类型的数据源,包括处理 Oracle、Excel、XML 文档、文本文件等数据源中的数据。

(5) 主数据服务,针对主数据管理的解决方案,可配置 MDS 管理任何领域,MDS 可包括层次结构、各种级别的安全性、事务、数据版本控制和业务规则,以及可用于管理数据的处理 Excel 的外接程序,包括复制服务、服务代理、通知服务和全文检索服务等功能组件,共同构成完整的服务架构。

2) SQL Server 2014 主要管理工具

在实际应用中,经常使用 SQL Server 2014 的主要管理工具,如表 3-6 所示。

表 3-6　SQL Server 2014 主要管理工具

| 管理工具 | 主要功能说明 |
| --- | --- |
| SQL Server Management Studio (SSMS) | SSMS 是用于访问、配置、管理和开发 SQL Server 组件的集成环境。Management Studio 使各种技术水平的开发人员和管理员都能使用 SQL Server |
| SQL Server 配置管理器 | 为 SQL Server 服务、服务器协议、客户端协议和客户端别名提供基本配置管理 |
| SQL Server Profiler 事件探查器 | 提供了一个图形用户界面,用于监视数据库引擎实例或 AS 实例 |
| 数据库引擎优化顾问 | 数据库引擎优化顾问可以协助创建索引、索引视图和分区的最佳组合 |
| 数据质量客户端 | 提供了一个简单直观的图形用户界面,用于连接到 DQS 数据库并执行数据清理操作,还允许用户集中监视在数据清理操作过程中执行的各项活动 |

续表

| 管理工具 | 主要功能说明 |
|---|---|
| SQL Server Data Tools (SSDT)数据工具 | 提供 IDE,以便为商业智能组件生成解决方案：AS、RS 和 IS(原称商业智能开发套件)。还包含"数据库项目",为数据库开发人员提供集成环境,以便在 Visual Studio 内为任何 SQL Server 平台(包括本地和外部)执行其所有数据库设计工作。开发人员可用 Visual Studio 中功能增强的服务器资源管理器创建或编辑数据库对象和数据或执行查询 |
| 连接组件 | 安装用于客户端和服务器之间通信的组件,以及用于 DB-Library、ODBC 和 OLE DB 的网络库 |

#### 4. 数据库的存储结构及文件种类

1) 数据库的存储结构

数据库的**存储结构**有两种,包括数据库的逻辑结构和物理结构。

(1) 数据库的逻辑结构。数据库由多个用户可视对象构成,主要包括数据表、视图、约束、规则、默认、索引、存储过程、触发器等。

(2) 数据库的物理结构。数据库的物理结构表现为操作系统文件,一个数据库由一个或多个磁盘文件组成。

2) 数据库文件

**数据库文件主要有三种**：主要数据文件、次要数据文件、事务日志文件。

(1) 主要数据文件,是数据库的起点,指向数据库中文件的其他部分,记录数据库所拥有的文件指针。每个数据库有且只有一个主要数据文件,默认扩展名为. mdf。

(2) 次要数据文件,也称为辅助数据文件,包含除主要数据文件外的所有数据文件。有些数据库可能无次要数据文件,而有些数据库可能有多个,次要数据文件不是数据库必需的文件,默认扩展名是. ndf。

(3) 事务日志文件,简称日志文件,是包含用于恢复数据库所需的所有日志信息的文件。每个数据库必须至少有一个日志文件,默认扩展名是. ldf。

SQL Server 不强制使用.mdf、.ndf 和 .Ndf 文件扩展名,但建议使用这些扩展名,以帮助标识文件。一个数据库文件组织的案例如图 3-5 所示。

**MyDB_primary**
c:\Program Files\Microsoft SQL Server\MSSQL\Data\MyData1.mdf
主要数据文件

**MyDB_secondary1**
c:\Program Files\Microsoft SQL Server\MSSQL\Data\MyData2.ndf
次要数据文件

**MyDB_secondary2**
c:\Program Files\Microsoft SQL Server\MSSQL\Data\MyData3.ndf
次要数据文件

**MyDB_log1**
c:\Program Files\Microsoft SQL Server\MSSQL\Data\MyLog4.ldf
日志文件

**MyDB_log2**
c:\Program Files\Microsoft SQL Server\MSSQL\Data\MyLog5.ldf
日志文件

图 3-5　数据库文件组织的案例

3) 数据库文件组

**数据库文件组**是数据文件的逻辑组合,主要有以下三类。

(1) 主文件组：包含主要数据文件和所有没有被包含在其他文件组的文件,例如,在创建数据库时,未指定其他数据文件所属文件组。数据库的系统表都包含在主文件组中,所以当主文件组的空间用完后,将无法向系统表中添加新的目录信息,所有系统表都被分配到主文件组中,一个数据库只有一个主文件组。

(2) 次文件组：也称为用户自定义文件组,是由用户首次创建或修改数据库时自定义的,

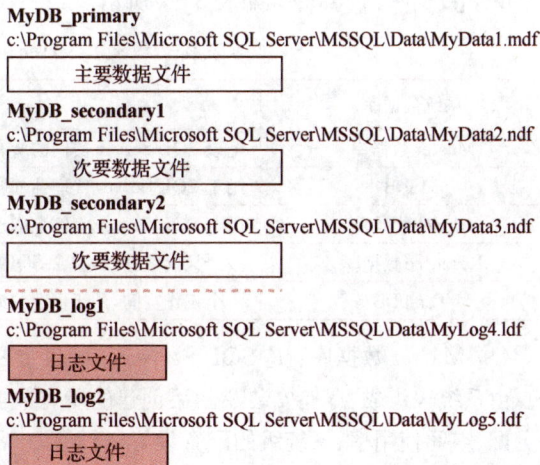

其目的在于分配数据,以提高数据表的读写效率。

(3)默认文件组:每个数据库中均有一个文件组被指定为默认文件组。如果在数据库中创建对象时没有指定对象所属的文件组,则对象将被分配给默认文件组。

> **注意:** 为了更好地提高使用效率,在使用数据文件和文件组时需要注意以下四点。
>
> (1)创建数据库时,允许数据文件自动增长,但应设置上限,否则可能占满磁盘。
>
> (2)主文件组可以容纳各系统表。在容量不足时,后更新的数据可能无法添加到系统表中,数据库也可能无法进行追加和修改等操作。
>
> (3)建议将频繁查询的文件或频繁修改的文件分放在不同的文件组中。
>
> (4)将索引、大型文本文件、图像文件放到专门的文件组里。

### 3.3.2 数据库的种类及文件

#### 1. SQL Server 数据库种类

SQL Server 数据库分为系统数据库、用户数据库和示例数据库。

1)系统数据库

**系统数据库**是存储 SQL Server 系统的系统级信息数据库,如系统配置、数据库的属性、登录账户、数据库文件、数据库备份、警报、作业等信息。

SQL Server 2014 的**系统数据库**主要包括 5 种:Master 数据库、MSDB、Model 数据库、Resource 数据库、TempDB,如表 3-7 所示。

**表 3-7    SQL Server 的系统数据库**

| 系统数据库 | 功能说明 |
| --- | --- |
| Master 数据库 | 记录 SQL Server 实例的所有系统级信息 |
| MSDB | 用于 SQL Server 代理计划警报和作业 |
| Model 数据库 | 用于 SQL Server 实例上创建的所有数据库的模板 |
| Resource 数据库 | 一个只读数据库,包含 SQL Server 所含的系统对象 |
| TempDB | 一个工作空间,用于保存临时对象或中间结果集 |

(1)Master 数据库:是 SQL Server 系统最重要的数据库,不允许人为修改,需要定期备份。由系统表组成,存储安装及随后创建的所有数据库的信息。包括数据库所用磁盘空间、文件分配、空间使用率、系统级的配置设置、登录账户密码、存储位置等。

(2)MSDB:是由 SQL Server Agent 服务使用的数据库。由于其主要执行一些事先安排好的任务,所以该数据库多用于复制、作业调度和管理报警等活动。若不使用代理服务功能,可忽略此数据库。

(3)Model 数据库:主要用于建立和存储新数据库结构特点的模板,便于以后创建新的相同或相近结构特点的数据库,还可以对数据库进行局部修改和更新,如数据库大小、排序规则、恢复模式和其他选项等。当创建新的数据库时,SQL Server 可根据模板构成新数据库结构的基础,将后面初始化为空以备存储数据;同时将系统表复制到新创建的数据库。严格禁止删除此模板数据库,否则 SQL Server 系统将无法使用。

(4)Resource 数据库:为只读数据库,用于保存所有数据库系统对象,如表、视图等。SQL

Server 系统对象在物理上保留在此数据库中,但在逻辑上显示在每个数据库的 sys 架构中。支持升级到新的 SQL Server 版本所需的系统对象。

(5) TempDB:是一个临时数据库,为所有临时表、临时存储过程及其他临时操作提供存储空间,每次 SQL Server 重新启动后刷新。

2) 用户数据库

**用户数据库**指由用户建立并使用的数据库,存储用户使用的数据信息。

用户数据库由用户定义,由用于永久存储表和索引等数据库对象的磁盘空间构成,空间被分配在一个或多个操作系统文件上。

用户数据库和系统数据库一样,也被划分成许多逻辑页,通过指定数据库 ID、文件 ID 和页号,可以引用任何一页。当扩大文件时,新空间被追加到文件末尾。

3) 示例数据库

**示例数据库**是一种实用的学习数据库的范例,当 SQL Server 2014 系统安装结束后,在默认情况下不会自动安装,需要进行单独安装和设置。

**2. 数据库逻辑组件**

数据库存储是按物理方式在磁盘上作为多个文件实现的。用户使用数据库时调用的主要是逻辑组件,如图 3-6 所示。

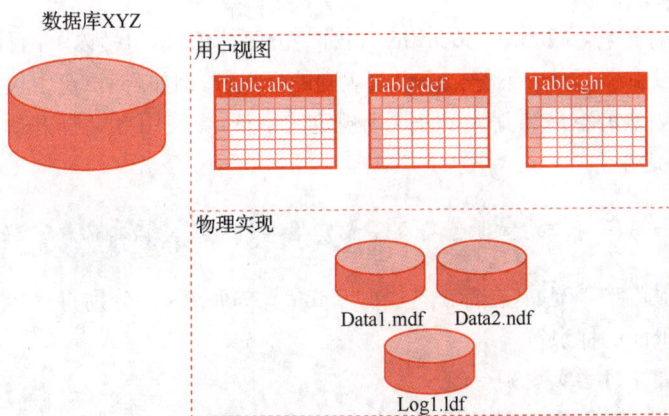

图 3-6　用数据库时使用的逻辑组件

通常,每个 SQL Server 实例包括四个系统数据库(Master、Model、TempDB 和 MSDB)以及一个或多个用户数据库。

📖**讨论思考**

(1) 怎样理解数据库的体系结构?

(2) 数据库文件类型有哪些?

(3) SQL Server 数据库和系统数据库分为哪几种?

# 3.4　常量、变量、函数和表达式

在数据库的业务数据处理过程中,常用一些与数据相关的标识符、常量、变量、函数和表达式及其使用规则。其中的简单表达式可以是一个常量、变量、列或标量函数,也可以用运算符将多个简单表达式连接起来组成较复杂的表达式。

### 3.4.1　常规标识符及使用规则

在 SQL 中，**标识符**（identifer）是指用于标识数据库对象名称等的字符串。在 SQL Server 中，所有数据库对象都可以有标识符，如服务器、数据库、表、视图、索引、触发器、约束等。一般操作对象都需要标识符，如创建表时必须指定表名。但是也有一些对象的标识符为可选的，如创建约束时用户可以不提供标识符，其标识符可以由系统默认自动生成。

按照标识符的使用方式，可以将标识符分为常规标识符和界定标识符两类。

#### 1. 常规标识符

**常规标识符**（regular identifer）也称为**规则标识符**，规则包括五项。

（1）标识符由字母、数字、下划线、@符号、#和$符号组成，其中字母可以是英文字母 a～z 或 A～Z，也可以是来自其他语言的字母字符，如表名"客户信息 A_1"。

（2）标识符的首字符不允许是数字或$符号。

（3）标识符不允许使用 SQL 的保留字，如命令名、函数名等。

（4）标识符内不允许有空格和特殊字符，如？、％、＆、＊等。

（5）标识符长度不超过 128 字节。

#### 2. 界定标识符

SQL 的**界定标识符**（delimited identifer）也称为**分隔标识符**，包括以下两种。

（1）方括号或引号。对于不符合标识符规则的标识符，例如，标识符中包含了 SQL Server 关键字或包含了内嵌的空格和其他不是规则规定的字符，要使用界定符方括号（[ ]）或双引号（" "）将标识符括起来。

> **注意**：3.4.2 节将介绍对于字符型常量需用单引号将其括起来。

（2）空格和保留字。例如，在标识符[My Table]、"select"内，分别将界定标识符用于带有空格和保留字 select 的标识符。

#### 3. 常规标识符的格式规则

在 SQL Server 中，SQL 的**常规标识符的格式规则**如下。

（1）首字符必须是下列字符之一：Unicode 标准定义的字母，包括 a～z、A～Z 和其他语言的字母字符，以及下划线"_"、符号"@"或数字符号"#"。

> **注意**：以一个符号"@"开头的标识符表示局部变量，以两个符号"@@"开头的标识符表示全局变量和系统内置函数。以一个符号"#"开头的标识符标识临时表或临时存储过程，以两个符号"##"开头的标识符标识全局临时对象。具体案例参见 3.4.2 节定义的变量。

（2）后续字符可以包括以下类型的字符：① Unicode 标准中定义的字母；② 基本拉丁字符或十进制数字；③ 下划线"_"、符号"@"、符号"#"或美元符号"$"。

（3）标识符不能是 SQL 的保留字，包括大写和小写形式。

（4）不允许嵌入空格或其他特殊字符。

例如，companyProduct、_com_product、comProduct_123 等标识符都是规则标识符，但是 this product info、company 123 等不是规则标识符。

💻**说明**：标识符的分隔(界定)和引用。

(1) 标识符的分隔(界定)。符合标识符格式规则的标识符既可以分隔(界定)，也可以不分隔。但是，对于不符合格式规则的标识符必须进行分隔。例如，companyProduct 标识符既可分隔也可不分隔，分隔后的标识符为[companyProduct]。然而，this product info 必须进行分隔，分隔后为[this product info]或"this product info"标识符。

(2) 需要使用分隔(界定)标识符的两种情况：① 对象名称中包含 Microsoft SQL Server 保留字时需要使用界定标识符，如[where]分隔(界定)标识符；② 对象名称中使用了未列入限定字符的字符，如[product[1] table]分隔(界定)标识符。

(3) 引用标识符。使用双引号分隔(界定)的标识符称为引用标识符，使用方括号分隔(界定)的标识符称为括号标识符。默认情况下，只能使用括号标识符。当 Quoted_Identifier 选项设置为 ON 时，才能使用引用标识符。

【**案例 3 - 2**】　查看带引号的标识符 Quoted_Identifier 选项的作用和特点。

由双引号分隔的标识符可以是 T-SQL 保留字，也可以包含 T-SQL 标识符语法约定的通常不允许的字符。当 Set Quoted_Identifier 为 ON 时，标识符可由双引号分隔，而文字必须由单引号分隔。而当 Set Quoted_Identifier 为 OFF 时，标识符不可加引号，且必须符合所有 T-SQL 标识符规则，文字可以由单引号或双引号分隔。

(1) 通过单击启动数据库引擎"查询编辑器"SSMS 提供的一种新集成环境，用于访问、配置、控制、管理和开发 SQL Server 的所有组件。SSMS 将一组多样化的图形工具与多种功能齐全的脚本编辑器组合在一起，可为各种技术级别的开发人员和管理人员提供对 SQL Server 的访问。

(2) 使用 SET 语句设置 Quoted_Identifier 选项的值为 OFF。

(3) 使用 Create 语句创建一个名称为"Employee Info"的表，出现创建失败的信息提示。其失败的原因是在选项的值为 OFF 的情况下，该标识符为非法标识符。

(4) 设置 Quoted_Identifier 选项的值为 ON(默认值)。

(5) 重新使用 Create 语句创建名称为"Employee Info"的表，此时显示创建操作成功，表明所使用标识符是合法标识符。

## 3.4.2　常量和变量

在实际应用中，经常用到常量、变量、函数和表达式，需要进行认真学习和实际应用。在此主要简要介绍一些常用的常量和变量及其用法。

### 1. 常量

**常量**是指在程序运行过程中其值保持不变的量。常量是表示一个特定数据值的符号，也称为字面量、文字值或标量值。常量的格式取决于它所表示的值的数据类型。例如，'This is a book. '、'August 8，2008'、29157 等都是常量。对于字符常量或时间日期型常量，需要使用单引号引起来。常用的常量类型如表 3 - 8 所示。

根据常量的不同类型，常量可以分为字符型常量、整型常量、日期时间型常量、实型常量、货币常量、全局唯一标识符。

(1) 字符型常量。**字符型常量**也称为字符数据类型，由字母、数字、下划线、特殊字符(!，@，♯)组成。常放在单引号或双引号中(双引号容易与两侧标识符或字符串混淆，因此不常用)。当单引号引起来的字符串常量中包含单引号时，需要用两个单引号表示字符串中的单引号。例如,I'm ZYT 应写作 'I'm ZYT'。

表 3-8 常用的常量及数据类型

| 常量类型 | 数据类型 | 说明 |
|---|---|---|
| 字符串常量 | char varchar (变长 C 型)text | 用单引号引起来,并包含字母、数字字符(a~z、A~Z 和 0~9)和特殊字符。若单引号中的字符串包含单引号,可使用两个单引号表示嵌入的一个单引号。空字符串用中间没有任何字符的两个单引号表示。Unicode 字符串格式要加前缀 N,且 N 必须大写,如 N'Mike' |
| 数值常量 | int smallint bigint decimal float , real | 由数字字符串表示<br>短整型,2 字节,-32768~32767 的整数<br>长整型,8 字节,为整型 int 的两倍<br>decimal 常量包含小数点<br>float 和 real 常量使用科学计数法表示,常用于近似值 |
| 日期时间常量 | datetime date , time | 使用特定格式的字符日期时间值来表示,并被单引号引起来,如 '12/5/2010'、'May 12, 2008'、'21:14:20' 等 |
| 货币常量 | money | 用于存储货币值,8 字节的存储空间 |
| 二进制常量 | binary varbinary | 用加前缀 0x 的十六进制形式表示,注意 0x 是两个字母,如 0x12A、0xBF 等 |
| 图形数据 | mage | 用于存储二进制图形等数据。容量为 $2^{31}$ 字节。其存储数据的模式与 text 数据类型相同。在输入数据时同 binary 数据类型一样,必须在前面加 0x 作为二进制标识 |
| Bit 常量 | bit | 用不加引号的数字 0/1 表示,若用大于 1 的数字则转换为 1 |

**字符型常量有两种**:ASCII 字符型常量、Unicode 字符型常量。

① ASCII 字符型常量:用单引号引起来,由 ASCII 字符构成的字符串,如 'abcde'。

② Unicode 字符型常量:通常在常量前面有一个 N,如 N'abcde'(其中的 N 在 SQL92 规范中表示国际语言,要求必须大写)。

💻**说明**:Unicode(统一码、万国码、单一码)是一种在计算机中使用的字符编码。它为每种语言中的每个字符设定了统一并且唯一的二进制编码,以满足跨语言、跨平台进行文本转换、处理的要求。

> 🔔**注意**:建议用单引号括住字符串常量,双引号容易与两侧标识符或字符串混淆。

(2) 整型常量。二进制整型常量由 0 和 1 组成,如 111001。十进制整型常量,如 1982。十六进制整型常量以 0x 开头,如 0x3e、0x,只有 0x 表示空十六进制数。

(3) 日期时间型常量。用单引号将日期时间字符串引起来,如 'july 22, 2013'、'22-july-2013'、'06-24-1988'、'08/12/2012'、'1998-05-23'、'20130624'、'2015 年 10 月 1 日 ' 等。

(4) 实型常量。实型常量包括定点数和浮点数,如 165.234、10E23。

(5) 货币常量。以货币符号开头,如 ¥542324432.25。SQL Server 不强制分组,即每隔三个数字插入一个逗号分隔符。

(6) 全局唯一标识符。**全局唯一标识符**(globally unique identification numbers, GUID)为 16 字节的二进制数据类型,是 SQL Server 根据计算机网络适配器地址和主机时钟产生的唯一号码生成的全局唯一标识符。如 6F9619FF-8B86-D011-B42D-00C04FC964FF 是一个有效的 GUID,常用于数字证书、拥有权限用户的软件下载与使用等。

💻**说明**:GUID 主要用于在拥有多个节点、多台计算机的网络或系统中,分配必须具有唯一性的标识符。任意两台主机不会生成重复的 GUID 值。在 Windows 平台上，GUID 应用很广泛，常用于注册表、类及接口标识和数据库，以及自动生成的机器名及目录名等。

### 2. 变量

**变量**是指在程序运行过程中其值可以发生改变的量，包括局部变量和全局变量**两种**。

1) 局部变量

局部变量由用户定义，是作用域局限在一定范围内的 SQL 对象。

**作用域**：若局部变量在一个批处理、存储过程、触发器中被声明（定义），则其作用域就是此批处理、存储过程或触发器。

(1) 局部变量的声明。**局部变量声明(定义)语句**的语法格式如下：

> DECLARE @变量名 1[AS]数据类型,@变量名 2[AS]数据类型,…,@变量名 n[AS]数据类型

> ☺**注意**：在实际应用中，需要注意以下几点。
> ① 局部变量名必须以@开头。局部变量名必须符合上述有关标识符的使用规则。
> ② 局部变量必须先声明（定义），然后在 SQL 语句中使用，默认初值为 NULL。
> ③ 数据类型要求：为系统提供的类型、CLR 用户定义类型或别名数据类型。变量不能是 text、ntext 或 image 数据类型。

(2) 局部变量的赋值。**局部变量赋值语句**的语法格式如下。

格式 1：

> SET @变量名＝表达式

格式 2：

> SELECT @变量名＝表达式/SELECT @变量名＝输出值 FROM 表 where 条件

或

> SELECT @变量 1＝表达式 1[,@变量 2＝表达式 2,…,@变量 n＝表达式 n]

💻**说明**："变量名"是除了 cursor、text、ntext、image 之外的任何类型变量名；"表达式"是任何有效的 SQL Server 表达式。格式 2 可以为多个变量赋值，其中，"SELECT @变量名＝表达式"用于将单个表达式值返回变量中，若表达式为列名，则返回多个。若 SELECT 语句返回多个值，则将返回的最后一个值赋给变量。若 SELECT 语句没有返回值，则变量保留当前值；若表达式是不返回值的子查询，则变量为 NULL。

**【案例 3-3】**　SELECT 命令赋值，执行程序。

```
USE educ
GO
DECLARE @var1 varchar(8)          --声明局部变量
SELECT @var1 = '学生姓名'          --为局部变量赋初始值
SELECT @var1 = Sname              --查询结果赋值给变量
FROM student
WHERE SID = 'bj10001'
SELECT @var1 as '学生姓名'         --显示局部变量结果
```

执行结果：

| 学生姓名 |
|---|
| 1　刘伟箭 |

**【案例 3 - 4】** SELECT 命令赋值,多个返回值中取最后一个。

```
USE educ
GO
DECLARE @var1 varchar(8)
SELECT @var1 = '读者姓名'
SELECT @var1 = Sname      --查询结果赋值,返回整个列全部值,但最后一个给变量
FROM student
SELECT @var1 AS '读者姓名'   --显示局部变量的结果
```

执行结果:

| 读者姓名 |
|---|
| 1 | 张晓东 |

**【案例 3 - 5】** SET 命令赋值实例。

```
USE educ
GO
DECLARE @no varchar(10)
SET @no = 'Bj10001'            --变量赋值
SELECT SID,Sname
FROM student
WHERE SID = @no
```

执行结果:

| SID | Sname |
|---|---|
| 1 | bj10001 | 刘伟箭 |

2) 全局变量

系统全局变量是 SQL Server 系统定义(提供并赋值)的变量。通常用于跟踪服务器范围和特定会话期间的信息,不能被用户显式地定义和赋值。即用户不能建立全局变量,也不能用 SET 语句改变全局变量的值。

定义全局变量的**基本格式**如下:

```
@@变量名
```

通常,全局变量用于记录 SQL Server 服务器活动状态的一组数据,系统提供了 33 个全局变量。常用的全局变量如表 3 - 9 所示。

表 3 - 9   常用的全局变量

| 全局变量 | 说明 | 全局变量 | 说明 |
|---|---|---|---|
| @@error | 上条 SQL 语句报告的错误号 | @@nestlevel | 当前存储过程/触发器的嵌套级别 |
| @@rowcount | 上一条 SQL 语句处理的行数 | @@servername | 本地服务器的名称 |
| @@identity | 最后插入的标识值 | @@spid | 当前用户进程的会话 ID |
| @@max_connections | 可创建并链接的最大数目 | @@cpu_busy | 系统自上次启动后的工作时间 |
| @@language | 当前使用语言的名称 | @@servicename | 该计算机上的 SQL 服务的名称 |
| @@transcont | 当前连接打开的事务数 | @@version | SQL Server 的版本信息 |

⚠**注意:** 全局变量以@@开头,由系统定义和维护,用户只能显示和读取,不能修改;局部变量以@开头,由用户定义和赋值,如显示 SQL Server 的版本。

```
SELECT @@version
```

| | [无列名] |
|---|---|
| 1 | Microsoft SQL Server 2005 - 9.00.2047.00 (Intel X86)　Apr ... |

```
SELECT @@servername          ——本地服务器名
```

| | [无列名] |
|---|---|
| 1 | 5C1963D8E73340B |

### 3.4.3　常用函数及其用法

**函数**是指具有可以完成某种特定功能的程序,并返回处理结果的一组 SQL 语句,其处理结果称为**返回值**,处理过程称为**函数体**。

SQL Server 同其他程序设计语言类似,提供了非常丰富的内置函数,而且允许用户自定义函数。利用这些函数可以方便地实现各种运算和操作,一般函数的返回值返回给 SELECT 请求,下面简要举例说明一些常用函数的应用。

SQL Server 提供的常用内置函数分为 14 种类型,每种类型的内置函数都可完成某种类型的操作,其函数名称和主要功能如表 3-10 所示。

表 3-10　常用内置函数种类和功能

| 函数种类 | 主要功能 |
|---|---|
| 聚合函数 | 将多个数值合并为一个数值,如计算合计值 |
| 配置函数 | 返回当前配置选项配置的信息 |
| 加密函数 | 支持加密、解密、数字签名和数字签名验证等操作 |
| 游标函数 | 返回有关游标状态的信息 |
| 日期时间函数 | 可以执行与日期、时间数据相关的操作 |
| 数学函数 | 执行对数、指数、三角函数、平方根等数学运算 |
| 元数据函数 | 用于返回数据库和数据库对象的属性信息 |
| 排名函数 | 可以返回分区中每一行的排名值 |
| 行集函数 | 可返回一个可用于代替 SQL 语句中表引用的对象 |
| 安全函数 | 返回有关用户和角色的信息 |
| 字符串函数 | 可以对字符数据执行替换、截断、合并等操作 |
| 系统函数 | 对系统级的各种选项和对象进行操作或报告 |
| 系统统计函数 | 返回有关 SQL Server 系统性能统计的信息 |
| 文本和图像函数 | 用于执行更改 text 和 image 值的操作 |

在 SQL Server 系统中,可以根据函数的返回值将这些内置函数分为确定性函数和非确定性函数。

#### 1. 聚合函数

**聚合函数**也称为**统计函数**,所有聚合函数均为确定性函数,只要使用一组特定输入值(数值型)调用聚合函数,该函数就会返回同类型的值。例如,计算一组整数型数值的总和或平均值,结果同样会返回整数型的数值。聚合函数与 GROUP BY(分组)子句一起使用可显示其强大功能,但其使用也并非只限于分组查询。若查询语句中使用了聚合函数,而无 GROUP BY

子句,聚合函数用于聚合整个结果集(匹配 WHERE 子句的所有行)。如果不使用 GROUP BY 子句,则 SELECT 列表中 AVG 只能和 SUM 对应,不能对应特定列。

聚合函数只允许作为表达式使用的项为:SELECT 语句的选择列表(子查询或外部查询)、COMPUTE 或 COMPUTE BY 子句,以及 HAVING 子句。

SQL Server 中提供了大量的聚合函数,表 3-11 列出了一些常用聚合函数。

表 3-11　常用聚合函数

| 函数名称 | 功能描述 |
| --- | --- |
| AVG | 返回组中各值的平均值,若为空则被忽略 |
| CHECKSUM | 用于生成哈希索引,返回按表某行或组表达式计算的校验和值 |
| CHECKSUM_AGG | 返回组中各值的校验和,若为空则被忽略 |
| COUNT | 返回组中项值的数量,若为空则计数 |
| COUNT_BIG | 返回组中项值的数量,与 COUNT 函数唯一的差别是其返回值,COUNT_BIG 总返回 bigint 型值,COUNT 始终返回 int 型值 |
| GROUPING | 当行由 CUBE/ROLLUP 运算符添加时,该函数将导致附加列输出 1;当行不由这两种运算符添加时,将导致附加列输出 0 |
| MAX | 返回组中值列表的最大值 |
| MIN | 返回组中值列表的最小值 |
| SUM | 返回组中各值的总和 |
| STDEV | 返回指定表达式中所有值的标准偏差 |
| STDEVP | 返回指定表达式中所有值的总体标准偏差 |
| VAR | 返回指定表达式中所有值的方差 |
| VARP | 返回指定表达式中所有值的总体方差 |

　注意:在所有聚合函数中,除了 COUNT 函数以外,聚合函数均忽略空值。

【案例 3-6】　查询最高分学生的学号和最高分。

```
USE educ                 --打开数据库 educ
GO
SELECT sid,grade         --显示学号 sid、最高分 grade 列
FROM sc                  --从表 sc 调用数据
WHERE grade = (select max(grade) from sc)
```

执行结果:

| | sid | grade |
| --- | --- | --- |
| 1 | bj10006 | 93.0 |

2. 数学函数

数学函数用于对数字表达式进行数学运算并返回运算结果。可对系统提供的数字数据进行运算,包括 decimal、integer、float、real、money、smallmoney、smallint 和 tinyint。默认情况下,对 float 数据类型数据的内置运算的精度为六位小数。SQL Server 提供了 20 多个用于处理整数与浮点值的数学函数。表 3-12 列出了部分常用的数学函数。

表 3-12　常用的数学函数

| 函数 | 说明 |
| --- | --- |
| ABS | 返回数值表达式的绝对值 |
| EXP | 返回指定表达式以 e 为底的指数 |
| CEILING | 返回大于或等于数值表达式的最小整数 |
| FLOOR | 返回小于或等于数值表达式的最大整数 |
| LN | 返回数值表达式的自然对数 |
| LOG | 返回数值表达式以 10 为底的对数 |
| POWER | 返回对数值表达式进行幂运算的结果 |
| ROUND | 返回舍入到指定长度或精度的数值表达式 |
| SIGN | 返回数值表达式的正号（＋）、负号（－）或零 |
| SQUARE | 返回数值表达式的平方 |
| SQRT | 返回数值表达式的平方根 |

可以具体参考一个应用 ROUND 函数的示例：

```
SELECT
ROUND(12345.34567，2)——精确到小数点后 2 位
ROUND(12345.34567，－2)——精确到小数点前 2 位
GO
```

> 🛇注意：数学函数（如 ABS、CEILING、DEGREES、FLOOR、POWER、RADIANS 和 SIGN）返回与输入值具有相同数据类型的值。三角函数和其他函数（包括 EXP、LOG、LOG10、SQUARE 和 SQRT）将输入值转换为 float 型并返回 float 型值。

### 3. 字符函数

**字符函数**也称为**字符串函数**，用于计算、格式化和处理字符串参数，或将对象转换为字符串。与数学函数一样，为方便用户进行字符型数据的各种操作和运算提供了功能全面的字符函数。字符函数也是经常使用的一种函数，常见的字符函数如表 3-13 所示。

表 3-13　常用的字符函数

| 字符函数 | 说明 |
| --- | --- |
| ASCII | ASCII 函数，返回字符表达式中最左侧的字符的 ASCII 码值 |
| CHAR | ASCII 码转换函数，返回指定 ASCII 码的字符 |
| LEFT | 左子串函数，返回字符串中从左边开始指定个数的字符 |
| LEN | 字符串函数，返回指定表达式的字符（非字节）数，不含尾部空格 |
| LOWER | 小写字母函数，将大写字符转换为小写字符后返回字符表达式 |
| LTRIM | 删除前导空格字符串，返回删除了前导空格之后的字符表达式 |
| REPLACE (e1,e2,e3) | 替换函数，用第 3 个表达式替换第 1 个表达式中出现的所有第 2 个指定字符串表达式的匹配项 |
| REPLICATE | 复制函数，以指定的次数重复字符表达式 |
| RIGHT | 右子串函数，返回字符串中从右边开始指定个数的字符 |

| 字符函数 | 说明 |
|---|---|
| RTRIM | 删除尾随空格函数,删除所有尾随空格后返回一个字符串 |
| SPACE | 空格函数,返回由重复的空格组成的字符串 |
| STR | 数字向字符转换函数,返回由数字数据转换来的字符数据 |
| SUBSTRING | 取子串函数,返回 4 种表达式(字符、二进制、文本和图像)的一部分 |
| UPPER | 大写函数,返回小写字符数据转换为大写的字符表达式 |

(1) ASCII():返回字符表达式最左端字符的 ASCII 码值。例如:

```
DECLARE @StringTest char(10)
SET @StringTest = ASCII('Robin')
SELECT @StringTest
```

执行结果:

| | (无列名) |
|---|---|
| 1 | 82 |

(2) CHAR():将 int ASCII 码转换为字符的字符串函数。例如:

```
DECLARE @StringTest char(10)
SET @StringTest = ASCII('Robin')
SELECT CHAR(@StringTest)
```

执行结果:

| | (无列名) |
|---|---|
| 1 | R |

(3) LEFT():返回从字符串左边开始指定个数的字符。例如:

```
DECLARE @StringTest char(10)
SET @StringTest = 'Robin'
SELECT LEFT(@StringTest,3)
```

执行结果:

| | (无列名) |
|---|---|
| 1 | Rob |

(4) LOWER():将大写字符数据转换为小写字符数据后返回字符表达式。例如:

```
DECLARE @StringTest char(10)
SET @StringTest = 'Robin'
SELECT LOWER(LEFT(@StringTest,3))
```

执行结果:

| | (无列名) |
|---|---|
| 1 | rob |

(5) LTRIM():删除起始空格后返回字符表达式。例如:

```
DECLARE @StringTest char(10)
SET @StringTest = '      Robin'
SELECT 'Start－'+ LTRIM(@StringTest),'Start－'+ @StringTest
```

执行结果：

| (无列名) | (无列名) | |
| --- | --- | --- |
| 1 | Start-Robin | Start-　Robin |

（6）RIGHT()：返回字符串中从右边开始指定个数的 integer_expression 字符。例如：

```
DECLARE @StringTest char(10)
SET @StringTest = 'Robin'
SELECT RIGHT(@StringTest,3)
```

执行结果：

| (无列名) |
| --- |
| 1 | in |

（7）RTRIM()：截断所有尾随空格后返回一个字符串。例如：

```
DECLARE @StringTest char(10)
SET @StringTest = 'Robin    '
SELECT @StringTest + '- End',RTRIM(@StringTest) + '- End'
```

执行结果：

| (无列名) | (无列名) |
| --- | --- |
| 1 | Robin  -End | Robin-End |

（8）STR()：由数字数据转换来的字符数据。例如：

```
SELECT 'A' + 82
SELECT 'A' + STR(82)
SELECT 'A' + LTRIM(STR(82))
```

执行结果：

| (无列名) | | | (无列名) |
| --- | --- | --- | --- |
| 1 | A | 82 | 1 | A82 |

（9）SUBSTRING()：求子串函数。例如：

```
DECLARE @StringTest char(10)
SET @StringTest = 'Robin'
SELECT SUBSTRING(@StringTest,3,LEN(@StringTest))
```

执行结果：

| (无列名) |
| --- |
| 1 | bin |

（10）UPPER()：返回将小写字符数据转换为大写的字符表达式。例如：

```
DECLARE @StringTest char(10)
SET @StringTest = 'Robin'
SELECT UPPER(@StringTest)
```

执行结果：

| (无列名) |
| --- |
| 1 | ROBIN |

（11）空值置换函数 ISNULL(空值,指定的空值)：用指定的值代替空值。例如：

```
USE Library
```

```
GO
SELECT Lendnum,ISNULL(Lendnum,0) AS 空值置换
FROM Reader
WHERE ISNULL(Lendnum,0) = 0
```

查询结果：

| | Lendnum | 空值置换 |
|---|---|---|
| 1 | NULL | 0 |
| 2 | 0 | 0 |
| 3 | NULL | 0 |
| 4 | 0 | 0 |

### 4. 日期时间函数

SQL Server 提供了 9 个日期时间处理函数。其中的一些函数接受 datepart 变元，这个变元指定函数处理日期与时间所使用的时间粒度。表 3-14 列出了 datepart 变元的可能设置。

表 3-14  datepart 常量

| 常量 | 含义 | 常量 | 含义 |
|---|---|---|---|
| yy 或 yyyy | 年 | dy 或 y | 年日期(1～366) |
| qq 或 q | 季 | dd 或 d | 日 |
| mm 或 m | 月 | Hh | 时 |
| wk 或 ww | 周 | mi 或 n | 分 |
| dw 或 w | 周日期 | ss 或 s | 秒 |
| ms | 毫秒 | | |

SQL Server 提供的 9 个常用的日期时间函数如表 3-15 所示。

表 3-15  常用的日期时间函数

| 日期函数 | 说明 |
|---|---|
| DATEADD | 返回给指定日期加上一个时间间隔后的新 datetime 值 |
| DATEDIFF | 返回跨两个指定日期的日期边界数和时间边界数 |
| DATENAME | 返回表示指定日期的指定日期部分的字符串 |
| DATEPART | 返回表示指定日期的指定日期部分的整数 |
| DAY | 返回一个整数,表示指定日期的天 DATEPART 部分 |
| GETDATE | 以 datetime 值的 SQL Server 标准内部格式返回当前系统日期和时间 |
| GETUTCDATE | 返回当前 UTC 时间(通用协调时间/格林尼治标准时间)的 datetime 值。来自当前的本地时间和运行 SQL 实例的操作系统中的时区设置 |
| MONTH | 返回表示指定日期的"月"部分的整数 |
| YEAR | 返回表示指定日期的年份的整数 |

> 🔔注意：在上述日期时间函数中,DATENAME、GETDATE 和 GETUTCDATE 具有不确定性。而 DATEPART 除了用作 DATEPART(dw,date)外都具有确定性。虽然 dw 是周日期部分,取决于设置每周的第一天的 SET DATEFIRST 所设置的值。除此之外的上述日期函数都具有确定性。

例如：

```
DECLARE @OLDTime datetime      --定义日期时间型数据
SET @OLDTime = '12-02-2004 06:30pm'
SELECT DATEADD(hh,4,@OldTime)
```

执行结果：

| | (无列名) |
|---|---|
| 1 | 2004-12-02 22:30:00.000 |

又如：

```
DECLARE @FirstTime datetime, @SecondTime datetime
SET @FirstTime = '03-24-2006 6:30pm'
SET @SecondTime = '03-24-2006 6:33pm'
SELECT DATEDIFF(ms,@FirstTime,@SecondTime) as time1    --第一个参数表示毫秒
```

执行结果：

| | time1 |
|---|---|
| 1 | 180000 |

```
DECLARE @StatementDate datetime
SET @StatementDate = '2006-3-14 3:00 PM'
SELECT DATENAME(dw,@StatementDate)
```

执行结果：

| | (无列名) |
|---|---|
| 1 | 星期二 |

### *5. 自定义函数

除了使用系统内置函数外，用户还可以创建自定义函数，以实现更独特的功能。自定义函数可以接受零个或多个输入参数，其返回值可以是一个数值或一个表，但自定义函数不支持输出参数。在 SQL Server 中，可用 CREATE FUNCTION 语句创建自定义函数，根据函数返回值形式的不同，可创建三类自定义函数，分别是标量值自定义函数、内联表值自定义函数和多语句表值自定义函数。

1）标量值自定义函数

标量值自定义函数返回一个确定类型的标量值，其返回值类型为除 text、ntext、image、cursor、timestamp 和 table 类型外的其他数据类型，即标量值自定义函数返回的是一个数值。

标量值自定义函数的**语法结构**如下：

```
CREATE FUNCTION function_name
    ([{@parameter_name scalar_parameter_data_type [ = default ]}[,…n]])
  RETURNS scalar_return_data_type
    [WITH ENCRYPTION]
 [AS]
 BEGIN
    function_body
  RETURN scalar_expression
```

```
END
```

📖说明：语法中各参数含义如下。

（1）function_name 为自定义函数的名称。

（2）@parameter_name 为输入参数名。

（3）scalar_parameter_data_type 为输入参数的数据类型。

（4）RETURNS scalar_return_data_type 子句定义了函数返回值的数据类型，该数据类型不能是 text、ntext、image、cursor、timestamp 和 table 类型。

（5）WITH 子句指出了创建函数的选项。若指定了 ENCRYPTION 参数，则创建的函数是被加密的，函数定义的文本将以不可读的形式存储在 syscomments 表中，任何人都不能查看该函数的定义，包括函数的创建者和系统管理员。

（6）BEGIN…END 语句块内定义了函数体（function_body），以及包含 RETURNS 语句，用于返回值。

【案例 3-7】 在理解语法格式及参数含义的基础上，可以创建一个标量值函数，使用一个整型参数指定订单号，返回该订单的客户的姓名。

```
CREATE FUNCTION GetName4(@id INT)
RETURNS varchar(50)
AS
BEGIN
DECLARE @Name varchar(50)
SELECT @Name = (SELECT B.客户名称
FROM  场馆预订信息 A INNER JOIN  客户信息 B
ON A.场馆编号 = B.客户编号
WHERE  订单号 = @id
)
RETURN @Name
END
```

执行上述语句后在数据库中创建了一个标量值函数，并在查询中调用该函数。

2）内联表值自定义函数

内联表值自定义函数是以表的形式返回一个值（表）。内联表值自定义函数没有由 BEGIN…END语句块中包含的函数体，而是直接使用 RETURNS 子句，其中包含的 SELECT 语句将数据从数据库中筛选出形成一个表。使用内联表值自定义函数可提供参数化的视图功能。

内联表值自定义函数的**语法结构**如下：

```
CREATE FUNCTION function_name
    ([{@parameter_name scalar_ parameter_data_type [ = default ]}[,…n]])
RETURNS TABLE
    [WITH ENCRYPTION]
[AS]
RETURN (select_statement)
```

📖说明：该语法结构中各参数的含义与标量值自定义函数语法结构中参数的含义相似，不再一一说明。

**【案例 3 - 8】**　创建一个内联表值自定义函数来返回一个管理员负责的所有场馆信息。

```
CREATE FUNCTION GetPalaestra(@Pid INT)
RETURNS TABLE
AS
RETURN
(
    SELECT A.场馆名称,A.座位,A.状态,B.管理员名称
    FROM  场馆信息 A INNER JOIN  管理员信息 B
    ON A.管理员编号 = B.管理员编号
    WHERE B.管理员编号 = @Pid
)
```

🖳**说明：**创建的函数名称为 GetPalaestra,其字符串参数@Pid 指定要查询的班级编号,RETURNS TABLE 指定这是一个内联表值自定义函数。创建完成后,可用 SELECT 语句来查看管理员编号为 102 的管理员所负责的所有场馆信息。

3) 多语句表值自定义函数

多语句表值自定义函数可以看作标量值型和内联表值型自定义函数的结合体。这类函数的返回值是一个表,但与标量值自定义函数一样,有一个用 BEGIN⋯END 语句块中包含的函数体,返回值的表中的数据是由函数体中的语句插入的。由此可见,其可以进行多次查询,对数据进行多次筛选与合并,弥补了内联表值自定义函数的不足。

### 3.4.4　运算符及其用法

SQL Server 的运算符是一种运算符号,用于将常量、变量或函数进行运算连接,便于在一个或几个表达式中执行运算操作。而表达式是由常量、变量、函数等通过运算符按一定的规则连接起来的有意义的式子,主要涉及其中的常量、变量、函数和运算符的使用规则及相关类型的选用。运算符及其优先级如表 3 - 16 所示。

表 3 - 16　运算符及其优先级

| 优先级 | 运算符类别 | 所包含运算符 |
|---|---|---|
| 1 | 一元运算符 | +(正)、-(负)、~(取反) |
| 2 | 算术运算符 | *(乘)、/(除)、%(取模) |
| 3 | 算术字符串运算符 | +(加)、-(减)、+(连接) |
| 4 | 比较运算符 | =(等于)、>(大于)、>=(大于等于)、<(小于)、<=(小于等于)、<>或!=(不等于)、!<(不小于)、!>(不大于) |
| 5 | 按位运算符 | &(按位与)、|(按位或)、^(按位异或) |
| 6 | 逻辑运算符 | NOT(非) |
| 7 | 逻辑运算符 | AND(与) |
| 8 | 逻辑运算符 | ALL(所有)、ANY(任一个)、BETWEEN(两者之间)、EXISTS(存在)、IN(在范围内)、LIKE(匹配)、OR(或)、SOME(任一个) |
| 9 | 赋值运算符 | =(赋值) |

### 1. 运算符的种类

为了实现编程的功能,与其他高级语言一样,SQL 运用运算符和函数实现各种计算和处理功能。运算符是一种运算的符号,用于指定要在一个或多个表达式中执行的操作。在 SQL Server 中,常用的运算符包括七种:算术运算符、逻辑运算符、赋值运算符、字符串连接运算符、按位运算符、一元运算符及比较运算符。

运算符是将变量、常量和函数连接起来并指定在一个或多个表达式中执行的操作。

SQL 提供了以下七种类型的运算符,如表 3-17 所示。

表 3-17　常用运算的运算符

| 运算符类型 | 运算符及其说明 |
| --- | --- |
| 算术运算符 | +(加)、-(减)、*(乘)、/(除)、%(取余) |
| 字符串连接运算符 | +(连接) |
| 比较运算符 | =(等于)、>(大于)、>=(大于等于)、<(小于)、<=(小于等于)、<>或!=(不等于)、!>(不大于)、!<(不小于) |
| 逻辑运算符 | NOT(非)、AND(与)、OR(或)、ALL(所有)、ANY(或 SOME,任意一个)、BETWEEN…AND(两者之间)、EXISTS(存在)、IN(在范围内)、LIKE(匹配) |
| 按位运算符 | &(按位与)、|(按位或)、^(按位异或) |
| 一元运算符 | +(正)、-(负)、~(按位取反) |
| 赋值运算符 | =(等于) |

### 2. 运算符的优先级

优先级高的(数字小的)先运算,相同优先级的运算符按照自左向右的顺序依次进行运算。多种类型的运算符的优先级如表 3-18 所示。

表 3-18　运算符的优先级

| 优先级 | 运算符 |
| --- | --- |
| 1 | ~(取反) |
| 2 | *(乘)、/(除)、%(取模、余)) |
| 3 | +(正)、-(负)、+(加)、+(连接)、-(减)、&(按位与) |
| 4 | =、>、<、>=、<=、<>、!=、!>、!<(比较运算符) |
| 5 | ^(位异或)、|(位或) |
| 6 | NOT |
| 7 | AND |
| 8 | ALL、ANY、BETWEEN、IN、LIKE、OR、SOME |
| 9 | =(赋值) |

**【案例 3-9】** 演示算术运算符的运用。

(1) 启动查询编辑器。

(2) 在 SELECT 语句后面输入 12.0/5.0。

(3) 12.0/5.0 的结果是 2.400000,但是 12/5 的结果是 2,两者的值并不相等。12.0/15.0 的结果是 0.800000,但是 12/15 的结果是 0。因此,需要着重指出的是,在进行除法运算时,一定要确认除数和被除数是否为浮点数类型,否则运算结果可能与期望的结果不同。

> **注意：** 在本例中，应当注意在执行除法运算时整数和浮点数是不同的。因此，在程序中使用算术运算符时，一定要确定参与运算的数值类型。

【**案例 3-10**】　演示运用比较运算符。

（1）启动查询编辑器。

（2）如图 3-7 所示，第一条 SELECT 语句检索合同编码小于 10 且姓大于 Kim 的合同信息。

（3）第二条 SELECT 语句检索合同编码小于 10 且姓小于等于 Kim 的合同信息。

当使用字符串进行比较时，由于 P 大于 K，所以 Pilar 大于 Kim；同理，C 小于 K，所以 Carla 小于 Kim。

图 3-7　使用比较运算符

> **注意：** 在本例中，可以看到字符之间的比较方式，Margaret 大于 Kim，而 Frances 小于 Kim，这是根据字母表的顺序进行比较的。

### 3.4.5　常用表达式概述

**表达式**是指由常量、变量、函数等通过运算符按规则要求连接的式子。

#### 1. SQL 表达式

表达式是用于在"列与列之间"或者"在变量之间"进行比较以及数学运算的符号。在 SQL Server 中，表达式有数学表达式、字符串表达式、比较表达式和逻辑表达式四种类型，下面对其类型进行说明。

1）数学表达式

**数学表达式**用于各种数字变量的运算。数字变量的数据类型有 int、smallint、tinyint、

float、real、money 或 smallmoney。而数学表达式的符号有加(+)、减(-)、乘( * )、除(/)和取余(%)。其具体说明如表 3-19 所示。

表 3-19　数学表达式使用的数据类型

| 符号 | 功能 | 所使用的数据类型 |
| :---: | :---: | :--- |
| + | 加 | int、smallint、tinyint、float、real、money 或 smallmoney |
| - | 减 | int、smallint、tinyint、float、real、money 或 smallmoney |
| * | 乘 | int、smallint、tinyint、float、real、money 或 smallmoney |
| / | 除 | int、smallint、tinyint、float、real、money 或 smallmoney |
| % | 取余 | int、smallint、tinyint |

**注意:** 数学表达式只能在数字变量或数字型数组中进行运算。取余运算只能用于 int、smallint 和 tinyint 数据类型。

2) 字符串表达式

字符串是由字符、符号或数字所组成的一串字符,且字符串表达式是用于字符串运算与操作的一种运算方式。在字符串表达式中,可用数学表达式的"+"达到字符串连接、结合的目的。在数据类型中,可适用于字符串加法的数据类型有 char、varchar、nvarchar、text,以及可以转换为 char 或 varchar 数据类型的数据类型。例如,"ASP"、"&"以及"SQL 2012"三个字符串连接的表达式为:

```
Interval = "ASP " + "&" + " SQL 2014"
```

这三个字符串、字符相加之后的结果 Interval 的内容为"ASP & SQL 2014"。

3) 比较表达式

比较表达式用于两个表达式的比较。常用的比较表达式符号如表 3-20 所示。

表 3-20　比较表达式符号

| 表达式符号 | 功　能 |
| :---: | :---: |
| = | 等于 |
| > | 大于 |
| < | 小于 |
| >= | 大于等于 |
| <= | 小于等于 |
| <>或!= | 不等于 |
| !> | 不大于 |
| !< | 不小于 |
| ( ) | 优先级控制符 |

**注意:** 比较表达式的执行优先级如同数学表达式一样,可以使用"( )"安排设置。

4) 逻辑表达式

在 SQL 的逻辑表达式中,有 AND、OR 以及 NOT 三种逻辑表达式,以下是这三种逻辑表达式的功能说明。

（1）AND 表达式：当所有条件式在运算之后，只有全部返回值都是"真"的情况下，其逻辑运算值才会返回"真"；反之，若有一个返回值是"假"，则其逻辑运算值为"假"。

（2）OR 表达式：只要有一个条件式的返回值是"真"，则其逻辑运算值即返回"真"。

（3）NOT 表达式：逻辑表达式"反向"。即逻辑运算值为"真"时，其返回值为"假"。

同时在优先级方面，其优先级从高到低依次为 NOT、AND、OR。逻辑表达式可以使用的数据类型如表 3 - 21 所示。

**表 3 - 21　逻辑表达式可以使用的数据类型**

| 左操作数 | 右操作数 |
|---|---|
| binary、varbinary | int、smallint、tinyint |
| int、smallint、tinyint | int、smallint、tinyint、binary |
| bit | int、smallint、tinyint、binary |

### 2. 表达式的优先级

通常，在一个 SQL 表达式中，可能包含许多不同类型的表达式。SQL 在执行过程中，根据表 3 - 22 所示运算符的优先级别，定义表达式的先后执行顺序。

**表 3 - 22　表达式中运算符的优先级别**

| 级别 | 表达式中的运算符 |
|---|---|
| 1 | ～（位非或取反） |
| 2 | *（乘）、/（除）、%（取模） |
| 3 | +（正）、-（负）、+（加）、+（连接）、-（减）、&（按位与）、^（按位异或）、\|（按位或） |
| 4 | =、>、<、>=、<=、<>、!=、!>、!<（比较运算符） |
| 5 | NOT |
| 6 | AND |
| 7 | ALL、ANY、BETWEEN、IN、LIKE、OR、SOME |
| 8 | =（赋值） |

📖说明：括号最优先，对于具有相同优先级的情况，按照由左而右的顺序进行运算。对于由单个常量、变量、标量函数或列名组成的简单表达式，其数据类型、排序规则、精度、小数位数和值就是它所引用的元素的数据类型、排序规则、精度、小数位数和值。

用比较运算符或逻辑运算符组合两个表达式时，生成的数据类型为 boolean 型，且值为下列类型之一：TRUE、FALSE 或 UNKNOWN。

用算术运算符、位运算符或字符串运算符组合两个表达式时，生成的数据类型取决于运算符。由多个符号和运算符组成的复杂表达式的计算结果为单值结果。生成的表达式的数据类型、排序规则、精度和值由进行组合的两个表达式决定，并按每次两个表达式的顺序递延，直到得出最后结果。表达式中元素组合的顺序由表达式中运算符的优先级决定。

📖**知识拓展**

两个表达式可由一个运算符组合而成，需要其具有该运算符支持的数据类型，且至少满足下列条件之一：① 两个表达式有相同的数据类型；② 优先级低的数据类型可隐式转换为优先级高的数据类型。若表达式不满足这些条件，则可用 CAST 或 CONVERT 函数将优先级低的数据类型显式转化为优先级高的数据类型，或转换为一种可隐式转化成优先级高的数据类型的中间数据类型。若无支持的隐式或显式转换，则两个表达式无法组合。任何计算结果为字符串的表达式的排序规则都应遵循其优先顺序规则。SQL 选择列表中的表达式的规则：分别对结果集中的每一行计算表达式的值。同一表达式对结果集内的每一行可能有不同的值，但该表达式在每行的值唯一。例如，在 SELECT 语句中，对 ProductID 的引用以及选择列表中的术语 1＋2 都是表达式。

📖**讨论思考**

（1）标识符有哪几种？使用规则是什么？

（2）什么是常量和变量？它们的种类及特点有哪些？

（3）常用函数种类及特点有哪些？

（4）一般的表达式种类及特点有哪些？

# *3.5  实验三  常量、变量、函数及表达式应用

## 3.5.1  实验目的

（1）掌握利用 SSMS 计算常量的方法。

（2）学会用 SQL Server 2014 中的 SSMS 进行变量赋值及运算。

（3）理解并掌握各种类型常用函数的具体使用方法。

（4）学会掌握各种类型表达式的实际使用方法及步骤。

## 3.5.2  实验内容

（1）在 SSMS 中，建立新建查询窗口。

（2）通过新建的查询窗口，运行 SQL Server 2014 支持的各种类型常用的标识符、常量、变量、运算符及优先级、表达式和系统内置函数。

*（3）用户自定义函数（如计算 $n!$），实现函数定义与调用。

## 3.5.3  实验步骤

（1）在 SSMS 中，单击"新建查询"命令新建一个查询窗口。

（2）在查询窗口中输入 SQL Server 2014 支持的各种类型数据及运算符，注意标识符及规则、常量和变量的使用格式。SQL Server 2014 支持的数据类型包括精确数据类型、近似数据类型、日期时间型、字符串型、Unicode 二进制字符串型等。使用精确的整型数据给局部变量 $X$ 及 $Y$ 分别赋值 20 和 5，并分别运算如图 3-8 所示的算式。相应的各部分整数运算分别对应的显示结果如图 3-9 所示。

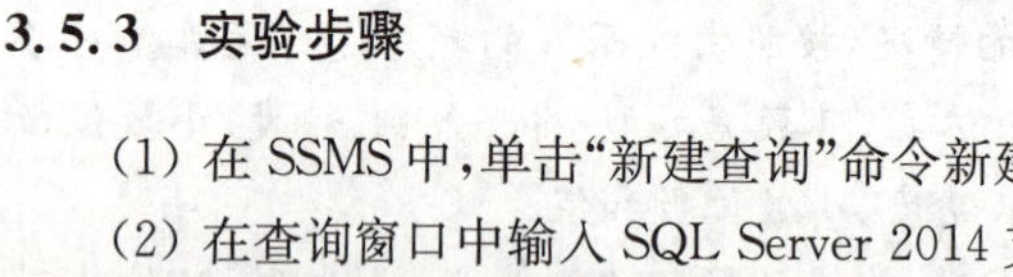

```
例3-2.sql - ...rator (53))
DECLARE @X INT,@Y INT
  SET @X=20
  SET @Y=5
  SELECT @x,@y,3*@x +4*@y,@x*@y,@x /@y
```

| 结果 | 消息 |

| [无列名] | [无列名] | [无列名] | [无列名] | [无列名] |
|---|---|---|---|---|
| 20 | 5 | 80 | 100 | 4 |

图 3-8  使用整型数据运算 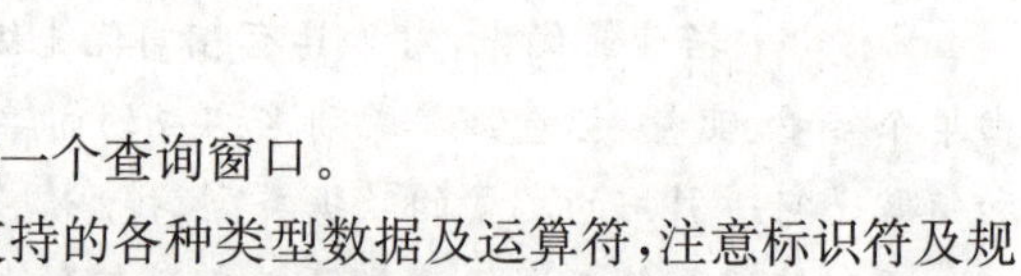　　　　　　图 3-9  整数运算对应的结果

（3）通过各种运算符，将各种数据类型的常量、变量组成各种表达式，注意观察运算符的优先级。SQL Server 2014 支持的运算符包括赋值运算符、算术运算符、按位运算符、字符串连接运算符、比较运算符、逻辑运算符、一元运算符。

（4）计算各种表达式，并输出结果，查看各种表达式输出结果的数据类型和格式。其中，算术运算符和字符串连接运算符的应用案例分别如图 3-10 和图 3-11 所示。

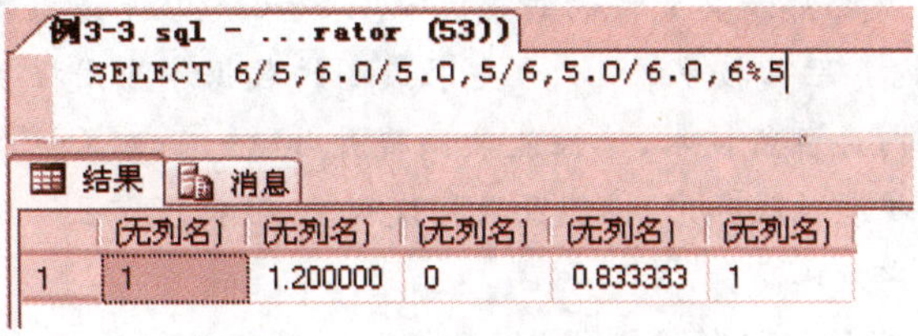

图 3-10　使用算术运算符案例 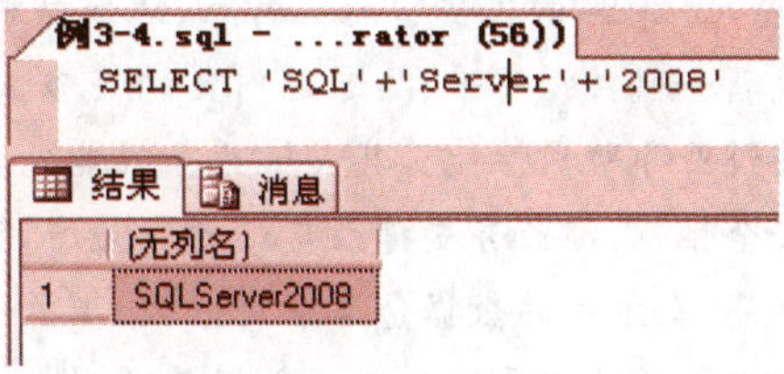　　　　图 3-11　使用字符串连接运算符案例

另外，按位运算符的应用案例如图 3-12 所示。

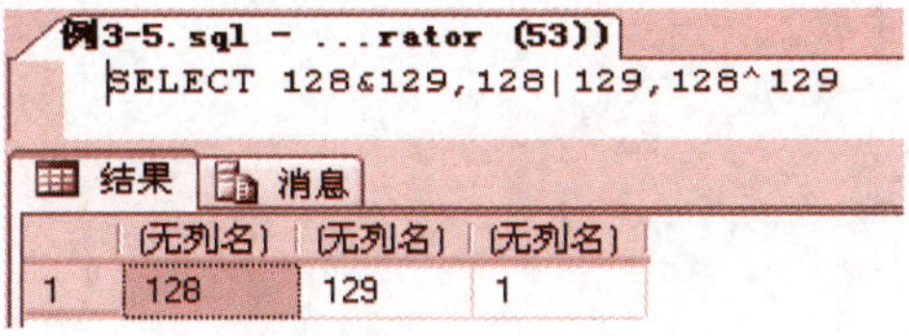

图 3-12　使用按位运算符案例

（5）用表达式调用常用的内置函数。查看函数返回值的数据类型和格式。SQL Server 2014 提供的系统内置函数包括数学函数、字符串函数、日期时间函数、系统函数、配置函数等。应用案例分别如图 3-13 和图 3-14 所示。

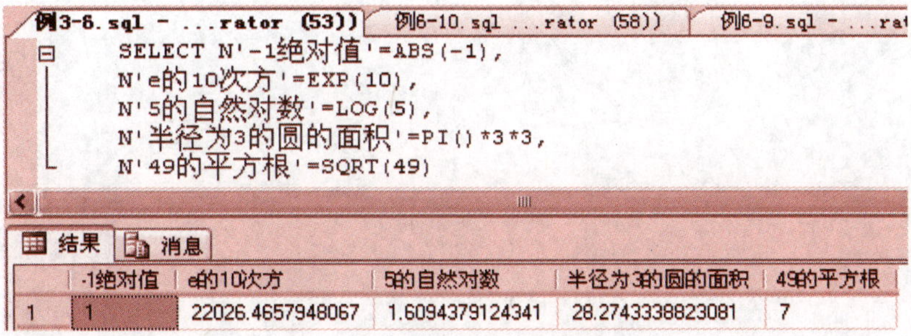

图 3-13　使用内置函数案例

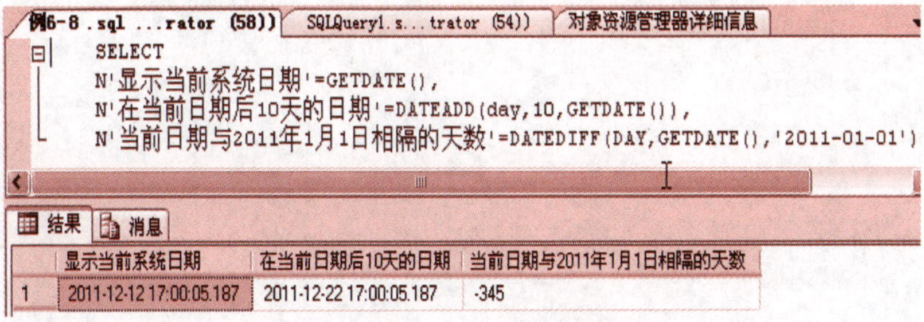

图 3-14　使用日期时间函数案例

## 3.6 本 章 小 结

SQL 具有语言简洁、易学易用、高度非过程化、一体化等特点，是目前广泛使用的数据库标准语言。本章概述了 SQL 的基本概念及发展、SQL Server 2014 新特点和优势，以及 SQL Server 2014 的主要功能及特点、组成结构、数据库及其文件的种类。SQL Server 2014 是微软最新一代数据库平台，通过内置的突破式内存驻留技术，可以为要求最高的数据库应用提供关键业务所需性能。其关键业务性能包括内存驻留技术，使性能最高提升 30 倍，高可用性及安全性，关键业务支撑最广泛的覆盖率，可扩展性服务广，性能及数据发现快，数据可靠且一致性高，全方位的数据仓库解决方案，工作优化效率高。

本章还概要地介绍了数据库操作中常用的标识符及其规则、数据类型及其具体应用，概述了 SQL Server 2014 常用的标识符及其使用规则，以及各种类型的常量、变量、函数和表达式的使用方法及具体操作过程，最后通过实验结合具体实例介绍了 SQL Server 2014 具体的常用操作方法和实际应用步骤。

# 第 4 章　数据库、表及数据操作

SQL Server 2014 对各种业务数据的处理与管理的应用非常广泛，对实际具体业务应用中数据库、数据表和数据的各种常用操作极为重要，特别是有关业务数据的查询、修改、插入、删除等极为常用的各种操作，已经成为计算机及网络业务中最常用的应用。需要将实际应用方法与具体同步实验操作紧密结合，才能收到更好的效果。

## 教学目标

　熟悉常用数据库的创建(定义)、修改和删除操作
　熟练掌握数据表的创建(定义)、修改和删除方法
　熟悉业务数据查询的各种方式方法及实际应用
　熟练掌握数据的输入、修改、插入、删除等操作
　熟悉数据库、表及数据常用操作实验和应用

## 4.1　数据库命令语法规则及特点

【案例 4-1】　数据库命令及语法规则非常重要。通常对于业务数据处理等常用 SQL 语句及扩展的 T-SQL 或利用 SSMS 的界面菜单方式进行操作。T-SQL 是 SQL Server 的核心组件，在数据处理与管理等应用中经常用到操作语句及其语法规则，特别是在动态数据处理及系统运行中更为常用。

### 4.1.1　T-SQL 语法规则及种类

#### 1. T-SQL 常用语法规则

前面介绍了 SQL 是用于访问和操作数据库的标准计算机语言，其主要功能包括：面向数据库执行查询，创建(定义)、修改、删除数据库及数据表，在数据库存取、插入、更新、删除数据，在数据库中创建索引及视图、设置表、建立存储过程，以及授予视图和存储过程的权限等。

SQL 及 T-SQL 主要用于 SQL Server 提供的数据定义和数据操作的具体应用、控制及调用数据库对象和数据处理与管理等。

为了方便具体实际应用,在**书写及使用中常用的语法规则**如下。

(1)"<>"(尖括号)中的内容表示必选项,不可缺省。

(2)"[]"(方括号)中的内容表示可选项,省略时系统取默认值。

(3)"|"(同符号/)表示相邻前后两项只能任取一项。

(4)"…"表示其中的内容为多项,可以重复书写,且各项之间必须用逗号隔开。

(5)一条较长语句可以分成多行书写且以";"(称为换行符或改行符,也可以使用回车操作)结尾,但是在同一行不允许写多条语句。

(6)在一个关键字的中间不能加入空格或换行符。

(7)在 T-SQL 中,关键字是 SQL 中事先定义好的关键字,以及命令和语句的写书不区分大小写。关键字不能被缩写也不能分行。

(8)在书写各种 SQL 命令时,所涉及的标点符号,如括号、逗号、分号、圆点(英文句号)等都应是英文半角,如果写成中文或全角符号,则会在执行命令时出错。

**说明:**

(1)上述语法规则(1)~(4)中的有关符号,只是用于与读者交流的书写"印刷符",在实际 SQL Server 系统操作中这些符号不需要输入。

(2)SQL 语句不区分大小写,也可以用前 4 个字母的缩写,但是为了便于阅读和维护不提倡缩写,通常在编写 SQL 语句时,还是尽量统一关键字的大小写。例如,以大写字母的形式写关键字,以小写字母的形式写表或列名,SQL 语句也可用于查阅。另外,根据使用的数据库不同,在部分数据库中区分表或列名的大小写。

### 2. T-SQL 常用操作语言的种类

T-SQL 根据基本功能主要概括为 5 类:数据定义语言、数据操作语言、数据控制语言、事务管理语言(transact management language,TML)和其他附加语言,具体功能特点及操作应用将在 6.1.2 节介绍。

(1)数据定义语言。SQL 功能强大且高效,其中数据定义语言的功能包括对数据库、基本表、视图、索引等操作对象的定义和撤销等,如表 4 - 1 所示。

表 4 - 1  SQL 的数据定义语言

| 操作对象 | 操作方式 | | |
|---|---|---|---|
| | 创建 | 修改 | 删除 |
| 数据库 | CREATE DATABASE | ALTER DATABASE | DROP DATABASE |
| (数据)表 | CREATE TABLE | ALTER TABLE | DROP TABLE |
| 视图 | CREATE VIEW | ALTER VIEW | DROP VIEW |
| 索引 | CREATE INDEX | | DROP INDEX |

(2)数据操作语言。数据操作语言的功能主要包括插入数据、更新修改数据、删除数据和数据查询等,具体操作及用法将在 4.3 节进行具体介绍。

(3)数据控制语言。数据控制语言用于实现对数据库进行安全管理和权限管理等控制,如 GRANT(赋予权限)、DENY(禁止赋予的权限)、REVOKE(收回权限)等语句。为了确保数据库的安全,需要对用户使用表中的数据权限进行管理和控制。

（4）事务管理语言。事务管理语言主要用于事务管理方面，如将资金从一个账户转移到另一个账户。可用 COMMIT 语句提交事务，也可用 ROLLBACK 语句撤销。

（5）其他附加语言。这些主要用于辅助语句的操作、标识、理解和使用，主要包括标识符、变量、常量、运算符、表达式、数据类型、函数、流程控制、错误处理、注释等。

### 4.1.2　T-SQL 的特点及注释语句

#### 1. T-SQL 的特点

T-SQL 具有 4 个**特点**：① 一体化，集数据定义语言、数据操作语言、数据控制语言、事务管理语言和其他附加语言为一体；② 有两种使用方式，即命令交互使用方式和嵌入高级语言的使用方式；③ 非过程化语言，只需要提出"干什么"，不需要指出"如何干"，语句的操作过程由系统自动完成；④ 与人的思维习惯相近，易于理解和掌握。

T-SQL 的**主要特点**可以概括如下。

（1）T-SQL 是一种交互式查询语言，功能强大，简单易学。

（2）既可直接查询数据库，也可嵌入其他高级语言中执行。

（3）非过程化程度高，语句的操作执行由系统自动完成。

（4）所有的 T-SQL 命令都可以在查询分析器中完成。

#### 2. 注释语句

在 T-SQL 程序中，注释语句主要用于对程序语句进行解释说明并增加可读性，有助于对源程序语句的理解、修改和维护，系统对注释语句不予以执行。当在查询分析器中使用注释语句时，相应被注释的部分变为蓝绿色。注释语句包括两种：多行注释语句和单行注释语句。

（1）多行注释语句也称为块注释语句，通常放在程序（块）的前面，用于对程序功能、特性和注意事项等方面的说明，以"/ ＊"开头并以"＊ /"结束。例如：

```
/＊  以下为数据修改程序
请注意修改的具体条件及确认  ＊/
```

（2）单行注释语句也称为行注释语句，通常放在一行语句的后面，用于对本行语句的具体说明，是以两个减号（－－）开始的若干字符。例如：

```
－ －  定义（声明）局部变量
－ －  为局部变量赋初始值
```

**📖 讨论思考**

（1）T-SQL 常用语法规则是什么？

（2）T-SQL 常用操作语言有哪些种类？

（3）T-SQL 的特点及注释语句是什么？

## 4.2　数据库的常用操作

### 4.2.1　数据库的创建

在 SQL Server 中，通常在创建数据库之前需要进行策划，以免出现不必要的问题，然后创建（定义）数据库。对数据库创建等管理操作均有两种方式：T-SQL 语句命令方式和 SSMS 图形化界面方式。

### 1. 数据库创建的策划

在**创建数据库**之前进行**策划**时，主要考虑以下内容。

（1）数据库名称、数据库拥有者及存储路径和位置。

（2）数据文件和事务日志文件的逻辑名、物理名、初始大小、增长方式和最大容量。

（3）实际使用拟创建数据库的用户数量和用户权限。

（4）数据库大小与硬件配置的平衡、是否使用文件组。

（5）出现意外时，数据库的备份与恢复能力。

通常，同类业务的数据表的集合被创建为（存放在）一个数据库。一个 SQL 数据库由数据库名和拥有者的用户名或账号确定，定义数据库实际上就是定义一个存储空间。

### 2. 利用 SSMS 界面菜单创建数据库

【案例 4-2】 建立一个描述院校学生情况的数据库 School。在可视化界面 SSMS 下，通常利用菜单的操作步骤如下。

先连接到本地数据库引擎，在资源管理器中选中数据库并右击，出现快捷菜单，如图 4-1 所示，在其中选择"新建数据库"命令，出现"新建数据库"界面，如图 4-2 所示。

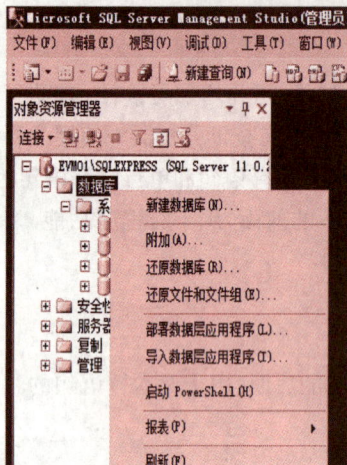

图 4-1 创建数据库的快捷菜单　　　　　图 4-2 "新建数据库"界面

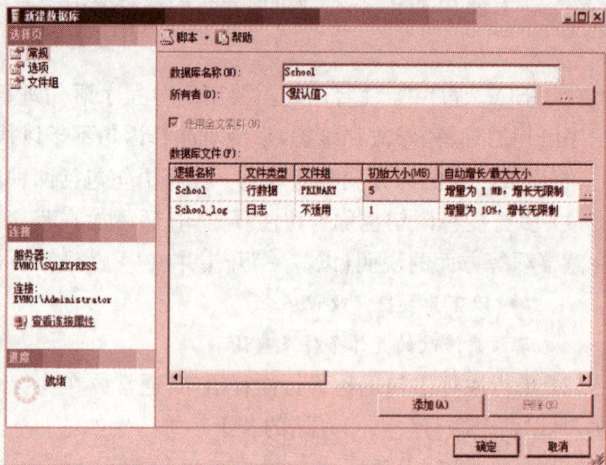

在图 4-2 所示的对话框中，将数据库名称设置为 School，保留其他参数为默认。单击"确定"按钮后，在资源管理器中可以看到新建的数据库 School。

### 3. 利用 SQL 语句创建数据库

创建数据库的**语法格式**如下：

CREATE DATABASE ＜数据库名＞ ［AUTHORIZATION ＜用户名＞］

　　　　［ON［PRIMARY］（路径/文件大小）］

🖥️**说明：**

（1）数据库名是用户建立数据库的文件名。

（2）用户应拥有数据库管理员权限，或获得数据库管理员授予创建数据库的的权限，通过 AUTHORIZATION 可以授权给指定的用户。

（3）选项 ON［PRIMARY］（路径/文件大小）可以用于指定所建数据库存放的位置及初始。

⊙**注意：**系统默认数据库的拥有者为登录注册人，存储路径为当前盘及当前路径。

📖**拓展阅读**

创建数据库较为完整的**语法格式**如下：

```
CREATE DATABASE <数据库名> [ ON [PRIMARY]
    ([NAME = 数据文件的逻辑名,] FILENAME = '数据文件的物理名(路径)',
    [SIZE = 数据文件初始大小,] [MAXSIZE = {数据文件的最大容量,]
    [FILEGROWTH = 数据文件的增长量]) [ … ]
    [ FILEGROUP  文件组名([NAME = 数据文件的逻辑名,]
    [FILENAME = '数据文件的物理名',] [SIZE = 数据文件的初始大小,]
    [MAXSIZE = (数据文件的最大容量),] [… ]]
    LOG ON
    ([NAME = 事务日志文件的逻辑名,] [FILENAME = '事务日志文件的物理名',]
    [SIZE = 事务日志文件初始大小,] [MAXSIZE = (事务日志文件的最大容量),]
    [FILEGROWTH = 事务日志文件的增长量]) […]]
```

💻**说明：**

(1) ON 表示需根据后面的参数创建该数据库。

(2) LOG ON 子句用于根据后面的参数创建该数据库的事务日志文件。PRIMARY 指定后面定义的数据文件属于主文件组 PRIMARY，也可以加入用户自己创建的文件组。

(3) NAME='数据文件的逻辑名'：是该文件在系统中使用的标识名，相当于别名。

(4) FILENAME='数据文件的物理名'：指定文件的实际名，包括路径和后缀。

(5) UNLIMITED 表示在磁盘容量允许的情况下不受限制。文件容量默认单位为 MB，也可以使用 KB、GB 等单位。

📖**拓展应用案例**

【**案例 4-3**】  用 T-SQL 在 E:\DATA 文件夹中创建一个教师数据库 teacher，主要包含以下内容。

(1) 一个主数据文件逻辑名 teacherdata1，物理名 E:\DATA\tdata1.mdf，初始容量为 1MB，最大容量为 10MB，每次增长量为 15%。

(2) 一个辅助数据文件逻辑名 teacherdata2，物理名 E:\DATA\tdata2.ndf，初始容量为 2MB，最大容量为 15MB，每次增长量为 2MB。

(3) 两个数据文件不单独创建文件组，即使用默认的 PRIMARY 组。

(4) 一个事务日志文件逻辑名为 teacherlog，物理名为 E:\DATA\teacherlog.ldf，初始容量为 500KB，最大容量不受限制，每次增长量为 500KB。

先确认 E:\DATA 文件夹已经创建，在查询分析器中输入以下代码：

```
CREATE DATABASE teacher ON PRIMARY
    (NAME = teacherdata1,
     FILENAME = 'E:\DATA\tdata1.mdf', SIZE =5MB,    -- 默认字节单位 MB 可省略
     MAXSIZE = 10,                      -- 文件最大容量为 10MB
     FILEGROWTH = 15%                   -- 增长量为文件容量 15%),
    (NAME = teacherdata2,
```

```
FILENAME = 'C:\DATA\tdata2.ndf' , SIZE = 2 , MAXSIZE = 15 ,
FILEGROWTH = 2MB
)
LOG ON                                        - -创建事务日志文件
(NAME = teacherlog , FILENAME = 'C:\DATA\teacherlog.LDF', SIZE = 500 KB ,
MAXSIZE = UNLIMITED, FILEGROWTH = 500 KB)          - -初始容量,KB 不能省
```

**【案例 4-4】** 建立一个"商品销售"数据库,主要数据文件为商品销售_data。数据库拥有者为张凯,存储位置为 F:\mssql\商品销售_data.mdf。

```
CREATE DATABASE 商品销售 AUTHORIZATION 张凯
ON
(NAME = 商品销售_data,
FILENAME = 'F:\mssql\商品销售_data.mdf');
```

### 4.2.2  数据库的打开、切换和关闭

#### 1. 数据库的打开使用

对于已经存在的数据库及其表、视图等对象以及数据操作,都需要先打开数据库才能使用。当用户登录 SQL Server 服务器后,需连接服务器中的一个数据库,才能使用该数据库中的数据。用户可以在 SQL 编辑器中利用 USE 命令打开或切换至不同的数据库。

打开数据库的 SQL 语句的**语法格式**如下:

```
USE <数据库名>
```

🖳**说明：**

(1) 所有涉及数据库对象及其有关数据等操作,都应先打开指定数据库后使用。

(2) <数据库名>为需要打开的数据库名。

#### 2. 数据库的切换与关闭

对于数据库的操作,切换或关闭数据库的 SQL 语句的**语法格式**如下:

```
USE [<数据库名>]
```

🖳**说明：**

(1) <数据库名>为需要切换(打开其他数据库)或所关闭的数据库名。

(2) 在已经打开一个数据库的情况下,再次打开(切换到)另一个数据库,并关闭原数据库。

(3) 若 USE 后无<数据库名>选项,则表示只关闭当前数据库。

### 4.2.3  数据库的修改

数据库在实际操作过程中,所需要的空间逐步增加,用户数量增多,使得数据库的某些参数需要根据情况进行更改,即需要修改数据库。在实际应用中,修改数据库的常用操作主要涉及两方面:修改数据库的名称、修改数据库的大小(实际上是修改数据库中的数据文件存量限定)。

具体**修改操作的方法**有两种:利用 SSMS 修改或使用 SQL 语句修改。

1) 利用 SSMS 修改数据库

通常利用 SSMS 可以修改用户数据库,具体步骤为:在 SSMS 的对象资源管理器中展开"数据库"节点,选择准备修改的具体数据库,在右击出现的快捷菜单中选择"编写数据库脚本为"→"ALTER 到(A)"命令,即可进行修改,如图 4-3 所示。

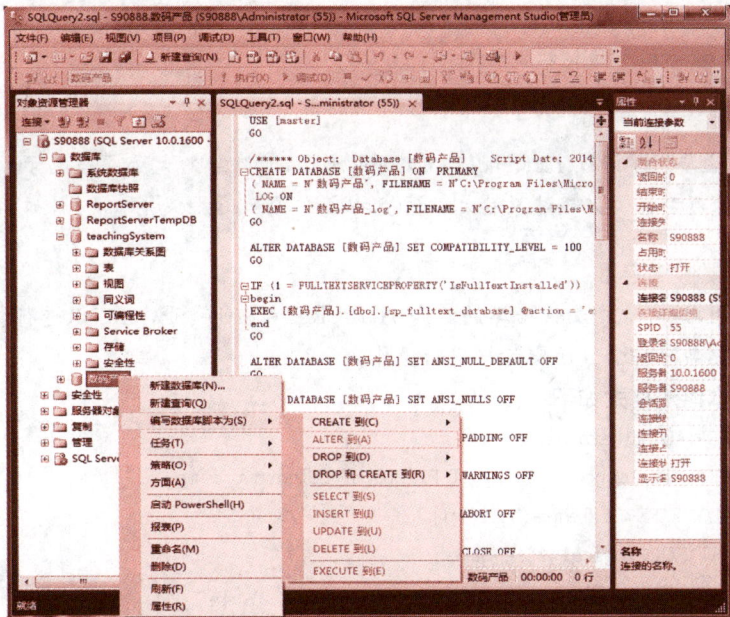

图 4-3　利用 SSMS 修改数据库界面

2）利用 SQL 语句修改数据库

利用 SQL 语句修改数据库的**基本语法格式**如下：

> ALTER DATABASE＜数据库名＞
>
> MODIFY NAME|FILE＝＜新数据库名/file＞

💻**说明：**

① 只有当数据库处于正常关闭状态下，才能使用 ALTER 语句进行修改。当数据库打开正在使用，或数据库正在恢复时不能被修改。

② ＜新数据库名/file＞为新修改数据库的名称，file 为数据文件的大小。

（1）修改数据库的名称。修改数据库名称操作的**基本语法格式**如下：

> ALTER DATABASE＜原数据库名＞
>
> MODIFY NAME＝＜新数据库名＞

【**案例 4-5**】 将数据库 aa 的名字更改为 aa1。

> ALTER DATABASE aa
>
> MODIFY name＝aa1

> 🔈**注意：** 可以使用 sp_helpdb＜数据库名＞查询数据库信息。

（2）修改数据库大小。实际上是修改数据库中具体数据文件存量的大小，其常用操作的**基本语法格式**如下：

> ALTER DATABASE＜数据库名＞
>
> MODIFY FILE
>
> （
>
> name＝'逻辑名',
>
> size＝修改后的大小,

```
        maxsize = 修改后的最大容量(大小),
        filegrowth = 新的增长方式
    )
```

⚠注意：主要用于修改.mdf、.ndf、.ldf文件的大小,修改后的大小应当大于原初始文件大小,否则无法保存数据。若超过原最大容量(maxsize),则 maxsize 会更新为修改后的大小。

### 📖知识拓展操作应用

利用 T-SQL 语句中修改数据库的命令 ALTER DATABASE,还可以进行拓展为其他相关方面的一些拓展"修改"方面实际应用的操作。

主要的**基本语法格式**如下：

```
ALTER DATABASE database
(ADD FILE<filespec>[,…n][TO FILEGROUP filegroup_name]
| ADD LOG FILE<filespec>[,…n]
| REMOVE FILE logical_file_name
| ADD FILEGROUP filegroup_name
| REMOVE FILEGROUP filegroup_name
| MODIFY FILE<filespec>
| MODIFY NAME = new_dbname
| MODIFY FILEGROUP filegroup_name(filegroup_property|NAME = new_filegroup_name)
| SET<optionspec>[,…n][WITH<termination>]
| COLLATE<collation_name>
)
```

🖥**说明：** 常用的主要参数如下。

① ADD FILE：指定要增加的数据库文件。

② TO FILEGROUP：指定要增加文件到哪个文件组。

③ ADD LOG FILE：指定要增加的事务日志文件。

④ REMOVE FILE：从数据库系统表中删除指定文件的定义,并且删除其物理文件。文件只有为空时才能被删除。

⑤ ADD FILEGROUP：指定要增加的文件组。

⑥ REMOVE FILEGROUP：从数据库中删除指定文件组的定义,并且删除其包含的所有数据库文件。注意：文件组只有为空时才能被删除。

⑦ MODIFY FILE：修改指定文件的文件名、容量大小、最大容量、文件增容方式等属性。一次只能修改一个文件的一个属性。使用此选项时应注意,在文件格式 filespec 中必须用 NAME 明确指定文件名称,如果文件大小是已经确定的,则新定义的 SIZE 必须比当前文件容量大,FILENAME 只能指定在 tempdbdatabase 中存在的文件,并且新的文件名只有在 SQL Server 重新启动后才发生作用。

⑧ MODIFY FILEGROUP filegroup_name(filegroup_property)：修改文件组属性,其中属性的取值可为 READONLY,表示指定文件组为只读,要注意的是,主文件组不能指定为只读,只有对数据库有独占访问权限的用户才可以将一个文件组标识为只读;取值为 READWRITE,表示使文件组为可读写。只有对数据库有独占访问权限的用户才可以将一个文件组标识为可读写。

取值为 DEFAULT,表示指定文件组为默认文件组。一个数据库中只能有一个默认文件组。

⑨ SET:设置数据库属性。

<state_option>:控制用户对数据库访问的属性选项,如 SINGLE_USER|RESTRICTED_ USER|MULTI_USER、OFFLINE|ONLINE、READ_ONLY|READ_WRITE 等。

<cursor_option>:控制游标的属性选项,如 CURSOR_CLOSE_ON_COMMIT ON| OFF、CURSOR_DEFAULTLOCAL|GLOBAL 等。

<auto_option>:控制数据库的自动属性选项,如 AUTO_CLOSEON|OFF、AUTO_ CREATE _ STATISTICS ON | OFF、AUTO _ SHRINK ON | OFF、AUTO _ UPDATE _ STATISTICE ON|OFF 等。

<sql_option>:控制 ANSI 一致性的属性选项,如 ANSI_NULL_DEFAULT ON|OFF、 ANSI_NULLS ON|OFF、ANSI_PADDING ON|OFF、RECURSIVE_TRIGGERS ON|OFF 等。

<recovery _ options >:控制数据库恢复的选项,如 RECOVERY FULL | BULK _ LOGGED|SIMPLE、TORN_PAGE_DETECTION ON|OFF 等。

> **注意:** 只有数据库管理员或具有创建数据库权限的数据库所有者,才有权执行 SET 命令。ALTER DATABASE 命令可以更改数据库名称、增加或删除数据库中的文件或文件组,也可以更改文件或文件组的属性。
>
> 此外,删除数据库中的文件组时,必须首先删除文件组中的所有文件,因为只有当文件组为空时才能被删除。为了防止文件中的信息被损坏,文件大小只能增加不能减小。

### 4.2.4  数据库的删除

数据库的**删除方法**有两种:利用 SSMS 删除或使用 SQL 语句删除。

当一个数据库及其中的表、视图等对象不需要保存时,可以删除这个数据库。

1) 利用 SSMS 删除数据库

删除用户数据库的步骤如下。

在 SSMS 的对象资源管理器中展开"数据库"节点,选择数据库并右击,从弹出的快捷菜单中选择"删除"命令,打开"删除对象"窗口,如图 4-4 所示。

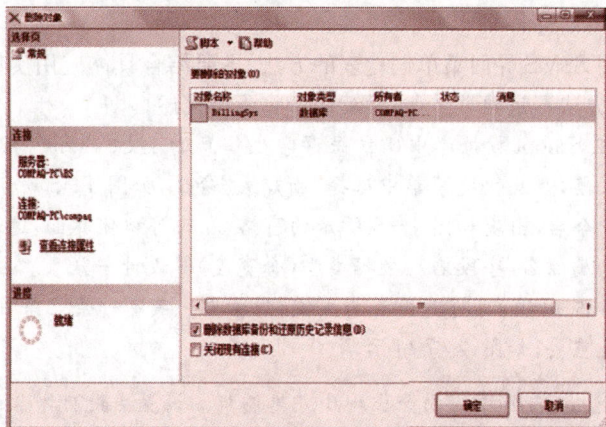

图 4-4  利用 SSMS 删除数据库界面

在"删除对象"窗口中确认要删除的数据库,可选择"关闭现有连接"复选框决定是否删除备份及关闭已存在的数据库连接。

2) 利用 SQL 语句删除数据库

利用 SQL 语句删除数据库的**基本语法格式**如下:

```
DROP DATABASE <数据库名> [CASCADE|RESTRICT]
```

💻**说明:**

(1) 只有处于正常关闭状态下的数据库才能使用 DROP 语句删除。当数据库处于打开正在使用,或数据库正在恢复等状态时不能被删除。

(2) 模式删除方式有两种。

① CASCADE(级联式)方式:执行 DROP 语句时,SQL Server 数据库及其中的表、视图等对象全部被删除。**特别注意**:这种删除不可恢复,使用时应慎重。

② RESTRICT(约束式)方式:执行 DROP 语句时,当数据库非空时,拒绝执行 DROP 语句,即在无任何数据库对象的情况下才能删除。此方式是数据库删除的默认选项。

**【案例 4-6】** 删除数据库"商品销售"。

```
DROP DATABASE '' 商品销售 ''
```

📖**讨论思考**

(1) 定义(建立)和修改数据库的 SQL 命令分别是什么?

(2) 什么是数据库的打开、切换和关闭的命令及用法?

(3) 数据库的删除命令和方式具体有哪几种?

# 4.3  数据表的常用操作

### 4.3.1  数据表的创建

在系统中创建了一个 SQL Server 数据库之后,便可以在指定数据库中创建几个存储相关业务数据的基本表。在数据库中创建表时,应当考虑属性(列)名、存放数据的类型、宽度、小数位数、主键和外键设置等。对基本表结构的操作常用的有创建、修改和删除三种。

#### 1. 数据表的菜单创建(定义)方法

数据基本表的创建也称为数据库基本表的定义。其操作方法有两种:SSMS 界面菜单法和 SQL 命令语句法。

首先概要介绍用 SSMS 界面菜单创建表的方法,主要结合具体应用实例概述操作方法和步骤,由于菜单操作方法不是教学重点,后续内容将不再赘述。

**【案例 4-7】**  在 School 数据库中建立保存学生信息的表 Student。在可视化界面 SSMS 中右击表出现快捷菜单,在此快捷菜单中选择"新建表"命令,如图 4-5 所示。

选择"新建表"命令后,出现如图 4-6 所示的窗格,在此可视化界面,通过业务数据需求考虑(设计),输入列名(属性名/字段名)、数据类型(含宽度)等设计一张表。

表创建完成后右击 Id 项,可将其设置为主键,用于唯一确定一条记录且可快速检索,这对以后的数据操作至关重要,如图 4-7 所示。

> ⚠**注意**:设置完成后,Id 项前面会出现小钥匙图标。设置主键自增长的方法是在"标识规范"的"是标识"中选择"是"选项。

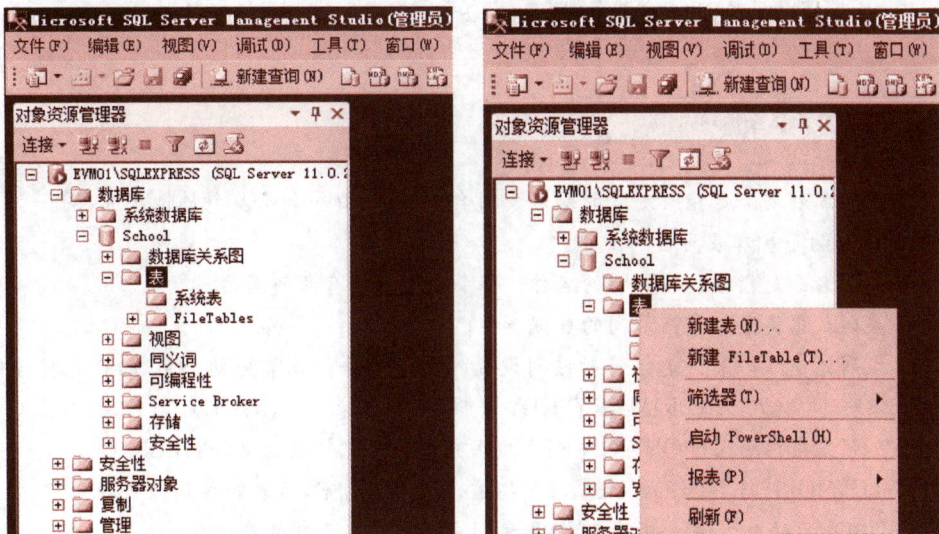

图 4-5　利用 SSMS 创建表的界面

图 4-6　设计表结构的窗格

图 4-7　设置主键的界面

## 2. 表的 SQL 语句创建(定义)方法

创建基本表就是定义基本表的结构,SQL 使用 CREATE TABLE 语句定义数据表结构。其一般语法格式如下:

```
CREATE TABLE <基本表名>
```

　　(＜列名1＞　＜列数据类型＞　［列完整性约束］,

　　　＜列名2＞　＜列数据类型＞　［列完整性约束］,

　　　…

　　［表级完整性约束］)

**🖳说明：**

(1) ＜基本表名＞是指所定义的基本表的名称,可以由一个或多个属性组成,同一个数据库中不允许有两个基本表同名。

(2) ＜列名＞是指该列(属性)的名称。一个表中不能有两列同名。

(3) ＜列数据类型＞是指该列的数据类型。

(4) ＜列完整性约束＞是指针对该列设置的约束条件。最常见的 SQL 的**列完整性约束条件**有 5 种：主键约束(PRIMARY KEY)、唯一性约束(UNIQUE)、非空值约束(NOT NULL)、参照完整性约束(FOREIGN KEY)、用户自定义完整性约束(CHECK)。

① NOT NULL 与 NULL 约束。前者指该列值不能为空,后者指该列值可以为空。

② UNIQUE 约束。唯一性约束,是指该列中不能存在重复的属性值。

③ DEFAULT 约束。默认约束,是指该列某值在未定义时的默认值。

④ CHECK 约束。检查约束,该约束通过约束条件表达式设置列值应该满足的条件。

"表级完整性约束"是规定了关系的主键、外键和用户自定义完整性约束。

**【案例 4-8】** 商品销售数据库中基本表的关系模式如下,用 SQL 语句定义这三个表。

商品(商品编号,商品名,产地,价格,等级)

售货员(售货员编号,姓名,性别,年龄),主键为售货员编号

售货(商品编号,售货员编号,数量),主键为商品编号和售货员编号

```
CREATE TABLE  商品
(商品编号 CHAR(4) NOT  NULL UNIQUE,
 商品名 VARCHAR(50) NOT  NULL,
 产地 VARCHAR(50) NULL,
 价格 REAL  NOT NULL,
 等级 CHAR(6) NULL,
);
CREATE TABLE  售货员
(售货员编号 CHAR(3),
 姓名 VARCHAR(50) NOT  NULL,
 性别 CHAR(2) NOT  NULL,
 年龄 SMALLINT,
 PRIMARY KEY(售货员编号));
 CREATE TABLE  售货
(商品编号 CHAR(4),
 售货员编号 CHAR(3),
 数量 INT,
PRIMARY KEY(商品编号,售货员编号),
FOREIGN KEY (商品编号) REFERENCES  商品(商品编号),
FOREIGN KEY (售货员编号) REFERENCES  售货员(售货员编号),
```

）；

📖**知识拓展及操作技巧**

当数据表创建（定义）完成后，可以在资源管理器窗口的具体数据库中查看，还可以右击新建的数据表，利用快捷菜单中的"编辑"命令输入或编辑表中的数据。

### 4.3.2　数据表的修改和删除

#### 1. 数据表结构的修改

在基本表建立后，当实际业务数据需要改变时，可以对基本表结构进行修改，具体包括增加新的列、删除原有的列、修改原有列的类型等。其一般**语法格式**如下：

```
ALTER TABLE <基本表名>
        [ADD <新列名> <列数据类型>[列完整性约束]]
        [DROP COLUMN <列名>[CASCADE | RESTRICT]
        [MODIFY<列名> <列数据类型>]]
```

💻**说明：**

① ADD 表示增加新的列，应当满足"列数据类型"和"列完整性约束"要求。

② 使用 DROP 语句删除原有列时，选项 RESTRICT 对删除列有限制，若欲删除的列被其他表约束等所引用（如 CHECK、FOREIGN KEY 等约束），则此表不能被删除。而级联选项 CASCADE 对删除该列无限制，同时删除该表及其关联对象。

③ MODIFY 表示修改原有的列，应当满足"列数据类型"等要求。

在实际应用中，主要应用及**基本语法格式**如下。

（1）在表中添加新列（字段）：

```
USE  <数据库名>
ALTER TABLE  <表名>
ADD  <字段 1  数据类型 1>,
        <字段 2  数据类型 2>,
        …
```

（2）删除表中的列（字段）：

```
USE  <数据库名>
ALTER TABLE  <表名>
DROP COLUMN  <字段 1,字段 2,…>
```

（3）改变字段的数据类型：

```
USE  <数据库名>
ALTER TABLE<表名>
ALTER COLUMN  <字段名 修改后的数据类型>
```

（4）修改字符数据类型（varchar）的长度：

```
USE  <数据库名>
ALTER TABLE  <表名>
ALTER COLUMN  <字段名 char(修改后的长度)>
```

**【案例 4-9】**　在基本表"售货员"中增加一个地址列。

```
ALTER TABLE 售货员 ADD 地址 VARCHAR(50);
```

> ⏁**注意：** 新增加的属性不能定义为 NOT NULL。不论基本表中原来是否已有数据，新增加的列一律为空值(NULL)。

**【案例 4 - 10】** 在基本表商品中删除等级列。

```
ALTER TABLE 商品 DROP 等级 CASCADE;
```

**【案例 4 - 11】** 修改客户表中列所在地区的数据类型为 VARCHAR(20)。

```
ALTER TALBE 客户
    MODIFY 所在地区 VARCHAR(20)
```

> ⏁**注意：** 修改原有的列定义时应慎重，很可能会破坏不满足条件的数据。

### 2. 数据表的删除方法

当实际业务发生改变，不再需要数据库中的某个数据表时，可以将其整体删除。当一个数据表被删除后，该表中的所有数据连同该表建立的索引都将一起被删除，而建立在该表上的视图不会随之删除，系统将继续保留其定义，但已无法使用。

删除数据表的一般**语法格式**如下：

```
DROP TABLE <基本表名>[RESTRICT | CASCADE];
```

💻**说明：**

(1) RESTRICT：此选项对删除表是有限制的，欲删除的基本表不能被其他表的约束所引用(如 CHECK、FOREIGN KEY 等约束)，不能有视图、触发器、存储过程或函数等依赖该表的对象，否则此表不能被删除。

(2) CASCADE：级联选项同时删除该表及其关联对象。

(3) 在删除基本表的同时，相关的依赖对象一起被删除。

**【案例 4 - 12】** 删除商品表，同时删除相关的视图和索引。

```
DROP TABLE 商品|CASCADE
```

💻**说明：** 利用 SSMS 界面菜单方式打开、修改或删除表的操作与前述类似。

📖**讨论思考**

(1) 数据表的定义(创建)操作有哪两种方法？

(2) 怎样进行数据表结构的四种修改？

(3) 举例说明具体怎样删除一个基本表。

## 4.4  数据查询操作

从数据库中经过筛选获取满足条件数据的过程称为**数据查询**或**查询数据库**，由于查询操作应用极为广泛，所以成为数据库应用的**核心功能**，数据查询主要利用 SELECT 语句实现。

### 4.4.1  数据查询的语句格式

SQL 使用 SELECT 语句**查询数据库**，其语法格式如下：

```
SELECT [ALL|DISTINCT]目标表的列名或列表达式[,目标表的列名或列表达式] …
    FROM 表名或视图名[,表名或视图名]…
```

> ［WHERE　行条件表达式］
> ［GROUP BY 列名［HAVING　组条件表达式］］
> ［ORDER BY 列名［ASC|DESC］,...］

💻 **说明：**

（1）从 FROM 子句指定的表或视图中筛选满足 WHERE 子句条件的记录，再按 SELECT 子句中的目标表的列名或列表达式，选出记录中的属性值形成结果表。WHERE 子句常用的查询条件如表 4-2 所示。

**表 4-2　WHERE 子句常用的查询条件**

| 查询条件 | 谓词 |
| --- | --- |
| 比较（比较运算符） | =、>、<、>=、<=、!=、<>、!>、!<、NOT+比较运算符 |
| 确定范围 | BETWEEN AND、NOT BETWEEN AND |
| 确定集合 | IN、NOT IN |
| 字符匹配 | LIKE、NOT LIKE |
| 空值 | IS NULL、IS NOT NULL |
| 多重条件（逻辑谓词） | AND、OR |

（2）DISTINCT 或默认使查询的数据结果只含不同记录，取消相同的行。

（3）GROUP 子句将结果按指定的分组列名值进行分组，该属性列值相同的记录为一个组，每个组产生结果表中的一条记录。

（4）HAVING 子句将分组结果中去掉不满足 HAVING 条件的记录。通常会在每组中作用集函数。

（5）ORDER BY 子句使结果按指定的列及升降次序排列，其中，ASC 选项代表升序（无选项时也默认为升序），DESC 代表降序。

💻 **说明：**

实际上，SQL 数据查询的基本结构在关系代数中等价于筛选：

$$\pi_{A_1, A_2, \cdots, A_n}(\sigma_F(R_1 \times R_2 \times \cdots \times R_m))$$

其中，$A_1, A_2, \cdots, A_n$ 对应 SELECT 子句中的目标表的列名或列表达式，$F$ 对应 WHERE 子句中的行条件表达式，关系 $R_1, R_2, \cdots, R_n$ 对应 FROM 子句中的表名或视图名。

### 4.4.2　数据查询语句的用法

在实际应用中，使用 SELECT 语句经常需要注意一些限定问题。

#### 1. SELECT 子句

通常 SELECT 子句描述的是最终查询结果的表结构。

（1）在目标表的列名或列表达式前加 DISTINCT，可以保证输出的查询结果表中不含重复记录。

（2）列表达式是对一个单列求聚合值的表达式，允许出现加减乘除及列名、常数等算术表达式。在 3.4.3 节介绍过 SQL 提供的聚合函数，常用的聚合函数如表 4-3 所示。

（3）有时需要在结果表中用"＊"表示显示 FROM 子句中表或视图的所有列。

（4）当在结果表中输出的列名与基本表或视图的列名不一致时，可用"旧名 AS 新名"的形式改名。实际使用时，AS 可以省略。

表 4-3　常用的聚合函数

| 聚合函数 | 功能说明 |
|---|---|
| COUNT(*) | 计算记录的个数，如人数等 |
| COUNT(列名) | 对一列中的值计算个数，如货物件等 |
| SUM(列名) | 求某一列值的总和（此列必须是数值型） |
| AVG(列名) | 求某一列值的平均值（此列必须是数值型） |
| MAX(列名) | 求某一列值的最大值 |
| MIN(列名) | 求某一列值的最小值 |

> 💬**注意：** 在多次引用同一数据表时也使用 AS。在 FROM 子句中多次引用同一数据表时，可用 AS 增加别名进行区分，其格式为"AS 别名"。

**【案例 4-13】**　在商品销售数据库中，查询每一等级的商品数量。在查询结果表中，商品数量显示的列名为数量。

```
USE 商品销售
SELECT  等级,COUNT(*)AS  数量
FROM  商品
GROUP BY  等级
```

**【案例 4-14】**　查询男售货员卖出的商品编号。

```
SELECT DISTINCT  商品.商品编号
FROM  售货员,售货
WHERE 售货员.售货员编号 = 售货.售货员编号 AND  售货员.性别 = '男'
```

### 2. 用 BETWEEN AND 或空值查询

在 WHERE 子句中，经常采用如下**谓词**。

（1）行条件表达式可用 BETWEEN AND 限定某值的范围，也可用算术比较运算符。谓词 BETWEEN AND 可以用来判定表达式值在不在指定范围内。其**基本格式**如下：

　　　＜表达式＞ [NOT] BETWEEN A AND B

其中，A 是范围的下限，B 是范围的上限。

（2）查询空值操作使用 IS NULL 和 IS NOT NULL。其**基本格式**如下：

　　　＜表达式＞ IS [NOT] NULL

**【案例 4-15】**　对客户数据表 Customer，查询缺少联系电话 custPhone 信息的客户名单 custName。

```
SELECT  custName
FROM  Customer
WHERE custPhone IS NULL
```

### 3. 模糊查询

模糊查询主要是利用字符串匹配比较进行的数据筛选结果。

在行条件表达式中，字符串匹配采用 LIKE 操作符的**语法格式**如下：

　　　＜列名＞ [NOT] LIKE ＜字符串常数＞[ESCAPE ＜转义字符＞]

其中,＜字符串常数＞可以使用**两个通配符**。

① 百分号(％):代表任意长度(长度可以为 0)的字符串,如 a％b 表示以 a 开头,以 b 结尾的任意长度的字符串,如 acb、addgb、ab 等都满足该匹配串。

② 下划线(_):代表任意、单个字符。如 a_b 表示以 a 开头,以 b 结尾的长度为 3 的任意字符串,如 acb、afb 等都满足该匹配串。

> **注意**: ESCAPE'\' 短语表示"\"为换码字符,此时匹配串中紧跟在"\"后面的字符"_"不再具有通配符的含义,转义为普通的"_"字符。

【**案例 4 - 16**】 查询姓李的售货员的售货员编号和姓名。

```
SELECT  售货员编号,姓名
FROM  售货员
WHERE 姓名 LIKE '李%'
```

【**案例 4 - 17**】 查询产地不为空的商品信息。

```
SELECT *
FROM  商品
WHERE 产地 IS NOT NULL
```

### 4.4.3 数据查询应用案例

SELECT 语句可以形成复杂的查询语句,下面通过案例说明 SELECT 语句的功能。本节中所有的案例所涉及的表均来自"商品销售"数据库的三个基本表(带下划线的是主键):

商品(商品编号,商品名,产地,价格,等级)

售货员(售货员编号,姓名,性别,年龄)

售货(商品编号,售货员编号,数量)

**1. 比较及排序查询**

【**案例 4 - 18**】 查询年龄大于 25 岁的售货员的基本信息。

```
SELECT *
FROM  售货员
WHERE  年龄＞25;
```

【**案例 4 - 19**】 查询商品的产地。

```
SELECT DISTINCT  产地
FROM  商品
```

【**案例 4 - 20**】 查询销售了商品编号为 G004 商品的售货员编号和销售数量,并按数量降序排列。

```
SELECT  售货员编号,数量
FROM  售货
WHERE 商品编号 = ''G004''
ORDER BY  数量 DESC
```

【**案例 4 - 21**】 查询所有售货员的编号、姓名和出生年份。

```
SELECT  售货员编号,姓名,2015 - 年龄 AS  出生年份
FROM  售货员
```

⌨**说明**：在本案例中，查询结果包括售货员的出生年份，而在商品销售数据库中并没有售货员出生年份的属性，可以通过当前年份减去售货员的年龄，从而得到售货员的出生年份。

#### 2. 多表连接查询和其他用法

多表连接查询主要涉及多个表中数据的连接与查询，是关系数据库中最主要的查询操作。在这类查询的**基本格式中要求**以下几点。

(1) SELECT 子句中要指明多表查询的结果表中出现的属性名列。

(2) FROM 子句要指明进行连接的表名，多表之间用","隔开。

(3) WHERE 子句要指明连接的列名及其连接条件。

一般**语法格式**如下：

  [<表名1>.]<列名1> <比较运算符> [<表名2>.]<列名2>

  [<表名1>.]<列名1> BETWEEN [<表名2>.]<列名2> AND [<表名2>.]<列名3>

⌨**说明**：对于连接字段使用时应注意以下四点。

(1) 连接谓词中的"列名"称为连接字段。

(2) 连接条件中的各连接字段类型必须是可比的，但不必相同。

(3) "比较运算符"用于不同表的比较，要求具有可比性。

(4) 注意 BETWEEN AND、AND 等运算符及谓词等用法。

**【案例 4-22】** 查询售货员李平所销售过的商品的编号和商品名。

```
SELECT 商品.商品编号,商品名
FROM 商品,售货员,售货
WHERE 商品.商品编号 = 售货.商品编号 AND 售货员.售货员编号 = 售货.售货员编号 AND 姓
    名 = '李平'
```

⚠**注意**：在本案例中，由于多表连接中商品和售货两个表内均有商品编号属性，为了明确表示属性的来源，在属性前面加上属性所属的基本表名，如商品.商品编号。

**【案例 4-23】** 查询价格为 10～100 元的商品信息。

```
SELECT *
FROM 商品
WHERE 价格 BETWEEN 10 AND 100
```

**【案例 4-24】** 查询销售过编号为 G001 或 G002 商品的售货员的编号。

```
SELECT 售货员编号
FROM 售货
WHERE 商品编号 = 'G001'
UNION
SELECT 售货员编号
FROM 售货
WHERE 商品编号 = 'G002'
```

⚠**注意**：查询结果的结构完全一致时，可将两个查询进行并(UNION)、交(INTERSECT)、差(EXCEPT)操作。实际上，在前面的 WHERE 子句也可利用 IN('G001','G002')实现。

**【案例 4-25】** 查询产地为北京或上海的商品信息。

```
SELECT *
```

```
FROM　商品
WHERE　产地 IN('北京','上海')
```

🔔**注意**：在本案例中使用了一个特殊运算符 IN，表示判断属性值是否在一个集合内。NOT IN 表示判断属性值是否不在一个集合内。

### 3. 嵌套查询及应用

【**案例 4-26**】　查询销售了电话的售货员编号和相应的销售数量。

```
SELECT 售货员编号，数量
FROM　售货
WHERE　商品编号 =(SELECT　商品编号
　　　FROM　商品
　　　WHERE　商品名 = '电话')
```

🔔**注意**：在本案例中使用了 SELECT 语句的嵌套查询。嵌套查询是指一个 SELECT 语句嵌入另一个 SELECT 语句的 WHERE 子句中的查询。外层查询称为父查询，内层查询称为子查询。子查询可以将一系列简单的查询组合成复杂的查询。

💻**说明**：案例 4-26 也可以通过多表连接查询语句实现操作。

```
SELECT　售货员.售货员编号，数量
FROM　商品，售货
WHERE 商品.商品编号 = 售货.商品编号 AND　商品名 = '电话'
```

【**案例 4-27**】　查询至少比一个售货员销售 G002 商品的销售数量多的售货员的编号。

```
SELECT　售货员编号
FROM　售货
WHERE　数量 > SOME(SELECT　数量
　　FROM　售货
　　WHERE　商品编号 = 'G002')
```

【**案例 4-28**】　查询销售比所有 G002 商品多的售货员的编号。

```
SELECT　售货员编号
FROM　售货
WHERE　数量 > ALL(SELECT　数量
　　FROM　售货
　　WHERE　商品编号 = 'G002')
```

🔔**注意**：在上述两个案例中，SOME 运算符表示某一，ALL 运算符表示所有或每个。

【**案例 4-29**】　查询销售了电话的售货员的编号。

```
SELECT　售货员编号
FROM　售货
WHERE EXISTS(SELECT *
　　FROM　商品
　　WHERE 商品编号 = 售货.商品编号 AND 商品名 = '电话')
```

【**案例 4-30**】 查询没有销售电话的售货员的编号。

```
SELECT  售货员编号
FROM 售货
WHERE NOT EXISTS(SELECT *
    FROM  商品
    WHERE 商品.商品编号＝售货.商品编号 AND 商品名＝'电话')
```

> ⚠️ **注意**：在相关子查询中经常使用 EXISTS 谓词。子查询中含有 EXISTS 谓词后不返回任何结果，只得到"真"或"假"。使用存在量词 EXISTS 后，若内层查询结果不为空，则外层的 WHERE 子句返回真值，否则返回假值；使用存在量词 NOT EXISTS 后，若内层查询结果为空，则外层的 WHERE 子句返回真值，否则返回假值。

📖 **讨论思考**

(1) SELECT 语句的语法格式和含义是什么？

(2) SQL 提供了哪些聚合函数？怎样应用？

(3) 列举一个多表查询的实例。

# 4.5  数据常用更新方法

SQL 中常用的数据更新操作也称为**数据操作**或**数据操纵**，包括插入数据、修改数据和删除数据等，鉴于篇幅及教学重点，本节概述利用 SQL 语句实现的常用操作方法。

## 4.5.1  数据的插入操作

在实际业务数据处理过程中，除了 4.2.1 节介绍的在新建数据表中可以直接输入数据之外，对于需要增加一条或多条记录的情况，经常要对某个数据表进行插入数据的操作。

当数据表建立以后，可以根据业务需要向数据表中插入数据，SQL 用 INSERT 语句来插入数据。SQL 插入语句操作有两种形式：插入记录（数据）和插入查询结果。

### 1. 插入记录

向指定表中插入一条或多条新记录的**语法格式**如下：

```
INSERT INTO ＜数据表名＞[(＜列名1＞,＜列名2＞,…,＜列名n＞)]
VALUES(＜列值1＞,＜列值2＞,…,＜列值n＞)
        [,(＜列值1＞,＜列值2＞,…,＜列值n＞),…];
```

💻 **说明：**

(1) VALUES 后的记录值中列的顺序必须同数据表的列名表一一对应。

(2) 如果某些属性(列)在 INTO 子句中没有出现，则新记录在列名序列中未出现的列上取空值。如果 INTO 子句中没有指明任何列名，则新插入的新记录必须在指定表每个属性列上都有值。

(3) 在列名序列中必须包括所有不能取空值的列。

【**案例 4-31**】 向"商品"数据表中插入一条记录(G006,键盘,广东,127)。

```
INSERT INTO  商品(商品编号,商品名,产地,价格)
VALUES('G006','键盘','广东','127');
```

【**案例 4-32**】 向数据表售货员中插入三条记录(T05,李平,女,23),(T06,柳梅,女,21),

(T07,杨力,男,25)。

```
INSERT INTO 售货员
VALUES ('T05','李平', '女','23'),
       ('T06','柳梅', '女','21'),
       ('T07','杨力', '男','25');
```

💻**说明**：数据插入后,可以通过查看当前数据表中新插入的数据(记录)进行检验。

📖**拓展阅读**

还可以通过如图 4-8 所示的"SQL Server 导入和导出向导"界面导入/导出数据库中的数据。

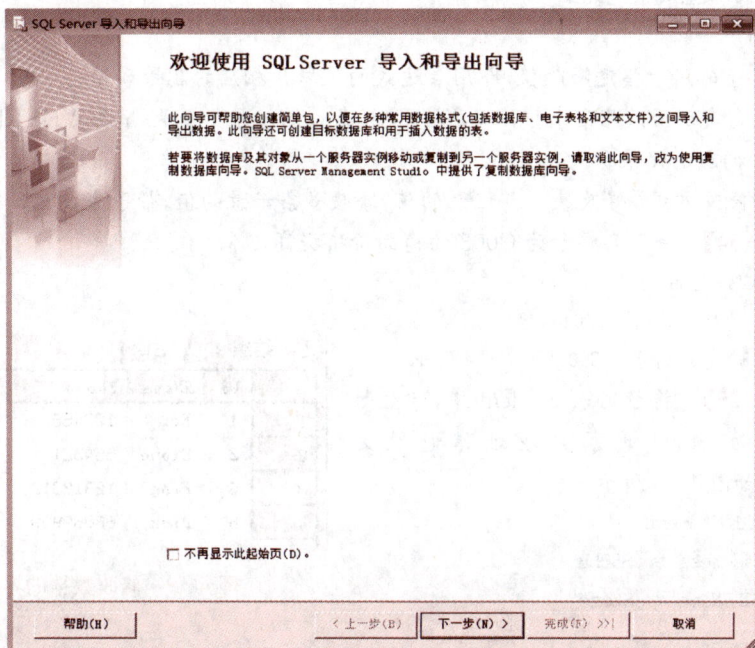

图 4-8 数据库导入导出向导

### 2. 插入查询结果

将 SELECT 语句的查询结果(筛选数据)成批插入指定表中的**语法格式**如下：

```
INSERET INTO <表名> [(<列名1>,<列名2>,…,<列名n>)]
      子查询;
```

💻**说明：**

(1) <表名>为指定当前被插入的数据表名。

(2) <列名1>,<列名2>,…,<列名n>分别为被插入的数据表的列名及顺序。

若指定列名序列,则子查询结果与列名序列要一一对应,若省略列名序列,则子查询所得到的数据列必须和指定数据表的数据列完全一致。

(3) "子查询"为所有 SELECT 语句构成的各种查询。

【**案例 4-33**】 如果已建有销售统计表销售_统计(销售员编号,销售总量),其中销售总量表示每个销售员销售商品的总数量,向销售_统计表插入每个销售员的销售总量。

```
INSERT INTO 销售_统计(销售员编号,销售总量)
```

```
SELECT  销售员编号,COUNT(数量)
FROM  销售
GROUP BY  销售员编号
```

### 4.5.2　数据的修改方法

可以根据业务数据的实际需要修改数据,数据修改操作主要通过 UPDATE 语句实现,其**一般语法格式**如下:

```
UPDATE <数据表名>
SET <列名> = <表达式> [,<列名> = <表达式>]…
[WHERE <条件表达式>]
```

💻**说明:**

(1) SET 子句用于指定修改值,即用表达式的值取代相应的属性列值。

(2) 该语句实现修改指定表中满足 WHERE 条件的记录。如果省略 WHERE 子句,则表示要修改表中的所有记录。

(3) 三种修改方式:修改某一条记录的值,修改多条记录的值,带子查询的修改语句。

【**案例 4 - 34**】 将商品编号为 G003 的商品价格提高 1%。

```
UPDATE  商品
SET  价格 = 价格 * 1.01
WHERE  商品编号 = 'G003'
```

【**案例 4 - 35**】 将数据表 Student 中,学生姓名(SName)为 Stone 的家庭地址信息改为 BBBBB,结果如图 4 - 9 所示。

```
UPDATE Student
SET Address = 'BBBBB'
WHERE SName = 'Stone'
```

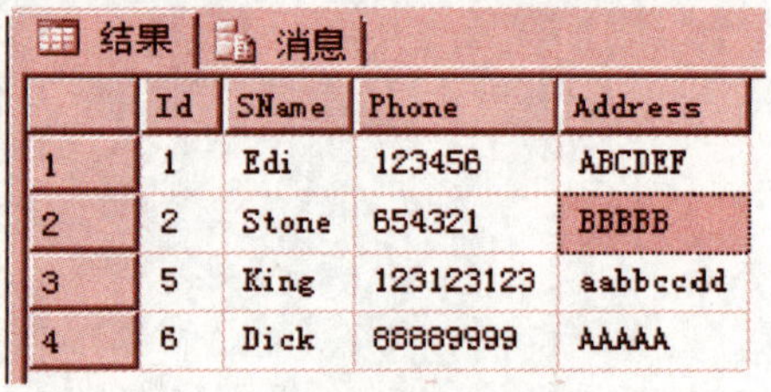

| 结果 | 消息 | | | |
|---|---|---|---|---|
| | Id | SName | Phone | Address |
| 1 | 1 | Edi | 123456 | ABCDEF |
| 2 | 2 | Stone | 654321 | BBBBB |
| 3 | 5 | King | 123123123 | aabbccdd |
| 4 | 6 | Dick | 88889999 | AAAAA |

图 4 - 9　修改数据的界面

🗨**注意:**也可用 UPDATE 进行批量更新,主要取决于后面的 WHERE 语句。

### 4.5.3　数据的删除

如果业务数据表中有些数据已经不再需要,则可以从数据表中删除。删除操作通过 DELETE 语句实现,其一般**语法格式**如下:

```
DELETE FROM <数据表名>
[WHERE <条件表达式>]
```

💻**说明:**

(1) 该语句实现删除指定表中满足 WHERE 条件的记录,如果省略 WHERE 子句,则表示删除表中的所有记录。

(2) DELETE 语句只能从一个表中删除记录,而不能一次从多个表中删除记录。要删除多个记录,就要写多个 DELETE 语句。

【**案例 4 - 36**】 删除售货员编号为 T02 的售货记录。

```
DELETE FROM  售货
```

```
WHERE  售货员编号 = 'T02'
```

> 注意：在删除记录时，应当注意 WHERE 条件，以免误删。

**【案例 4 - 37】** 删除数据库原数据表 Student 中的第 5 条记录，即 Id 为 5 的记录，如图 4 - 10 所示。

```
DELETE FROM Student
WHERE Id = 5
```

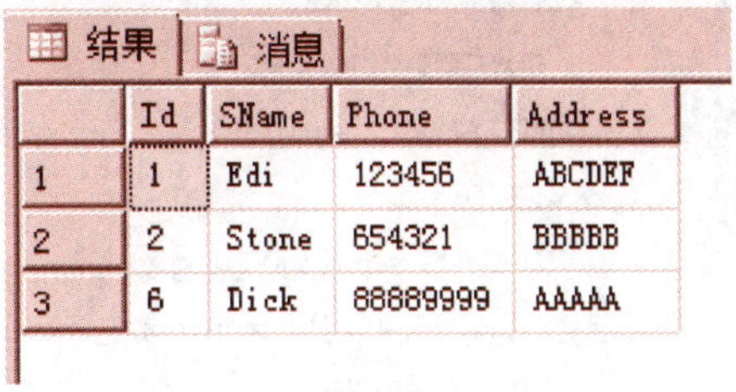

| | Id | SName | Phone | Address |
|---|---|---|---|---|
| 1 | 1 | Edi | 123456 | ABCDEF |
| 2 | 2 | Stone | 654321 | BBBBB |
| 3 | 6 | Dick | 88889999 | AAAAA |

图 4 - 10　删除数据的界面

📖**讨论思考**

(1) 如何将查询结果插入数据表中？

(2) SQL 中数据修改包括哪些操作语句？

(3) 举例说明使用 DELETE 语句删除一条记录的步骤。

# 4.6　实验四　数据库、表及数据操作

## 4.6.1　实验目的

(1) 熟悉常用数据库的创建(定义)、修改和删除操作。

(2) 熟练掌握数据表的创建(定义)、修改和删除方法。

(3) 熟悉业务数据查询的各种方法及实际应用。

(4) 熟练掌握数据的输入、修改、插入、删除等操作。

## 4.6.2　实验内容

(1) 数据库的创建(定义)、修改和删除操作。

(2) 数据表的创建(定义)、修改和删除操作。

(3) 输入、编辑、插入和修改数据库记录的操作。

(4) 多种数据的各种查询的具体方法。

## 4.6.3　实验步骤

### 1. 创建、修改和删除数据库

(1) 创建一个教学数据库 teachingDB，该数据库的主要数据文件逻辑名称为 teachingDB，物理文件名为 teachingDB. mdf，初始大小为 10 MB，最大容量无限制，增长速度为 10%；数据库的日志文件逻辑名称为 teachingDB_log，物理文件名为 teachingDB_log. ldf，初始大小为 1 MB，最大容量为 5 MB，增长速度为 1 MB。

> 注意：数据文件应尽量不保存在系统盘上，并与日志文件保存在不同磁盘区域。

建立数据库有两种方法，一种是使用 T-SQL 语句，另一种是通过 SSMS 图形界面实现。

下面主要介绍通过 SSMS 图形界面实现的操作方法。单击 SSMS 工具栏的"新建查询"命令，打开查询窗口，输入下列 SQL 语句，并在工具栏上单击"执行"按钮，即可建立要求的数据库。

```
CREATE DATABASE teachingDB
```

```
ON PRIMARY                              --建立主数据文件
 (NAME = 'teachingDB',                  --逻辑文件名
  FILENAME = 'E:\ teachingDB.mdf',      --物理文件路径和名字
  SIZE = 10240KB,                       --初始大小
  MAXSIZE = UNLIMITED,                  --最大尺寸为无限大
  FILEGROWTH = 10%)                     --增长速度为10%
  LOG ON
 (NAME = 'teachingDB_log',              --建立日志文件
  FILENAME = 'E:\teachingDB_log.ldf',   --物理文件路径和名字
  SIZE = 1024KB,
  MAXSIZE = 5120KB,
  FILEGROWTH = 1024KB
  )
```

（2）使用 SSMS 查看或修改数据库设置。选中所要修改的数据库并右击，从弹出的快捷菜单中选择"属性"命令，出现数据库属性设置对话框。可以看到，修改或查看数据库属性时，属性选项卡比创建数据库时多了两个，即"选项"和"权限"选项卡。可以分别在"常规"、"文件"、"文件组"、"选项"和"权限"选项卡里，根据要求查看或修改数据库的相应设置。

（3）添加数据库。将两个数据文件添加到 teachingDB 数据库中。

```
ALTER DATABASE teachingDB
ADD FILE                    --添加两个次要数据文件
(NAME = teachingDB1,
FILENAME = 'E:\teachingDB1.ndf', SIZE = 5MB,
MAXSIZE = 100MB,
FILEGROWTH = 5MB),
(NAME = teachingDB2,
FILENAME = 'E:\teachingDB2.ndf', SIZE = 3MB,
MAXSIZE = 10MB,
FILEGROWTH = 1MB)
GO
```

（4）删除数据库。在"对象资源管理器"窗口中，在目标数据库上右击，弹出快捷菜单，从中选择"删除"命令。出现"删除对象"对话框，确认是否为目标数据库，并通过选择复选框决定是否删除备份以及关闭已存的数据库连接，单击"确定"按钮，完成数据库删除操作。

删除数据库的 T-SQL 语句如下：

```
DROP DATABASE teachingDB
```

### 2. 创建和修改数据表

在 teachingDB 数据库中，创建系部表（department）、课程表（course）、学生表（student）、教师表（teacher）、教师开课表（teacher_c）和学生选课表（student_c）。

教务管理系统的数据模型：

系部表（系部编号，系部名称，系部领导，系部电话，系部地址），主键为系部编号。

课程表（课程编号，系部编号，课程名称），主键为课程编号，外键为系部编号。

学生表（<u>学生编号</u>，<u>系部编号</u>，姓名，性别，出生日期，地址，总分，民族，年级，学院，专业），主键为学生编号，外键为系部编号。

教师表（<u>教师编号</u>，<u>系部编号</u>，教师姓名，职称），主键为教师编号，外键为系部编号。

教师开课表（<u>教师编号</u>，<u>课程编号</u>，学期），主键为教师编号，外键是为课程编号。

学生选课表（<u>学生编号</u>，<u>课程编号</u>，<u>教师编号</u>，学期，成绩），主键为学生编号，外键为课程编号和教师编号。

1）创建数据表

（1）使用 SSMS 图形界面方法：在"对象资源管理器"窗口中右击指定数据库 teachingDB 的"表"文件夹，从弹出的快捷菜单中选择"新建表"命令，依次输入字段名称和该字段的数据类型，以及允许空或非空的设置，即可创建数据表。

（2）使用命令行方法：选择 teachingDB 数据库，在"新建查询"窗口中输入下列 SQL 语句，每输入一条 SQL 命令，单击"执行"按钮即可：

```
CREATE TABLE department(
    dept_id char(6) not null,
    dept_name char(20) null,
    dept_head char(6) null,
    dept_phone char(12) null,
    dept_addr char(40) null,
    constraint PK_DEPARTMENT primary key nonclustered(dept_id)
)
GO
CREATE TABLE course(
    course_id char(6) not null,
    dept_id char(6) not null,
    course_name char(20) null,
    constraint PK_COURSE primary key nonclustered(course_id)
)
GO
CREATE TABLE student(
    stu_id char(6) not null,
    dept_id char(6) not null,
    name char(8) null,
    sex char(2) null,
    birthday datetime null,
    address char(40) null,
    totalscore int null,
    nationality char(8) null,
    grade char(2) null,
    school char(20) null,
    class char(16) null,
    major char(30) null,
```

```
        constraint PK_STUDENT primary key nonclustered(stu_id)
)
GO
CREATE TABLE teacher(
    teacher_id char(6) not null,
    dept_id char(6) not null,
    teacher_name char(8) null,
    rank char(6) null,
    constraint PK_TEACHER primary key nonclustered(teacher_id)
)
GO
CREATE TABLE teacher_c(
    teacher_id char(6) not null,
    course_id char(6) not null,
    term_id char(2) null,
    constraint PK_TEACHER_COURSE primary key (teacher_id, course_id)
)
GO
CREATE TABLE student_c(
    course_id char(6) not null,
    stu_id char(6) not null,
    teacher_id char(6) not null,
    term char(2) null,
    score int null,
    constraint PK_STUDENT_C primary key (course_id, stu_id, teacher_id)
)
GO
    /*修改表结构,添加一个外键*/
    ALTER TABLE course
        ADD CONSTRAINT FK_COURSE_DEPARTMENT FOREIGN KEY (dept_id)
            references department (dept_id)
    GO
    ALTER TABLE course
        add constraint FK_COURSE_DEPARTMEN_DEPARTME FOREIGN KEY (dept_id)
            REFERENCES department (dept_id)
    GO
    ALTER TABLE student
        add constraint FK_STUDENT_DEPARTMEN_DEPARTME FOREIGN KEY (dept_id)
            REFERENCES department (dept_id)
    GO
    ALTER TABLE student_c
        ADD CONSTRAINT FK_STUDENT__STUDENT_T_COURSE FOREIGN KEY (course_id)
```

```
                    REFERENCES course (course_id)
            GO
            ALTER TABLE student_c
                ADD CONSTRAINT FK_STUDENT__STUDENT_T_STUDENT FOREIGN KEY (stu_id)
                    REFERENCES student (stu_id)
            GO
            ALTER TABLE student_c
                ADD CONSTRAINT FK_STUDENT__STUDENT_T_TEACHER FOREIGN KEY (teacher_id)
                    REFERENCES teacher (teacher_id)
            GO
            ALTER TABLE teacher
                ADD CONSTRAINT FK_TEACHER_DEPARTMEN_DEPARTME FOREIGN KEY (dept_id)
                    REFERENCES department (dept_id)
            GO
            ALTER TABLE teacher_course
                ADD CONSTRAINT FK_TEACHER__TEACHER_C_TEACHER FOREIGN KEY (teacher_id)
                    REFERENCES teacher (teacher_id)
            GO
            ALTER TABLE teacher_course
                ADD CONSTRAINT FK_TEACHER__TEACHER_C_COURSE FOREIGN KEY (course_id)
                    REFERENCES course (course_id)
            GO
```

2）修改表

将表 student_c 中的 term 列删除，并将 score 的数据类型改为 float。

在"新建查询"窗口中输入下列 SQL 语句：

```
            USE teachingDB
            GO
            ALTER TABLE student_c
                DROP COLUMN term
            GO
            ALTER TABLE student_c
                ALTER COLUMN score float
            GO
```

3）删除表

（1）使用 SSMS 删除表。在"对象资源管理器"窗口中，展开"数据库"节点，再展开所选择的具体数据库节点，展开"表"节点，右键要删除的表，从弹出的快捷菜单中选择"删除"命令或按 Delete 键。

（2）使用 T-SQL 语句删除表。在数据库 teachingDB 中新建一个表 Test1，然后删除：

```
            USE teachingDB
            GO
            DROP TABLE Test1
```

🖳**说明：** 在删除表的时候可能出现"删除对象"对话框,如删除 department 表。这是因为所删除的表中拥有被其他表设置了外键约束的字段,如果删除了该表,必然对其他表的外键约束造成影响,数据库系统禁止删除被设置了外键的表。

### 3. 插入或修改数据库记录

(1) 使用 SSMS 和 T-SQL 添加记录。给系部表(department)、课程表(course)、学生表(student)、教师表(teacher)、教师开课表(teacher_c)、学生选课表(student_c)添加适当的记录,添加记录时应注意先后次序。先给无外键约束的表添加记录,然后给有外键的表添加记录,否则无法添加。

① 使用 SSMS 添加记录：在"对象资源管理器"窗口中,展开"数据库"节点,再展开所选择的具体数据库节点,展开"表"节点,右击要插入记录的表,选择"编辑前 200 行"命令,即可输入记录值和修改记录。

② 使用 T-SQL 添加记录,如给教务管理系统数据库的表添加指定的记录：

```
USE teachingDB
GO
/*添加课程表记录*/
INSERT course (course_id,dept_id,course_name) VALUES ('100001', '1001 ', '数据库原理')
INSERT course (course_id,dept_id,course_name VALUES (N'100002', N'1001 ', N'面向对象程
        序设计')
/*添加系部表记录*/
INSERT department(dept_id, dept_name, dept_head, dept_phone, dept_addr) VALUES
        ('1001 ', '电子信息学院', '王老师', '1391001011', '图书馆 7 楼')
INSERT department(dept_id, dept_name, dept_head, dept_phone, dept_addr)VALUES ('1002 ',
        '机械学院', '刘老师', '1891020202', '文理大楼 2 楼')
INSERT department(dept_id, dept_name, dept_head, dept_phone, dept_addr)VALUES ('1003 ',
        '电气学院', '张老师', '1893774737', '华宁路 2332 号')
/*添加学生表记录*/
INSERT student(stu_id, dept_id, name,sex, birthday, address, totalscore, nationality,
        grade, school, class, major) VALUES ('1201', N'1001', '高燕', '女', CAST
        (0x0000806800000000 AS DateTime),'上海', NULL, '汉族', '1 ', '电子信
        息', '1001', '计算机')
INSERT student(stu_id, dept_id, name,sex, birthday, address, totalscore, nationality,
        grade, school, class, major) VALUES ('1202', '1001', '马冰峰', '男', CAST
        (0x000081F400000000 AS DateTime),'安徽', NULL, '汉族', '1 ', '电子信
        息', '1001', '计算机')
/*添加教师表记录*/
INSERT teacher (teacher_id, dept_id, teacher_name, rank) VALUES ('30101 ','1001','沈学
        东', '副教授')
INSERT teacher (teacher_id, dept_id, teacher_name, rank) VALUES ('30102 ','1001', '贾铁
        军', '教授')
/*添加教师开课表记录*/
INSERT teacher_c (teacher_id, course_id, term_id) VALUES ('30101 ', '100001', '1')
```

```
INSERT teacher_c (teacher_id, course_id, term_id) VALUES ('30102 ', '100002', '1')
/*添加学生选课表记录*/
INSERT student_c (course_id, stu_id, teacher_id, score) VALUES ('100001', '1201 ',
                '30101 ', 90)
INSERT student_c (course_id, stu_id, teacher_id, score) VALUES ('100002', '1201',
                '30102 ', 85)
GO
```

(2) 数据库及表的常用操作。在"新建查询"窗口中输入下列 SQL 语句,并将其另存为 test. sql 文件,单击"执行"按钮即自动运行该脚本程序,实现数据库及相关表和记录的创建。

```
USE master
GO
IF EXISTS (select * from sysdatabases where name = 'teachingDB')
                                                  --判断数据库存在性,便于删除
DROP DATABASE teachingDB
GO
CREATE DATABASE teachingDB                 --创建数据库
ON PRIMARY
(
name = ' teachingDB',                      --主数据文件的逻辑名
fileName = 'D:\ teachingDB. mdf',          --主数据文件的物理名
size = 10MB,                               --初始大小
filegrowth = 10%                           --增长率
)
LOG ON
(
name =  'teachingDB_log',                  --日志文件的逻辑名
fileName = 'D:\ teachingDB. ldf',          --日志文件的物理名
size = 1MB,
maxsize = 20MB,                            --最大上限
filegrowth = 10%
)
GO
USE teachingDB
GO
IF EXISTS (select * from sysobjects where name = 'department') --判断是否存在此表
DROP TABLE department
GO
CREATE TABLE department
( ...                                      --此处省略,同上
)
GO
```

```
IF EXISTS (select * from sysobjects where name = 'course')    − −判断是否存在此表
DROP TABLE course
GO
CREATE TABLE course
( ...                                              − −此处省略,同上
)
GO
/*在此省略另外4个表的创建代码*/
INSERT course (course_id,dept_id,course_name) VALUES ('100001', '1001', '数据库原理')
                                                   − −省略其他数据的创建
INSERT department(dept_id, dept_name, dept_head, dept_phone, dept_addr) VALUES ('1001',
       '电子信息学院', '王老师', '1391001011', '图书馆7楼')
                                                   − −省略其他数据的创建
INSERT student(stu_id, dept_id, name,sex, birthday, address, totalscore, nationality,
       grade, school, class, major) VALUES ('1201', N'1001', '高燕', '女', CAST
       (0x0000806800000000 AS DateTime),'上海', NULL, '汉族', '1', '电子信
       息', '1001', '计算机')                        − −省略其他数据的创建
GO
```

### 4. 数据查询方法

本实验主要验证怎样从数据库中检索所需要的数据和实现方法。例如,使用 SQL 的 SELECT 语句的 WHERE 子句进行比较,BETWEEN、LIKE 关键字的查询,使用 ORDER BY 子句对 SELECT 语句检索的数据进行排序,以及使用 GROUP BY、HAVING 子句和函数进行分组汇总。

首先单击启动 SSMS,并在“树”窗格中单击展开“表”节点,数据库中的所有表对象将显示在内容窗格中。右击“对象资源管理器”的“数据库”中的某一个表,在弹出的快捷菜单中选择“打开表”命令。

(1) 投影(显示)部分列数据。从教务(最好选用专业相关的业务数据)信息数据库 teachingDB 的 student 表中,查询学生的编号、姓名和地址是“上海”的前三列记录。

在 SSMS 中执行 SELECT 查询语句。

```
USE teachingDB
GO
SELECT stu_id, name,address  FROM   student
WHERE   address = '上海'
```

从数据库 teachingDB 的 student 表中查询前 5 条记录。

```
USE teachingDB
GO
SELECT TOP 5 *
FROM student
GO
```

从数据库 teachingDB 的 student 表中查询班级的名称。

```
USE teachingDB
```

```
GO
SELECT DISTINCT Class
FROM   student
GO
```

（2）投影（显示）所有列的数据。从数据库 teachingDB 的 student 表中查询所有数据情况。

```
USE teachingDB
SELECT * FROM student
```

（3）字段函数（列函数）运用。从数据库 teachingDB 中的 student_c 表中查询成绩的最高分、最低价、平均分和总分。

```
USE teachingDB
GO
SELECT MAX(score) AS 最高分,MIN(score) AS 最低分,AVG(score) AS 平均分,SUM(score) AS 总分
FROM student_c
GO
```

查询学生选课表中最低分的学生编号和课程编号（提示用子查询结构）。

```
USE teachingDB
GO
SELECT stu_id  AS  学生编号,course_id  AS  课程编号
FROM   student_c
WHERE score = (SELECT MIN(score) FROM student_c)
GO
```

（4）FROM 子句连接查询。从数据库 teachingDB 的 teacher 表中可以查询教师的编号、姓名和系部名称信息。

```
USE teachingDB
GO
SELECT   teacher_id,teacher_name,dept_name
FROM teacher ,department
WHERE   teacher.dept_id = department.dept_id
```

另外，也可以采用表的别名查询。

```
USE teachingDB
GO
SELECT teacher_id,teacher_name,dept_name
FROM teacher X ,department Y
WHERE   Y.dept_id == Y.dept_id
```

（5）比较及模糊查询。查找学生表中年龄不满 20 岁，而且专业名称带有"机械"两个字（如机械设计与制造专业等）的学生信息。

```
USE teachingDB
GO
SELECT * FROM   student
WHERE not(year(getdate()) - year(birthday) + 1>20) and major LIKE '%机械%'
GO
```

(6) 分组查询学生表中每个系部的平均总分大于 550 的系部编号、平均总分。

```
USE teachingDB
GO
SELECT dept_id, AVG(totalscore) as '平均总分'
FROM    student
GROUP BY dept_id
HAVING AVG(totalscore)>550
GO
```

## 4.7 本章小结

  本章关于数据库、数据表和数据的实际操作及应用极为常用且非常重要,应当将学到的知识内容联系具体的业务数据实验操作过程融会贯通。本章主要通过实际的大量典型案例的应用方式介绍了数据库及表的建立、修改、删除和数据库的使用等实际操作的具体方法,同时介绍了各种常用的数据查询方法,以及数据的输入、编辑、插入、修改和删除等实际应用和具体操作方法。

# 第 5 章　索引及视图操作

快速查询数据信息是计算机网络最广泛的应用,主要利用索引和视图实现。前面叙述的数据查询操作,系统需要按照查询条件及要求对整个表中的数据进行逐一搜索筛选,当涉及多表繁杂数据时,会耗费很多空间和时间,造成网络和服务器资源浪费。索引和视图具有辅助查询和组织数据的功能,可极大地提高查询数据的效率。索引类似目录,使查询更快捷,视图可将多表数据关联并按需要输出,对视图操作数据还可增强其安全性。

## 教学目标

理解索引的概念、作用、特点、种类

熟悉索引的创建、更新及删除等操作方法

掌握视图的概念、特点和类型

熟练掌握视图常用的基本操作

## 5.1　索引概述

**【案例 5-1】**　在计算机网络中,最常用的是对信息的快速查询,也称为索引查询,如快速查询大量的业务数据信息或资料,以及通过电子商务网站进行网上购物前的快速查询等。利用索引方法可直接从数据表中快速找到指定记录,而不必逐一搜索。索引技术可以帮助用户快速查询到所需要的各种数据信息并,可以极大地提高查询效率。

### 5.1.1　索引的概念及特点

#### 1. 索引的概念

**索引**(index)是数据表中一列或几列值排序的逻辑指针清单。在数据库中,索引如同电子图书的目录链接,是表中数据和相应存储位置的列表,是加快检索表中数据的方法。每个索引都通过一个特定的搜索码与表中的记录相关联,索引按照顺序存储搜索码的值执行,利用索引可极大地缩短数据的查询时间并改善性能,索引实际上是记录的关键字与其相应地址的对应表。在数据库中,巧妙灵活地应用索引方法,不仅可以极大地提高数据检索的速度,提高数据库的性能,还可以对提供数据的完整性和一致性的保障起到约束作用。索引属于物理存储的路径概念,而不是用户使用的逻辑概念。

### 2. 索引的作用及特点

1) 索引的作用和优点

索引的**作用和优点**主要体现在以下五方面。

(1) 快速高效地实现数据检索,是创建索引最重要的原因。

(2) 通过创建唯一性索引,保证数据库表中各行数据的唯一性。

(3) 加速多表之间的连接,有利于提高实现数据的参照完整性。

(4) 利用分组和排序子句进行数据检索,也可显著减少查询中分组和排序的时间。

(5) 在检索数据的过程中,利用索引可以使用优化隐藏器,提高系统的性能。

2) 索引的特点

索引具有以下六个**特点**。

(1) 索引可以加快数据库的检索速度,以索引页面减少存储空间。

(2) 索引只能创建在数据库的表上,不能创建在视图上。

(3) 索引既可以直接创建,也可以间接创建。

(4) 使用查询处理器执行 SQL 语句时,在一个表上,一次只能使用一个索引。

(5) 可能降低数据库插入、修改和删除等维护任务的速度。

(6) 可以在优化隐藏中使用各种索引。

3) 索引的缺点及问题

(1) 创建索引和维护索引需要耗费时间,并随着数据量的增多而增加。

(2) 索引需要占据物理空间,除了数据表占据数据空间之外,每个索引还要占据一定的物理空间,在创建索引时系统需要占据被索引的表 1.2 倍的磁盘空间,索引创建完成后自动回收,所以应只对较少的常用字段(列)建立索引。

(3) 当对表中的数据执行增加、删除和修改操作时,原表中的索引也需要相应地动态维护,从而降低了数据的维护速度。

### *5.1.2　索引的结构及原理

#### 1. 索引的结构

索引是一个单独的、物理的数据库结构,通过其结构可更好地理解索引概念及原理。

(1) B 树。在 SQL Server 中,索引按 B 树(平衡树)结构组织。索引 B 树中的每一页称为一个**索引节点**。B 树的顶端节点称为**根节点**。索引中的底层节点称为**叶节点**。根节点与叶节点之间的任何索引级别统称**中间级**。

B 树主要用于在查找特定信息时,提供一致性并节省时间。B 树先从根节点开始,每次索引都按照一半或一少半的树枝进行查找。只有少量数据时,根节点可直指数据的实际位置,如图 5-1 所示。

(2) 叶层节点。通常根节点指向很多数据,可让根节点指向中间节点——或称为**非叶层节点**,是根节点与数据物理存储节点间的节点,也可指向其他非叶层节点,或指向叶层节点(平

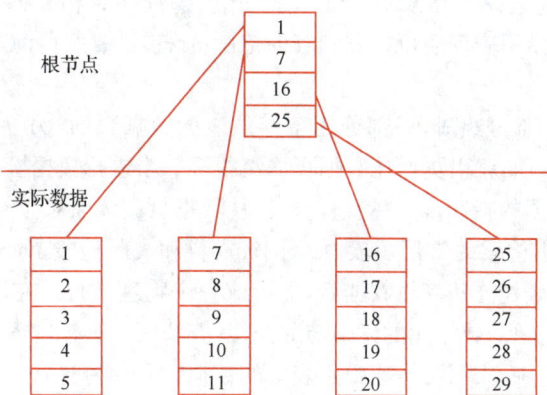

图 5-1　根节点直指数据实际位置

衡树的底层）。叶层节点是包含实际物理数据的信息参考点。叶更像浏览树的整体,在叶层得到数据的最终结果,如图 5-2 所示。

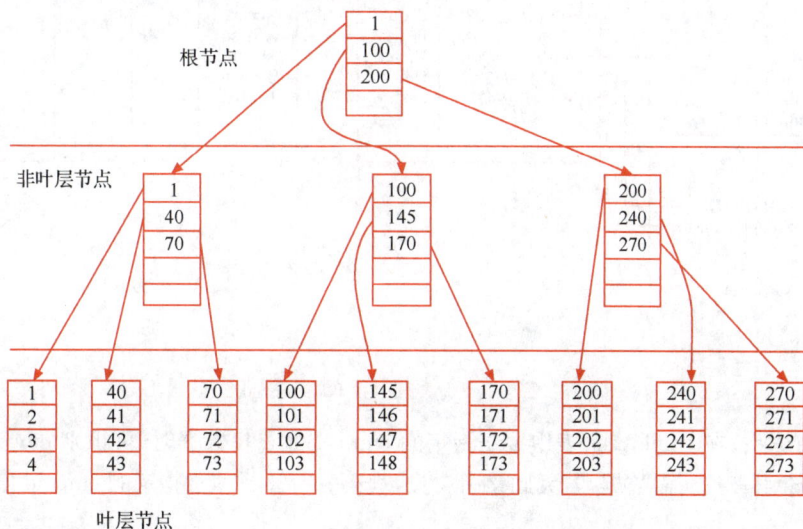

图 5-2　叶层节点

从根节点开始,移动到等于或小于要查找的最高值的节点,并查找下一层,然后重复该处理过程,逐层沿着树结构向下查找,直到叶层为止。

当数据被添加到表中树结构时,节点需要拆分。在 SQL 节点等同于页——称为**页拆分**(page split)。页拆分时,数据自动来回移动以保证树平衡。第一半数据保留在旧页上,而其余数据被移到新页中,且可保持树平衡,如图 5-3 所示。

### 2. 索引的原理

在实际应用中,**SQL 检索有两种方法**:对表逐行扫描查询和索引。SQL 执行特定检索采取的方法取决于可用的索引、所需列、使用的连接和表的大小等。

在查询优化处理中,优化器首先查看所有可用的索引并选择

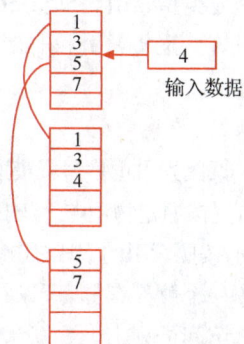

图 5-3　页拆分保持树平衡

一个最好的索引。一旦选择了此索引,SQL Server 就操纵树结构指向与标准匹配的数据指针,并提取所需记录。索引查询还可检测到查询范围的末尾,结束查询,或根据需要移到检索数据的下一范围。

一个**表的存储**由两部分**组成**,一部分用于存放表的数据页面,另一部分用于存放索引页面。索引存放在索引页面,索引页面比数据页面小很多。当进行数据检索时,系统先搜索索引页面,从中找到所需数据的指针,再直接通过指针从数据页面读取对应的数据。

索引是数据库随机检索的常用手段,如图书、资料和文献检索、词典查阅、网上信息查询等。在数据库中,基本表建立并存放数据后,便形成一个物理文件。在图书中,目录是内容和相应页号位置的列表清单。数据库的索引与此类似,查找书中具体内容的位置时,利用目录就能迅速找到。在数据库中,索引可迅速找到表中的数据,而不必扫描整个数据库。

在 SQL 提供的 pubs 示例数据库中,employees 表在 emp_id 列上有一个索引,如图 5-4 所示,显示索引存储每个 emp_id 值并指向表中含有各值的数据行。

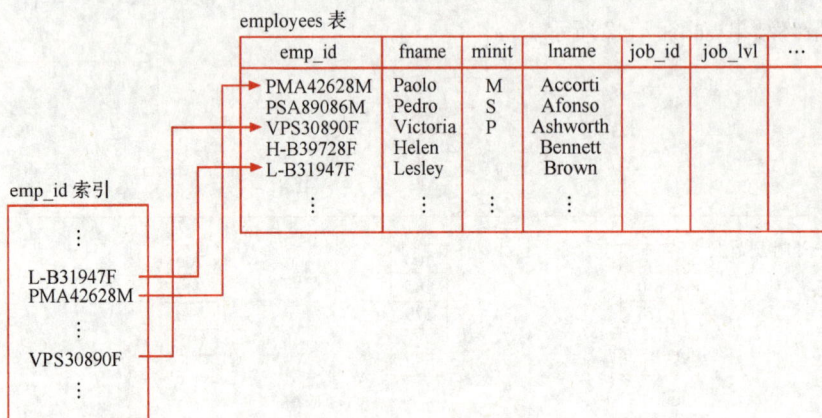

图 5-4    表在列上的索引

当执行索引,在 employees 表中根据指定的 emp_id 值查找数据时,可识别 emp_id 列的索引,并由此索引查找所需数据,若无此索引,将从表第一行逐行搜索指定的 emp_id 值。

### 5.1.3    索引的类型

数据库中的**索引**主要按照索引记录的结构和存放位置**分为三类**:聚集索引、非聚集索引和其他类型索引。SQL Server 提供的**其他类型索引**有唯一索引、视图索引、全文索引、XML索引等。聚集索引和非聚集索引是数据库引擎中索引的基本类型,是理解其他类型索引的基础。

#### 1. 聚集索引

**聚集索引**也称为**聚簇索引**、**群集索引**或**物理索引**,如同图书目录带有指针,对应(指向)数据存储位置按原定物理顺序(输入时的自然顺序)排列,确定表中数据的物理顺序,即与基表的物理顺序相同,按照索引的字段(属性列)排列记录,并依排好的顺序将记录存储在表中。由于数据行本身只能按一个顺序存储,所以每个表只能建一个聚集索引。通常创建在表中经常被搜索的列或按顺序访问的列上。在默认情况下,主键约束可以自动创建聚集索引。一般来说,先创建聚集索引,后创建非聚集索引。例如,汉语字典的正文就是一个建立在拼音基础上的聚集索引。

### 2. 非聚集索引

**非聚集索引**具有完全独立于数据行的结构,使用非聚集索引不用将物理数据页中的数据按列排序。按照索引的字段排列记录,数据与索引分开存储,索引带有指针指向数据的存储位置。若索引时无指定索引类型,默认情况下为非聚集索引,最好在唯一值较多的列上创建非聚集索引,对于经常需要连接和分组的查询,应在连接和分组操作中使用的列上创建多个非聚集索引,在任何外键列上创建一个聚集索引,例如,字典的"偏旁部首"对应的为非聚集索引。

聚集索引和非聚集索引的**区别**如表 5-1 所示。

**表 5-1　聚集索引和非聚集索引的区别**

| 聚集索引 | 非聚集索引 |
| --- | --- |
| 每个表只允许创建一个聚集索引 | 每个表最多可以有 249 个非聚集索引 |
| 物理地重排表中的数据以符合索引约束 | 创建一个键值列表,键值指向数据在数据页中的位置 |
| 用于经常查找数据的列,如地址 | 用于从表中查找单个值的列 |

### 3. 其他类型索引

除了上述索引,还有以下类型的索引。

(1) 唯一索引。若希望索引键各不相同,可以创建唯一索引。聚集索引和非聚集索引都可以是唯一索引。

(2) 包含新列索引。最大索引列的数量是 16,索引列的字节总数的最高值是 900。若多个列的字节总数大于 900,则可使用包含新列索引。

(3) 视图索引。为提高视图查询效率,对可以视图化的索引物理化,即将结果集永久存储在索引中,并可创建视图索引。

(4) XML 索引。XML 是相对非结构化的数据,利用标记标识数据,并可与模式关联,给基于 XML 的数据提供类型或验证信息。XML 索引是与 XML 数据关联的索引形式,是 XML 二进制 blob 的已拆分持久表示形式。

(5) 全文索引。一种特殊类型的基于标记的功能性索引,用于帮助在字符串中搜索赋值的词。由 SQL Server 全文引擎(MSFTESQL)服务创建和维护。

表 5-2 列出了 SQL Server 2014 中可用的**索引类型**,并提供相关说明。

**表 5-2　SQL Server 2014 的索引类型**

| 索引类型 | 说明 |
| --- | --- |
| 聚集 | 聚集索引基于聚集索引键按顺序排序和存储表或视图中的数据行。按 B 树索引结构实现,B 树索引结构支持基于聚集索引键值对行进行快速检索 |
| 非聚集 | 既可用聚集索引为表或视图定义非聚集索引,也可根据堆定义非聚集索引。非聚集索引中的每个索引行都包含非聚集键值和行定位符。此定位符指向聚集索引或堆中包含该键值的数据行。索引中的行按索引键值的顺序存储,但不保证数据行按任何特定顺序存储,除非对表创建聚集索引 |
| 唯一 | 唯一索引确保索引键不包含重复的值,因此,表或视图中的每一行在某种程度上是唯一的。唯一性可以是聚集索引和非聚集索引的属性 |
| 列存储 | 按列对数据垂直分区的 xVelocity 内存优化列存储索引,作为大型对象(LOB)存储 |

续表

| 索引类型 | 说明 |
| --- | --- |
| 带有包含列的索引 | 一种非聚集索引,扩展后不仅包含键列,还包含非键列 |
| 计算列上的索引 | 从一个或多个其他列的值或某些确定的输入值派生的列上的索引 |
| 筛选 | 一种经过优化的非聚集索引,特别适用于涵盖从定义完善的数据子集中选择数据的查询。筛选索引使用筛选谓词对表中的部分行进行索引。与全表索引相比,设计良好的筛选索引可提高查询性能,减小索引维护开销,并可降低索引存储开销 |
| 空间 | 利用空间索引,可以更高效地对 geometry 数据类型的列中的空间对象(空间数据)执行某些操作。空间索引可减少需要应用开销相对较大的空间操作的对象数 |
| XML | XML 数据类型列中 XML 二进制大型对象(BLOB)的已拆分持久表示形式 |
| 全文 | 一种特殊类型的基于标记的功能性索引,由 SQL Server 全文引擎生成和维护,用于帮助在字符串数据中搜索复杂的词 |

### 5.1.4　创建索引的策略

为了获得快捷高效的索引并节省存储空间,通常 SQL 的查询优化器可选择最高效的索引,因此,应在设计策划索引时尽量提供合适的规则条件。

#### 1. 创建索引的查询策略

在**选定某列创建索引**时,**需要考虑**以下八方面。

(1) 搜索符合特定搜索关键字值的行(精确匹配查询)。

(2) 搜索其搜索关键字值为范围值的行(范围查询)。

(3) 在前一表中搜索需要根据连接谓词与后一表中的某个行匹配的行。

(4) 若不进行显式排序操作,则按一种有序的顺序对行进行扫描,以允许基于顺序的操作,如合并连接。

(5) 以优于表扫描的性能对表中所有的行进行扫描,性能提高是由于减少了要扫描的列集和数据总量。

(6) 在搜索插入和更新操作中,对于重复的新搜索关键字值,以 PRIMARY KEY 和 UNIQUE 实现约束。

(7) 搜索已定义 FOREIGN KEY 约束的两个表之间匹配的行。

(8) 使用 LIKE 比较进行查询时,若模式以特定字符串(如"abc%")开头进行索引,则使用索引将提高效率。

#### 2. 索引策划的其他策略

(1) 一个表建有过多索引会影响插入、更新和删除操作性能。

(2) 使用 SQL 事件探查器和索引优化向导帮助分析查询,确定要创建的索引。

(3) 对小型表进行索引可能不会产生优化效果。

(4) 覆盖的查询可以提高性能。

(5) 可以在视图上指定索引。

(6) 可以在计算列上指定索引。

例如,对数据库表 C(货物编号,货物名称,产地,生产企业,型号,颜色,单价,生产时间)的索引设计如表 5-3 所示。

表 5-3 数据库表的索引设计

| 列名 | 聚集索引 | 唯一索引 | 非聚集索引 | 是否主/外键 |
|---|---|---|---|---|
| 货物编号 | √ | √ | | √ |
| 货物名称 | | | √ | |
| 生产企业 | | √ | √ | |
| 产地代码 | √ | √ | | √ |

### 3. 适合索引的特征

在确定某一索引所适合的项检索查询之后,可以选取最适合具体情况的**索引类型特征**:聚集还是非聚集,唯一还是普通,单列还是多列组合,索引中的列顺序为升序还是降序,覆盖还是非覆盖等。还可选取索引的初始存储特征,通过设置填充因子优化其维护,并使用文件和文件组自定义其位置以优化性能。

### 4. 索引优化建议

对于**索引优化**问题,**建议考虑**以下几方面。

(1) 将更新尽可能多的行的查询写入单个语句内,而不用多个查询更新相同的行,仅用一条语句便可用优化的索引维护。

(2) 使用索引优化向导分析查询并获得索引建议。

(3) 检查数据表中列的唯一性,便于建立唯一索引。

(4) 在查询经常用到的各列上创建非聚集索引,可最大程度地利用隐蔽查询。

(5) 物理创建索引所需时间很大程度上取决于磁盘子系统。

(6) 对聚集索引使用整型键。另外,在唯一列、非空列或 IDENTITY 列上创建聚集索引可以获得比较好的性能。

(7) 在索引列中要注意检查数据的分布情况。

📖**讨论思考**

(1) 什么是索引? 索引的主要作用是什么?

(2) 索引的特点主要有哪些?

(3) 索引的类型有哪些? 如何设计索引?

# 5.2 索引的基本操作

在 SQL Server 2014 中索引的操作方法主要有两种:一种方法是利用 SSMS 界面菜单命令和功能,通过方便的图形化工具操作;另一种方法是通过输入 T-SQL 语句并执行的方式操作。

## 5.2.1 索引的创建及使用

### 1. 创建索引的方法

通常,除了在第 4 章的 4.3 节中介绍的可以借助菜单在创建数据表时(在主键上右击,选择其快捷菜单选项)直接建立索引之外,主要采用以下两种方法。

(1) 利用对象资源管理器直接创建索引,如图5-5所示,具体步骤如下。

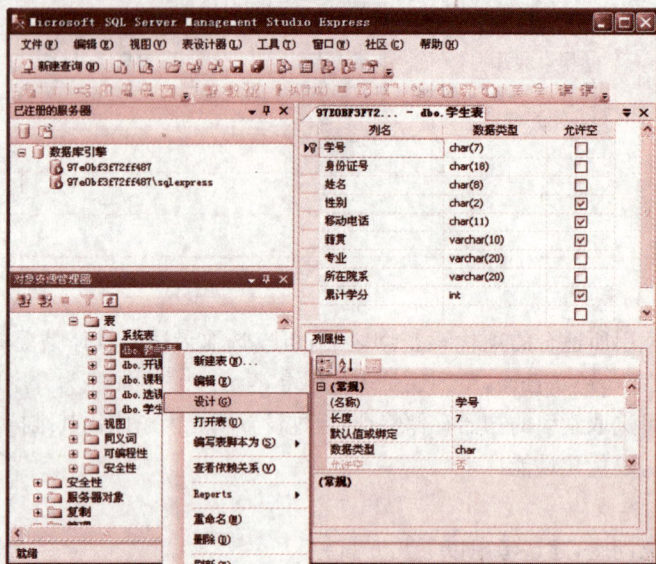

图 5-5  用对象资源管理器创建索引

① 在对象资源管理器中展开指定的服务器和数据库,选择要创建索引的表,右击该表,从弹出的快捷菜单中选择"设计"命令,就会出现表设计器对话框,右击,在弹出的快捷菜单中选择"索引/键"命令,出现新建索引对话框。

② 单击"添加"按钮,出现新的索引名,在"常规"选项卡中选择要索引的列。

③ 选取索引列完成后单击"关闭"按钮,即可生成新的索引。

(2) 利用 SQL 语句中的 CREATE INDEX 命令创建索引。

利用 SQL 语句命令创建索引的**语法格式**如下:

CREATE ［UNIQUE］［CLUSTER|NONCLUSTER］

INDEX ＜索引名＞ON ＜表名|视图名＞（＜列名＞［＜次序＞］,［,＜列名＞［＜次序＞］］…）

功能:按照指定索引类型等要求和次序创建一个索引。

📖**说明**:UNIQUE 表明建立唯一索引。CLUSTER 表示建立聚集索引,NONCLUSTER 或默认为非聚集索引。"次序"用于指定索引值的排列顺序,可为 ASC(升序)或 DESC(降序),缺省值默认为升序。

【**案例 5-2**】  为商品表的属性列商品编号创建一个(非聚集)索引。

CREATE INDEX  商品_编号

ON  商品(商品编号 SC);

**2. 索引的查看与使用**

1) 索引的查看

**索引信息**包括索引统计信息和索引碎片信息,通过查询这些信息分析索引性能,可以更好地维护索引。索引统计信息是查询优化器用于分析和评估查询、确定最优查询计划的基础数据。常用的**查看索引统计信息的主要方法**如下。

\*（1）用 DBCC SHOW_STATISTICS 命令查看指定表或视图中特定对象的统计信息，其特定对象可以是索引、列等。下面使用该命令查看 BooksDataBase 系统中 Books 表中的 BooksBigClass 索引的统计信息，返回结果如图 5-6 所示。

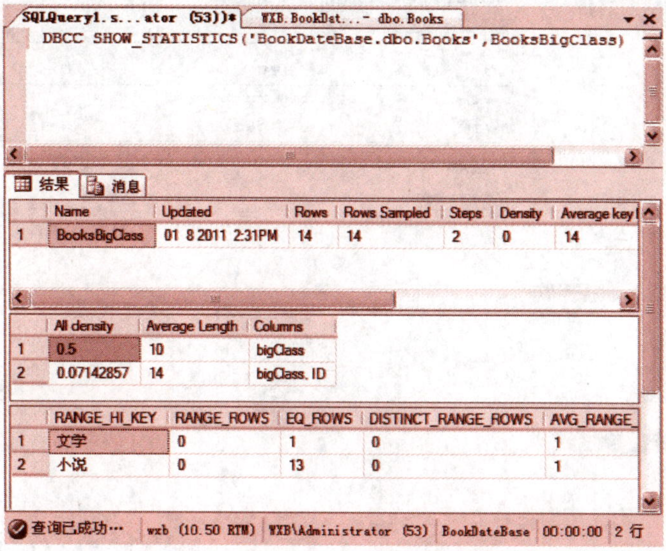

图 5-6　BooksBigClass 索引的统计信息

由此可见这些统计信息包括三部分，即统计标题信息、统计密度信息和统计直方信息（为显示直方图时的信息）。统计标题信息主要包括表中的行数、统计的抽样行数、所有索引列的平均长度等。统计密度信息主要包括索引列前缀集的选择性、平均长度等信息。

（2）用 SSMS 图形化工具查看统计信息。在对象资源管理器中展开 Books 表中的"统计信息"节点，右击所要查看统计信息的索引（如 BooksBigClass），从弹出的快捷菜单中选择"属性"命令，打开"统计信息属性"窗口，从"选项页"中选择"详细信息"选项，就可看到当前索引的统计信息，如图 5-7 所示。

\*（3）使用系统存储过程 sp_helpindex 查看特定表的索引信息，如查看数据库 BookDataBase 中 Books 表的索引信息，可使用如下语句：

```
EXEC SP_HELPINDEX Books
```

执行上面的语句后，返回结果如图 5-8 所示，结果显示了 Books 表上的所有索引的名称、类型和建立索引的列。

2）查看查询执行计划及索引的比较

在实际应用中，还可以查看查询执行计划情况。

【案例 5-3】　查看查询执行计划及索引和未索引的比较。

执行以下查询：

```
SELECT 学号，姓名　FROM 学生表

ORDER BY 姓名
```

在"查询"菜单中选择"显示估计的执行计划"命令或按 Ctrl＋L 组合键，可显示此查询的执行计划。

图 5-7 统计信息属性窗口

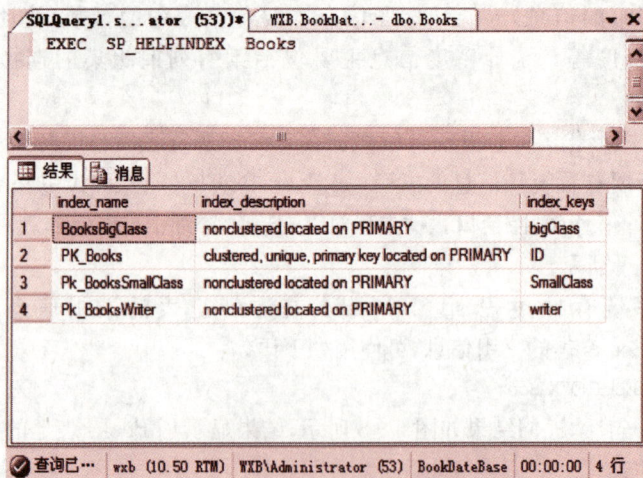

图 5-8 查看 Books 表中的索引信息

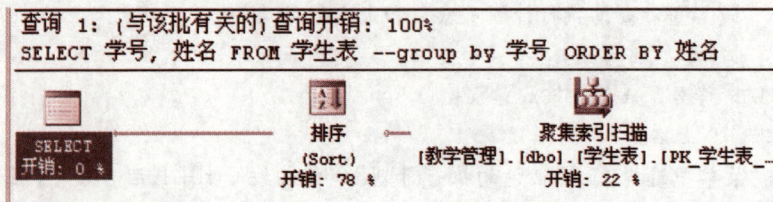

对索引和未索引执行计划的比较,可以查看如下实例。

(1) 检验聚集索引:

CREATE UNIQUE CLUSTERED INDEX CLIDX_学生表_备份_ID　ON　学生表_备份(学号)

再利用执行前面执行过的 SELECT 语句可以检验区别。

由此可见,其中的 SQL Server 不再使用表扫描。

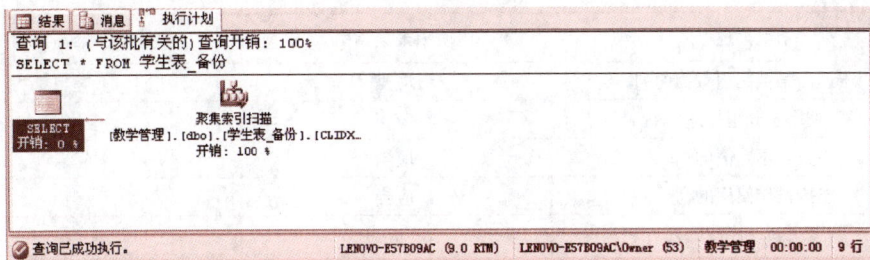

(2) 检验非聚集索引,执行以下查询:

SELECT * FROM 学生表_备份 ORDER BY 身份证号

由于身份证号列没有索引,所以 SQL 执行了一次聚集索引操作,主要操作排序如下。

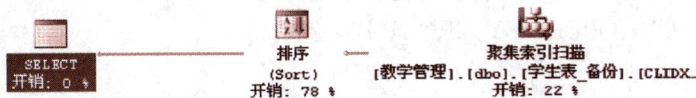

　　🔖说明:为了加速查询,SQL 需要身份证号列有一个索引。由于在学生表_备份表上已经定义了一个聚集索引,所以必须使用非聚集索引。

CREATE INDEX CLIDX_学生表_备份_身份

ON　学生表_备份(身份证号)

再执行前一条 SELECT 语句并按 Ctrl+L 组合键显示估计的执行计划。

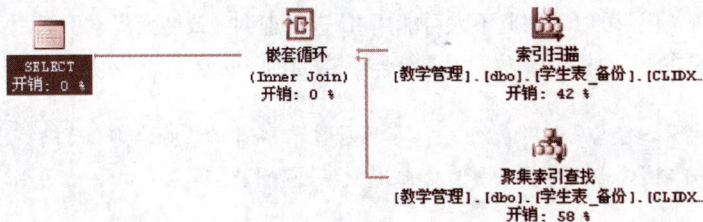

3) 聚集索引的使用

在聚集索引下,数据在物理上按顺序排在数据页上,重复值也排在一起,因而在那些包含范围检查(BETWEEN、<、<=、>、>=)或使用 GROUP BY、ORDER BY 的查询时,一旦找到具有范围中第一个键值的行,具有后续索引值的行必然连在一起,不必进一步搜索,避免了大范围扫描,可极大地提高查询速度。

**聚集索引的候选列**如下。

(1) 经常按范围存取的列,如 date>"20150101" AND date< "20150131"。

(2) 经常在 WHERE 子句中使用并且插入随机的主键列。

(3) 在 GROUP BY 或 ORDER BY 中使用的列。

(4) 在连接操作中使用的列。

4) 非聚集索引的使用

非聚集索引检索效率较低,且一个表只能创建一个聚集索引,当用户需要建立多个索引时就应使用非聚集索引。在建立非聚集索引时,应考虑索引对查询速度的加快与降低修改速度之间的影响。索引使用情况分析表如表 5-4 所示。

表 5-4　索引使用情况分析表

| 情况描述 | 使用聚集索引 | 使用非聚集索引 |
| --- | --- | --- |
| 用于返回某范围内数据的列 | 应当 | 不应当 |
| 经常被用于分组排序的列 | 应当 | 应当 |
| 小数目不同值的列 | 应当 | 不应当 |
| 连接操作使用的列 | 应当 | 应当 |
| 频繁更新或修改的列 | 不应当 | 应当 |
| 一个或极少不同值的列 | 不应当 | 不应当 |
| 大数目不同值的列 | 不应当 | 应当 |

通常,在下面的情况下使用非聚集(非聚簇)索引。

(1) 常用于聚合函数(如 Sum 等)的列。

(2) 常用于 JOIN、ORDER BY、GROUP BY 的列。

(3) 查询出的数据不超过表中数据量的 20%。

5) 创建索引需要注意的问题

(1) 慎重选择作为聚集索引的列。默认情况下,SQL 用主键创建聚集索引,常会造成聚集索引的浪费。往往会为每个表建立一个 ID 列,用于区分每条数据,且该列以步长为 1 自动增大。若将此列设为主键,SQL 会将此列默认为聚集索引。可使数据在数据库中按 ID 进行物理排序,但此做法在实际应用中意义并不大。根据上述聚集索引的定义和使用情况可见,使用聚集索引的最大好处是能够根据查询要求,迅速返回某个范围内的数据,避免全表扫描。在实际应用中,由于 ID 自动生成,并不知道每条记录的 ID,因此不太可能用 ID 进行查询。致使聚集索引无用,造成资源浪费。另外,让各值都不同的 ID 列作为聚集索引不符合"大数目的不同值情况下不应建立聚集索引"规则。

> ⌂注意:通常,数据库应用系统进行数据检索都离不开"用户名(代码)"、"货物名称"、"单价"、"生产日期"等常用字段,便于对常用数据进行快速检索。

综上所述,聚集索引很重要,应为常用于检索某个范围内数据的列(字段)或 GROUP BY、ORDER BY 等子句的列建立聚集索引,以便极大地提高系统性能。

(2) 注重以多列创建的索引中列的顺序。多列索引中列的先后顺序应当与实际应用中WHERE、GROUP BY 或 ORDER BY 等子句里列的放置位置相同,检索才会快。

### 5.2.2　索引的更新与删除

#### *1. 索引的更新

数据库系统运行一段时间后,随着数据行的插入、删除、修改和数据表的变化,索引对系统的优化性能可能降低。此时,需要对索引进行分析和更新(重建)。

SQL Server 使用 DBCC SHOWCONTIG 确定是否需要更新(重建)表的索引。在 SQL

Server 的查询分析器中输入以下命令：

```
USE database_name
DECLARE @table_id int
SET @table_id = object_id ('Employee')
DBCC SHOWCONTIG (@table_id)
```

在命令返回的参数中 Scan Density 是索引性能的关键指示器，这个值越接近 100％越好，通常低于 90％时，就应更新(重建)索引。主要使用 DBCC DBREINDEX 命令：

```
DBCC DBREINDEX ('表名', 索引名, 填充因子)       --填充因子一般为 90 或 100
```

若更新(重建)后，Scan Density 还没有达到 100％，可更新(重建)该表的所有索引：

```
DBCC DBREINDEX ('表名', ' ', 填充因子)
```

在高质量的数据库设计基础上，有效使用索引是数据库应用系统取得高性能的基础。但是索引也具有两面性。索引的建立需要占用额外的存储空间，并在增、删、改等有关操作中会增加一定的工作量，因此，在适当的地方增加适当的索引并从不合理的地方删除次要索引，将有助于优化性能较差的数据库应用系统。实践表明，合理的索引设计是建立在对各种查询分析和预测的基础上的，只有使索引与应用程序正确地相结合，才能产生最佳的优化方案。

**2. 删除索引**

建立索引是为了提高查询速度，但过多或不当的索引会导致系统效率低下，应删除不必要的索引。SQL Server 删除索引的主要方法有两种：① 利用对象资源管理器删除索引；② 利用 SQL 语句中的 DROP INDEX 命令删除索引。

1) 利用对象资源管理器删除索引

**删除索引**的**具体步骤**如下。

(1) 在对象资源管理器中展开指定的服务器和数据库，选择要删除索引的表并右击，从弹出的快捷菜单中选择所有任务项的管理索引选项，就会出现管理索引对话框，在该对话框中可以选择要处理的数据库和表。

(2) 选择要删除的索引后，单击"删除"按钮。

2) 利用 SQL 命令删除索引

在 SQL 中，删除索引的**语法格式**如下：

```
DROP INDEX <索引名>
```

功能：删除"索引名"具体指定的索引。

**【案例 5-4】**　删除商品表的索引商品_编号索引。

```
DROP INDEX 商品_编号
```

**讨论思考**

(1) 创建及查看索引的方法有哪几种？

(2) 创建索引应注意的问题有哪些？

(3) 索引的更新和删除如何操作？

# 5.3　视图及其应用

视图是关系数据库系统提供给用户以多角度观察数据库中数据的重要机制和形式，视图是原始数据库数据的一种变换，是查看表中数据的另外一种方式。可将视图看成一个移动的窗口,利用视图可以看到用户所关心的数据。视图由一个或几个实际表中获得,这些表的数据存放在数据库中,而用于产生视图的表称为该视图的**基表**。

### 5.3.1 视图的概念和作用

#### 1. 视图的概念

**视图**(view)是从基本表或其他视图导出的一种虚表。视图显示的数据来自一个或几个不同的基表或其他视图,由基表的字段列和数据行构成。视图是一种数据库对象,当视图创建后,系统将视图的定义存放在数据字典中,而数据库并不直接存储用户所见视图对应的数据,视图对应的数据存储在所引用的数据表中。

对视图概念的理解还包括以下五点。

(1) 视图是查看数据库表中数据的一种方法。

(2) 视图提供了存储预定义的查询语句作为数据库中的对象以备后用的能力。

(3) 视图只是一种逻辑对象,并非物理对象,不占用物理存储空间。

(4) 在视图中被引用的表称为视图的基表。

(5) 视图的内容包括:基表的列的子集或行的子集、两个或多个基表的联合、两个或多个基表的连接、基表的统计汇总、另外一个视图的子集、视图和基表的混合。

🖳**说明:**视图是一个虚拟表,其内容由查询定义。同表一样,视图包含一系列带有名称的列和行数据。视图在数据库中并非以数据值存储集形式存在,除非是索引视图。行和列数据来自由定义视图的查询所引用的表,且在引用视图时动态生成。

#### 2. 视图的作用

视图的作用类似于筛选,定义视图的筛选可来自当前或其他数据库的一个或多个表或其他视图。分布式查询也可用于定义使用多个异类源数据的视图。例如,若有多台不同的服务器分别存储不同地区的数据,可根据需要将这些服务器上结构相似的数据进行组合。视图通常用于集中、简化和自定义每个用户对数据库的不同认识。视图可用作安全机制,方法是允许用户通过视图访问数据,而不授予用户直接访问视图基表的权限。视图可用于提供向后兼容接口来模拟曾经存在但其架构已更改的表。此外,还可在向 SQL Server 复制数据和从其中复制数据时使用视图,以便提高性能并对数据进行分区。

**视图的作用**主要包括以下六方面。

(1) 集中数据。用户可集中注重于所负责的特定业务数据和感兴趣的特定数据。

(2) 对数据提供保护。对不同的用户定义不同的视图,使机密数据不出现在不应看到这些数据的用户视图上,这样视图机制就自动提供了对机密数据的安全保护功能。

(3) 简化用户的操作。简化复杂查询的结构,方便对数据的操作。当视图中的数据不是直接来自基表时,定义视图可简化用户的数据操作。

(4) 为数据库重构提供了一定程度的逻辑独立性。若用户程序通过视图访问数据库,当数据库的逻辑结构发生改变时,只需要修改用户的视图定义,即可保证用户的外模式不变,使用户的程序不必改变。

(5) 便于组织数据导出和对数据的管理与传输,视图将数据库设计的复杂性与用户分开,简化用户权限的管理,为向其他应用程序输出重新组织数据。

(6) 视图使用户能以多种角度看待同一数据。视图机制可使不同岗位、不同职责、不同需求的用户,按照自己的方式看待同一数据。

### 5.3.2　视图的种类和特点

#### 1. 视图的种类

视图共有**四种类型**。除了用户定义的标准视图以外,SQL Server 2014 还提供了下列特殊类型的视图,这些视图在数据库中起着特殊的作用。

1) 索引视图

索引视图是被具体化的视图,意味着已经对视图定义进行了计算并将生成的数据像表一样存储。可以为视图创建索引,即对视图创建一个唯一的聚集索引。索引视图可以显著提高某些类型查询的性能。索引视图特别适于聚合许多行的查询,但不太适于经常更新的基本数据集。

2) 分区视图

分区视图在一台或多台服务器间水平连接一组成员表中的分区数据,数据看上去如同来自一个表。连接同一个 SQL Server 实例中的成员表的视图是一个本地分区视图。

3) 系统视图

系统视图公开目录元数据,可使用系统视图返回与 SQL Server 实例或在该实例中定义的对象有关的信息。例如,可查询 sys. databases 目录视图以便返回与实例中提供的用户定义数据库有关的信息。

#### 2. 视图的特点

**通常视图具有以下四个特点**。

(1) 视图对应于三级模式中的外模式(用户模式),是数据库外模式一级数据结构的基本单位,是提供给用户以多角度观察数据库中数据的重要机制和形式。

(2) 虚表是由基表(实表)或其他视图导出的虚拟表,其本身不存储在数据库中。

(3) 视图只存放其定义,而不存放视图对应的数据。视图的列可以来自不同的表,是表的抽象和在逻辑意义上建立的新关系。

(4) 创建视图后,便可以进行检索或删除等操作,也可再定义其他视图。视图的建立和删除不影响基表,但是对视图内容的更新(添加、删除和修改)直接影响基表。当视图来自多个基表时,不允许通过视图添加和删除数据。

📖**讨论思考**

(1) 视图的概念是什么? 视图有何作用?

(2) 视图的种类有哪些?

(3) 视图的特点是什么?

## 5.4　视图的常用操作

### 5.4.1　视图的策划和创建

#### 1. 视图的策划设计及创建

1) 视图的策划设计

在设计好数据库的全局逻辑结构之后,还应根据局部应用的需求,结合 DBMS 的特点,设计局部应用的数据库局部逻辑结构,即设计更符合局部用户需要的用户视图。定义数据库全局逻辑结构主要从系统的时间效率、空间效率、易维护等角度考虑。

**定义用户局部视图时主要考虑**以下几方面。

(1) 使用更符合用户习惯的别名。在设计数据库总体结构时,同一关系和属性具有唯一的名字,但在局部应用中,对同一关系或属性,有各自更加习惯的名字,可用视图机制在设计用户视图时重新定义某些属性名,使其与用户习惯一致,以便使用。

(2) 可对不同级别的用户定义不同的视图,以保证系统的安全性。

(3) 简化用户对系统的使用。若某些局部应用中经常要使用某些复杂的查询,为了方便用户,可以将这些复杂查询定义为视图,用户每次只对定义好的视图进行查询,极大地简化了用户的使用。

**在创建视图时还应该注意**以下几点。

(1) 创建视图必须拥有创建视图的权限,否则无法创建。

(2) 只能在当前数据库中创建视图。

(3) 视图名不可与表(基表或其他数据表)重名。

(4) 视图中列的名称需要所引用的基表的列的名称一致。若视图中某一列与函数、数学表达式、常量或来自多表的列名相同,则必须为列定义名字。

(5) 可以将视图创建在其他视图上。

(6) 不应在视图上创建全文索引、规则、默认值和 after 触发器(一个特殊的存储过程,其执行由事件触发),也不能在规则、缺省、触发器的定义中引用视图。

(7) 不能创建临时视图,也不能在临时表上建立视图。

(8) 定义视图的查询语句不能包含 COMPUTE 或 COMPUTE BY 子句;不能包含 ORDER BY 子句,除非在 SELECT 语句的选择列表中也有一个 TOP 子句;不能包含 INTO 关键字;不能引用临时表或表变量。

(9) 若视图引用的表被删除,则当使用该视图时将返回一条错误信息,若创建具有相同表结构的新表来代替已删除的表视图则可使用,否则必须重新创建视图。

2) 视图的创建方法

SQL 为创建视图提供了**两种方法**:使用对象资源管理器和 SQL 命令。

(1) 使用对象资源管理器创建视图的**主要步骤**如下。

① 在对象资源管理器中展开要创建新视图的数据库,如图 5-9 所示。

② 右击"视图"文件夹,然后从弹出的快捷菜单中选择"新建视图"命令。

③ 在"添加表"对话框中,从以下选项卡之一选择要在新视图中包含的元素:"表"、"视图"、"函数"和"同义词"。

④ 单击"添加"按钮,再单击"关闭"按钮。

⑤ 在"关系图"窗格中选择要在新视图中包含

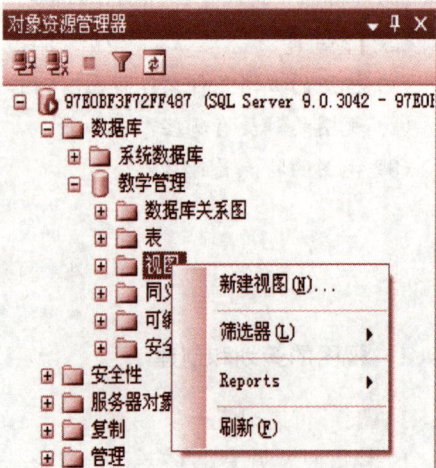

图 5-9 用对象资源管理器创建视图

的列或其他元素。

⑥ 在"条件"窗格中选择列的其他排序或筛选条件。

⑦ 在"文件"菜单上单击"保存 view name"命令。

⑧ 在"选择名称"对话框中输入新视图的名称,单击"确定"按钮。

(2) 使用 SQL 命令创建视图。在 SQL 中,使用 CREATE VIEW 语句创建视图,其一般**语法格式**如下:

```
CREATE VIEW <视图名>[(<列名 1>[,<列名 2>]…)]
[WITH ENCRYPTION]
AS （子查询）
[WITH CHECK OPTION]
```

功能: 按照要求创建一个指定的视图。

💻**说明**: 在实际操作应用时,需要注意以下几个问题。

① 在语法格式中,列名用于指定创建的视图所包含的属性,若视图名与子查询 SELECT 子句里的所有列名完全相同,则列名序列可以省略。

以下三种情况下必须明确指定全部属性列: 子查询 SELECT 子句里列名中有常数、聚合函数或列表达式; 子查询 SELECT 子句里列名中有从多个表中选出的同名属性列; 需要用更合适的新列名作为视图列的列名。

② 选取 WITH ENCRYPTION 创建为加密视图。

③ 在子查询中不允许使用 DISTINCT 短语和 ORDER BY 子句。如果需要排序,可在视图定义后对视图查询时进行排序。

④ WITH CHECK OPTION 子句将约束通过视图更新表,拒绝不符合视图定义中 WHERE 子句里限定的条件的更新数据。在对视图进行更新、插入和删除操作时要保证更新、插入或删除的行满足视图定义中的谓词条件,即子查询中的条件表达式。

【案例 5-5】　对商品销售数据库中经常要用到有关商品的情况信息,包括商品编号、商品名、价格等数据,请用 SQL 语句创建商品_价格视图。

```
CREATE VIEW　商品_价格
AS　SELECT（商品编号,商品名,价格)
FROM　商品
```

【案例 5-6】　对商品销售数据库经常要用到有关商品销售的情况信息,包括商品编号、商品名、销售数量等数据,请用 SQL 语句创建商品_销售量视图。

```
CREATE VIEW　商品_销售量(商品编号,商品名,销售数量)
AS　SELECT（商品.商品编号,商品名,COUNT(销售数量))
FROM　商品,售货
WHERE 商品.商品编号 = 售货.商品编号
GROUP BY　商品编号;
```

## 5.4.2　视图重命名、修改及删除

### 1. 视图的重命名及修改

1) 视图重命名

首先要获取视图所有依赖关系的列表,必须修改引用视图的任何对象、脚本或应用程序,

以反映新的视图名称。建议删除视图,然后使用新名称重新创建视图,而不是重命名视图。通过重新创建视图,可以更新视图中引用的对象的依赖关系信息。

操作前需要具有对模式的追加权限或对对象的控制权限,以及数据库中的创建视图权限。

(1) 使用 SSMS 操作方法。用 SSMS 进行视图重命名的**操作步骤**如下。

① 在对象资源管理器中展开包含要重命名的视图的数据库,然后展开"视图"文件夹。

② 右击要重命名的视图,然后从弹出的快捷菜单中选择"重命名"命令。

③ 输入视图的新名称。

(2) 使用 SQL 语句操作。视图重命名操作使用的**语句格式**如下:

```
SP_RENAME old_name, new_name
```

🖥️**说明:** old_name 为原视图名,new_name 为新视图名。

2) 视图修改

(1) 利用菜单操作方法修改视图的步骤如下。

① 在对象资源管理器中单击视图所在的数据库旁边的加号图标,然后单击"视图"文件夹旁边的加号图标。

② 右击要修改的视图,然后从弹出的快捷菜单中选择"设计"命令。

③ 在查询设计器的关系图窗格中,通过以下一种或多种方式更改视图:

a. 选中或取消选中要添加或删除的任何元素的复选框;

b. 在关系图窗格中右击,从弹出的快捷菜单中选择"添加表"命令,然后从"添加表"对话框中选择要添加到视图的其他列。

c. 右击要删除的表的标题栏,然后从弹出的快捷菜单中选择"删除"命令。

④ 单击"文件"菜单中的"保存 view name"命令。

(2) 利用 SQL 语句操作方法。视图修改操作使用的**语句格式**如下:

```
ALTER VIEW <视图名>
[WITH ENCRYPTION]
AS (子查询)
[WITH CHECK OPTION]
```

🖥️**说明:** <视图名>为被修改的视图名。

若用 ALTER VIEW 修改当前正在使用的视图,SQL 将在该视图上放一个排他架构锁。当锁已授予某用户,且该视图无活动用户时,SQL 将从过程缓存中删除该视图的所有复本,引用该视图的现有计划将继续保留在缓存中,在唤醒调用时重新编译。

若原视图定义是用 WITH ENCRYPTION 或 CHECK OPTION 创建的,则只有在 ALTER VIEW 中也包含这些选项时,此选项才有效。

① 修改视图并不会影响相关对象(如存储过程或触发器),除非对视图定义的更改使得该相关对象不再有效。

② 若当前所用的视图使用 ALTER VIEW 来修改,则数据库引擎使用对该视图的排他架构锁。在授予锁时,若该视图没有活动用户,则数据库引擎将从过程缓存中删除该视图的所有副本。引用该视图的现有计划将继续保留在缓存中,但一旦被调用就会重新编译。

③ ALTER VIEW 可应用于索引视图,但是需要注意的是,ALTER VIEW 会无条件地删除视图的所有索引。

④ 要执行 ALTER VIEW,至少需要具有对对象的追加权限。

注意：对于加密的和不加密的视图都可以通过此语句进行修改。

## 2. 视图的删除

实际上,删除视图是从系统目录中删除视图的定义和有关视图的其他信息,还将删除视图的所有权限,所以一定要慎重。

使用 DROP TABLE 删除的表上的任何视图都必须使用 DROP VIEW 显式删除。

删除操作需要具有对模式的追加权限或对对象的控制权限。

1) 使用 SSMS 删除

从数据库中**删除视图的操作**步骤如下。

① 在对象资源管理器中展开包含要删除视图的数据库,然后展开"视图"文件夹。

② 右击要删除的视图,然后从弹出的快捷菜单中选择"删除"命令。

③ 在"删除对象"对话框中单击"确定"按钮。

注意：单击"删除对象"对话框中的"显示依赖关系"项打开"view_name 依赖关系"对话框,将显示依赖于该视图的所有对象和该视图依赖的所有对象。

2) 使用 T-SQL 语句删除

在 SQL 语句中,使用 DROP VIEW 语句删除视图,其一般**语法格式**如下:

```
DROP VIEW <视图名>
```

功能:删除指定的视图。

说明：<视图名>为指定删除的视图名。

注意：视图删除后视图的定义将从数据字典中删除,但由该视图导出的其他视图定义仍在数据字典中,不过此时都已失效。用户使用这些失效的视图时会出现错误,此时需要用 DROP VIEW 语句将其逐一删除。

【案例 5-7】　删除商品_销售量视图。

```
DROP VIEW 商品_销售量
```

## 5.4.3　查询视图及有关信息

### 1. 查询视图

在视图建立完成之后,用户就可以像对基本表一样使用视图查询数据了。由于视图是虚表,系统执行对视图的查询时,将用户对视图的查询和视图定义中的子查询进行关联,并转换成对基表的查询。

利用 SELECT 语句等方法**在视图中查询**时,主要采用以下几种**方法**。

(1) 利用 SSMS 通过菜单查看。

(2) 查询视图 Information_schema. views。

(3) 查询系统表 syscomments。

(4) 使用命令 sp_helptext <对象名>。

注意：加密视图不可查看,可以隐藏视图定义。

隐藏视图定义方法的**语法格式**如下:

```
WITH ENCRYPTION
```

**【案例 5-8】**　查找售出商品键盘的销售数量。

```
SELECT  销售数量
FROM 商品_销售量
WHERE  商品名='键盘'
```

> ♀**注意**:视图可以简化复杂的查询操作。若对一个基本表的查询较为复杂,可以对基本表建立一个视图,然后对此视图进行查询。这样就可以将一个复杂的查询转换成创建一个视图和一个简单的查询,从而简化了操作。

### *2. 获取有关视图的信息

在 SQL Server 2014 中,通过使用 SSMS 菜单操作或 SQL 语句两种方法,可以获取有关视图的定义或属性的信息。可根据需要查看视图定义了解数据从源表中的提取方式,或查看视图所定义的数据。

> ♀**注意**:若要更改视图所引用对象的名称,则必须更改视图,使其文本反映新的名称。因此,在重命名对象之前,首先显示该对象的依赖关系,以确定即将发生的更改是否会影响任何视图。

1) 使用菜单获取视图属性

(1) 在对象资源管理器中单击包含要查看属性的视图的数据库旁边的加号图标展开"视图"文件夹。

(2) 右击要查看其属性的视图,然后从弹出的快捷菜单中选择"属性"命令。

"视图属性"对话框中显示如表 5-5 所示的属性。

**表 5-5　"视图属性"对话框中显示的属性**

| 显示的项 | 显示的属性 |
|---|---|
| 数据库 | 包含此视图的数据库名称 |
| 服务器 | 当前服务器实例的名称 |
| 用户 | 此连接的用户名 |
| 创建日期 | 显示视图的创建日期 |
| 名称 | 当前视图的名称 |
| 架构 | 显示视图所属的架构 |
| 系统对象 | 指示视图是否为系统对象,值为 TRUE 或 FALSE |
| ANSI NULLS | 指示创建对象时是否选择了"ANSI NULLS"选项 |
| 已加密 | 指示视图是否已加密,值为 TRUE 或 FALSE |
| 带引号的标识符 | 指示创建对象时是否选择了"带引号的标识符"选项 |
| 架构已绑定 | 指示视图是否绑定到架构 |

2) 使用视图设计器工具获取视图属性

(1) 在对象资源管理器中展开包含要查看属性(列)的视图的数据库,然后进一步展开"视图"文件夹。

（2）右击要查看其属性的视图，然后从弹出的快捷菜单中选择"设计"命令。

（3）右击"关系图"窗格中的空白区域，再从弹出的快捷菜单中选择"属性"命令。

"属性"窗格中显示的属性如表 5-6 所示。

表 5-6　"属性"窗格中显示的属性

| 名称 | 当前视图的名称 |
|---|---|
| 数据库名称 | 包含此视图的数据库名称 |
| 说明 | 对当前视图的简短说明 |
| 架构 | 显示视图所属的架构 |
| 服务器名称 | 当前服务器实例的名称 |
| 绑定到架构 | 防止用户以会使视图定义失效的任何方式修改影响此视图的基础对象 |
| 具有确定性 | 显示是否可以明确地确定所选列的数据类型 |
| 非重复值 | 指定查询将在视图中筛选出重复值 |
| GROUP BY 扩展 | 指定对基于聚合查询的视图，附加选项可用 |
| 输出所有列 | 显示所有列是否都由所选视图返回，这是在创建视图时设置的 |

当只用表中的部分列且这些列可能包含重复值时，或当连接两个或更多表的过程会在结果集中产生重复行时，"属性"选项非常有用。选择该选项等效于向 SQL 窗格内的语句中插入关键字 DISTINCT。还有以下几方面需要说明。

① SQL 注释：显示 SQL 语句的说明。若要查看或编辑完整的说明，单击相应的说明，再单击属性右侧的省略号（…）。SQL 注释可以包含视图使用者和使用时间等信息。

② TOP 规范：展开此项可显示 TOP、"百分比"、"表达式"和"等同值"属性。

指定视图将包括 TOP 子句，该子句只返回结果集中前 $n$ 行或前 $n\%$ 行，默认情况下，视图将在结果集中返回前 10 行。使用此项可更改返回的行数或指定不同的百分比。

③ 表达式：显示视图将返回的百分比（"百分比"设置为"是"）或记录（"百分比"设置为"否"）。

④ 百分比：指定查询将包含一个 TOP 子句，仅返回结果集中前 $n\%$ 行。

⑤ 等同值：指定视图包括 WITH TIES 子句。当视图含有 ORDER BY 子句和基于百分比的 TOP 子句时，若设置了该选项，且百分比截止位置在一组行的中间，这些行在 ORDER BY 子句中具有相同的值，则视图将会扩展，以包含所有这样的行。

⑥ 更新规范：展开此项可显示"使用视图规则更新"和"Check 选项"属性。

指示对视图的所有更新和插入将由 Microsoft 数据访问组件（MDAC）转换为引用视图的 SQL 语句，而非转换为直接引用视图的基表的 SQL 语句。

在某些情况下，MDAC 将视图更新和插入操作表示为针对视图的基表的更新和插入。通过选择"使用视图规则更新"选项，可以确保 MDAC 针对视图本身生成更新和插入操作。

⑦ Check 选项：指明当打开此视图并修改"结果"窗格时，数据源检查添加或修改的数据是否满足视图定义的 WHERE 子句的要求。若修改不满足要求，将看到一个错误信息。

3）使用 SQL 语句方法

使用 SQL 语句获取视图属性的方法如下：

```
EXEC sp_helptext <对象名>
```

### 5.4.4 利用视图更新数据

利用视图更新数据也称为更新视图,是指利用视图对指定基表中部分数据进行插入、删除和修改等操作。由于视图是不实际存储数据的虚表,所以对视图的更新最终要转换为对基本表的更新。

从用户的角度来看,更新视图如同更新基本表。由于视图是虚表,所以对视图的更新实际上可转换成对基本表的更新,通过视图修改数据只能影响一个基表。为防止用户通过视图对数据进行增加、删除、修改时,对不属于视图范围内的基本表数据进行操作,可在定义视图时加上 WITH CHECK OPTION 子句。使在视图上增删改数据时,DBMS 检查视图定义中的条件,若不满足时,则拒绝该操作。

> 注意:在 SQL Server 2014 中修改基表的数据,在具有对目标表的 UPDATE、INSERT 或 DELETE 权限(取决于执行操作)情况下,可用 SSMS 和 SQL 语句两种方法进行操作。

#### 1. 使用 SSMS 操作

通过视图修改表数据的操作步骤如下。

① 在对象资源管理器中展开包含视图的数据库,然后展开"视图"文件夹。

② 右击该视图,然后从弹出的快捷菜单中选择"编辑前 200 行"命令。

③ 可能需要在 SQL 窗格中修改 SELECT 语句以返回要修改的行。

④ 在"结果"窗格中找到要更改或删除的行。若要删除行,则右击该行,然后从弹出的快捷菜单中选择"删除"命令。若要更改一个或多个列中的数据,请修改列中的数据。

> 注意:若视图引用多个基表,则不能删除行,只能更新属于单个基表的列。

⑤ 若要插入行,请向下滚动到行的结尾并插入新值。

> 注意:若视图引用多个基表,则不能插入行。

#### 2. 使用 SQL 语句

(1) 通过视图更新表数据的**语法格式**如下:

```
UPDATE <视图名>
```

> 说明:<视图名>为通过视图更新表数据的视图文件名。

(2) 通过视图插入表数据的**语法格式**如下:

```
INSERT INTO <视图名>
VALUES(对应值列表)
```

> 说明:<视图名>为通过视图插入表数据的视图文件名;Values(对应值列表)中对应值列表为与基表"属性(列)"对应(包括顺序)的"值",各值之间用逗号隔开。

(3) 通过视图删除表数据的**语法格式**如下:

```
DELETE
FROM <视图名>
WHERE <条件表达式>
```

📖**说明：**＜视图名＞为通过视图删除表数据的视图文件名；WHERE＜条件表达式＞为"筛选"删除表数据的具体"条件表达式"。

通过视图对数据进行更新与删除时，需要**注意**以下几点。

① 若视图引用多个表，则无法利用 DELETE、UPDATE、INSERT 命令直接对视图更新，但可以通过替代触发器进行更新。

② 在执行 UPDATE 或 DELETE 操作时，对于所删除与更新的各种业务数据，必须包含在视图结果集中，否则操作将失败。

③ 若视图包含通过计算得到的字段(列)或 GROUP BY 子句，如计算值或聚合函数的字段，则不允许对该视图进行更新操作。

④ 若定义视图时含有 WITH CHECK OPTION 子句，则在视图上更新数据时，系统会进一步检查视图定义中的条件，不满足条件时拒绝执行。对含有 WITH CHECK OPTION 选项的视图，可插入非视图数据，由于数据最后存储在视图所引用的基本表中，但插入操作后不在视图数据集中，所以无法通过视图查询该数据。

【**案例 5-9**】　向视图商品_价格插入数据(G010，服装，117)。

```
INSERT INTO  商品_价格
Values('G010','服装',117)
```

执行时转换成所引用数据表的插入。

【**案例 5-10**】　将视图商品_价格中商品编号为 G001 的商品价格改为 55。

```
UPDATE  商品_价格
SET  价格 = 55
WHERE  商品编号 = 'G001'
```

执行时转换成所引用数据表该记录的修改。

【**案例 5-11**】　在视图商品_价格中删除商品编号为 G002 的商品。

```
DELETE
FROM  商品_价格
WHERE 商品编号 = 'G002'
```

执行时转换成对应数据表该记录的删除。

---

⚠**注意：**在关系数据库中，并非所有视图都可更新，由于有些视图的更新不能唯一地有意义地转换成对相应基本表的更新，所以对此情形的视图不可更新。

---

一般对视图更新的规定包括以下几点。

(1) 行列子集视图是可更新的视图。

(2) 若视图是由两个以上基本表导出的，则此视图不可更新。

(3) 若视图的列是由聚合函数或表达式计算得出的，则此视图不可更新。

(4) 若视图定义中含有 DISTINCT、GROUP BY 等子句，则此视图不可更新。

(5) 一个不可更新的视图上定义的视图也不可更新。

📖**讨论思考**

(1) 如何创建和策划视图？

(2) 视图的重命名、修改和删除的语句操作是什么？

（3）查询视图及有关信息的方法有哪些？

（4）视图更新的具体方法有哪几种？

# *5.5  特殊类型视图的应用

以上所介绍的视图基本为标准视图，在这些视图上定义的查询语句由简单的 SELECT 组成，并且其结果集是通过查询基本表动态实现的。下面概述 SQL Server 所支持的特殊类型视图的应用，主要包括索引视图和分区视图。

## 5.5.1  索引视图的概念和创建

### 1. 索引视图的概念及作用

**索引视图**是指建立唯一聚集索引的视图。

标准视图是在执行引用了视图的查询时，SQL 才将相关基本表中的数据合并成视图的逻辑结构。当查询所引用的视图包含大量数据行或涉及对大量数据行进行合计运算或连接操作时，动态地创建视图结果集将给系统带来沉重的负担，特别是经常引用的带有图片的大容量视图。

通常的解决方法是为视图创建唯一聚集索引，即在视图上创建唯一聚集索引时生成该视图的结果集，并将结果集数据与有聚集索引的表的数据集一样存储在数据中。

### 2. 索引视图的创建

用 SQL 语句在 SQL Server 2014 中创建索引视图时，对视图创建的第一个索引必须是唯一聚集索引，以提高查询性能，因为视图在数据库中的存储方式与具有聚集索引的表的存储方式相同。之后，才可创建其他非聚集索引。查询优化器可使索引视图加快执行查询的速度。要使优化器考虑将该视图作为替换，并不需要在查询中引用该视图。

1）创建索引视图的步骤

创建索引视图的**操作步骤**如下。

（1）视图中验证将引用的所有现有表的 SET 选项正确性。

（2）在创建任何新表和视图之前，验证会话的 SET 选项设置。

（3）验证视图定义的确定性。

（4）用 WITH SCHEMABINDING 选项创建视图。

（5）为视图创建唯一聚集索引。

2）索引视图的 SET 设置

若执行查询时启用不同的 SET 选项，则在数据库引擎中对同一表达式求值会产生不同的结果。例如，将 SET 选项 CONCAT_NULL_YIELDS_NULL 设置为 ON，表达式 'abc' + NULL 返回值 NULL。但若设置为 OFF 后，同一表达式会生成 'abc'。

为了确保能够正确地维护视图并返回一致结果，索引视图需要多个 SET 选项具有固定值。若下列条件成立，则表 5-7 中的 SET 选项必须设置为"必需的值"列中显示的值。

（1）创建视图和视图上的后续索引。

（2）对构成该索引视图的任何表执行了任何插入、更新或删除操作，包括大容量复制、复制和分发查询等操作。

（3）查询优化器使用该索引视图生成查询计划。

表 5-7　SET 选项须设置为"必需的值"列中显示的值

| SET 选项 | 必需的值 | 默认服务器值 | 默认 OLE DB 和 ODBC 值 | 默认 DB-Library 值 |
|---|---|---|---|---|
| ANSI_NULLS | ON | ON | ON | OFF |
| ANSI_PADDING | ON | ON | ON | OFF |
| ANSI_WARNINGS * | ON | ON | ON | OFF |
| ARITHABORT | ON | ON | OFF | OFF |
| CONCAT_NULL_YIELDS_NULL | ON | ON | ON | OFF |
| NUMERIC_ROUNDABORT | OFF | OFF | OFF | OFF |
| QUOTED_IDENTIFIER | ON | ON | ON | OFF |

⚠注意：强烈建议在服务器的任一数据库中创建计算列的第一个索引视图或索引后，尽早在服务器范围内将 ARITHABORT 用户选项设置为 ON。

3）确定性视图

索引视图的定义应是确定性的。只有选择列表中的所有表达式、WHERE 和 GROUP BY 子句都具有确定性，视图才具有确定性。在使用特定的输入值集对确定性表达式求值时，应始终返回相同的结果。只有确定性函数可加入确定性表达式。例如，DATEADD 函数是确定性函数，由于对其 3 个参数的任何给定参数值集总返回相同结果。而 GETDATE 不是确定性函数，由于总是使用相同的参数调用，在每次执行时返回结果都不同。

使用 COLUMNPROPERTY 函数的 IsDeterministic 属性可保证视图列的确定性。使用此函数的 IsPrecise 属性确定具有架构绑定的视图中的确定性列是否为精确列。若为 TRUE，则 COLUMNPROPERTY 返回 1；若为 FALSE，则返回 0；若输入无效，则返回 NULL。由此可见，该列不是确定性列，也不是精确列。

📄说明：即使是确定性表达式，若其中包含浮点表达式，则准确结果也会取决于处理器体系结构或微代码的版本。为了确保数据完整性，此类表达式只能作为索引视图的非键列加入。不包含浮点表达式的确定性表达式称为精确表达式。只有精确的确定性表达式才能加入键列，并包含在索引视图的 WHERE 或 GROUP BY 子句中。

4）其他要求

除对 SET 选项和确定性函数的要求外，还必须满足下列要求。

（1）执行 CREATE INDEX 的用户必须是视图所有者。

（2）创建索引时，IGNORE_DUP_KEY 选项必须设置为 OFF（默认设置）。

（3）在创建表时，基表应有正确的 SET 选项集，否则具有架构绑定的视图无法引用该表。

（4）在视图定义中，必须使用两部分名称（即 schema. tablename）引用表。

（5）必须使用 WITH SCHEMABINDING 选项创建用户自定义函数。

（6）需要使用两部分名称 schema. function 引用用户自定义函数。

（7）应当使用 WITH SCHEMABINDING 选项创建视图。

（8）视图必须仅引用同一数据库中的基表，而不引用其他视图中的基表。

（9）视图定义必须包含以下各部分，如表 5 - 8 所示。

表 5 - 8　视图定义必须包含的部分

| 必须包含的部分 | 含义 |
| --- | --- |
| COUNT( * ) | ROWSET 函数 |
| 派生表 | 自连接 |
| DISTINCT | STDEV、VARIANCE、AVG |
| float * 、text、ntext 或 image 列 | 子查询 |
| 全文谓词(CONTAIN、FREETEXT) | 可为 NULL 表达式的 SUM |
| CLR 用户自定义聚合函数 | TOP |
| MIN、MAX | UNION |

5）建议及应用

引用索引视图中的 datetime 和 smalldatetime 字符串文字时，建议使用确定性日期格式将文字显式转换为所需日期类型。将字符串隐式转换为 datetime 或 smalldatetime 所涉及的表达式具有不确定性，结果取决于服务器会话的 LANGUAGE 和 DATEFORMAT 设置。例如，表达式 CONVERT(datetime，'30 listopad 1996'，113)的结果取决于 LANGUAGE 设置，由于字符串 listopad 在不同语言中表示不同月份。同样在 DATEADD(mm，3，'2000 - 12 - 01')表达式中，SQL Server 基于 DATEFORMAT 设置解释 '2000 - 12 - 01' 字符串。

🖢注意：索引视图中列的 large_value_types_out_of_row 选项的设置继承的是基表中相应列的设置，此值是使用 sp_tableoption 设置的。从表达式组成的列的默认设置为 0，表明大值类型存储在行内。可对已分区表创建索引视图，并可由其自行分区。

要防止数据库引擎使用索引视图，应在查询中包含 OPTION(EXPAND VIEWS)提示。此外，任何所列选项设置不正确均会阻止优化器使用视图上的索引。

若删除视图，则该视图的所有索引也将被删除。若删除聚集索引，视图的所有非聚集索引和自动创建的统计信息也将被删除。视图中用户创建的统计信息受到维护。非聚集索引可以分别删除。删除视图的聚集索引将删除存储的结果集，且优化器将重新像处理标准视图一样处理视图。禁用表的聚集索引时，与该表关联视图的索引也将被禁用。

【案例 5 - 12】　创建学生选课情况的汇总索引视图。

先进行 SET 设置，然后由于成绩字段中有 NULL，索引视图不允许使用 SUM 对具有空值的列求和，因此使用 ISNULL 将空值变为 0 值，SET 设置可只执行一次。

```
SET ANSI_NULLS ON
SET ANSI_PADDING ON
SET ANSI_WARNINGS ON
SET CONCAT_NULL_YIELDS_NULL ON
SET NUMERIC_ROUNDABORT OFF
SET QUOTED_IDENTIFIER ON
SET ARITHABORT ON
USE  教学管理
GO
```

```
CREATE VIEW V_选课汇总视图   WITH SCHEMABINDING
AS
SELECT  学号，SUM(ISNULL(成绩,0))
        AS  总成绩,
        COUNT_BIG( * )
        AS  选修门数
FROM dbo.选课表 GROUP BY  学号
GO
CREATE UNIQUE CLUSTERED INDEX  选课表_学号_idx ON  选课汇总视图(学号)
```

### 5.5.2　分区视图及更新数据方法

#### 1. 分区视图的概念及用法

**分区视图**是通过对具有相同结构的成员表使用 UNION ALL 所定义的视图。

分区视图在一个或多个服务器之间水平连接一组成员表中的分区数据,使相关的业务数据看起来如同来自同一个数据表。

【**案例 5 - 13**】　将一个顾客信息表 customer 分区成三个表。

On Server1:

```
CREATE TABLE customer_33
   (customerid   INTEGER PRIMARY KEY
   CHECK (customerid BETWEEN 1 AND 32999)
```

On Server2:

```
CREATE TABLE customer_66
   (customerid    INTEGER PRIMARY KEY
   CHECK (customerid BETWEEN 33000 AND 65999)
```

On Server3:

```
CREATE TABLE customer_99
   (customerid    INTEGER PRIMARY KEY
   CHECK (customerid BETWEEN 66000 AND 99999)
```

在 Server1 上创建分布式分区视图。

```
CREATE VIEW customers AS
   SELECT * FROM
   CompanyDatabase. TableOwner. customers_33
   UNION ALL
   SELECT * FROM
   Server2. CompanyDatabase. TableOwner. customers_66
   UNION ALL
   SELECT * FROM
   Server3. CompanyDatabase. TableOwner. customers_99
```

#### 2. 用分区视图更新数据的方法

通常,SQL Server **更新视图的方法**有两种。

(1) INSTEAD OF 触发器。可在视图上创建 INSTEAD OF 触发器,修改数据时执行此触发器,但不执行定义触发器的数据修改语句。

(2) 分区视图。在分区视图上**修改数据应满足的条件**如下。

① INSERT 语句必须为分区视图中的所有列提供数据,并且不允许在 INSERT、UPDATE 语句内使用 DEFAULT 关键字。

② 插入的分区列值应满足基表约束条件。

③ 若分区视图的某个成员包含 TIMESTAMP 列,则不能用 INSERT、UPDATE 修改视图。

④ 若一个成员表中包含 IDENTITY 列,则不能用 INSERT 语句插入数据,也不能用 UPDATE 语句修改 IDENTITY 列,而用 UPDATE 语句可修改表内其他列。

⑤ 若存在具有同一视图或成员表的自连接,则不能使用 INSERT、UPDATE、DELETE 语句对成员表进行插入、修改和删除操作。

⑥ 若列中包含 TEXT、NTEXT 或 IMAGE 列数据,则不能使用 UPDATE 语句修改 PRIAMARY KEY 列。

若视图无 INSTEAD OF 触发器或不是分区视图,则**视图必须满足下列条件**才可更新。

① 当视图引用多表时,无法用 DELETE 命令删除数据,若使用 UPDATE,则应与 INSERT 操作一样,被更新的列必须属于同一个表。

② 定义视图的 SELECT 语句在选择列表中无聚合函数,也不包含 TOP、GROUP BY、UNION(除非视图是本主题稍后要描述的分区视图)或 DISTINCT 子句。聚合函数可用在 FROM 子句的子查询中,只要不修改函数返回的值即可。

③ 定义视图的 SELECT 语句的选择列表中没有派生列。派生列是由任何非简单列表达式(使用函数、加法或减法运算符等)所构成的结果集列。

④ 一个 UPDATE 或 INSERT 语句只修改视图的 FROM 子句引用的一个基表中的数据。

⑤ 只有当视图在 FROM 子句中只引用一个表时,DELETE 语句才能引用可更新视图。

📖**讨论思考**

(1) 什么是索引视图?索引视图有什么作用?

(2) 如何创建学生选课情况的汇总索引视图?

(3) 用分区视图更新数据的方法是什么?

# 5.6 实验五 索引和视图操作

## 5.6.1 实验目的

(1) 了解 SQL Server 2014 中索引的定义、类型及其作用。

(2) 掌握创建索引、编辑索引以及删除索引的方法。

(3) 熟悉视图创建、修改、删除等常用操作。

(4) 熟悉使用视图访问数据的方法。

## 5.6.2 实验内容及步骤

### 1. 索引操作

本章在学习 SQL Server 2014 索引的基础知识之后,主要练习对索引的使用,如创建索引、编辑索引以及删除索引等。

(1) 在 SQL Server 2014 中 teachingSystem 数据库的 Student 表中选择 stu_id 来创建一个唯一聚集索引。

实验操作步骤如下。

使用图形界面进行操作：单击相应表左边的"＋"号图标，右击"索引"节点，从弹出的快捷菜单中选择"新建索引"命令。

在弹出的"新建索引"对话框中设置要创建索引的名称、类型，并添加索引键列。

使用 T-SQL 语句建立索引：在新建查询窗口中输入下列语句，并单击"执行"按钮。

```
USE teachingSystem
GO
CREATE UNIQUE CLUSTERED INDEX student_index1  ON student(stu_id ASC)
GO
```

(2) 使用 SQL Server Management Studio 查询窗口在 student 表中新建一个唯一非聚集索引，命名为 student_index2，使用字段 stu_id。

实验操作步骤如下。

在查询窗口输入下列 SQL 语句。

```
USE teachingSystem
GO
CREATE UNIQUE NONCLUSTERED INDEX student_index2 ON student
(stu_id  ASC)
```

(3) 通过为 College 表添加主键约束来使 SQL Server 2014 自动为该表生成一个唯一聚集索引。

实验操作步骤如下。

在 SQL Server Management Studio 查询窗口中输入以下语句。

```
USE teachingSystem
CREATE TABLE College
(
    col_ID smallint primary key,
    col_name char(8),
)
GO
```

(4) 使用 SQL Server Management Studio 向导删除 Student 表中的 student_index2 索引。

实验操作步骤如下。

① 启动 SQL Server Management Studio 查询窗口。

② 在查询窗口中输入以下 SQL 语句。

```
USE teachingSystem
DROP INDEX   student.student_index2
GO
```

## 2. 视图操作

在熟悉了本章 SQL Server 2014 中关系和视图的基础知识之后，主要练习建立、修改和删除视图以及视图的应用等。

（1）使用 SSMS 创建视图。以创建学生表的视图为例。

在对象资源管理器中右击 teachingSystem 数据库的"视图"节点或该节点中的任何视图，从弹出的快捷菜单中选择"新建视图"命令。

在弹出的"添加表"对话框中选择所需的表 student 或视图等，再单击"添加"按钮，在视图设计器中选择要投影的列，并选择条件等。

执行该 SQL 语句，运行正确后保存该视图为 View_student1。

（2）使用 T-SQL 语句创建上述视图。

```
CREATE VIEW View_student2
AS SELECT *
FROM dbo.student
WHERE (dep_id = '1001')
```

（3）定义视图 View_student3，并显示学生课程成绩高于 85 分的学生学号、姓名、性别、出生日期。

```
CREATE VIEW View_student3
AS
SELECT student.stu_id, student.name, student.sex, student.birthday
FROM   student INNER JOIN
WHERE  student_teacher_course ON student.stu_id = student_teacher_course.stu_id
(student_teacher_course.score > 85)
```

或者

```
CREATE VIEW View_student3
AS
SELECT student.stu_id, student.name, student.sex, student.birthday
FROM   student, student_teacher_course
WHERE  student.stu_id = student_teacher_course.stu_id  AND  (dbo.student_teacher_
course.score > 85)
```

（4）创建一个新视图从视图 View_student3 中查询 1990 年及以后出生的学生信息。

```
CREATE VIEW View_student4
AS
SELECT *
FROM View_student3
WHERE (YEAR(birthday) >= 1990)
```

（5）通过视图对基本表进行插入、修改、删除行的操作，有一定的限制条件。在视图View_student1 中插入一条新的记录，其各字段的值分别为 '1220', N'1001', '陈静', '女', '1993-1-1', '上海', NULL, '汉族', '1', '电子信息', '1001', '计算机'。

```
USE teachingSystem
GO
INSERT INTO View_student1
(stu_id, dept_id, name, sex, birthday, address, totalscore, nationality, grade, school,
 class, major)
```

```
        VALUES ('1220', N'1001', '陈静', '女', '1993 - 1 - 1','上海', NULL, '汉族', '1', '电子
    信息', '1001', '计算机')
    GO
```

（6）修改记录：将视图 View_student1 中的学生姓名为张思文的出生日期改为 1988 年 4 月 27 日。

```
    USE teachingSystem
    GO
    UPDATE View_student1
    SET birthday  = '1988 - 4 - 27'
    WHERE name = '张思文'
    GO
```

（7）使用 T-SQL 语句删除视图 View_student1。

```
    DROP VIEW View_student1
    GO
```

### 3. 实验小结

本次实验主要使用 CREATE VIEW 语句建立视图，采用 ALTER VIEW 语句修改视图，并利用 DROP VIEW 语句删除视图。如果在一个视图中存在一个计算列，则不允许使用 INSERT 语句，除非在基本表或视图中没有缺省值的非空列都被包含在添加新记录行的视图中，才允许使用 INSERT 语句。

## 5.7　本章小结

索引是某表中一列或几列值的集合及相应的指向表中物理标识其值的数据页的逻辑指针清单，是加快检索表中数据的方法。在数据库中，索引就是表中数据和相应存储位置的列表。使用索引可以极大地缩短数据的查询时间，改善查询性能。本章在介绍了索引的概念、作用、特点、种类的基础上，重点通过大量典型案例介绍了索引的创建、更新及删除等操作方法。同时介绍了策划设计索引的策略、注意事项和建议。

视图是从基本表或其他视图导出的一种虚表。视图的数据来自一个或几个不同的基表或其他视图，是一种数据库对象。当视图创建后，系统将视图的定义存放在数据字典中，视图对应数据存储在所引用的数据表中。

结合视图的概念、特点和类型等，通过应用案例介绍了视图的创建、重命名、更新、查询及删除等基本操作，以及视图创建前的策划设计和注意问题。在对常用的标准视图进行介绍的同时，还对特殊类型视图进行了概述。最后，以综合应用案例对视图应用进行了综合实例分析。

# 第6章 T-SQL 应用编程

T-SQL 是 SQL Server 的核心组件,是微软在数据库管理软件(Microsoft SQL Server)上对标准 SQL 的一种扩展。对 SQL 语句高效集成与应用,不仅可以利用 T-SQL 通过编写实用的数据库程序完成数据库的各种操作,而且可以与其他语言嵌套,在网络信息化建设过程中极为重要,也是对 SQL 语句的综合应用。

## 教学目标

理解 T-SQL 的概念、特点、种类和执行方式
掌握常用批处理、脚本与事务的用法
熟练掌握 T-SQL 流程控制语句及其应用
理解嵌入式 SQL 的使用方法

## 6.1 T-SQL 基础概述

【案例 6-1】 T-SQL 是 SQL Server 2014 的核心。SQL 的主要功能是同各种数据库建立联系并进行交互。按照 ANSI(美国国家标准学会)的规定,SQL 被作为关系型数据库管理系统的标准语言。T-SQL 是 Microsoft 公司在 SQL Server 数据库管理系统中 SQL 的实现,主要用于关系数据的操作,是与 SQL Server 交流的语言。

### 6.1.1 T-SQL 的概念特点和功能

#### 1. T-SQL 的概念及优点

SQL 是一种在关系数据库系统 SQL Server 2014 中查询和管理数据的标准语言。T-SQL 是 SQL 在 SQL Server 上的增强版,是用于应用程序与 SQL Server 交互的主要语言。T-SQL 是使用 SQL Server 的核心。不论应用程序的用户界面如何,与 SQL Server 实例通信的所有应用程序都通过将 T-SQL 语句发送到服务器进行通信。微软公司在 SQL Server 系统中使用

的**事务-结构化查询语言**——SQL Server 的核心组件,是对 SQL 的一种扩展形式。不仅支持所有的 SQL 语句,而且提供了丰富的编程功能,允许使用变量、运算符、函数、流程控制语句等,得到了大多数数据库提供商的技术支持和数据业务处理的广泛应用。

T-SQL 基于标准 SQL,也提供了一些非标准或是其专有的扩展。T-SQL 是一种交互式查询语言,具有功能强大、简单易学的优点,既允许用户直接查询存储在数据库中的数据,也可将语句嵌入某种高级程序设计语言中使用,如可以嵌入 Microsoft Visual C♯、.NET、Java 等语言中。T-SQL 与其他语言相比简单高效,与任何其他程序设计语言类似,也有其数据类型、表达式、关键字等。

### 2. T-SQL 的特点

T-SQL 集数据查询(data query)、数据操作(data manipulation)、数据定义(data definition)和数据控制(data control)功能于一体,体现了关系数据语言的特点和优点。

T-SQL 具有 4 个**特点**:① 一体化的特点,集数据定义语言、数据操纵语言、数据控制语言、事务管理语言和附加语言元素为一体;② 有两种使用方式,即命令交互使用方式和嵌入高级语言的使用方式;③ 非过程化语言,只需要提出"干什么",不需要指出"如何干",语句的操作过程由系统自动完成;④ 与人的思维习惯相近,易于理解和掌握。

T-SQL 的**主要特点**可以概括如下。

(1) T-SQL 是一种交互式查询语言,功能强大,简单易学。

(2) T-SQL 既可直接查询数据库,也可嵌入其他高级语言中执行。

(3) 非过程化程度高,语句的操作执行由系统自动完成。

(4) 所有的 T-SQL 命令都可以在查询分析器中完成。

### 3. T-SQL 的编程功能

T-SQL 的编程功能主要包括基本功能和扩展功能。

1) 基本功能

根据 T-SQL 的功能特点,可将其**基本功能**概括为 5 种:数据定义语言功能、数据操作语言功能、数据控制语言功能、事务管理语言功能和数据字典(DD)及其应用功能等。

2) 扩展功能

**T-SQL 的扩展功能**主要包括:程序流程控制结构,主要加入程序流程控制结构,以及 T-SQL 附加的语言元素的辅助语句的操作、标识、理解和使用,包括加入局部变量和系统变量等。附加的语言元素包括标识符、变量、常量、运算符、表达式、数据类型、函数、流程控制语句、错误处理语言、注释等元素。

## 6.1.2   T-SQL 的类型和执行方式

### 1. T-SQL 的类型

根据 T-SQL 的功能特点,可将 **T-SQL 分为 5 种类型**,即数据定义语言、数据操作语言、数据控制语言、事务管理语言和附加的语言元素。

(1) 数据定义语言是最基础的 T-SQL 类型,用于定义 SQL Server 中的数据结构,使用这些语句可以创建、更改或删除 SQL Server 实例中的数据结构。在 SQL Server 2014 中主要包括 ALTER、CREATE、DISABLE TRIGGER、DROP、ENABLE TRIGGER、TRUNCATE TABLE、UPDATE STATISTICS 等语句。只有数据库及其中的各种对象创建之后,才能对其中的对象进行其他操作。例如,CREATE 语句可用于创建数据库对象,ALTER 和 DROP 语句可以分别修改、删除数据库及其对象。

（2）数据操作语言（也称为数据操纵语言）用于检索和使用数据，使用这些语句可以从 SQL Server 数据库添加、更新、查询或删除数据。在 SQL Server 2014 中主要包括 SELECT、DELETE、UPDATE、INSERT、UPDATETEXT、MERGE、WRITETEXT、READTEXT 等语句。当使用 DDL 创建了表以后，才可以使用 DML 向表中插入数据、更新数据、删除或查询数据（有的资料中将 SELECT 单独分类为数据查询语言 DQL）。

（3）数据控制语言用于实现对数据库进行安全管理和权限管理等控制，如 GRANT（赋予权限）、DENY（禁止赋予的权限）、REVOKE（收回权限）等语句。为了确保数据库安全，需要对用户使用表中的数据的权限进行管理和控制。

（4）事务管理语言主要用于事务管理方面。在数据库中执行操作时，经常需要多个操作同时完成或同时取消。例如，从一个账户中的资金通过转账进入另一个账户，就属于事务管理。**事务**是完成一个应用处理的最小单元，由一个或几个数据库语句组成，其操作涉及的数据及整个过程"要么全做，要么全不做"。在 SQL Server 中，可用 COMMIT 语句提交事务，也可用 ROLLBACK 语句撤销。

（5）附加的语言元素主要用于辅助语句的操作、标识、理解和使用，主要包括标识符、变量、常量、运算符、表达式、数据类型、函数、流程控制语句、错误处理语言、注释等元素，6.2 节将详细介绍这些内容。如同其他程序设计语言一样，SQL Server 使用 100 多个保留关键字来定义、操作或访问数据库和数据库对象，这些关键字包括 DATABASE、CURSOR、CREATE、INSERT、BEGIN 等，这些关键字是 T-SQL 语法的一部分，用于分析和理解 T-SQL。通常，不可使用这些关键字作为对象名称或标识符。

> ⌂**注意：**在 T-SQL 中，命令和语句的写书不区分大小写。

### 2. 在 SSMS 中使用 T-SQL

在 SQL Server 系统中，主要使用 SSMS 工具来执行 T-SQL 编写的查询语句。此外，还可用 sqlcmd 实用工具执行 T-SQL 语句。下面主要介绍在 SSMS 中使用 T-SQL。

SSMS 的主区域除了用于显示和修改表数据外，还有一个十分常用且重要的功能，即编写 T-SQL 程序脚本。SSMS 支持对大多数数据库对象，如表、视图、同义词、存储过程、函数和触发器等生成操作 SQL 语句，该功能可减少开发人员反复编写 SQL 语句的工作，极大地提高工作效率。例如，要生成查询表 Person. AddressType 的 SQL 语句，只需要在该表上右击，选择"编写表脚本为"→"**SELECT 到**"→"**新查询编辑器窗口**"命令，如图 6-1 所示。SSMS 在新选项卡中生成 Person. AddressType 表的 SQL 查询语句代码如下：

```
SELECT [AddressTypeID],[ Name ],[rowguid],[ModifiedDate]
FROM [AdventureWorks].[Person].[AddressType]
```

可单击工具栏的"执行"按钮运行这些语句，运行结果将在主区域中 SQL 语句下以表格的形式显示，如图 6-2 所示。表格结果下的状态栏还显示一些和当前执行命令相关的信息。从左到右依次是数据库的版本、执行该命令的用户、执行命令的数据库、执行该命令的时间和返回结果的行数。

📄**说明：**若用户在编辑器窗口中选中部分 SQL 脚本，SSMS 将只运行选中的脚本；若编辑器窗口中用户没有选择任何脚本，SSMS 将运行该窗口中的所有 SQL 脚本。

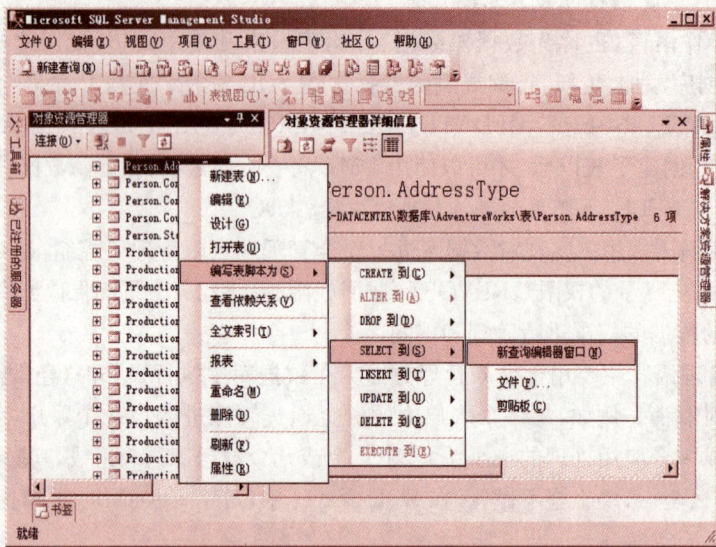

图 6-1　为表生成查询 SQL 语句

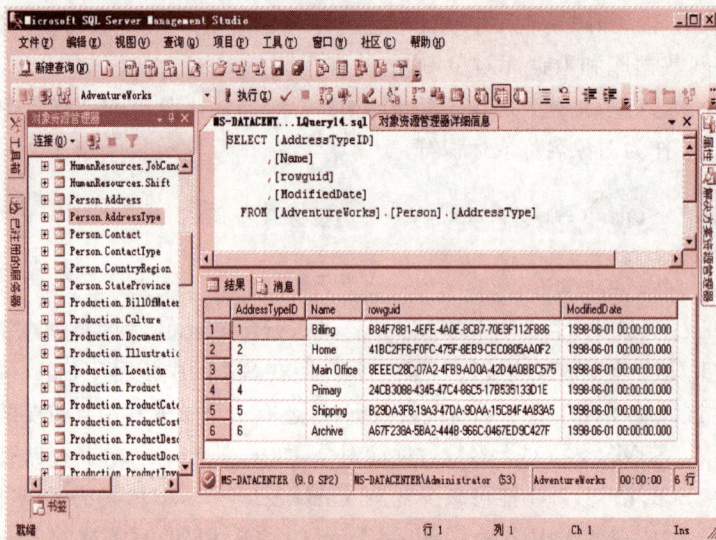

图 6-2　运行 SQL 语句

　　在图 6-1 中,SSMS 除了提供生成查询语句外,还可生成表的创建、插入、更改和删除的
SQL 语句。若想运行编写的 SQL 语句,则可先在对象资源管理器中选中要运行 SQL 语句的
数据库或数据库下的对象,然后单击"新建查询"按钮或者使用快捷键 Alt+N,SSMS 将在主
区域新建一个空白编辑器窗口。可在此编写 SQL 语句,而工具栏的数据库下拉列表框用于选
择当前 SQL 语句所运行的数据库。

　　🖢技巧:数据库中的对象名并不需要通过键盘输入,用户可将需要的对象名从左侧的对
象资源管理器中用鼠标拖动到编辑器窗口中,这样做不需要用户输入,可避免输入拼写错误
的情况。

【**案例 6-2**】　在 SSMS 主窗口中,关闭"已注册的服务器"窗口、"模板资源管理器"窗口、"对象资源管理器"窗口等,可以最大限度地显示查询窗口。在查询窗口中执行 T-SQL 语句后的结果如图 6-3 所示。

在查询窗口中,可以看见"SQL 编辑器"工具栏及其上的图标功能描述。最常用的工具图标是"执行"图标,用于执行选中的 T-SQL 语句。

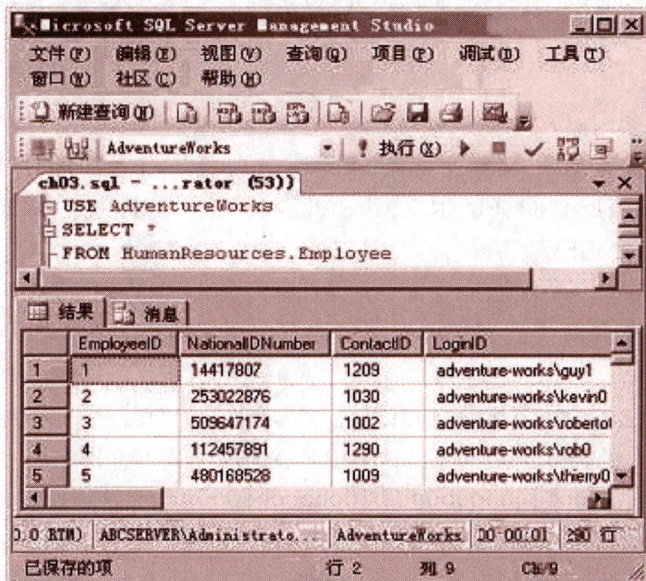

图 6-3　执行 T-SQL 语句示例

📖**讨论思考**

(1) T-SQL 的概念及特点是什么?

(2) T-SQL 有哪些类型和执行方式?

# 6.2　批处理、脚本和事务

## 6.2.1　批处理概述

T-SQL 语句的批处理包含用分号(;)分隔的两条或更多语句,批处理通常可减少网络流量,因而比单个提交语句效率更高。

### 1. 批处理的概念

**批处理**是指包含一条或多条 T-SQL 语句的语句组,被一次性执行。批是由客户端应用程序作为一个单元发送给 SQL Server 执行的一条或多条 SQL 语句。SQL Server 以批为单元进行分析(语法检查)、解析(检查引用对象和列是否存在)、权限检查和最优化处理。

SQL Server 将批处理编译成一个可执行单元,称为**执行计划**。若批处理中某处发生编译错误,则整个执行计划都无法执行。实际上,局部变量是用户自定义的变量,使用范围是其定义的批、存储过程或触发器。

(1) 批处理。批处理是包含 T-SQL 语句的语句组从应用程序一次性发送到 SQL Server

服务器执行。

（2）执行单元。SQL Server 服务器将批处理语句编译成一个可执行单元，这种单元称为执行单元。

（3）若批处理中的某条语句编译出错，则无法执行。若运行出错，则视情况而定。

（4）书写批处理时，GO 语句作为批处理命令的结束标志，当编译器读取到 GO 语句时，会将 GO 语句前的所有语句当作一个批处理，并将这些语句打包发送给服务器。GO 语句本身不是 T-SQL 语句的组成部分，只是一个表示批处理结束的前端指令。

### 2. 批处理的规则

**使用批处理的规则**如下。

（1）不能被组合在同一个批处理中的语句包括 CREATE DEFAULT、CREATE FUNCTION、CREATE PROCEDURE、CREATE RULE、CREATE SCHEMA、CREATE TRIGGER、CREATE VIEW。

（2）不能在删除一个对象之后，在同一批处理中再次引用这个对象。

（3）不可将规则和默认值绑定到表字段或自定义字段上之后，立即在同一批处理中使用。

（4）不允许在定义一个 CHECK 约束之后，立即在同一个批处理中使用它。

（5）不能修改表的架构之后（包括修改字段名、新增字段等），立即在同一个批处理中操作新的对象数据。这是由于在同一个批处理中，SQL Server 可能无法确定架构发生新更改，并因此导致解析错误。

（6）使用 SET 语句设置的某些 SET 选项不能应用于同一个批处理中的查询。

（7）若批处理中第一条语句是执行某个存储过程的 EXECUTE 语句，则 EXECUTE 关键字可以省略。若该语句不是第一条语句，则必须写上。

### 3. 指定批处理的方法

**指定批处理的方法**有以下 4 种。

（1）应用程序作为一个执行单元发出的所有 SQL 语句构成一个批处理，并生成单个执行计划。

（2）存储过程或触发器内的所有语句构成一个批处理，每个存储过程或触发器都编译为一个执行计划。

（3）由 EXECUTE 语句执行的字符串是一个批处理，并编译为一个执行计划。

（4）由 sp_executesql 存储过程执行的字符串是一个批处理，并编译为一个执行计划。

🔲**说明**：若应用程序发出的批处理过程中含有 EXECUTE 语句，则已执行字符串或存储过程的执行计划将和包含 EXECUTE 语句的执行计划分开执行。

若 sp_executesql 存储过程所执行的字符串生成的执行计划也与包含 sp_executesql 调用的批处理执行计划分开执行。

若批处理中的语句激发了触发器，则触发器的执行将和原始的批处理分开执行。

### 4. 批处理的结束和退出

1）执行批处理语句

功能：用 EXECUTE 语句执行标量值的用户自定义函数、系统过程、用户自定义存储过程或扩展存储过程。同时支持 T-SQL 批处理内字符串的执行。

2）批处理结束语句

批处理结束语句 GO 作为批处理的结束标志。即当编译器执行到 GO 时会把 GO 之前的所有语句当作一个批处理来执行。GO 并不是真正的 T-SQL 语句，而是一个用于 SQL Server 客户端工具的命令，如 SSMS，用于表示批的结束。

GO 命令和 T-SQL 语句不可在同一行，在批处理中的第一条语句后执行任何存储过程必须包含 EXECUTE 关键字。局部（用户自定义）变量的作用域限制在一个批处理中，不可在 GO 命令后引用。在联机帮助中，GO 解释为一条语句的结束信号。

GO 命令支持一个指示所执行的次数 $n$。若执行一个批处理 10 次，则其**语法格式**如下：

```
GO 10;
```

【**案例 6 - 3**】　在批处理中出现变量引用错误。由于 SQL Server 通常以一次批处理为单元进行语法分析，所以各种变量对于定义它的批处理而言是局部化的，不能引用在其他批处理中定义的变量。

```
/* 批处理和变量 */
DECLARE @i AS INT = 100      --成功引用
PRINT @i;
GO
/* 引用失败,在这个批处理中未定义变量@i */
PRINT @i;
GO
```

3）批处理退出语句

批处理退出语句的基本**语法格式**如下：

```
RETURN [整型表达式]
```

可无条件中止查询、存储过程或批处理的执行。存储过程或批处理不执行 RETURN 之后的语句。当存储过程使用该语句时，可用该语句指定返回调用应用程序、批处理或过程的整数值。若 RETURN 语句未指定值，则存储过程的返回值是 0。

▣**说明：** 当用于存储过程时，RETURN 不能返回空值。

【**案例 6 - 4**】　返回状态，该过程检查在"订单详情"表中是否存在订单编号 orderId 为 80012 的订单。若存在则返回 1，否则返回 2。

```
CREATE PROCEDURE checksid @param char(20)
AS
IF (SELECT orderId FROM 订单详情 WHERE Oid = @param) = '80012'
RETURN 1
ELSE
RETURN 2
```

## 6.2.2　脚本及事务

### 1. 脚本及其用途

**脚本**是存储在文件中一系列 T-SQL 语句，是一系列顺序提交的批，脚本文件的扩展名为 .sql。脚本可以直接在查询分析器等工具中输入并执行，也可以保存在文件中，再由查询分析器等工具执行,可包含一个或多个批处理,GO作为批处理结束语句,若脚本中无GO语句,则作为单个批处理。

**脚本的用途**主要有两方面。

(1) 将服务器上创建一个数据库的步骤永久地记录在脚本文件中。

(2) 将语句保存为脚本文件,从一台计算机传递到另一台计算机,可以方便地使两台计算机执行同样的操作。

### 2. 事务及其特征

**【案例6-5】** 事务这一概念的提出背景。在一次自动银行事务中,如果将一笔款从A账户转入B账户,则从A账户取款和存入B账户都必须成功才能正确处理该笔款项,否则整个事务必定失败。如果只执行其中一个操作,则数据库处于不一致状态,账务会出现问题。因此,事务的提出是为了处理某些情况,在这些情况下数据库的结果状态取决于一系列操作是否全部成功。

1) 事务的定义

**事务**(transaction)是完成一个应用处理的最小单元,作为单个逻辑工作单元由一个或多个对数据库操作的语句组成。数据库的并发控制是以事务为基本单位进行的。一个事务可以是一条SQL语句、一组SQL命令语句或整个程序,一个应用程序可以包括多个事务。

事务以一种最终结果的完整性可以得到保障的方式将系列操作进行分组。或者所有的操作必须成功,然后提交(写入数据库);或者整个事务失败,取消事务,恢复所作的更改,将数据库返回事务前状态。

在SQL中,常用的**定义事务的语句**有3条:

```
BEGIN TRANSACTION
COMMIT
ROLLBACK
```

🖥 **说明**:BEGIN TRANSACTION表示事务的开始;COMMIT表示事务的提交,即将事务中所有对数据库的更新写回物理数据库中,此时事务正常结束;ROLLBACK表示事务的回滚,即在事务运行过程中发生了某种故障,事务不能继续执行,系统将事务中对数据库的所有已完成的更新操作全部撤销,回滚到事务开始时的状态。实际上,事务不是提交就是中止。

2) 事务的特征

事务由有限的数据库操作序列组成,但并非任意数据库操作序列都能成为事务,为了保护数据的完整性,一般要求**事务具有以下特征**。

(1) 原子性(atomic)。各事务为不可分割的工作单位,执行时应遵守"要么不做,要么全做"的原则,不允许事务部分完成。若意外故障而使事务未能完成,其执行的部分结果应被取消,如银行转账。

(2) 一致性(consistency)。事务对数据库的作用是使数据库从一个一致状态转变到另一个一致状态。数据库的一致状态是指数据库中的数据满足完整性约束,必须在语义上保留事务绑定的数据。

(3) 隔离性(isolation)。若多个事务并行执行,应如同各事务独立执行一样,一个事务的执行不能受其他事务干扰。即一个事务内部操作及使用的数据对并发的其他事务是隔离的,一个事务不应看到另一事务的中间阶段。并发控制就是为了保证事务间的隔离性。

（4）持久性（durability）。事务是一个恢复单元，一个事务一旦提交，对数据库中数据的改变就是持久的，即使数据库因故障而受到破坏，DBMS 也应当可以恢复。

上述 4 个性质的英文术语的第一个字母组合为 ACID，通常称这 4 个性质为**事务的 ACID 准则**。

事务的 ACID 特性可能遭到破坏的因素：多个事务并行运行时，不同事务的操作交叉执行；事务在运行过程中被强行中止。对于前者，DBMS 必须保证多个事务的交叉运行不影响这些事务的原子性。对于后者，DBMS 必须保证被强行终止的事务对数据库和其他事务没有任何影响。这些就是 DBMS 中并发控制的机制。

> ☝**注意：**不要混淆事务和批处理。事务是工作的原子单元，一个批处理中可以包含多个事务，一个事务可以被分为多个批处理提交。批处理的组合发生在编译时刻，事务的组合发生在执行时刻。换言之，批告诉 SQL Server 如何编译语句，而事务告诉 SQL Server 如何执行语句，两者并不矛盾。

3）SQL Server 运行的事务模式

自动提交事务：每条单独的语句都是一个事务。

显式事务：每个事务均以 BEGIN TRANSACTION 语句显式开始，以 COMMIT 或 ROLLBACK 语句显式结束。

隐式事务：在前一个事务完成时新事务隐式启动，但每个事务仍以 COMMIT 或 ROLLBACK 语句显式完成。

批处理级事务：只能应用于多个活动结果集（MARS），在 MARS 会话中启动的 T-SQL 显式或隐式事务变为批处理级事务。当批处理完成时没有提交或回滚的批处理级事务自动由 SQL Server 进行回滚。

【**案例 6 - 6**】　回滚操作在事务中的应用。

```
USE tempdb;
GO                      - - 必须是批处理的第一句话，需要在此处加 GO
CREATE TABLE ValueTable ([value] int;)  - - 该表只有一列，为整型数
GO
DECLARE @TransactionName varchar(20) = 'Transaction1';
BEGIN TRAN @TransactionName
INSERT INTO ValueTable VALUES(1), (2);
ROLLBACK TRAN @TransactionName;
INSERT INTO ValueTable VALUES(3),(4);
SELECT [value] FROM ValueTable;
DROP TABLE ValueTable;
```

执行结果：

```
- - value
- - - - - - - - - - - - -
- - 3
```

分析：这里因为使用了 ROLLBACK TRAN，所以插入值（1）、（2）的动作被撤销，只有值（3）、（4）被插入表 ValueTable 中。

📖**讨论思考**

（1）什么是批处理及其规则？指定其方法有哪些？

（2）什么是脚本？脚本主要有哪些用途？

（3）什么是事务？事务的特征有哪些？

# 6.3 流程控制语句

在 T-SQL 数据库应用程序设计中，流程控制语句是用于控制 SQL 语句、语句块或存储过程执行流程的命令，可以改变或优化程序的执行顺序，提高执行效率。流程控制语句同其他程序语言结构一样，包括顺序结构、选择结构和循环结构**三种基本结构**。

## 6.3.1 顺序结构

**顺序结构**是一种最常用、最简单的控制语句，从上至下逐一执行每条语句，如前面介绍的数据定义语句、数据操作语句、数据控制语句、赋值语句、查询语句、注释语句、显示及输出语句等。顺序结构的流程图如图 6-4 所示。下面补充 SET 语句和 SELECT 语句的其他功能，并概述显示及输出语句 PRINT。

图 6-4 顺序结构流程图

### 1. SET 语句

1）SET 语句两种用法如下。

（1）用于给局部变量赋值。

（2）设定用户执行 T-SQL 命令时 SQL Server 的处理选项，一般**设定方式**如下。

SET 选项 ON：选项开关打开。

SET 选项 OFF：选项开关关闭。

SET 选项值：设定选项的具体值。

例如，设置显示/隐藏受 T-SQL 语句影响的行数消息语句，其**语法格式**如下：

```
SET NOCOUNT (ON|OFF)
```

2）使用规则

（1）给标量变量赋值时，其值必须是一个标量表达式的结果，该表达式可以是一个标量子查询的结果。

（2）SET 语句一次只能操作一个变量。如果要给多个属性赋值，则需要多个 SET 语句。

**【案例 6-7】** 如果标量子查询返回多个值，则运行失败。

```
DECLARE @empname AS NVARCHAR(31);
SET @empname = (SELECT firstname + N' ' + lastname
                FROM 订单详情表
                WHERE 物流天数 >= 5);
SELECT @empname AS customerName;
GO
```

由于物流天数属性值大于 5 的订单涉及的顾客不止一位，上述代码会返回下面的输出：

```
消息 512,级别 16,状态 1,第 3 行
```

子查询返回的值不止一个。当子查询跟随在＝、! =、<、<=、>、>=之后，或子查询用作表达式时，这种情况是不允许的。

### 2. SELECT 语句

（1）SELECT 作为输出使用时的**语法格式**如下：

```
SELECT 表达式 1[,表达式 2,…,表达式 n]
```

可以输出指定表达式的结果,默认字符型。

（2）SQL Server 还支持非标准的赋值 SELECT 语句,允许使用单个语句查询数据并分配给来自同一行的多个值给多个变量。

**【案例 6-8】**　将订单编号等于 3001 的顾客的姓和名赋值给两个变量。

```
DECLARE @firstname AS NVARCHAR(10), @lastname AS NVARCHAR(20);
SELECT
    @firstname = firstname,
    @lastname = lastname
FROM 订单信息表
WHERE orderId = 3001;
```

### 3. PRINT 输出语句

输出语句 PRINT 主要用于在指定设备上输出字符型信息,可以输出的数据类型只有char、nchar、varchar、nvarchar 以及全局变量@@VERSION 等。

PRINT 语句的**语法格式**如下：

```
PRINT ＜表达式＞
```

或

```
PRINT 'any ASCII text' | @local_variable | @@FUNCTION | string_expr
```

💻**说明**：

（1）若＜表达式＞的值不是字符型,则需要先用 Convert 函数转换为字符型。

（2）'any ASCII text'：文本或字符串。

（3）@local_variable：字符类型的局部变量。

（4）@@FUNCTION：返回字符串结果的函数。

（5）string_expr：字符串表达式,最长为 8 000 个字符。

**【案例 6-9】**　查看物流运送方式为快递包邮的订单的数量。

```
DECLARE @count int
IF EXISTS (SELECT orderID FROM 订单信息表 WHERE 运送方式 = 1)
BEGIN
SELECT @count = count (orderID) FROM 订单信息表 WHERE 运送方式 = 1
PRINT '物流途径为快递包邮的订单的数量为：' + CONVERT(CHAR(5), @count) + '单'
END
```

执行结果：

```
物流途径为快递包邮的订单的数量为：30　单
```

💻**说明**：物流途径取值为 1-快递包邮,2-普通快递,3-顺丰到付,9-其他。

## 6.3.2　BEGIN…END 结构

BEGIN…END 结构可使一组 T-SQL 命令作为一个单元或整体来执行。BEGIN 定义了一个单元的起始位置,END 作为其单元的结束。BEGIN…END 多用于下面介绍的 IF…ELSE

选择结构和 WHILE 循环结构中。

BEGIN…END 结构的**语法格式**如下：

```
BEGIN
        <SQL 语句>
        <语句块>
END
```

💻 **说明**：关键字 BEGIN 和 END 必须成对出现。BEGIN…END 允许嵌套。

**【案例 6-10】**　查询订单详情表中发货地点为上海和北京的订单数量。

```
USE TSQL2014
GO
DECLARE @shOrder int, @BjOrder int
IF exists (SELECT * FROM 订单详情表 WHERE 发货地点='上海')
  BEGIN
    SELECT @shOrder = COUNT(*) FROM 订单详情表 WHERE 发货地点='上海'
    PRINT '发货地点为上海的订单的数量为：'+ RTRIM(CAST(@shOrder AS char(4)))+'单'
  END
ELSE
    PRINT '没有发货地点为上海的订单！'
IF exists (SELECT * FROM 订单详情表 WHERE 发货地点='北京')
  BEGIN
    SELECT @BjOrder = COUNT(*)FROM 订单详情表 WHERE 发货地点='北京'
    PRINT '发货地点为北京的订单的数量为：'+ RTRIM(CAST(@BjOrder AS char(4)))+'单'
END
ELSE
    PRINT '没有发货地点为北京的订单！'
```

执行结果：

```
发货地点为上海的订单的数量为：15 单
没有发货地点为北京的订单！
```

⚠ **注意**：同一个语句块中不能删除一个对象后，又重新创建一个对象。

### 6.3.3　选择结构

**选择结构**也称为**分支结构**，主要根据判断条件是否成立选择执行相应的命令（块），有**两种形式**：IF…ELSE 语句结构和 CASE 语句结构。

#### 1. IF…ELSE 结构

对于 IF…ELSE 语句结构（称为单分支结构），根据条件测试的结果执行不同的命令体。其基本**语法格式**如下：

```
IF <逻辑表达式>
        <语句块 1>
[ELSE
        <语句块 2>]
```

　　💻**说明**：程序执行到 IF…ELSE 命令时，测试 IF 后面的 ＜逻辑表达式＞为判断条件，若为真，则执行 IF 后面的语句块 1，否则执行 ELSE 后面的语句块 2。当无 ELSE 分支时，直接执行接下来的程序体。IF…ELSE 允许嵌套使用。选择结构流程图如图 6-5 所示。

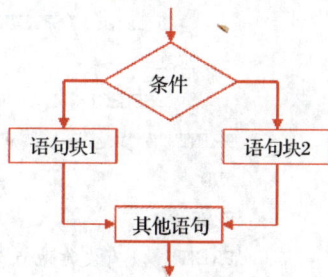

图 6-5　选择结构流程图

　　其中，语句块可以由 BEGIN…END 包含的多条 T-SQL 语句组成。IF…ELSE 语句中除了注释行之外不止包含一条语句时，必须使用 BEGIN…END 语句块。可在 IF 后或 ELSE 后嵌套另一个 IF 语句。

**【案例 6-11】**　判断今天是否是奥运年的最后一天。

```
IF YEAR(SYSDATETIME( )) ＜＞ YEAR(DATEADD(day, 1, SYSDATETIME( )))
/*  SYSDATETIME( )函数可获得当前系统时间 */
    PRINT '今天是奥运年的最后一天！';
ELSE
    PRINT '今天不是奥运年的最后一天！';
GO
```

　　🖰**注意**：IF 语句经常使用谓词 EXISTS 和 IF NOT 实现复杂的条件判断。

**【案例 6-12】**　查询订单表中发货地点为北京的订单数量，若查不到，则显示提示信息。

```
USE TSQL2014
GO
DECLARE    @BjOrder int
IF exists (SELECT * FROM 订单详情表 WHERE 发货地点 = '北京')
    BEGIN
        SELECT @BjOrder = COUNT( * )FROM 订单详情表 WHERE 发货地点 = '北京'
        PRINT '发货地点为北京的订单的数量为：'+ RTRIM(CAST(@BjOrder AS char(4))) + '单'
    END
ELSE
PRINT  '没有发货地点为北京的订单！'
```

执行结果：

没有发货地点为北京的订单！

**【案例 6-13】**　利用嵌套 IF…ELSE 编程。

```
USE TSQL2014
GO
DECLARE @shOrder int, @BjOrder int
IF exists (SELECT * FROM 订单详情表 WHERE 发货地点 = '上海')
        BEGIN
            SELECT @shOrder  = COUNT( * ) FROM 订单详情表 WHERE 发货地点 = '上海'
            PRINT '发货地点为上海的订单的数量为：'+ RTRIM(CAST(@shOrder AS char(4))) + '单'
        END
ELSE
```

```
        IF exists (SELECT * FROM 订单详情表 WHERE 发货地点='北京')
    BEGIN
            SELECT @BjOrder=COUNT(*)FROM 订单详情表 WHERE 发货地点='北京'
    PRINT '发货地点为北京的订单的数量为：'+RTRIM(CAST(@BjOrder AS char(4)))+'单'
    END
    ELSE
    PRINT '没有发货地点为北京的订单,也没有发货地点为上海的订单!'
```

执行结果：

发货地点为上海的订单的数量为：15 单

由此可见,在案例 6-11 中,IF 或 ELSE 下面的程序体只有一条命令,要在 IF 或 ELSE 中执行多条命令,则必须将多条命令作为一个整体来执行,这就需要用到 BEGIN…END 结构。

### 2. CASE 结构

CASE 结构也称为**多分支结构**,CASE 表达式可以计算多个条件,并将其中满足条件对应的表达式的结果返回。数据库中很多数据都以代码表示,如在 MyDb 数据库中,表 readers 中的"读者类型"字段用 1 表示教师,用 2 表示研究生,用 3 表示学生。但是,当用户利用应用程序检索此表时,对于"读者类型"字段需要看到的是"教师"、"研究生"或"学生",而不是 1、2 或 3,对此情况,T-SQL 可利用 CASE 表达式实现。

CASE 表达式有两种不同形式：简单 CASE 表达式和搜索式 CASE 表达式。由于 CASE 结构使用表达式,所以可以用于任何允许使用表达式的地方。

⚠注意：CASE 表达式不能用于控制 T-SQL 语句、语句块、用户定义函数以及存储过程的执行流。

1) 简单 CASE 表达式

简单 CASE 表达式的语法格式如下：

```
    CASE <字段名或变量名表达式>
    WHEN <逻辑表达式> THEN <结果表达式>
    […n]
    [ELSE <其他结果表达式>]
    END
```

🖳说明：在语法结构中,可选项[…n]表示有 n 个类似 WHEN<逻辑表达式>THEN<结果表达式>的子句。CASE 表达式中要求至少有一个 WHEN 子句。

使用简单的 CASE 表达式的 T-SQL 语句,首先在所有 WHEN 子句中查找与<字段名或变量名表达式>匹配的第一个表达式,并计算相应的 THEN 子句<结果表达式>值。若没有匹配的表达式,则执行 ELSE 子句<其他结果表达式>。

**【案例 6-14】** 显示付费方式表中用户的付费方式。

```
    SELECT orderD.订单姓名,payT.类型编号 as 类型,付费方式=
    CASE 类型
        WHEN 1 THEN '支付宝'
        WHEN 2 THEN '网上银行'
        WHEN 3 THEN '货到付款'
```

```
        WHEN 4 THEN '他人代付'
        ELSE '其他'
    END
    FROM 订单详情表 orderD,付费方式表 payT
    WHERE orderD.付费方式 = payT.类型编号;
```

2) 搜索式 CASE 表达式

搜索式 CASE 的**语法格式**如下:

```
CASE
WHEN <逻辑表达式> THEN <结果表达式>
[…n]
[ELSE <其他结果表达式> ]
END
```

💻**说明:** 在语法结构中[…n]可选项表示有 n 个类似 WHEN<逻辑表达式>THEN<结果表达式>的子句。有搜索式 CASE 表达式的 T-SQL 语句首先查找值为真的表达式。若没有一个 WHEN 子句的条件为真,则返回 ELSE 表达式的值。

【**案例 6-15**】 利用搜索式 CASE 表达式,修改完成案例 6-14 的操作。

```
SELECT orderD.订单姓名,payT.类型编号 AS 类型,付费方式 =
CASE
    WHEN 付费方式 = 1  THEN '支付宝'
    WHEN 付费方式 = 2  THEN '网上银行'
    WHEN 付费方式 = 3  THEN '货到付款'
    WHEN 付费方式 = 4  THEN '他人代付'
    ELSE '其他'
END
FROM 订单详情表 orderD,付费方式表 payT
WHERE orderD.付费方式 = payT.类型编号;
```

执行结果同案例 6-14。

### 6.3.4　循环结构

循环结构使用 WHILE 命令,反复执行一个循环体(语句块 1)。通过设置反复执行 SQL
语句或语句块的条件,执行时只要指定的条件为真,就反复执行
语句块 1,直到条件不成立(跳出循环体执行语句块 2),循环结构
流程图如图 6-6 所示,其基本**语法格式**如下:

```
WHILE <逻辑表达式>
    {SQL 语句|语句块 1}
    [BREAK]
    {SQL 语句|语句块 2}
    [CONTINUE]
```

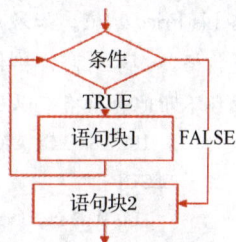

图 6-6　循环结构流程图

💻**说明:** 当程序执行到 WHILE 语句时,先判断 WHILE 后面的<逻辑表达式>条件(称为**循环条件**)是否为真,若是,则执行循环体<语句块 1>,否则不执行 WHILE 循环体内的程序,直接向下执行<语句块 2>。

BREAK 和 CONTINUE 两个命令与 WHILE 循环有关,且只用于 WHILE 循环体内。BREAK 用于终止循环的执行,而 CONTINUE 用于将循环返回 WHILE 开始处,重新判断条件,以决定是否重新执行新的一次循环。

> ⌨注意:在 WHILE 循环中必须有修改循环条件的语句,或有终止循环的命令,以使循环停止,避免陷入死循环。

【案例 6 - 16】 通过三个简单的循环程序示例(a)(b)(c),进行 BREAK 和 CONTINUE 的对比。

```
/* WHILE 语句用法 */

DECLARE @i AS INT = 1;
WHILE @i <= 6
BEGIN
PRINT @i;
SET @i = @i + 1;
END;
GO
    示例(a)
```

```
/* BREAK 语句用法 */
DECLARE @i AS INT = 1;
WHILE @i <= 6
BEGIN
  IF @i = 3 BREAK;
  PRINT @i;
  SET @i = @i + 1;
END;
GO
    示例(b)
```

```
/* CONTINUE 语句用法 */
DECLARE @i AS INT = 0;
WHILE @i <= 6
BEGIN
  SET @i = @i + 1;
  IF @i = 3 CONTINUE;
    PRINT @i;
END;
GO
    示例(c)
```

循环执行结果:

| | | |
|---|---|---|
| 1 | 1 | 1 |
| 2 | 2 | 2 |
| 3 | 3 | 4 |
| 4 | | 5 |
| 5 | | 6 |
| 6 | | |

示例(a)执行结果　　　　示例(b)执行结果　　　　示例(c)执行结果

> ⌨注意:SELECT 语句的查询结果经常被用于 WHILE 语句后面的条件表达式,从而实现复杂的循环约束条件。

【案例 6 - 17】 一个综合的应用实例。建立一个临时的商品表 Product,随机为 10 种商品的价格 ListPrice 赋值。如果产品的平均标价低于 300 美元,则 WHILE 循环将价格乘以 2,然后选择最高价格。如果最高价格低于或等于 500 美元,则 WHILE 循环重新开始,并再次将价格乘以 2。该循环不断地将价格乘以 2,直到最高价格超过 500 美元,然后退出 WHILE 循环,并输出一条消息。

```
WHILE (SELECT AVG(ListPrice) FROM Product) < $ 300
BEGIN
    UPDATE Production.Product
        SET ListPrice = ListPrice * 2
    SELECT MAX(ListPrice) FROM Product
    IF (SELECT MAX(ListPrice) FROM Product) > $ 500
        BREAK
    ELSE
```

```
        CONTINUE
    END
    PRINT 'Too much for the market to bear';
```

### 6.3.5 其他语句

#### 1. 转移语句

GOTO 命令与其他使用 GOTO 命令的高级语言一样,将程序的执行跳到相关的标签处。跳过 GOTO 后面的 T-SQL 语句,并从标签位置继续执行。GOTO 语句可嵌套使用。GOTO 命令的基本**语法格式**如下:

```
    GOTO  label
```

📖**说明**: label 表示程序转到的相应标签(标号)处。程序中定义标签的**语法结构**如下:

```
    label: <程序行>
```

📖**说明**: 程序转到 label 所在的行后,执行相应的程序行。

【**案例 6 - 18**】 利用转移语句和条件语句求 10!。

```
    DECLARE @s int,@times int
    SET @s = 1
    SET @times = 1
    label1:
    SET @s = @s * @times
    SET @times = @times + 1
    IF @times< = 10
     GOTO label1
    PRINT '结果为:' + STR(@s)
```

#### 2. 等待语句

**等待语句**利用 WAITFOR 命令产生一个延时,使存储过程或程序等待或直到一个特定时间片后继续执行。其**语法结构**如下:

```
    WAITFOR DELAY '<时间长度>' | TIME '<时间>'
```

📖**说明**: DELAY 指明 SQL Server 等候的时间长度,最长为 24 h。TIME 指明 SQL Server 需要等到的时刻。DELAY 与 TIME 使用的时间格式为 hh:mm:ss。

【**案例 6 - 19**】 延迟 30 s 执行查询命令。

```
    WAITFOR DELAY '00:00:30'
     SELECT * FROM readers
```

【**案例 6 - 20**】 在时刻 21:20:00 时执行查询命令。

```
    WAITFOR TIME  '21:20:00'
    SELECT * FROM readers
```

通常,时间定义规则如下。

(1) 可以使用 datetime 数据可接受的格式之一指定时间长度,也可以将其指定为局部变量,但不能指定日期。

(2) 实际的时间延迟可能与指定的时间不同,它依赖于服务器的忙碌状况。如果服务器忙碌,则时间延迟可能比指定的时间长。

（3）如果查询不能返回任何行，则 WAITFOR 将一直等待，或等到满足 TIMEOUT 条件（如果已指定）。

### 3. 返回语句

**返回语句**是利用 RETURN 命令，使一个存储过程或程序退出并返回调用它的程序中。其基本**语法结构**如下：

RETURN [＜整型表达式＞]

**说明：** 此命令中的可选项为＜整型表达式＞。使用 RETURN 命令只可以返回一个整型值给其调用程序，若想返回其他类型的数据，必须使用输出参数。

调用存储过程时，SQL Server 以数值 0 表示返回成功，以负数表示返回出现错误。−99～0 由 SQL Server 系统保留。表 6-1 列出了一些返回值信息。

表 6-1　常用系统返回值信息

| 返回值 | 描述 | 返回值 | 描述 |
| --- | --- | --- | --- |
| 0 | 过程已成功执行 | −7 | 资源出错，如没有空间 |
| −1 | 对象丢失 | −8 | 遇到非致命内部问题 |
| −2 | 数据类型出错 | −9 | 达到系统界限 |
| −3 | 选定过程出现死锁 | −10 | 出现致命内部矛盾 |
| −4 | 许可权限出错 | −11 | 出现致命内部矛盾 |
| −5 | 语法出错 | −12 | 表或索引损坏 |
| −6 | 各种用户错误 | −14 | 硬件出错 |

**讨论思考**

（1）BEGIN…END 语句有何功能？其语法格式是什么？

（2）选择结构有哪几种？其语法格式是什么？

（3）循环结构的功能是什么？其语法格式是什么？

# *6.4　嵌入式 SQL 概述

SQL 提供了两种不同的使用方式，它既可以作为一种用于查询和更新的交互式数据库语言使用，又可以作为一种应用程序进行数据库访问时所采取的编程式数据库语言使用。SQL 在这两种方式中的大部分语法是相同的。

## 6.4.1　嵌入式 SQL 的概念

嵌入式 SQL(embedded SQL)是将 SQL 语句直接嵌入某种高级语言的程序代码中，与其他程序设计语言语句混合。嵌入 SQL 的高级语言称为**主语言**或**宿主语言**。

一般在终端交互方式下使用的 SQL 也可以用在应用程序中，但是由于 SQL 是基于关系数据模型的语言，而通常的高级语言基于整数、实数等数据类型，所以两者之间在细节上有些差别。

## 6.4.2　嵌入式 SQL 的语法规定及用法

嵌入式 SQL 的**语法规定**如下。

（1）每条嵌入式 SQL 语句都以 EXEC SQL 开始，表明它是一条 SQL 语句，以"；"为结束标志。这也是告诉预编译器在 EXEC SQL 和";"之间的是嵌入式 SQL 语句。

其基本**语法格式**如下：

    EXEC SQL ＜SQL 语句＞;

【**案例 6 - 21**】 用嵌入式 SQL 完成将商品编号为 G003 的商品价格提高 1‰ 的操作。

    EXEC SQL UPDATE  商品

    SET  价格 = 价格 * 1.01 WHERE  商品编号 = 'G003';

（2）如果一条嵌入式 SQL 语句占用多行，在 C 程序中可以用续行符"\"，在 Fortran 中必须有续行符，其他语言也有相应规定。

（3）允许在嵌入式 SQL 中引用宿主语言的程序变量。在嵌入式 SQL 语句中使用主变量前，必须采用 BEGIN DECLARE SECTION…END DECLARE SECTION 结构对主变量说明。这两条语句不是可执行语句，而是预编译程序的说明。嵌入 SQL 语句使用主变量来输入数据和输出数据。SQL 语句中如果使用宿主语言中的变量，那么在宿主语言的变量前要加":"号，如果使用 SQL 自身变量，则这些变量前不用加冒号。

（4）处理多条记录可以使用游标。用嵌入式 SQL 语句查询数据分成两类情况：一类是单行结果，另一类是多行结果。对于单行结果，可以使用 SELECT INTO 语句；对于多行结果，可以使用游标来完成。用户可用 SQL 语句逐一从游标中获取记录，并赋给变量，交给主语言进一步处理。

在嵌入式 SQL 中使用游标的规则与交互式 SQL 中基本一致，只要在语句前面加 EXEC SQL 前缀即可。

（5）必须解决数据库工作单元与程序工作单元之间的通信问题。DBMS 通过 SQL 通信区（SQL communication area，SQLCA）向应用程序报告运行错误信息。SQLCA 是一个含有错误变量和状态指示符的数据结构。通过检查 SQLCA，应用程序可检查出嵌入式 SQL 语句是否成功，并根据成功与否决定是否继续执行。预编译器自动会在嵌入式 SQL 语句中插入 SQLCA 数据结构。在程序中可使用 EXEC SQL INCLUDE SQLCA，目的是告诉 SQL 预编译程序在该程序中包含一个 SQL 通信区。也可不写，系统将自动加上 SQLCA 结构。

SQLCA 已经由系统定义，使用时只须在嵌入的可执行 SQL 语句开始前加 INCLUDE 语句，其基本**语法格式**如下：

    EXEC SQL INCLUDE SQLCA;

📖**讨论思考**

（1）SQL 提供了哪两种使用方式？

（2）什么是嵌入式 SQL？

（3）嵌入式 SQL 的语法有哪些规定？

## 6.5  实验六  流程控制语句操作

### 6.5.1  实验目的

（1）理解局部变量和全局变量的概念。

（2）掌握函数的使用，以及系统函数和全局变量配合检索系统信息的方法。

（3）学会使用控制流语句及简单的程序设计。

### 6.5.2 实验内容及步骤

#### 1. 变量的定义与输出

1）局部变量的声明

```
DECLARE @variable_name  DataType
```

**【案例 6 - 22】** 声明一个存放病人姓名的变量@patientName 和一个存放病人健康卡号的变量@patientHealthcardID。

```
DECLARE @patientName varchar(20)
DECLARE @patientHealthcardID int
```

2）局部变量的赋值

（1）使用 SET 语句

```
SET @variable_name = value
```

（2）使用 SELECT 语句

```
SELECT @variable_name = value
```

#### 2. 两种输出语句

（1）PRINT 输出单个局部变量或字符串表达式，例如，PRINT '血型为 A 型'。

（2）SELECT 局部变量 AS 自定义别名。

**【案例 6 - 23】** 求病区信息表中病区编号为 201 的病区名称的长度，并输出结果。

```
DECLARE @病区名称长度 int
SELECT @病区名称长度 = len(wardName)
FROM wardInfo
WHERE wardID = '201'
PRINT '病区名称长度为' + str(@病区名称长度);
```

#### 3. 条件结构

（1）在查询分析器中执行下面的语句，体会 IF…ELSE…结构的用法。

**【案例 6 - 24】** 判断健康卡号为 100002 的病人总费用中药占比是否合理。

```
DECLARE @Price1 float, @Price2 float, @PriceAll float, @Rate float
SELECT @Price1 = 西药价格, @Price2 = 中药价格, @PriceAll = 总费用
FROM  病案首页表 WHERE  健康卡号 = '100002'
@Rate = (@Price1 + @Price2)/ @PriceAll
IF @Rate >= 0.9
    PRINT '药占比偏高'
ELSE
    PRINT '药占比合理'
PRINT '药占比为：' + CONVERT(CHAR(5), @Rate)
```

（2）在查询分析器中执行下面的语句，体会 CASE…WHEN…表达式的作用。

**【案例 6 - 25】** 显示所有病区住院人数（要求不能重复，不包括空值），并在结果集中增加一列字段"病区病房使用率"，其中若该病区住院人数大于等于 35 人，则该字段值为"使用率很高"，若该病区住院人数大于等于 25 小于 35，则该字段值为"使用率一般"，若该病区住院人数

大于等于 15 小于 25,则该字段值为"使用率稍小",否则显示"使用率很小"。

```
SELECT 出院病区名称,'病区病房使用率' =
    CASE
    WHEN count(病案号) >= 35 then '使用率很高'
    WHEN count(病案号) >= 25 then '使用率一般'
    WHEN count(病案号) >= 15 then '使用率稍小'
    ELSE '使用率很小'
    END
FROM 病案首页表
WHERE 出院病区名称 IS NOT NULL
GROUP BY 出院病区名称;
```

### 4. 循环结构

【案例 6-26】　用 T-SQL 编程输出 3~300 中能被 7 整除的数。

```
DECLARE @I INT
SELECT @I = 3
PRINT '3~300 能被整除的数为:'
WHILE @I <= 300
BEGIN
    IF(@i % 7 = 0)
    PRINT CONVERT(CHAR(4),@I)
    SELECT @I = @I + 1
END
```

### 6.5.3　实验练习

练习 1:声明一个类型为日期时间型的变量。

要求 1:将今天的日期赋值给该变量,并显示结果。

要求 2:将今天的日期按照月、日、年的格式赋值给该变量,并显示结果。

练习 2:分别定义一个长度为 9 的 nvarchar 和 varchar 变量,并分别赋值"你喜欢 SQL 吗?"及"非常喜欢 SQL!",观察其执行结果。

练习 3:创建一个名为 sex 的局部变量,并在 SELECT 语句中使用该局部变量查找表 xs 中所有女学生的学号、姓名。

练习 4:自己编写一段程序判断成绩表中成绩与平均值的比较,将低于平均值的数据行输出。

练习 5:用流控制语言统计 SC 表中成绩为 A、B、C、D、E 各个层次的学生数,假设 A-[90,100],B-[80,89],C-[70,79],D-[60,69],E-[0,59]。

练习 6:在学生表中学号为 14840301~14850101 的学生中,查找名为李勇的学生,如果存在,则显示该学生的信息,否则显示"查无此学生"。

## 6.6　本章小结

本章系统地介绍了 SQL Server 2014 中自带的编程语言 T-SQL,并介绍了批处理、脚本和事务的使用方法。通过大量典型案例重点介绍了在网络数据库应用程序设计中极为常用的 T-SQL 的流程控制语句,包括顺序结构、选择结构、BEGIN…END 结构、循环结构和其他语句 等,以及将 T-SQL 嵌入其他高级语言的规定及基本用法,本章内容也是对前面学习的各种常用 SQL 语句和 T-SQL 语句的综合应用。

最后,通过同步实验概述了流程控制语句操作及实际的应用与练习。

# 第 7 章　关系数据库的规范化

数据库的规范化问题对于数据库的设计等方面很重要,直接关系到数据处理的正确性和完备性。针对一些实际业务应用的数据操作,在数据库设计中构建规范且普遍适合的数据库模式,是一个基本而重要的问题。关系模型具有严格的数学理论基础,并可向其他数据模型转换。通过关系模型讨论规范化问题,形成关系数据库规范化理论。

## 教学目标

了解数据库关系模式存在的异常问题及原因
理解函数依赖的相关概念、逻辑蕴涵及推理规则
掌握关系模式的分解、无损分解及保持函数依赖的分解
掌握关系模式的范式的概念及规范化过程

## 7.1　数据库的规范化问题

【案例 7-1】　关系模式是关系数据库的重要组成部分,其规范化理论在整个模式及数据库设计中占有主导地位。关系模式是关系数据库的重要组成部分,直接影响关系数据库的性能。关系模式及其规范化理论是设计和优化关系模式的指南,而关系模式的设计必须满足一定的规范化要求,从而满足不同的范式级别。**规范化理论的基本思想是**:消除数据依赖中不合理的部分,使各关系模式达到某种程度的分离,使一个关系仅描述一个实体或者实体之间的一种联系。

### 7.1.1　规范化理论研究的内容

在实际应用中,针对给定的业务应用环境和用户需求,需要建立一个合适的数据库模式,使数据库系统能够高效地存储和管理数据。

**规范化理论主要研究**的是关系模式中各属性之间的依赖关系及其对关系模式的影响,讨论良好的关系模式应具备的特性,以及达到良好关系模式的方法。

在关系模式中,规范化理论涉及各属性之间的依赖关系,以及对关系模式性能的影响,提供判断关系模式优劣的理论标准,预测可能出现的问题,提供自动产生各种模式的算法。其中,关系数据库设计理论的核心是数据间的函数依赖,衡量标准是关系规范化的程度及分解的无损连接和保持函数依赖性,模式设计方法是自动化设计的基础。关系数据库设计的目标是生成一组合适的、性能良好的关系模式,以减少系统中数据存储的冗余度,并可简捷便利地获取数据信息。

### 7.1.2 关系模式的异常问题

若一个关系模式设计不当,将会出现数据冗余、异常、不一致等问题。

【案例7-2】 设有一个关系模式 $R(ENAME, ADDR, P\#, PNAME)$,其属性分别表示企业名称、企业地址、零件编号和零件名称,讨论一个不规范的关系模式 $R$ 的案例如表7-1所示。

表7-1 不规范的关系模式 $R$ 的案例

| ENAME | ADDR | P# | PNAME |
|-------|------|------|-------|
| $t_1$ | $a_1$ | $c_1$ | $n_1$ |
| $t_1$ | $a_1$ | $c_2$ | $n_2$ |
| $t_2$ | $a_2$ | $c_1$ | $n_1$ |
| $t_2$ | $a_2$ | $c_3$ | $n_2$ |
| $t_3$ | $a_3$ | $c_4$ | $n_3$ |

#### 1. 数据冗余增加

**数据冗余**是指相同数据在数据库中重复出现的问题。例如,一个企业生产多种零部件,则此企业的地址就多次重复存储。数据冗余不仅会使数据库中的数据量急剧增加,耗费大量的存储空间和运行时间,还可能造成数据的不完整、不一致和其他异常问题,并增加数据维护的代价,还会造成查询和统计困难,并导致错误的结果。

#### 2. 数据操作异常

由于数据存在冗余,在对数据进行操作时**可能产生多种异常**。

(1) 更新异常。对于数据冗余多的关系数据库,当执行数据修改操作时,冗余数据可能出现有些被修改,有些没有修改的情况,从而造成数据不一致问题,影响数据的完整性。例如,某企业生产三批零件,在关系中就会有三个元组(记录)。若其地址变更,这三个元组中的地址都要改变。若有一个元组中的地址未更改,就会造成企业的地址不唯一,产生不一致现象。

(2) 插入异常。插入异常是指插入的数据由于不能满足数据完整性的某种要求而不能正常地被插入数据库中。出现这种异常问题的主要原因是,数据库设计时没有按"一事一地"的原则进行。例如,一个新审批的企业尚未生产零件,则将企业的名称和地址存储到关系中时,在属性 P# 和 PNAME 中只有空值。在数据库技术中空值的语义非常复杂,对带空值元组的检索和操作也非常不方便。

(3) 删除异常。删除异常指在删除某种数据的同时将其他数据也删除了。删除异常也是数据库结构不合理产生的原因。若在表7-1中要取消企业 $t_3$ 的零件生产任务,就要将这个企业的元组删去,同时也将 $t_3$ 的地址信息从表中删去,这是一种不合适的现象。

由此可见,上述异常是由存在于模式中的某些数据依赖引起的。**解决方法**:通过分解关系模式来消除其中不合适的数据依赖。

关系模式 $R$ 的设计不是一个规范化的设计,一个**好的关系模式应具备的具体条件要求**有以下四方面。

(1) 数据表数据冗余尽可能少。

(2) 操作数据时不出现插入异常。

(3) 数据操作不会出现删除异常。

(4) 不出现更新异常情况。

对于出现上述问题的关系模式,可以通过模式分解的方法进行规范化。

对于上述关系模式 $R$,可以按照"一事一地"的原则分解成新的关系 $R_1$ 和 $R_2$,如表 7-2 所示,其关系模式如下:

$$R_1(\text{ENAME}, \text{ADDR}),\ R_2(\text{ENAME}, \text{P}\#, \text{PNAME})$$

**表 7-2　关系模式 $R$ 分解后的两个关系**

| ENAME | ADDR |
|---|---|
| $t_1$ | $a_1$ |
| $t_2$ | $a_2$ |
| $t_3$ | $a_3$ |

| ENAME | P# | PNAME |
|---|---|---|
| $t_1$ | $c_1$ | $n_1$ |
| $t_1$ | $c_2$ | $n_2$ |
| $t_2$ | $c_1$ | $n_1$ |
| $t_2$ | $c_3$ | $n_2$ |
| $t_3$ | $c_4$ | $n_3$ |

📖**讨论思考**

(1) 规范化理论的主要内容是什么?

(2) 不合理的关系模式可能存在哪些问题?

(3) 如何设计合理的关系模式?

# 7.2　函数依赖概述

**数据依赖**是指同一关系中属性(列)值之间存在相互依赖与相互制约的关系,而函数依赖是数据依赖中最重要的一种,反映了同一关系中属性间一一对应的约束,是关系模式规范化的关键和基础,属于数据依赖的一种,也是最基本、最重要的一种依赖。

## 7.2.1　函数依赖的概念

**定义 7-1**　设 $R(U)$ 为关系模式,$X$ 和 $Y$ 是属性集 $U$ 的子集,**函数依赖**(functional dependency,FD)是形为 $X \rightarrow Y$ 的一个命题,只要 $r$ 是 $R$ 的当前关系,对于 $r$ 中任意两个元组 $t$ 和 $s$,都有 $t[X]=s[X]$ 蕴涵 $t[Y]=s[Y]$,则称在关系模式 $R(U)$ 中 FD $X \rightarrow Y$。

🔖**注意**:定义 7-1 说明:若 $R(U)$ 为关系模式,$U$ 是 $R$ 的属性集合,$X$ 和 $Y$ 是 $U$ 的子集。对于 $R(U)$ 的任意一个可能的关系 $r$,如果 $r$ 中不存在两个元组,且在 $X$ 上的属性值相同,而在 $Y$ 上的属性值不同,则称"$X$ 函数决定 $Y$"或"$Y$ 函数依赖于 $X$",记为 $X \rightarrow Y$。

（1）函数依赖不是指关系模式 $R$ 的某个或某些关系实例满足的约束条件,而是指 $R$ 的所有关系实例均要满足的约束条件。

（2）函数依赖是语义范畴的概念。只能根据数据的语义来确定函数依赖。

（3）数据库设计者可以对现实世界作强制规定。

**【案例 7-3】** 一个客户购买商品、企业生产商品的关系模式如下:

$$R(C\#, CNAME, P\#, AMOUNT, PNAME, ENAME, CATEGORY)$$

其中,属性分别表示客户编号、客户名称、购买商品的编号、数量、商品名称、生产企业名称和企业类别等。

若规定每个客户编号只对应一个客户(名称),每个商品编号也只对应一种商品(名称),则表示成 FD 形式为:

$$C\# \rightarrow CNAME, \quad P\# \rightarrow PNAME$$

各客户每选一种商品,都有一定的数量,则可表示成 FD 形式为:

$$(C\#, P\#) \rightarrow AMOUNT$$

🖿**说明：** 函数依赖是属性或属性之间的一一对应关系,要求按此关系模式建立的任何关系都应该满足 FD 中的约束条件。

### 7.2.2　函数依赖的逻辑蕴涵

通常,函数依赖是以命题形式定义的,可将两个函数依赖集之间存在的一些互为因果的关系称为**逻辑蕴涵**,即一个函数依赖集逻辑地蕴涵另一个函数依赖集,如函数依赖集 $F = \{A \rightarrow B, B \rightarrow C\}$ 和 $\{A \rightarrow B, B \rightarrow C, A \rightarrow C\}$ 相互逻辑蕴涵。

**定义 7-2**　设 $F$ 是在关系模式 $R$ 上成立的函数依赖的集合,$X \rightarrow Y$ 是一个函数依赖。若对于 $R$ 的每个满足 $F$ 的关系 $r$ 也满足 $X \rightarrow Y$,则称 **$F$ 逻辑蕴涵 $X \rightarrow Y$**,记为 $F \mid= X \rightarrow Y$。

**定义 7-3**　设 $F$ 是函数依赖集,被 $F$ 逻辑蕴涵的函数依赖全体构成的集合称为**函数依赖集 $F$ 的闭包**(closure),记为 $F^{+}$,即 $F^{+} = \{X \rightarrow Y \mid F \mid= X \rightarrow Y\}$。

**定义 7-4**　对于 FD $X \rightarrow Y$,若 $Y \subseteq X$,则称 $X \rightarrow Y$ 是一个**平凡的 FD**,否则称为**非平凡的 FD**。

🗨**注意：** 闭包 $F^{+}$ 既包含非平凡函数依赖,也包含平凡函数依赖;既包含完全函数依赖,也包含部分函数依赖。所以,即使一个小岛函数依赖集,其闭包也可能很大。

### 7.2.3　函数依赖的推理规则

1974 年,Armstrong 提出了被称为 Armstrong 公理的一套规则,用于推理计算 $F^{+}$。以下推理规则是 1977 年提出的改进形式。

设 $U$ 是关系模式 $R$ 的属性集,$F$ 是 $R$ 上成立的只涉及 $U$ 中属性的函数依赖集。FD 的推理规则(基本公理)有以下三条。

（1）A1(自反律,reflexiity)：若 $Y \subseteq X \subseteq U$,则 $X \rightarrow Y$ 在 $R$ 上成立。

根据这条规则,可以推导出一些平凡函数依赖。由于 $\Phi \subseteq X \subseteq U$（$\Phi$ 为空属性集,$U$ 为全集）,所以 $X \rightarrow \Phi$ 和 $U \rightarrow X$ 都是平凡函数依赖。

（2）A2(增广律,augmentation)：若 $X \rightarrow Y$ 在 $R$ 上成立,且 $Z \subseteq U$,则 $XZ \rightarrow YZ$ 在 $R$ 上成立。

> **⌂注意：** 有一些特殊情形，例如，当 $Z=\Phi$ 时，若 $X{\rightarrow}Y$，则对于 $U$ 的任何子集 $W$ 有 $XW$ $\rightarrow Y$。$W=Z$ 时，若 $X{\rightarrow}Y$，则 $XW{\rightarrow}YW$。若 $X{\rightarrow}Y$，则 $X{\rightarrow}XY$。

(3) A3（传递律，transitiity）：若 $X{\rightarrow}Y$ 和 $Y{\rightarrow}Z$ 在 $R$ 上成立，则 $X{\rightarrow}Z$ 在 $R$ 上成立。

**定理 7 - 1**　FD 推理规则 A1、A2 和 A3 是正确的。即若 $X{\rightarrow}Y$ 是从 $F$ 用推理规则导出的，则 $X{\rightarrow}Y$ 在 $F^+$ 中。

若给定关系模式 $R(U, F)$，$X$、$Y$ 为 $U$ 的子集，$F=\{X{\rightarrow}Y\}$，则

$$F^+ = \{X \rightarrow \Phi,\ X \rightarrow X,\ X \rightarrow Y,\ X \rightarrow XY,\ Y \rightarrow \Phi,$$
$$Y \rightarrow Y,\ XY \rightarrow \Phi,\ XY \rightarrow X,\ XY \rightarrow Y,\ XY \rightarrow XY\}$$

**定理 7 - 2**　FD 的其他五条推理规则如下。

(1) A4（合并性规则）：$\{X \rightarrow Y, X \rightarrow Z\} \models X \rightarrow YZ$。

(2) A5（分解性规则）：$\{X \rightarrow Y, Z \subseteq Y\} \models X \rightarrow Z$。

(3) A6（伪传递性规则）：$\{X \rightarrow Y, WY \rightarrow Z\} \models WX \rightarrow Z$。

(4) A7（复合性规则）：$\{X \rightarrow Y, W \rightarrow Z\} \models XW \rightarrow YZ$。

(5) A8（通用一致性规则）：$\{X \rightarrow Y, W \rightarrow Z\} \models X \bigcup (W-Y) \rightarrow YZ$。

**【案例 7 - 4】**　设有关系模式 $R(A, B, C, D, E)$ 及其上的函数依赖集 $F=\{AB \rightarrow CD$，$A \rightarrow B, D \rightarrow E\}$，求证 $F$ 必蕴涵 $A \rightarrow E$。

　　证明：由于 $A{\rightarrow}B$（已知）

　　　　　　所以 $A{\rightarrow}AB$（增广率）

　　　　　　因为 $AB{\rightarrow}CD$（已知）

　　　　　　所以 $A{\rightarrow}CD$（传递率）

　　　　　　所以 $A{\rightarrow}C$，$A{\rightarrow}D$（分解规则）

　　　　　　因为 $D{\rightarrow}E$（已知）

　　　　　　所以 $A{\rightarrow}E$（传递率）

**【案例 7 - 5】**　已知关系模式 $R(ABC)$，$F=\{A \rightarrow B, B \rightarrow C\}$，求 $F^+$。

　　根据 FD 的推理规则，可以推出 $F$ 的 $F^+$ 有 43 个 FD。

　　例如，据规则 A1 可推出 $A{\rightarrow}\varnothing$，$A{\rightarrow}A$，$\cdots$。根据已知的 $A{\rightarrow}B$ 及规则 A2，可以推出 $AC$ $\rightarrow BC$，$AB{\rightarrow}B$，$A{\rightarrow}AB$，$\cdots$。根据已知条件及规则 A3 可推出 $A{\rightarrow}C$ 等。

　　给定关系模式 $R(U, F)$，$A$、$B$、$C$ 为 $U$ 的子集，$F=\{A \rightarrow B, B \rightarrow C\}$，则依据上述关于函数依赖集闭包计算公式，可以得到 $F^+$ 由如下 43 个函数依赖组成。

| | | | | | |
|---|---|---|---|---|---|
| $A{\rightarrow}F$ | $AB{\rightarrow}F$ | $AC{\rightarrow}F$ | $ABC{\rightarrow}F$ | $B{\rightarrow}F$ | $C{\rightarrow}F$ |
| $A{\rightarrow}A$ | $AB{\rightarrow}A$ | $AC{\rightarrow}A$ | $ABC{\rightarrow}A$ | $B{\rightarrow}B$ | $C{\rightarrow}C$ |
| $A{\rightarrow}B$ | $AB{\rightarrow}B$ | $AC{\rightarrow}B$ | $ABC{\rightarrow}B$ | $B{\rightarrow}C$ | $\Phi{\rightarrow}\Phi$ |
| $A{\rightarrow}C$ | $AB{\rightarrow}C$ | $AC{\rightarrow}C$ | $ABC{\rightarrow}C$ | $B{\rightarrow}BC$ | |
| $A{\rightarrow}AB$ | $AB{\rightarrow}AB$ | $AC{\rightarrow}AB$ | $ABC{\rightarrow}AB$ | $BC{\rightarrow}F$ | |
| $A{\rightarrow}AC$ | $AB{\rightarrow}AC$ | $AC{\rightarrow}AC$ | $ABC{\rightarrow}AC$ | $BC{\rightarrow}B$ | |
| $A{\rightarrow}BC$ | $AB{\rightarrow}BC$ | $AC{\rightarrow}BC$ | $ABC{\rightarrow}BC$ | $BC{\rightarrow}C$ | |
| $A{\rightarrow}ABC$ | $AB{\rightarrow}ABC$ | $AC{\rightarrow}ABC$ | $ABC{\rightarrow}ABC$ | $BC{\rightarrow}BC$ | |

**定理 7-3**　若 $A_1$，…，$A_n$ 是关系模式 $R$ 的属性集，则 $X{\to}A_1$，…，$A_n$ 成立的充分必要条件是 $X{\to}A_i(i=1$，…，$n)$ 成立。

### 7.2.4　属性集的闭包及算法

从上述案例可知，直接利用 Armstrong 公理计算 $F^+$ 比较困难，通过引入属性集闭包的概念，可以简化计算 $F^+$ 的过程。

**定义 7-5**　设 $F$ 是属性集 $U$ 上的 FD 集，$X$ 是 $U$ 的子集，则（相对于 $F$）属性集 $X$ 的闭包用 $X^+$ 表示，为一个从 $F$ 集使用 FD 推理规则推出的所有满足 $X{\to}A$ 的属性 $A$ 的集合 $X^+$ ＝ $\{$属性 $A\mid X{\to}A$ 在 $F^+$ 中$\}$

**定理 7-4**　$X{\to}Y$ 可用 FD 推理规则推出的充分必要条件是 $Y\subseteq X^+$。

**算法 7-1**　求属性集 $X$ 相对于 FD 集 $F$ 的属性集闭包 $X^+$。

```
result = X
do
{
  If  F中有某个函数依赖 Y→Z满足 Y⊆result
      then result = result∪Z
} while (result 有所改变);
```

**【案例 7-6】**　已知 $U=\{A，B，C，D，E\}$，$F=\{AB{\to}C，B{\to}D，C{\to}E，EC{\to}B，AC{\to}B\}$，求 $(AB)^+$。

解：设 $X=AB$

因为 $X^{(0)}=AB$

$\quad\quad X^{(1)}=ABCD$

$\quad\quad X^{(2)}=ABCDE$

$\quad\quad X^{(3)}=X^{(2)}=ABCDE$

所以 $(AB)^+=ABCDE=\{A，B，C，D，E\}$

**【案例 7-7】**　属性集 $U$ 为 $ABCD$，FD 集为 $\{A{\to}B，B{\to}C，D{\to}B\}$，则用上述算法可求出 $A^+=ABC$，$(AD)^+=ABCD$，$(BD)^+=BCD$ 等。

### 7.2.5　候选键的求解和算法

**定义 7-6**　设关系模式 $R$ 的属性集是 $U$，$X$ 是 $U$ 的一个子集。若 $X{\to}U$ 在 $R$ 上成立，则称 $X$ 是 $R$ 的一个超键。若 $X{\to}U$ 在 $R$ 上成立，但对于 $X$ 的任一真子集 $X_1$ 都有 $X_1{\to}U$ 不成立，则称 $X$ 是 $R$ 上的一个候选键。

> ☺**注意**：在本章提到的键都是指候选键（不含多余属性的超键）。

**【案例 7-8】**　在客户选择商品、企业生产商品的关系模式中：

$$R(C\#，CNAME，P\#，AMOUNT，PNAME，ENAME，CATEGORY)$$

若规定每个客户每选一种商品只有一个数量，每个客户只有一个客户名称，每个商品编号只有一个商品名称，每种特定的商品只有一个生产企业。

利用这些规则，可知 $(C\#，P\#)$ 可以函数决定 $R$ 的全部属性，且为一个候选键。虽然

$(C\#, CNAME, P\#, ENAME)$ 也能函数决定 $R$ 的全部属性,然而,由于其中含有多余属性,只能称为一个超键,而不能称为候选键。

快速求解候选键的充分条件如下

对给定的关系模式 $R(A_1, \cdots, A_n)$ 和 FD 集 $F$,可将其属性分为四类。

(1) L 类:仅出现在函数依赖集 $F$ 左部的属性。

(2) R 类:仅出现在函数依赖集 $F$ 右部的属性。

(3) N 类:在函数依赖集 $F$ 左右都未出现的属性。

(4) LR 类:在函数依赖集 $F$ 左右都出现的属性。

**定理 7-5** 对于给定的关系模式 $R$ 及其 FD 集 $F$,有以下结论。

(1) 若 $X(X \in R)$ 为 L 类属性,则 $X$ 必为 $R$ 的任一候选键的成员。

(2) 若 $X(X \in R)$ 为 L 类属性,且 $X^+$ 包含 $R$ 的全部属性,则 $X$ 必为 $R$ 的唯一候选键。

(3) 若 $X(X \in R)$ 为 R 类属性,则 $X$ 不在任何候选键中。

(4) 若 $X(X \in R)$ 为 N 类属性,则 $X$ 包含在 $R$ 的任一候选键中。

(5) 若 $X(X \in R)$ 为 $R$ 的 N 类和 L 类属性组成的属性集,且 $X^+$ 包含 $R$ 的全部属性,则 $X$ 为 $R$ 的唯一候选键。

**【案例 7-9】** 设有关系模式 $R$,属性集 $U = (A, B, C, D)$,函数依赖集 $F = \{A \rightarrow C, C \rightarrow B, AD \rightarrow B\}$,求 $R$ 的候选键。

解:(1) 检查 $F$ 发现,$A$、$D$ 只出现在函数依赖的左部,所以为 L 类属性,而 $F$ 包含了全属性,即不存在 N 类的属性。

(2) 根据求属性闭包的算法,$F$ 中 $A \rightarrow C, AD \rightarrow B$ 可以求得 $(AD)^+ = ABCD = U$,而在 $AD$ 中不存在一个真子集能决定全属性,故 $AD$ 为 $R$ 的候选键。

**【案例 7-10】** 设有关系模式 $R$,其中属性集 $U = (A, B, C, D, E, F)$,$F = \{A \rightarrow B, D \rightarrow B, EF \rightarrow D, B \rightarrow D, DA \rightarrow F\}$,求 $R$ 的候选键。

解:

(1) 检查 $F$ 发现,$A$、$E$ 只出现在函数依赖的左部,所以为 L 类属性。$C$ 为 N 类的属性。

(2) 根据求属性闭包的算法,$F$ 中 $A \rightarrow B, B \rightarrow D, DA \rightarrow F$,可求得 $(ACE)^+ = ABCDEF = U$,而在 $ACE$ 中不存在一个真子集能决定全部属性,故 $ACE$ 为 $R$ 的候选键。

## 7.2.6 函数依赖推理规则的完备性

推理规则的**正确性**是指从函数依赖集 $F$,利用推理规则集推出的函数依赖必定在 $F^+$ 中,**完备性**是指 $F^+$ 中的函数依赖都能从 $F$ 集使用推理规则集导出。即正确性保证推出的所有函数依赖都正确,完备性则可保证推出所有被蕴涵的函数依赖,以保证推导的有效性和可靠性。

**定理 7-6** 函数依赖推理规则 $\{A1, A2, A3\}$ **是完备的**。

证明:完备性的证明,即证明不能从 $F$ 使用推理规则过程推出的函数依赖不在 $F^+$ 中成立。

设 $F$ 是属性集 $U$ 上的一个函数依赖集,有一个函数依赖 $X \rightarrow Y$ 不能从 $F$ 中使用推理规则推出。现在要证明 $X \rightarrow Y$ 不在 $F^+$ 中,即 $X \rightarrow Y$ 在模式 $R(U)$ 的某个关系 $r$ 上不成立。因此,可以采用构造 $r$ 的方法来证明。

(1) 证明 $F$ 中每个 FD $V \rightarrow W$ 在 $r$ 上成立。

由于 $V$ 有两种情况：$V \subseteq X^+$ 或 $V \not\subseteq X^+$。

若 $V \subseteq X^+$，根据定理 7-4 有 $X \rightarrow V$。根据已知的 $V \rightarrow W$ 和规则 A3 可知，$X \rightarrow W$ 成立。再根据定理 7-4 有 $W \subseteq X^+$，所以 $V \subseteq X^+$ 和 $W \subseteq X^+$ 同时成立，则 $V \rightarrow W$ 在 $r$ 上是成立的。

若 $V \not\subseteq X^+$，即 $V$ 中含有 $X^+$ 以外的属性。此时关系 $r$ 的元组在 $V$ 值上不相等，因此 $V \rightarrow W$ 也在 $r$ 上成立。

(2) 证明 $X \rightarrow Y$ 在关系 $r$ 上不成立。

因为 $X \rightarrow Y$ 不能从 $F$ 使用推理规则推出，根据定理 7-4 可知 $Y \not\subseteq X^+$。在关系 $r$ 中，可知两个元组在 $X$ 上值相等，在 $Y$ 上值不相等，因而 $X \rightarrow Y$ 在 $r$ 上不成立。

综合(1)和(2)可知，只要 $X \rightarrow Y$ 不能用推理规则推出，$F$ 就不逻辑蕴涵 $X \rightarrow Y$，也就是推理规则是完备的。

### 7.2.7 最小函数依赖集

**定义 7-7** 若对于关系模式 $R(U)$ 上的两个函数依赖集 $F$ 和 $G$，有 $F^+ = G^+$，则称 $F$ 和 $G$ 是等价的函数依赖集。

**定义 7-8** 设 $F$ 是属性集 $U$ 上的函数依赖集，$X \rightarrow Y$ 是 $F$ 中的函数依赖。函数依赖中无关属性如下。

(1) 若 $A \in X$，且 $F$ 逻辑蕴涵 $(F - \{X \rightarrow Y\}) \cup \{(X-A) \rightarrow Y\}$，则称属性 $A$ 是 $X \rightarrow Y$ 左部的无关属性。

(2) 若 $A \in X$，且 $(F - \{X \rightarrow Y\}) \cup \{X \rightarrow (Y-A)\}$ 逻辑蕴涵 $F$，则称属性 $A$ 是 $X \rightarrow Y$ 右部的无关属性。

(3) 若 $X \rightarrow Y$ 左右两边的属性都是无关属性，则函数依赖 $X \rightarrow Y$ 称为无关函数依赖。

**定义 7-9** 设 $F$ 是属性集 $U$ 上的函数依赖集。若 $F_{min}$ 是 $F$ 的一个**最小依赖集**，则 $F_{min}$ 应满足下列四个条件。

(1) $F_{min}^+ = F^+$。

(2) 每个 FD 右边都是单属性。

(3) $F_{min}$ 中没有冗余的 FD（即 $F$ 中不存在这样的函数依赖 $X \rightarrow Y$，使得 $F$ 与 $F - \{X \rightarrow Y\}$ 等价）。

(4) 每个 FD 左边没有冗余的属性（即 $F$ 中不存在这样的函数依赖 $X \rightarrow Y$，$X$ 有真子集 $W$ 使得 $F - \{X \rightarrow Y\} \cup \{W \rightarrow Y\}$ 与 $F$ 等价）。

**算法 7-2** 计算函数依赖集 $F$ 的最小函数依赖集 $F_{min}$。

(1) 对 $F$ 中的任一函数依赖 $X \rightarrow Y$，若 $Y = Y_1, Y_2, \cdots, Y_k (k \geqslant 2)$ 多于一个属性，就用分解律分解为 $X \rightarrow Y_1, X \rightarrow Y_2, \cdots, X \rightarrow Y_k$，替换 $X \rightarrow Y$，得到一个与 $F$ 等价的函数依赖集 $F_{min}$，$F_{min}$ 中每个函数依赖的右边均为单属性。

(2) 去掉 $F_{min}$ 中各函数依赖左部多余的属性。

(3) 在 $F_{min}$ 中消除冗余的函数依赖。

**【案例 7-11】** 设 $F$ 是关系模式 $R(A,B,C)$ 的 FD 集，$F = \{A \rightarrow BC, B \rightarrow C, A \rightarrow B, AB \rightarrow C\}$，试求 $F_{min}$。

(1) 先将 $F$ 中的 FD 写成右边是单属性的形式：

$$F = \{A \rightarrow B, A \rightarrow C, B \rightarrow C, A \rightarrow B, AB \rightarrow C\}$$

其中,多了一个 $A \rightarrow B$,可删去,得 $F = \{A \rightarrow B, A \rightarrow C, B \rightarrow C, AB \rightarrow C\}$。

(2) $F$ 中 $A \rightarrow C$ 可从 $A \rightarrow B$ 和 $B \rightarrow C$ 推出,因此 $A \rightarrow C$ 是冗余的,可删去,得 $F = \{A \rightarrow B, B \rightarrow C, AB \rightarrow C\}$。

(3) $F$ 中 $AB \rightarrow C$ 可从 $A \rightarrow B$ 和 $B \rightarrow C$ 推出,因此 $AB \rightarrow C$ 也可删去,最后得 $F = \{A \rightarrow B, B \rightarrow C\}$,即所求的 $F_{\min}$。

📖**讨论思考**

(1) 设计一个客户购货的关系数据库,给出关系模式,分析存在哪些函数依赖,并讨论哪些是完全函数依赖,哪些是部分函数依赖。

(2) 如何求关系模式的候选键?

(3) 如何求函数依赖集的最小函数依赖集?

# *7.3　关系模式的分解

为了规范关系模式,下面讨论函数依赖理论和 Armstrong 公理的目的。通过关系模式的分解,使之满足某种规范化条件。关系模式分解的问题主要包括:① 模式分解的概念是什么? ② 分解后原有关系中的信息和语义(函数依赖)是否会丢失? ③ 为了不丢失信息或语义,模式分解到何种程度合适? ④ 用哪种算法实现这些不同要求的分解? 本节主要围绕这些问题进行介绍。

## 7.3.1　模式分解问题

**定义 7-10**　设有关系模式 $R(U)$,属性集为 $U$,$R_1$,…,$R_k$ 都是 $U$ 的子集,并且有 $R_1 \cup R_2 \cup \cdots \cup R_k = U$。关系模式 $R_1$,…,$R_k$ 的集合用 $\rho$ 表示,$\rho = \{R_1, \cdots, R_k\}$。用 $\rho$ 代替 $R$ 的过程称为关系模式的分解。其中,$\rho$ 称为 **$R$ 的一个分解**,也称为**数据库模式**。

通常将上述的 $R$ 称为**泛关系模式**,$R$ 对应的当前值称为**泛关系**。数据库模式 $\rho$ 对应的当前值称为**数据库实例**,由数据库模式中的每个关系模式的当前值组成,用 $\sigma = <r_1, r_2, \cdots, r_k>$ 表示。**模式分解示意图**如图 7-1 所示。

为了保持原有关系不丢失信息,对一个给定的模式进行分解,使得分解后的模式与原有模式等价,**存在 3 种情况**。

(1) 分解具有无损连接性。

(2) 分解要保持函数依赖。

(3) 分解既要保持无损连接,又要保持函数依赖。

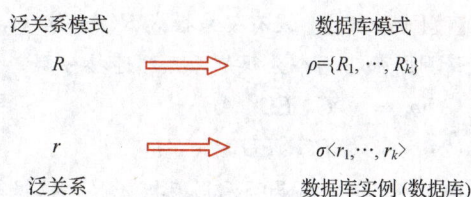

| 泛关系模式 | | 数据库模式 |
|---|---|---|
| $R$ | ⟹ | $\rho = \{R_1, \cdots, R_k\}$ |
| $r$ | ⟹ | $\sigma<r_1, \cdots, r_k>$ |
| 泛关系 | | 数据库实例(数据库) |

图 7-1　模式分解示意图

## 7.3.2　无损分解及测试方法

**定义 7-11**　设 $R$ 是一个关系模式,$F$ 是 $R$ 上的一个 FD 集。$R$ 分解成数据库模式 $\rho = \{R_1, R_2, \cdots, R_k\}$。若对 $R$ 中满足 $F$ 的每一个关系 $r$,有

$$r = \pi_{R_1(r)} \bowtie \pi_{R_2(r)} \bowtie \cdots \bowtie \pi_{R_k(r)}$$

则称分解 $\rho$ 相对于 $F$ 是**无损连接分解**,否则称为**损失分解**。

**定理 7-7**　设 $\rho = \{R_1, R_2, \cdots, R_k\}$ 是关系模式 $R$ 的一个分解,$r$ 是 $R$ 的任一关系,$r_i =$

$\pi_{R_i(r)}(1 \leqslant i \leqslant k)$，则有下列性质。

(1) $r \subseteq \pi_{\rho(r)}$。

(2) 若 $s = \pi_{\rho(r)}$，则 $\pi_{R_i(s)} = r_i$。

(3) $\pi_{\rho(\pi_{\rho(r)})} = \pi_{\rho(r)}$，这个性质称为幂等性。

**定理 7-8**　$R$ 的一个分解 $\rho = \{R_1, R_2\}$ 具有无损连接性的**充分必要条件**如下：

$$R_1 \cap R_2 \to R_1 - R_2 \in F^+$$

或

$$R_1 \cap R_2 \to R_2 - R_1 \in F^+$$

当模式 $R$ 分解成两个模式 $R_1$ 和 $R_2$ 时，若两个模式的公共属性（$\varnothing$ 除外）能够函数决定 $R_1$（或 $R_2$）中的其他属性，则此分解具有无损连接性。

算法 7-3 给出一个判别无损连接性的方法。

**算法 7-3**　判别一个分解的无损连接性。

设 $\rho = \{R_1\langle U_1, F_1\rangle, \cdots, R_k\langle U_k, F_k\rangle\}$ 是 $R\langle U, F\rangle$ 的一个分解，$U = \{A_1, \cdots, A_n\}$，$F = \{FD_1, FD_2, \cdots, FD_\rho\}$，且 $F$ 是一极小依赖集，记为 $FD_i$ 为 $X_i \to A_{1i}$。

(1) 构造一个 $k$ 行 $n$ 列的表格 $R_\rho$，表中每一列对应一个属性 $A_j(1 \leqslant j \leqslant n)$，每一行对应一个模式 $R_i(1 \leqslant i \leqslant k)$。若 $A_j$ 在 $R_i$ 中，则在表中的第 $i$ 行第 $j$ 列填上符号 $a_j$，否则填上 $b_{ij}$。

(2) 将表格看成模式 $R$ 的一个关系，根据 $F$ 中的每个函数依赖，在表中寻找 $X$ 分量上相等的行，分别对 $Y$ 分量上的每列作修改：

① 若列中有一个是 $a_j$，则这一列上（$X$ 相同的行）的元素都改成 $a_j$；

② 若列中没有 $a_j$，则这一列上（$X$ 相同的行）的元素都改成 $b_{ij}$（下标 $ij$ 取 $i$ 最小的那个）。

③ 对 $F$ 中所有的函数依赖，反复执行上述修改操作，直到表格不能再修改为止（这个过程称为追踪过程）。

(3) 若修改到最后，表中有一行全为 $a$，即 $a_1 a_2 \cdots a_n$，则称 $\rho$ 相对于 $F$ 是无损连接分解，否则为有损分解。

**【案例 7-12】** 设有关系模式 $R(A, B, C, D, E)$，$F = \{AC \to E, E \to D, A \to B, B \to D\}$，请判断如下两个分解是否无损连接分解。

(1) $\rho_1 = \{AC, ED, AB\}$

(2) $\rho_2 = \{ABC, ED, ACE\}$

解：(1) 判断 $\rho_1$ 是否无损连接分解。根据算法 7-3 构造一个表，如表 7-3 所示。

表 7-3　初始化图

|  | $A$ | $B$ | $C$ | $D$ | $E$ |
|---|---|---|---|---|---|
| $AC$ | $a_1$ | $b_{12}$ | $a_3$ | $b_{14}$ | $b_{15}$ |
| $ED$ | $b_{21}$ | $b_{22}$ | $b_{23}$ | $a_4$ | $a_5$ |
| $AB$ | $a_1$ | $a_2$ | $b_{33}$ | $b_{34}$ | $b_{35}$ |

根据 $F$ 中的 $AC \to E$，表 7-3 中 $AC$ 属性列上没有两行相同，故不能修改表 7-3。又由于 $E \to D$ 在 $E$ 属性列上没有两行相同，故不能修改表 7-3。根据 $A \to B$ 对表 7-3 进行处理，由于属性列 $A$ 上第一行、第三行均为 $a_1$，所以将属性列 $B$ 上的 $b_{12}$ 改为同一符号 $a_2$。修改后的表如

表 7-4 所示。

**表 7-4 修改后的表(1)**

|  | A | B | C | D | E |
|---|---|---|---|---|---|
| AC | $a_1$ | $a_2$ | $a_3$ | $b_{14}$ | $b_{15}$ |
| ED | $b_{21}$ | $b_{22}$ | $b_{23}$ | $a_4$ | $a_5$ |
| AB | $a_1$ | $a_2$ | $b_{33}$ | $b_{34}$ | $b_{35}$ |

根据 $F$ 中的 $B \to D$ 对表 7-4 进行处理,由于属性列 $B$ 上第一行、第三行均为 $a_2$,所以将属性列 $D$ 上的 $b_{14}$、$b_{34}$ 改为同一符号 $b_{14}$,取行号最小值。修改后的表如表 7-5 所示。

**7-5 修改后的表(2)**

|  | A | B | C | D | E |
|---|---|---|---|---|---|
| AC | $a_1$ | $a_2$ | $a_3$ | $b_{14}$ | $b_{15}$ |
| ED | $b_{21}$ | $b_{22}$ | $b_{23}$ | $a_4$ | $a_5$ |
| AB | $a_1$ | $a_2$ | $b_{33}$ | $b_{14}$ | $b_{35}$ |

反复检查函数依赖集 $F$,无法修改上表,故分解 $\rho_1$ 是有损的。

(2)判断 $\rho_2$ 是否无损。根据算法 7-3 构造表 7-6。

**表 7-6 初始化表**

|  | A | B | C | D | E |
|---|---|---|---|---|---|
| ABC | $a_1$ | $a_2$ | $a_3$ | $b_{14}$ | $b_{15}$ |
| ED | $b_{21}$ | $b_{22}$ | $b_{23}$ | $a_4$ | $a_5$ |
| ACE | $a_1$ | $b_{32}$ | $a_3$ | $b_{34}$ | $a_5$ |

根据 $F$ 中的 $AC \to E$ 在 $AC$ 属性列上第一行、第三行相同,为 $a_1$ 和 $a_3$,所以将属性列 $E$ 上的 $b_{15}$ 改为同一符号 $a_5$。修改后的表如表 7-7 所示。

**表 7-7 修改后的表(1)**

|  | A | B | C | D | E |
|---|---|---|---|---|---|
| ABC | $a_1$ | $a_2$ | $a_3$ | $b_{14}$ | $a_5$ |
| ED | $b_{21}$ | $b_{22}$ | $b_{23}$ | $a_4$ | $a_5$ |
| ACE | $a_1$ | $b_{32}$ | $a_3$ | $b_{34}$ | $a_5$ |

$E \to D$ 在 $E$ 属性列上第一行、第二行、第三行相同,均为 $a_5$,所以将属性列 $D$ 上改为同一符号 $a_4$。修改后的表如表 7-8 所示。

**表 7-8 修改后的表(2)**

|  | A | B | C | D | E |
|---|---|---|---|---|---|
| ABC | $a_1$ | $a_2$ | $a_3$ | $a_4$ | $a_5$ |
| ED | $b_{21}$ | $b_{22}$ | $b_{23}$ | $a_4$ | $a_5$ |
| ACE | $a_1$ | $b_{32}$ | $a_3$ | $a_4$ | $a_5$ |

从修改后的表可以看出,第一行全为 $a$,故分解 $\rho_2$ 是无损连接的。

### 7.3.3　保持函数依赖的分解

**定义 7-12**　设 $F$ 是属性集 $U$ 上的 FD 集,$Z$ 是 $U$ 的子集,$F$ 在 $Z$ 上的投影用 $\Pi_Z(F)$ 表示,定义为 $\Pi_Z(F) = \{X \to Y \mid X \to Y \in F^+, \text{且 } XY \subseteq Z\}$

**定义 7-13**　设 $\rho = \{R_1, \cdots, R_k\}$ 是 $R$ 的一个分解,$F$ 是 $R$ 上的 FD 集,若有 $\bigcup \Pi_{R_i}(F) \vDash F$,则称分解 $\rho$ 保持函数依赖集 $F$。

**【案例 7-13】** 关系模式 $R = \{\text{CITY}, \text{ST}, \text{ZIP}\}$,其中 CITY 为城市,ST 为街道,ZIP 为邮政编码,$F = \{(\text{CITY}, \text{ST}) \to \text{ZIP}, \text{ZIP} \to \text{CITY}\}$。若将 $R$ 分解成 $R_1$ 和 $R_2$,$R_1 = \{\text{ST}, \text{ZIP}\}$,$R_2 = \{\text{CITY}, \text{ZIP}\}$,检查分解是否具有无损连接和保持函数依赖。

解:(1) 检查无损连接性。

求得 $R_1 \bigcap R_2 = \{\text{ZIP}\}$,$R_2 - R_1 = \{\text{CITY}\}$

因为 $(\text{ZIP} \to \text{CITY}) \in F^+$

所以分解具有无损连接性。

(2) 检查分解是否保持函数依赖。

求得 $\pi_{R_1}(F) = \Phi$;$\pi_{R_2}(F) = \{\text{ZIP} \to \text{CITY}\}$

因为 $\pi_{R_1}(F) \bigcup \pi_{R_2}(F) = \{\text{ZIP} \to \text{CITY}\} \neq F^+$

所以该分解不保持函数依赖。

> ⚠注意:一个无损连接分解不一定是保持函数依赖的,一个保持函数依赖的分解也不一定是无损连接的。

📖讨论思考

(1) 为什么要进行关系模式的分解?

(2) 什么是无损分解?如何测试无损分解?

(3) 进行模式分解时如何做到既保持无损连接,又保持函数依赖分解?

# 7.4　关系模式的范式

衡量关系模式好坏的标准是范式(normal forms, NF)。范式的种类与数据依赖有着直接的联系,基于 FD 的范式有 1NF、2NF、3NF、BCNF 等多种。

关系模式的范式主要是 Codd 研究的成果,1971～1972 年他系统地提出了 1NF、2NF、3NF 的概念,讨论了规范化的问题。1974 年,Codd 和 Boyce 又共同提出了一个新范式,即 BCNF。1976 年 Fagin 提出了 4NF。后来有人在此基础上提出了 5NF。

"第几范式"曾用于表示关系的某种级别,经常称某一关系模式 $R$ 为第几范式。现在将范式理解成符合某一种级别的关系模式的集合,称 $R$ 为第几范式可以写成 $R \in x\,\text{NF}(x = 1, 2, \cdots, 5, \cdots, N)$。各种范式之间是一种包含关系,它们之间的联系为:

$$5\text{NF} \subset 4\text{NF} \subset \text{BCNF} \subset 3\text{NF} \subset 2\text{NF} \subset 1\text{NF}$$

完全可以通过规范化将一个低一级范式的关系模式转化为几个高一级范式的关系模式,

这种过程称为**关系模式规范化**。

1NF 是关系模式的基础,2NF 基本不用且已成为过去,一般不再提及;在数据库设计中最常用的是 3NF 和 BCNF。为了叙述方便,还是以 1NF、2NF、3NF、BCNF 的顺序进行介绍。

### 7.4.1　第一范式

**定义 7-14**　若关系模式 $R$ 的每个关系 $r$ 的属性值都是不可分的原子值,则称 $R$ 是**第一范式**(first normal form,1NF)**的模式**。

满足 1NF 的关系称为**规范化的关系**,否则称为**非规范化的关系**。关系数据库研究的关系都是规范化的关系,如关系模式 $R(\text{NAME, ADDRESS, PHONE})$,若一个人有两个电话号码(PHONE),则在关系中至少要出现两个元组,以便存储这两个号码。1NF 是关系模式应具备的最基本的条件。1NF 仍可能出现数据冗余和异常操作问题,还需要去除局部函数依赖。

将一个非规范化关系模式变为 1NF 有两种方法:一是将不含单纯值的属性分解为多个属性,并使其仅含单纯值;二是将关系模式分解,并使每个关系符合 1NF。

### 7.4.2　第二范式

**定义 7-15**　对于 FD $W \rightarrow A$,若存在 $X \subseteq W$ 有 $X \rightarrow A$ 成立,则称 $W \rightarrow A$ 是局部依赖($A$ 局部依赖于 $W$),否则称 $W \rightarrow A$ 是完全依赖。完全依赖也称为"左部不可约依赖"。

**定义 7-16**　若 $A$ 是关系模式 $R$ 中的候选键属性,则称 $A$ 是 $R$ 的**主属性**,否则称 $A$ 是 $R$ 的**非主属性**。

**定义 7-17**　若关系模式 $R$ 是 1NF,且每个非主属性完全函数依赖于候选键,则称 $R$ 是第二范式(2NF)的模式。若数据库模式中每个关系模式都是 2NF,则称数据库模式为 2NF 的数据库模式。

将一个 1NF 的关系模式变为 2NF 的方法是:通过模式分解使任一非主属性都完全函数依赖于其任一候选键,目的是消除非主属性对键的部分函数依赖。下面分析一个不是 2NF 的案例。

**【案例 7-14】**　没有关系模式 $R(\text{C#, TYPE, ADDR, P#, G})$,其中,$R$ 的属性分别表示客户编号、购物类别、地址、购货编号、积分等含义,且各购物类别的客户放在同一类。

候选键为(C#,P#),函数依赖如下:

$$(\text{C#, P#}) \rightarrow G$$
$$\text{C#} \rightarrow \text{TYPE}, (\text{C#, P#}) \rightarrow \text{TYPE}$$
$$\text{C#} \rightarrow \text{ADDR}, (\text{C#, P#}) \rightarrow \text{ADDR}$$
$$\text{TYPE} \rightarrow \text{ADDR}(因为选购同一类商品的客户只存放在一个地方)$$

若一个关系模式 $R$ 不属于 2NF,则会产生以下几种问题。

(1)插入异常。若要插入一个客户 C#=57,TYPE=PHY,ADDR=BLD2,但该客户还未选货物,则此客户还无购货编号 P#,此时的元组就不能插入 $R$ 中。因为插入元组时必须给定键值,而此时键值的一部分为空,因而客户的原有数据信息无法插入。

(2)删除异常。假定某个客户只选一种商品,如 S4 选了一种商品 C3,若后来又放弃选 C3,则 C3 这个数据项就要被删除。而 C3 是主属性,删除了 C3,整个元组就必须跟着删除,使得 S4 的其他信息也被删除了,从而造成删除异常,即不应删除的信息也被删除了。

(3)更新复杂。某个客户从服装类(表)转到食品类网页(表),这原本只需修改此客户元组中的商品类别 TYPE 分量。但由于关系模式 $R$ 中还含有商品类的 ADDR 属性，客户转换商品类别的同时将改变地址，因而还必须修改元组中的 ADDR 分量。另外，若此客户选购了 $k$ 件商品，TYPE 和 ADDR 就要重复存储 $k$ 次，造成修改的复杂化。

分析上述案例，可以看出主要问题在于有两种非主属性：一种（如 G）对键是完全函数依赖；另一种（如 TYPE 和 ADDR）对键不是完全函数依赖。解决的方法是将关系模式 $R$ 分解为两个关系模式：

$$R_1(C\#, P\#, G)$$
$$R_2(C\#, TYPE, ADDR)$$

关系模式 $R_1$ 的键为（C#，P#），关系模式 $R_2$ 的键为 C#，因此，就使得非主属性对键都是完全依赖。

**【案例 7-15】** 设关系模式 $R(C\#, P\#, AMOUNT, ENAME, ADDR)$ 的属性分别表示客户编号、购买商品的编号、数量、生产企业的名称和企业地址等含义。（C#，P#）是 $R$ 的候选键。

在 $R$ 上有两个 FD，即（C#，P#）$\rightarrow$（ENAME，ADDR）和 P#$\rightarrow$（ENAME，ADDR），所以前一个 FD 是局部依赖，$R$ 不是 2NF 模式。此时 $R$ 的关系就会出现冗余和异常现象。例如，某一类商品有 100 个客户选购，则在关系中就会存在 100 个元组，因而企业的客户名称和地址就会重复 100 次。

若将 $R$ 分解成 $R_1(P\#, ENAME, ADDR)$ 和 $R_2(C\#, P\#, AMOUNT)$ 后，局部依赖（C#，P#）$\rightarrow$（ENAME，ADDR）就消失了。$R_1$ 和 $R_2$ 都是 2NF 模式。

**算法 7-4** 分解成 2NF 模式集的算法。

设有关系模式 $R(U)$，主键是 $W$，$R$ 上还存在 FD $X\rightarrow Z$，并且 $Z$ 是非主属性且 $X\subseteq W$，则 $W\rightarrow Z$ 就是一个局部依赖。此时应将 $R$ 分解成两个模式：

$$R_1(XZ)，主键是 X$$
$$R_2(Y)，其中 Y=U-Z，主键仍是 W，外键是 X（参数，R_1）$$

利用外键和主键的连接可以从 $R_1$ 和 $R_2$ 重新得到 $R$。

若 $R_1$ 和 $R_2$ 还不是 2NF，则重复上述过程，一直到数据库模式中每一个关系模式都成为 2NF 为止。

### 7.4.3 第三范式

**定义 7-18** 若 $X\rightarrow Y, Y\rightarrow A$，且 $Y\nrightarrow X$ 和 $A\notin Y$，则称 $X\rightarrow A$ 是**传递依赖**（$A$ 传递依赖于 $X$）。

**定义 7-19** 若关系模式 $R$ 是 1NF，且每个非主属性都不传递依赖于 $R$ 的候选键，则称 $R$ 是第三范式（3NF）的模式。若数据库模式中每个关系模式都是 3NF，则称其为 3NF 的数据库模式。

> ⚠注意：介绍 3NF 的目的是消除非主属性对键的传递函数依赖。

**【案例 7-16】** 在上述案例中，$R_2$ 是 2NF 模式，而且也已是 3NF 模式。但 $R_1(P\#, ENAME, ADDR)$ 是 2NF 模式，却不一定是 3NF 模式。若 $R_1$ 中存在函数依赖 P#$\rightarrow$ENAME 和 ENAME$\rightarrow$ADDR，则 P#$\rightarrow$ADDR 就是一个传递依赖，即 $R_1$ 不是 3NF 模式。此时 $R_1$ 的关系中也会出现冗余和异常操作。例如，一个企业生产五种产品，则关系中就会出现五个元组，企业的地址就会重复五次。

若将 $R_1$ 分解成 $R_{11}$(ENAME，ADDR)和 $R_{12}$(P♯，ENAME)后，C♯→ADDR 就不会出现在 $R_{11}$ 和 $R_{12}$ 中，这样 $R_{11}$ 和 $R_{22}$ 都是 3NF 模式。

**算法 7-5**　分解成 3NF 模式集的算法。

设有关系模式 $R(U)$，主键是 $W$，$R$ 上还存在 FD $X→Z$，并且 $Z$ 是非主属性，$Z \not\subseteq X$，$X$ 不是候选键，这样 $W→Z$ 就是一个传递依赖。此时应将 $R$ 分解成两个模式：

$$R_1(XZ)$$
$$R_2(Y)$$
$$R_1(XZ) \text{ 主键是 } X$$
$$R_2(Y) \text{ 其中，} Y = U - Z，\text{主键仍是 } W，\text{外键是 } X(\text{参数}，R_1)$$

利用外键和主键相匹配的机制，$R_1$ 和 $R_2$ 通过连接可以重新得到 $R$。

若 $R_1$ 和 $R_2$ 还不是 3NF，则重复上述过程，一直到数据库模式中每一个关系模式都是 3NF 为止。

**定理 7-9**　若 $R$ 是 3NF 模式，则 $R$ 也是 2NF 模式。

证明：略。

局部依赖和传递依赖是模式产生冗余和异常的两个重要原因。由于 3NF 模式中不存在非主属性对候选键的局部依赖和传递依赖，所以消除了很大一部分存储异常，具有较好的性能。而对于非 3NF 的 1NF 和 2NF，甚至非 1NF 的关系模式，由于其性能上的弱点，一般不宜作为数据库模式，通常需要将它们变换成更高级的范式，这种变换过程称为"关系的规范化"。

**定理 7-10**　设有关系模式 $R$，当 $R$ 上每一个 FD $X→A$ 满足下列三个条件之一时，关系模式 $R$ 就是 3NF 模式。

(1) $A \subseteq X$(即 $X→A$ 是一个平凡的 FD)。

(2) $X$ 是 $R$ 的超键。

(3) $A$ 是主属性。

**算法 7-6**　将一个关系模式分解为 3NF，使它既具有无损连接性又具有保持函数依赖性。

(1) 根据算法 7-3 求出保持函数依赖的分解 $\rho = \{R_1, R_2, \cdots, R_k\}$。

(2) 判定 $\rho$ 是否具有无损连接性，若是，转步骤(4)。

(3) 令 $\rho = \rho \cup \{X\} = \{R_1, R_2, \cdots, R_k, X\}$，其中 $X$ 是 $R$ 的候选键。

(4) 输出 $\rho$。

**【案例 7-17】**　将 SD(C♯，CNAME，SAge，Dept，Manager)规范到 3NF。

(1) 根据算法 7-3 求出保持函数依赖的分解 $\rho = \{S(C♯，CNAME，SAge，Dept)，D(Dept，Manager)\}$。

(2) 判定 $\rho$ 是否具有无损连接性。

SD 分解为 $\rho = \{S(C♯，CNAME，SAge，Dept)，D(Dept，Manager)\}$ 时，$S$、$D$ 都属于 3NF，且既具有无损连接性又具有保持函数依赖性。

## 7.4.4　BCNF

**定义 7-20**　若关系模式 $R$ 是 1NF，且每个属性都不传递依赖于 $R$ 的候选键，则称 $R$ 是 BCNF 的模式。若数据库模式中每个关系模式都是 BCNF，则称为 BCNF 的数据库模式。

讨论 BCNF 的目的是消除主属性对键的部分函数依赖和传递依赖,BCNF 具有如下性质。

(1) 若 $R \in$ BCNF,则 $R$ 也是 3NF。

(2) 若 $R \in$ 3NF,则 $R$ 不一定是 BCNF。

BCNF 和 3NF 的区别有以下几点。

(1) BCNF 不仅强调其他属性对键的完全的、直接的依赖,而且强调主属性对键的完全的、直接的依赖,它包括 3NF,即 $R \in$ BCNF,则 $R$ 一定属于 3NF。

(2) 3NF 只强调非主属性对键的完全直接依赖,这样就可能出现主属性对键的部分依赖和传递依赖。

以下案例说明属于 3NF 的关系模式有的属于 BCNF,有的不属于 BCNF。

**【案例 7-18】**　先考察关系模式 $C$(P♯,PNAME,PP♯),其中属性分别表示商品编号、商品名称和先行商品编号,它只有一个键 P♯,这里没有任何属性对 P♯ 部分或传递依赖,所以 $C$ 属于 3NF。同时 $C$ 中 P♯ 是唯一的决定因素,所以 $C$ 属于 BCNF。

**【案例 7-19】**　关系模式 CFM($C$,$F$,$M$)中,$C$ 表示客户,$F$ 表示企业,$M$ 表示商品。每一个企业只生产一种商品。生产每种商品有若干企业,某一个客户选购某种商品,则对于一个固定的企业,具有的函数依赖如下:

$$(C, M) \rightarrow F, (C, F) \rightarrow M, F \rightarrow M$$

其中,CM 和 CF 都是候选键。

由于没有任何非主属性对键传递依赖或部分依赖,所以 CFM 属于 3NF。但 CFM 不是 BCNF 关系,因为 $F$ 是决定因素,但 $F$ 不包含键。

对于不是 BCNF 的关系模式,仍然存在不合适的地方。非 BCNF 的关系模式也可以通过分解成为 BCNF。例如,CFM 可以分解为 CF($C$,$F$)与 FM($F$,$M$),都是 BCNF。

**【案例 7-20】**　设有关系模式 SNC(SNo,SN,CNo,Score),SNo↔SN。

存在着主属性对键的部分函数依赖: SN 部分依赖于 SNo 和 CNo,SNo 部分依赖于 SN 和 CNo,所以 SNC 不是 BCNF。

**算法 7-7**　无损分解成 BCNF 模式集。

(1) 令 $\rho = \{R\}$。

(2) 若 $\rho$ 中所有模式都是 BCNF,则转步骤(4)。

(3) 若 $\rho$ 中有一个关系模式 $S$ 不是 BCNF,则 $S$ 中必能找到一个函数依赖 $X \rightarrow A$ 且 $X$ 不是 $S$ 的候选键,且 $A$ 不属于 $X$,设 $S_1 = XA$,$S_2 = S - A$,用分解 $\{S_1, S_2\}$ 代替 $S$,转步骤(2)。

(4) 分解结束,输出 $\rho$。

**【案例 7-21】**　将 SNC(SNo,SN,CNo,Score)规范到 BCNF。

候选键: (SNo,CNo)和(SN,CNo)

函数依赖:

$$F = \{SNo \rightarrow SN, SN \rightarrow SNo, (SNo, CNo) \rightarrow Score, (SN, CNo) \rightarrow Score\}$$

(1) 令 $\rho = \{SNC(SNo, SN, CNo, Score)\}$。

(2) 经过前面的分析可知,$\rho$ 中的关系模式不属于 BCNF。

(3) 用分解 $\{S_1(SNo, SN), S_2(SNo, CNo, Score)\}$ 代替 SNC。

(4) 分解结果为 $S_1$(SNo,SN)描述客户实体;$S_2$(SNo,CNo,Score)描述客户与商品的联系。

**【案例 7-22】** 设有关系模式 TCS($T$, $C$, $S$)

候选键：($S$, $C$)和($S$, $T$)。

函数依赖：$F = \{(S, C) \rightarrow T, (S, T) \rightarrow C, T \rightarrow C\}$。

分解$\{TC(T, C), ST(S, T)\}$代替 TCS。

消除了函数依赖$(S, T) \rightarrow C$, ST $\in$ BCNF, TC $\in$ BCNF。

### 7.4.5 第四范式

**定义 7-21** 设有一关系模式 $R(U)$，$U$ 是其属性全集，$X$、$Y$ 是 $U$ 的子集，$D$ 是 $R$ 上的数据依赖集。若对于任一多值依赖 $X \rightarrow\rightarrow Y$，此多值依赖是平凡的，或 $X$ 包含了 $R$ 的一个候选键，则称 $R$ 是**第四范式的关系模式**，记为 $R \in$ 4NF。

> ☹注意：介绍 BCNF 的目的是消除非平凡且非 DF 的多值依赖；BCNF 的关系模式不一定是 4NF；4NF 的关系模式必定是 BCNF 的关系模式；4NF 是 BCNF 的推广。

**算法 7-8** 第四范式的分解步骤如下。

(1) 令 $\rho = \{R\}$。

(2) 若 $\rho$ 中所有模式 $R_i$ 都是 4NF，则转步骤(4)。

(3) 若 $\rho$ 中有一个关系模式 $S$ 不是 4NF，则 $S$ 中必能找到一个多值依赖 $X \rightarrow\rightarrow Y$ 且 $X$ 不包含 $S$ 的候选键，$Y - X \neq \varnothing$，$XY \neq S$，令 $Z = Y - X$，设 $S_1 = XZ$，$S_2 = S - Z$，用分解$\{S_1, S_2\}$代替 $S$，由于 $S_1 \bigcap S_2 = X$，$S_1 - S_2 = Z$，所以有$(S_1 \bigcap S_2) \rightarrow\rightarrow (S_1 - S_2)$，分解具有无损连接性，转步骤(2)。

(4) 分解结束，输出 $\rho$。

📖**讨论思考**

(1) 一个合理的关系数据库一定要满足所有范式吗？

(2) 当关系模式不满足某一个范式时该如何做？

(3) BCNF 和 3NF 之间有什么关系？

## 7.5　关系模式的规范化

一个低一级范式的关系模式，通过模式分解转化为若干高一级范式的关系模式的集合，这种分解过程称为**关系模式的规范化**。

### 7.5.1 关系模式规范化的目的和原则

关系模式规范化的**目的**是使其结构合理，消除数据中的存储异常，使数据冗余尽量小，在操作过程中便于插入、删除和更新，并保持操作数据的正确性和完整性。

关系模式规范化的**原则**是遵从概念单一化"一事一地"的原则，即一个关系模式描述一个实体或实体间的一种联系。规范的实质就是概念单一化。

### 7.5.2 关系模式规范化过程

常用的**关系模式规范化过程**如图 7-2 所示。

（1）对 1NF 关系进行分解，消除原关系中非主属性对键的部分函数依赖，将 1NF 关系转换为多个 2NF。

（2）对 2NF 关系进行分解，消除原关系中非主属性对键的传递函数依赖，产生一组 3NF。

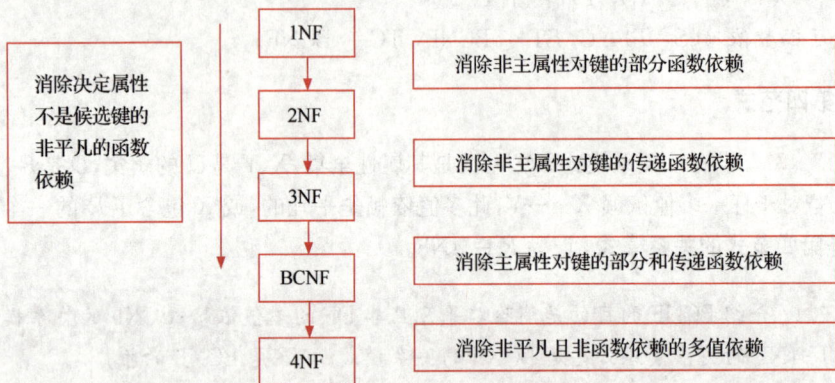

图 7-2  关系模式规范化过程

在实际应用中，规范化的过程就是一个不断消除属性依赖关系中某些问题的过程，就是从第一范式到第四范式的逐步递进规范的过程。

### 7.5.3  关系模式规范化要求

关系模式规范化的理论，主要研究通过规范解决异常的冗余现象问题。在实际数据库设计中构建关系模式时需要考虑到这种因素。但是客观世界是复杂的，在构建模式时还需要考虑到其他多种因素。若模式分解过多，就会在数据查询过程中用到较多的连接运算，而这必然影响到查询速度。因此在实际问题当中，需要综合多方面的因素，统一权衡利弊，最后得到的应是一个较为切合实际的合理模式。

在规范化过程中，分解后的关系模式集合应当与原关系模式“等价”，即经过自然连接可以恢复原关系而不丢失信息，并保持属性间合理的联系。

保证分解后的关系模式与原关系模式是等价的，**等价的三个标准**如下。

（1）分解要具有无损连接性。

（2）分解要具有函数依赖保持性。

（3）分解既要具有无损连接性，又要具有函数依赖保持性。

📖**讨论思考**

（1）为什么要进行关系模式的规范化？

（2）如何对关系模式进行规范化？

（3）关系模式规范化的目标是追求满足更高的范式吗？

## 7.6  本章小结

本章重点介绍了数据库关系模式规范化设计问题。关系模式设计的正确性和完整性直接影响到数据冗余度、数据一致性等问题。设计好的数据库模式必须以一定的理论为基础，这就是模式规范化理论。

在数据库中,数据冗余将会引起各种操作异常。通过将模式分解成若干比较小的关系模式可以消除冗余。关系模式的规范化过程实际上是一个"分解"过程:将逻辑上独立的信息放在独立的关系模式中。分解是解决数据冗余的主要方法,也是规范化的一条原则:关系模式有冗余问题就应分解。

函数依赖 $X \rightarrow Y$ 是数据之间最基本的一种联系,在关系中有两个元组,若 $X$ 值相等则要求 $Y$ 值也相等。FD 有一个完备的推理规则集。

关系模式在分解时应保持等价,等价有数据等价和语义等价两种,分别用无损分解和保持依赖两个特征衡量。前者能保持泛关系在投影连接后仍能恢复,而后者能保证数据在投影或连接中其语义不会发生变化,即不会违反 FD 的语义,但无损分解与保持依赖两者之间没有必然联系。

范式是衡量模式优劣的标准,范式表达了模式中数据依赖之间应满足的联系。若关系模式 $R$ 是 3NF,则 $R$ 上成立的非平凡 FD 都应该左边是超键或右边是非主属性。若关系模式 $R$ 是 BCNF,则 $R$ 上成立的非平凡 FD 都应该左边是超键。范式的级别越高,其数据冗余和操作异常现象就越少。分解成 BCNF 模式集的算法能保持无损分解,但不一定能保持 FD 集。而分解成 3NF 模式集的算法既能保持无损分解,又能保持 FD 集。

# *第8章  存储过程与触发器

在数据库和数据处理中,经常用到存储过程和触发器,通常为 SQL 语句和流程控制语句的集合。触发器实际上也是一种存储过程。存储过程在运算时生成执行方式,可使对其运行更便捷。在数据应用方面,一个查询、统计或报表中的数据可能来自多个不同的表,存储过程可以作为重用的模块,提高报表的设计效率并完成指定的操作。触发器是一种特殊类型的存储过程,可以实现自动化的操作。

## 教学目标

了解存储过程的特点、类型和作用
理解存储过程的执行方式
理解和掌握 DML 触发器的工作原理
理解和掌握 DDL 触发器的特点和创建方式
掌握存储过程及触发器的常用操作

## 8.1  存储过程概述

【案例 8-1】 存储过程在数据库系统中应用很广泛。存储过程是由流程控制和多种功能的 SQL 语句编写、存储和运行的过程,这个过程经编译和优化后存储在数据库服务器中,数据库应用程序可以通过对其调用运行。若干有联系的语句(组),如查询、定义(建立)或增删改等操作过程可以组合在一起构成应用程序,从而极大地提高数据处理的效率。

### 8.1.1  存储过程的概念

存储过程(stored procedure)是数据库系统中,一组为了完成特定功能的 SQL 语句集。经编译后存储在数据库中,用户通过指定存储过程名及给出参数(若此存储过程带有参数)执行。SQL Server 提供了一种方法,可将一些固定的操作集中由 SQL Server 数据库服务器完成,以实现某个特定的任务,这种方法就是**存储过程**。

存储过程是 SQL 语句及可选控制流语句的预编译集合,作为相对独立的可重用模块,存储在数据库中,可由应用程序通过调用执行,用户可以声明变量、有条件执行或利用其强大的编程功能,提高运行效率。

实际上,存储过程是利用 SQL Server 2014 所提供的 T-SQL 编写的应用程序。存储过程可由应用程序通过调用执行,允许用户声明变量,并可以接收和输出参数、返回执行存储过程的状态值,也可以嵌套调用。

SQL Server 2014 系统中的存储过程与其他编程语言中的过程类似,除了上述作用之外,通常还包括如下几方面。

(1) 存储过程包含在数据库中执行操作的语句,包括调用其他存储过程。

(2) 存储过程可以接受各种具体的输入参数。

(3) 存储过程的状态值可以返回并指示成功或失败。

(4) 以输出参数的形式将多个值返回发起调用的存储过程或客户端应用程序。

### 8.1.2  存储过程的特点和类型

#### 1. 存储过程的特点

使用 T-SQL **编写存储过程**有以下**特点**。

(1) 存储过程已经在服务器上注册,可以提高 T-SQL 语句的执行效率。

(2) 存储过程具有安全性和所有权链接,可执行所有的权限管理。用户可以被授予执行存储过程的权限,而不必拥有直接对存储过程中引用对象的执行权限。

(3) 存储过程允许用户模块化设计程序,极大地提高了程序设计的效率。例如,存储过程创建之后,可以在程序中任意调用,这样会带来许多好处,提高程序的设计效率,从而提高应用程序的可维护性。

(4) 存储过程可以大大减少网络通信流量,这是一个非常重要的使用存储过程的原因。

#### 2. 存储过程的类型

SQL Server 2014 系统提供了 3 种基本**存储过程类型**:用户定义的存储过程、扩展存储过程、系统存储过程。除此之外,还有临时存储过程、远程存储过程等,各自起着不同的作用。

  📖**讨论思考**

(1) 什么是存储过程?存储过程的用途是什么?

(2) 存储过程的优点和种类有哪些?

## 8.2  存储过程的实现

**存储过程的实现**主要包括创建与执行存储过程、查看存储过程、修改存储过程、更名或删除存储过程等。在此主要概述一些常用操作。

### 8.2.1  创建存储过程

#### 1. 创建存储过程的方法

在 SQL Server 2014 中,可以**使用三种方法创建存储过程**。

（1）利用创建存储过程向导创建存储过程。

（2）使用 SQL Server 企业管理器创建存储过程。

（3）使用 T-SQL 语句中的 CREATE PROCEDURE 命令创建存储过程。

以下主要介绍用 T-SQL 命令创建存储过程。需要强调的是，必须具有 CREATE PROCEDURE 权限才能创建存储过程，存储过程是架构在作用域中的对象，只能在本地数据库中创建存储过程。

**在创建存储过程之前**，**需要考虑**以下几个问题。

（1）不能将 CREATE PROCEDURE 语句与其他 SQL 语句组合到单个批处理中。

（2）只能在当前数据库中创建存储过程。

（3）创建存储过程的权限默认为数据库所有者，此所有者可将其权限授予其他用户。

（4）存储过程是数据库对象，其名称应当遵守标识符规则。

（5）存储过程可以嵌套使用，嵌套的最大深度不能超过 32 层。

**2. 使用 T-SQL 语句创建存储过程**

利用 T-SQL 语句 CREATE PROCEDURE 命令创建存储过程，包含一些选项，其**语法格式**如下：

```
CREATE PROCEDURE proc_name
AS
BEGIN
    sql_statement1
    sql_statement2
END
```

💻**说明**：

（1）proc_name 表示一个具体的存储过程名。

（2）sql_statement1 和 sql_statement2 表示具体操作的 T-SQL 语句。

下面通过实例说明，如何利用 T-SQL 语句创建一个简单的存储过程，该过程返回一个制造时间在一天以上的所有产品的行集。

**【案例 8－2】** 创建名为 Production. LongLeadProducts 的存储过程，实现在 Production. Product 表中查询制造时间在一天以上的所有产品的名称及产品编号的功能。

```
CREATE PROCEDURE Production.LongLeadProducts
AS
    SELECT Name, ProductNumber
    FROM Production.Product
    WHERE DaysToManufacture >= 1
GO
```

上述实例是在 Production 架构中创建名为 LongLeadProducts 的过程，包含 GO 命令是为了强调 CREATE PROCEDURE 语句必须在批处理中声明。

在创建存储过程时，应该指定所有的输入参数、执行数据库操作的编程语句、返回调用过程或批处理表明成功或失败的状态值、捕捉和处理潜在错误的错误处理语句。

🖱**注意**：在 SQL Server 系统中，可以使用 EXECUTE 语句执行（调用）存储过程。EXECUTE 语句的语法格式也可以简写为 EXEC proc_name。

【**案例 8-3**】 调用存储过程 LongLeadProducts。

```
EXECUTE Production.LongLeadProducts
```

> 注意：存储过程创建之后，在第一次执行时需要经过语法分析阶段、解析阶段、编译阶段和执行阶段。若将要执行的存储过程需要参数，则应该在存储过程名称后面带上参数值。

在实际应用中，还需要注意创建存储过程的准则。

(1) 用相应的架构名称限定存储过程所引用的对象名称。

(2) 每个任务创建一个存储过程。

(3) 创建或测试存储过程，并对其进行故障诊断。

(4) 存储过程名称避免使用 sp_ 前缀。

(5) 对所有存储过程使用相同的连接设置。

(6) 尽可能减少临时存储过程的使用。

## *8.2.2  创建参数化存储过程

如果将参数作为过程定义的一部分包含在存储过程内，则存储过程将更灵活，因此可创建更通用的应用程序逻辑。

存储过程最多支持 2 100 个参数，通过由这些参数组成的列表与调用该过程的程序通信，输入参数允许信息传入存储过程，这些值随后可用作过程中的局部变量。

### 1. 使用输入参数的准则

若要定义接收参数的存储过程，应在 CREATE PROCEDURE 语句中声明一个或多个参数。使用输入参数时，应考虑以下准则。

(1) 根据情况相应地为参数提供默认值。如果定义了默认值，则用户不需要为该参数指定值即可执行存储过程。

(2) 在存储过程的开头验证所有传入的参数值，以尽早查出缺少的值和无效值。

### 2. 使用输入参数的示例

下面的语句示例说明如何将 @MinimumLength 参数添加到 LongLeadProducts 存储过程中，这使得 WHERE 子句比前面给出的例子更灵活，因为它允许进行调用的应用程序定义适合的交付周期。

【**案例 8-4**】 修改存储过程 LongLeadProducts，添加参数 @MinimumLength，并指定其为 int 数据类型和其默认值为 1。

```
ALTER PROC Production.LongLeadProducts

    @MinimumLength int = 1      - - 默认值

AS
```

> 说明：如果 @MinimumLength 参数小于 0，则引发错误，并立即返回。

```
IF (@MinimumLength < 0)      - - 验证

  BEGIN

    RAISERROR('Invalid lead time.', 14, 1)

    RETURN

  END
```

🖳说明：如果 @MinimumLength 参数不小于 0，则查询所有制造日期不小于 @MinimumLength 参数值的产品名称、产品号及制造时间。

```
SELECT Name, ProductNumber, DaysToManufacture
FROM Production.Product
WHERE DaysToManufacture >= @MinimumLength
ORDER BY DaysToManufacture DESC, Name
```

🔊注意：该存储过程定义默认参数值为 1，以使调用的应用程序可以不指定参数而执行该过程。如果有一个值传给了 @MinimumLength，则该值将得到验证以确保它与 SELECT 语句的意图相称。如果该值小于零，则会引发错误，并且该存储过程将立即返回而不执行 SELECT 语句。

### 3. 调用参数化存储过程

按参数的名称或位置将值传给存储过程可设置参数的值，需要注意的是，提供值时不同的格式不能混合。

以 @parameter＝value 的格式在 EXEC 语句中指定参数称为**按参数名称传递**。在按参数名称传递时，可按任何顺序指定参数值，并且可以忽略允许 NULL 值或者有默认值的参数。下面的语句调用 LongLeadProducts，并**指定参数名称**：

```
EXEC Production.LongLeadProducts @MinimumLength = 4
```

只传递值的称为**按位置传递值**。当只指定值时，参数值必须按照它们在语句中定义的顺序列出。在按位置传递值时，可省略存在默认值的参数，但是不能打乱顺序。例如，如果存储过程有五个参数，则可以同时省略第四个和第五个参数，但是不能省略第四个参数而指定第五个参数。下面的语句可以调用 LongLeadProducts 存储过程，并且只使用位置指定参数：

```
EXEC Production.LongLeadProducts 4
```

### 4. 使用参数默认值

如果为存储过程中的参数定义了默认值，则在以下场合将用到参数的默认值。

（1）执行存储过程时，没有为参数指定任何值。

（2）DEFAULT 关键字指定为参数的值。

### 5. 输出参数和返回值

通过使用输出参数和返回值，存储过程可将信息返回进行调用的存储过程和客户端。输出参数允许保留因存储过程的执行而产生的对该参数的任何更改，即使是在存储过程执行完毕之后，要在 T-SQL 中使用输出参数，必须在 CREATE PROCEDURE 和 EXECUTE 语句中同时指定 OUTPUT 关键字。如果在执行存储过程时省略了 OUTPUT 关键字，则存储过程仍将执行，但是不会返回修改过的值。

下面的语句创建了一个存储过程，它将一个新的部门插入 AdventureWorks 数据库的 HumanResources 表中。

【案例 8-5】　创建名为 HumanResources.AddDepartment 的带参数的存储过程，输入参数为 @Name 和 GroupName，输出参数为 @DeptID，该存储过程实现将新的部门插入 HumanResources.Department 表中的功能。

```
CREATE PROC HumanResources.AddDepartment
```

```
@Name nvarchar(50), @GroupName nvarchar(50),
@DeptID smallint OUTPUT
AS
IF (((@Name = '') OR (@GroupName = ''))
    RETURN - 1
INSERT INTO HumanResources.Department (Name, GroupName)
VALUES (@Name, @GroupName)
```

设置输出参数,以调用 SCOPE_IDENTITY 函数存储新的记录的标识。

```
SET @DeptID = SCOPE_IDENTITY()
RETURN 0
```

@DeptID 输出参数通过调用 SCOPE_IDENTITY 函数存储新记录中的标识,以使进行调用的应用程序可立即访问自动生成的 ID。

下面的语句说明了发起调用的应用程序如何使用局部变量@dept 存储过程执行的结果。

```
DECLARE @dept int, @result int
EXEC @result = AddDepartment 'Refunds', '', @dept OUTPUT
IF (@result = 0)
SELECT @dept
ELSE
SELECT 'Error during insert'
```

还可以使用 RETURN 语句从存储过程中返回信息,此方法的限制性比使用输出参数更强,因为它仅返回单个整数值。RETURN 参数常用于从过程中返回状态结果或错误语句。

### 8.2.3　查看存储过程

存储过程被创建之后,其名字存储在系统表 sysobjects 中,源语句则存放在系统表 syscomments 中。可使用企业管理器或系统存储过程查看用户创建的存储过程。

#### 1. 用企业管理器查看存储过程

在企业管理器中,打开指定的服务器和数据库项,选择要创建存储过程的数据库,单击存储过程文件夹,此时在右边的页框中显示该数据库的所有存储过程。右击要查看的存储过程,从弹出的快捷菜单中选择"属性"命令,此时便可以看到存储过程的源语句。

#### 2. 用系统存储过程查看存储过程

可供使用的系统存储过程及其**语法形式**如下。

(1) sp_help:用于显示存储过程的参数及其数据类型。

```
sp_help [[@objname = ] name]
```

💻说明:参数 name 为要查看的存储过程的名称。

(2) sp_helptext:用于显示存储过程的源语句。

```
sp_helptext [[@objname = ] name]
```

💻说明:参数 name 为要查看的存储过程的名称。

(3) sp_depends:用于显示和存储过程相关的数据库对象。

```
sp_depends [@objname = ]'object'
```

💻说明:参数 object 为要查看依赖关系的存储过程的名称。

（4）sp_stored_procedures：用于返回当前数据库中的存储过程列表。

### 8.2.4　修改存储过程

在 SQL Server 系统中，可以使用 ALTER PROCEDURE 语句修改已经存在的存储过程。修改存储过程不是删除和重建存储过程，其目的是保持存储过程的权限不发生变化。

存储过程通常为了响应客户请求或适应基础表定义中的更改而进行修改。若要修改现有存储过程并保留权限分配，应使用 ALTER PROCEDURE 语句，使用 ALTER PROCEDURE 修改存储过程时，SQL Server 将替换该存储过程以前的定义。

> ⚠注意：使用 ALTER PROCEDURE 语句时应注意以下问题。
>
> （1）如果要修改使用选项（如 WITH ENCRYPTION）创建的存储过程，则必须在 ALTER PROCEDURE 语句中包含该选项，以保留该选项所提供的功能。
>
> （2）ALTER PROCEDURE 只修改单个过程，如果过程还要调用其他存储过程，则嵌套的存储过程不受影响。

下面的语句修改 LongLeadProducts 以选择一个额外的列，并使用 ORDER BY 子句对结果集进行排列。

【案例8-6】　修改存储过程，查询制造时间在一天以上的所有产品的名称、产品号及制造时间，并将结果按制造时间降序显示。

```
ALTER PROC Production.LongLeadProducts
AS
    SELECT Name, ProductNumber, DaysToManufacture
    FROM Production.Product
    WHERE DaysToManufacture >= 1
    ORDER BY DaysToManufacture DESC, Name
GO
```

### 8.2.5　更名或删除存储过程

#### 1. 更名存储过程

修改存储过程的名称可以使用系统存储过程 sp_rename，其**语法格式**如下：

```
sp_rename 原存储过程名,新存储过程名
```

📖说明：此外，通过企业管理器也可以修改存储过程的名称。

#### 2. 删除存储过程

要从当前数据库中删除用户定义的存储过程，应使用 DROP PROCEDURE 语句实现。其一般**语法格式**如下：

```
DROP PROCEDURE <存储过程名>
```

> ⚠注意：在删除存储过程之前，应先执行 sp_depends 存储过程，以确定是否有对象依赖于该存储过程，如下面语句所示：

```
EXEC sp_depends @objname = N'Production.LongLeadProducts'
```

删除 LongLeadProducts 存储过程的语句如下：

```
DROP PROC Production.LongLeadProducts
```

**📖 讨论思考**

(1) 建立及查看存储过程的语句是什么？

(2) 如何修改存储过程？

(3) 存储过程如何更名？如何删除？

# *8.3　触发器的应用

### 8.3.1　触发器概述

SQL Server 系统提供了两种强制业务逻辑和数据完整性机制，即约束技术和触发器技术。前面已经介绍了约束技术，本节介绍触发器技术。

#### 1. 触发器的概念及类型

一般认为，**触发器**是一种特殊类型的存储过程，包括大量的 T-SQL 语句。但是触发器又与存储过程不同，例如，存储过程可以由用户直接调用执行，但是触发器不能被直接调用执行，它只能自动执行。

一个触发器是**由 T-SQL 语句集组成的语句块**，在响应某些动作时激活该语句集。触发器的**特征**是当任何数据修改语句被发出时，就被 SQL Server 自动地激发。此外，在存储过程的情况下，不能被显式调用或执行。

触发器可用来维持数据完整性，防止对数据的不正确、未授权的和不一致的改变，但不能返回数据给用户。

按照触发事件的不同，可以把 SQL Server 系统提供的触发器分成两大类型，即 DML 触发器和 DDL 触发器。在 SQL Server 中，可以创建 CLR 触发器，它既可以是 DML 触发器，也可以是 DDL 触发器。

当数据库中发生数据操纵语言事件时将调用 DML 触发器。**DML 事件**包括在指定表或视图中修改数据的 INSERT 语句、UPDATE 语句或 DELETE 语句。

按照触发器事件类型的不同，可以把 SQL Server 系统**提供的 DML 触发器分成 3 种类型**，即 INSERT 类型、UPDATE 类型和 DELETE 类型。这也是 DML 触发器的基本类型。

DDL 触发器与 DML 触发器有许多类似的地方，如可以自动触发完成规定的操作、都可以使用 CREATE TRIGGER 语句创建等，但是也有一些不同的地方，例如，DDL 触发器的触发事件主要是 CREATE、ALTER、DROP、GRANT、DENY 及 REVOKE 等语句，并且触发的时间条件只有 AFTER，没有 INSTEAD OF。

任何触发器都可以包含影响另外一个表的 INSERT、UPDATE 或 DELETE 语句。当允许触发器嵌套时，一个触发器可以修改触发第二个触发器的表，第二个触发器又可以触发第三个触发器。在默认情况下，系统允许触发器嵌套。但是，用户可以使用系统存储过程 sp_configure禁止使用触发器嵌套。触发器最多可以嵌套 32 层。

#### 2. 触发器的用途

很多时候，改动一个数据往往会立即对其他数据产生影响。当用户提交数据的同时，能否根据内容立即对数据库中的其他数据进行操作呢?

**触发器**是一种特殊的存储过程,在 INSERT、UPDATE 或 DELETE 语句修改指定表中的数据时执行。触发器可查询其他表并且可包含复杂的 T-SQL 语句。人们通常创建触发器以在不同表中的逻辑相关数据之间实施引用完整性或一致性。由于用户无法绕开触发器,所以可以使用触发器来实施其他数据完整性机制很难或者无法实施的复杂业务逻辑。

**触发器的主要好处**是可以包含使用 T-SQL 语句的复杂处理逻辑。

(1) 当约束所支持的功能无法满足应用程序的功能性需求时,触发器最有用。约束只能通过标准化的系统错误消息来传达错误,如果应用程序要求更复杂的错误处理,则必须使用触发器。

(2) 触发器可将更改级联传播到数据库中的相关表,但是通过级联引用完整性约束可更有效地执行这些更改。

**有关触发器的事实**如下。

(1) 触发器以及激发它的语句被视为单个事务,该事务可从触发器中回滚,如果检测到严重错误(如磁盘空间不足),则整个事务自动回滚。

(2)触发器可将更改级联传播到数据库中的,相关表,但是使用级联引用完整性约束可更有效地执行这些更改。

(3) 触发器可防止恶意的或不正确插入、更新和删除操作,并强制实施比使用 CHECK 定义的限制更为复杂的其他限制。

(4) 与 CHECK 约束不同,触发器可引用其他表中的列,例如,触发器可以使用从另一个表选择的 SELECT 语句来与插入的或更新的数据进行比较并执行额外操作,如修改数据或显示用户定义的错误消息。

## 8.3.2 创建触发器

可使用 CREATE TRIGGER 语句创建触发器,其**语法格式**如下:

```
CREATE TRIGGER trigger_name
ON {table | view}
  {FOR |AFTER| INSTEAD OF|}
  {[INSERT]|[UPDATE]|[DELETE]}
    WITH APPEND
AS {sql_statement}
```

**触发器的类型**有 DML 和 DDL 两类,其中,DML 触发器有以下两类。

(1) AFTER 触发器,该触发器在执行 INSERT、UPDATE、DELETE 语句之后执行。

(2) INSTEAD OF 触发器,该触发器代替常规触发操作执行,还可以在基于一个或多个基表的视图上定义。

## 8.3.3 INSERT 触发器的工作方式

当执行 INSERT 语句将数据插入表或视图时,如果该表或视图配置了 INSERT 触发器,就会激发该 INSERT 触发器来执行特定的操作。

当 INSERT 触发器触发时,新行将插入触发器和 inserted 表。inserted 表是一个逻辑表,保留已插入行的副本。inserted 表包含由 INSERT 语句引起的已记入日志的插入活动。

inserted 表允许引用从发起插入操作的 INSERT 语句所产生的已记入日志的数据。触发器可检查 inserted 表，以确定是否应执行触发器操作或应如何执行。inserted 表中的行总是触发器表中一行或多行副本。

下面的案例可以说明如何在 AdventureWorks 数据库的 Production. WorkOrder 表上，创建名为 insrtWorkOrder 的 INSERT 触发器。其中使用了 inserted 表来操作引起触发器执行的值。

【案例 8-7】 在 Production. WorkOrder 表中创建名为 insrtWorkOrder 的 INSERT 触发器。将 inserted 表中数据插入 Production. TransactionHistory 表中。

```
CREATE TRIGGER [insrtWorkOrder]
ON [Production].[WorkOrder]
AFTER INSERT AS
BEGIN
SET NOCOUNT ON;
INSERT INTO [Production].[TransactionHistory](
    [ProductID],[ReferenceOrderID],[TransactionType],
    [TransactionDate],[Quantity],[ActualCost])
SELECT inserted.[ProductID],inserted.[WorkOrderID],
    'W',GETDATE(),inserted.[OrderQty],0 FROM inserted;
END
```

所有的数据修改活动都会被记入日志，而这些事务日志信息是不可读的。但是 inserted 表允许引用 INSERT 语句引起的已记入日志的更改。然后，可以将这些更改与插入的数据进行比较，以验证更改或者执行进一步的操作。同时，可以引用插入的数据，而不需要将这些信息存储在变量中。

### 8.3.4 DELETE 触发器的工作方式

DELETE 触发器是一种特殊的存储过程，在每次 DELETE 语句从配置了该触发器的表或者视图中删除数据时执行。

当 DELETE 触发器被触发时，被删除的行将放置在特殊的 deleted 表中。deleted 表是一个逻辑表，它保留已删除行的副本。deleted 表允许引用从发起删除的 DELETE 语句产生的已记入日志的数据。

下面的语句说明了如何在 AdventureWorks 数据库的 Sales. Customer 表中创建名为 delCustomer 的 DELETE 触发器。

【案例 8-8】 在 Sales. Customer 表中创建名为 delCustomer 的 DELETE 触发器。删除用户即发送邮件通知销售部。

```
CREATE TRIGGER [delCustomer] ON [Sales].[Customer]
AFTER DELETE AS
BEGIN
  SET NOCOUNT ON;
  EXEC master..xp_sendmail
    @recipients = N'SalesManagers@Adventure-Works.com',
    @message = N'Customers have been deleted!';
```

　　END;

**使用 DELETE 触发器时请注意**以下事实。

（1）当某行加入 deleted 表中，它将不再存在于数据库表中，因此，deleted 表和数据库表中没有任何行是相同的。

（2）创建 deleted 表时需要占用内存空间。deleted 表总是处在缓存中。

### 8.3.5　UPDATE 触发器的工作方式

UPDATE 触发器是在每次 UPDATE 语句配置了 UPDATE 触发器的表或视图中的数据进行更改时执行的触发器。

**UPDATE 触发器的工作过程**可视为两步。

（1）数据前映像的 DELETE 步骤。

（2）捕获数据后映像的是 INSERT 语句。

当 UPDATE 语句在已定义了触发器的表上执行时，原始行（前映像）移入 deleted 表，而更新行（后映像）插入 inserted 表中。

触发器可检查 deleted 表、inserted 表、updated 表，以确定是否要更新多行以及应如何执行触发器操作。

下面的语句说明了如何在 AdventureWorks 数据库的 Production. ProductReview 表中创建名为 updtProductReview 的 UPDATE 触发器。

【**案例 8-9**】　在 Production. ProductReview 表中创建名为 updtProductReview 的 UPDATE 触发器，并指定当复制进程更改触发器所涉及的表时，不执行该触发器，该触发器更新表中相应 ModifiedDate 列的值为当前系统时间。

```
CREATE TRIGGER [updtProductReview] ON [Production].[ProductReview]
AFTER UPDATE NOT FOR REPLICATION AS
BEGIN
    UPDATE [Production].[ProductReview]
    SET [Production].[ProductReview].[ModifiedDate] = GETDATE() FROM inserted
    WHERE inserted.[ProductReviewID] = [Production].[ProductReview].[ProductReviewID];
END
```

### 8.3.6　INSTEAD OF 触发器的工作方式

INSTEAD OF 触发器代替常规触发器操作执行。INSTEAD OF 触发器还可以在基于一个或多个基表的视图上定义。

此触发器代替原始触发操作执行，它增加了可对视图执行的更新类型种类，每个表或视图限制为每个触发器操作一个 INSTEAD OF 触发器。

**INSTEAD OF 触发器**主要具有以下**优点**。

（1）允许由多个基表组成的视图支持引用表中数据的插入、更新和删除操作。

（2）允许编写逻辑语句，以拒绝执行批处理的某些命令，同时不影响批处理其他部分的成功执行。

（3）允许针对符合指定条件的情况指定备选数据库操作。

案例 8-10 说明了如何在 AdventureWorks 数据库的 HumanResources. Employee 表中创

建名为 delEmployee 的 INSTEAD OF 触发器。

【**案例 8 - 10**】 在 HumanResources. Employee 表中创建名为 delEmployee 的 INSTEAD OF 触发器,并指定当复制进程更改触发器所涉及的表时,不执行该触发器,如果 DELETE 表中有记录,则引出错误消息。

```
CREATE TRIGGER [delEmployee] ON [HumanResources].[Employee]
INSTEAD OF DELETE NOT FOR REPLICATION AS
BEGIN
    SET NOCOUNT ON;
    DECLARE @DeleteCount int;
    SELECT @DeleteCount = COUNT(*) FROM deleted
    IF @DeleteCount > 0
    BEGIN
        ...
    END;
END;
```

综上所述,触发器可用于维持数据完整性,可以防止对数据出现错误、未授权访问和不一致的改变。当触发器激发对 INSERT、DELETE 或 UPDATE 语句的响应时,两个特殊的表被创建,即 inserted 表和 deleted 表:inserted 表包含插入触发器表中的所有记录的复制文件; deleted 表包含已从触发器表中被删除的所有记录。

当任何更新发生时,触发器使用 inserted 表和 deleted 表。可像任何普通的触发器一样,在 INSERT、UPDATE 或 DELETE 操作的任何表上创建 AFTER 触发器,AFTER 触发器在定义它的 DML 操作执行后激活。INSTEAD OF 触发器主要用来对另一个表或视图执行像 DML 操作这样的动作,可对表和视图创建这种类型的触发器。

📖**讨论思考**

(1) 什么是触发器? 触发器的用途是什么?

(2) 如何建立触发器?

(3) 触发器的工作方式有哪些?

# 8.4 实验七 存储过程及触发器

## 8.4.1 实验目的

(1) 掌握 SQL Server 编程结构。

(2) 掌握数据存储过程及触发器的使用方法。

## 8.4.2 实验内容及步骤

对 teachingSystem 数据库,编写存储过程,完成下面的功能。

### 1. 使用 T-SQL 语句创建存储过程

1) 创建不带参数的存储过程

(1) 创建一个从 student 表查询学号为 1202 学生信息的存储过程 proc_1,其中包括学号、姓名、性别、出生日期、系别等;调用过程 proc_1 查看执行结果。

```
USE teachingSystem
GO
CREATE proc proc_1
AS
SELECT stu_id,name,sex,birthday,dept_id
FROM student
WHERE sno = '1202'
```

执行:

```
EXEC proc_1
```

（2）在 teachingSystem 数据库中创建存储过程 proc_2,要求实现如下功能：查询学分为 4 的课程学生选课情况列表,其中包括学号、姓名、性别、课程号、学分、系别等。调用过程 proc_2 查看执行结果。

```
USE teachingSystem
GO
CREATE proc proc_2
AS
SELECT A.stu_id,name,sex,B.course_id,B.credit, B.dept_id
FROM student A,course B, student_teacher_course C
WHERE A.stu_id = C. stu_id and C.course_id = B.course_id and B.credit = 4;
```

执行:

```
EXEC proc_2
```

2）创建带参数的存储过程

创建一个从 student 表中按学生学号查询学生信息的存储过程 proc_3,其中包括学号、姓名、性别、出生日期、系别等。查询学号通过执行语句输入。

```
USE teachingSystem
GO
CREATE proc proc_3
@sno char(6)
AS
SELECT stu_id,name,sex,birthday,dept_id
FROM student
WHERE stu_id = @sno
```

执行:

```
USE teachingSystem
GO
EXEC proc_3  '1212'
```

3）创建带输出参数的存储过程

创建存储过程,比较两个学生的实际总分,若前者高就输出 0,否则输出 1。

```
CREATE PROCEDURE PROC4
(@ID1 char(6),@ID2 char(6),@result int out )
```

```
AS
BEGIN
DECLARE @SR1 int, @SR2 int
SET @SR1 = (select totalscore FROM student WHERE stu_id = @ID1)
SET @SR2 = (select totalscore FROM student WHERE stu_id = @ID2)
IF @SR1 > @SR2
    SET @result = 0
ELSE
    SET @result = 1
END
```

执行该存储过程,并查看结果:

```
DECLARE @result int
EXEC PROC4 '1201', '1202', @result OUTPUT
SELECT @result
```

## 2. 使用 T-SQL 语句查看、修改和删除存储过程

(1) 查看存储过程 proc_2、proc_4 语句如下:

```
EXEC sp_helptext proc_2
EXEC sp_helptext proc_4
```

(2) 删除存储过程 proc_1 语句如下:

```
DROP proc proc_1
```

## 3. 使用 T-SQL 语句实现触发器定义

(1) 为表 student_teacher_course 创建一个插入触发器,当向表 student_teacher_course 中插入一条数据时,通过触发器检查记录的 stu_id 值在表 student 中是否存在,若不存在,则取消插入操作,并检查 course_id 在表 course 中是否存在,若不存在也取消插入操作。

```
CREATE  TRIGGET credit_insert on student_teacher_course
    FOR INSERT, UPDATE
    AS
IF (SELECT stu_id FROM inserted) NOT IN (SELECT stu_id FROM student)
    BEGIN
ROLLBACK
END
IF (SELECT course_id FROM inserted) NOT IN (SELECT course_id FROM course)
    BEGIN
ROLLBACK
END
```

执行:

```
INSERT INTO student_teacher_course(course_id,teacher_id,stu_id,score)
VALUES('100001','30102','1205',90)
```

(2) 为表 student 创建一个删除触发器,当删除表 student 中一个学生的资料时,将表 sc 中相应的成绩数据删除。

```
USE teachingSystem
```

```
GO
IF EXISTS(select name from sysobjects where name = 'student_delete'and type = 'tr')
        DROP TRIGGER student_delete
GO
CREATE trigger student_delete on Student
FOR DELETE
AS
DECLARE @Sno1 int
SELECT @Sno1 = deleted. stu_id from deleted
DELETE FROM student_teacher_course
WHERE student_teacher_course. stu_id = @Snol
```

（3）为表 student_teacher_course 创建一个更新触发器，当更改表 student_teacher_course 的成绩数据时，如果成绩由原来的小于 60 分更改为大于 60 分，则该学生能得到相应学分，如果由原来的大于等于 60 分更改为小于等于 60 分，则相应学分改为 0。

```
CREATE trigger credit_update on student_teacher_course
FOR UPDATE
AS
DECLARE @credit0 int
DECLARE @grade0 int
SELECT @grade0 = inserted. score from inserted
SELECT @credit0 = course. credit from course, inserted
    WHERE course. course_id = inserted. course_id
IF (@grade0 > = 60)
  BEGIN
    UPDATE student_teacher_course set student_teacher_course. credit = @credit0
    FROM student_teacher_course, inserted
    WHERE student_teacher_course. course_id = inserted. course_id and student_teacher_
        course. stu_id = inserted. stu_id
  END
ELSE
  BEGIN
  UPDATE student_teacher_course set student_teacher_course. credit = 0
    FROM student_teacher_course, inserted
    WHERE student_teacher_course. course_id = inserted. course_id and student_ teacher_
        course. stu _id = inserted. stu_id
END
```

执行：

```
UPDATE student_teacher_course set score = 80 where stu_id = '1201' AND course_id = '100001'
```

## 8.5　本章小结

本章系统地介绍了 SQL Server 系统的存储过程与触发器的概念，通过本章的学习，读者应该掌握以下知识。

存储过程是不同 T-SQL 语句的集合,它以一个名称被存储并作为一个单独单元执行,存储过程允许声明参数、变量及使用 T-SQL 语句和编程逻辑,存储过程提供较好的性能、安全性、准确性,并可减少网络拥塞。

触发器是由 T-SQL 语句集组成的为响应某些动作而激活的语句块,触发器在响应 INSERT、UPDATE 和 DELETE 语句时激活。触发器可用来加强业务规则和数据完整性,AFTER 触发器在所有在表中定义的约束和触发器已被成功执行后执行,INSTEAD OF 触发器可用来在另一个表或视图上执行另一个像 DML 操作之类的动作。

# 第9章 数据库设计

数据库技术在现代信息化社会各个领域的应用非常广泛和深入,数据库设计对于利用数据库系统处理各种企事业单位的业务数据极为重要,在对系统需求分析的基础上设计合适的数据库及其应用软件极为关键。实际上,数据库设计主要是通过对业务系统和用户的需求分析,构建数据库及其应用系统的过程。

### 教学目标

熟悉数据库设计的任务和步骤

掌握数据设计需求分析、概念设计、逻辑设计和物理设计

掌握数据库实施和使用维护操作方法

掌握数据库设计规范及文档

## 9.1 数据库设计概述

【案例9-1】 数据库设计极为重要且关键。一个成功的信息管理系统由50%的业务(含业务数据信息支持)和50%的软件所组成,而50%的成功软件又由25%的数据库和25%的程序所组成,数据库设计的好坏是关键。企业数据的安全十分重要,数据库的设计是应用中最重要的一部分。

### 9.1.1 数据库设计的任务和特点

#### 1. 数据库设计的任务

**数据库设计**是指根据系统及用户需求,构建具体的数据库及其应用系统的过程。实际上,**数据库设计的任务**是指对于给定的应用环境,构造最优的数据库模式,建立数据库及其应用系统,使之能有效地管理和存储数据,满足用户的信息需求和处理要求,也就是将现实世界中的数据,根据各种应用处理要求加以合理组织,使之能满足硬件和操作系统的特性,利用已有的 DBMS 来建立能够实现系统目标的数据库及其应用软件。

### 2. 数据库设计的内容

**数据库设计的主要内容包括数据库的结构设计和行为设计两方面。**

（1）数据库的结构设计是指根据给定的业务应用环境，进行数据库的模式设计或子模式的设计，包括数据库的概念设计、逻辑设计和物理设计。

（2）数据库的行为设计是指数据库用户的行为和动作（操作）。在数据库系统中，用户的行为和动作指用户对数据库的操作，需要通过应用程序实现，所以数据库的行为设计就是操作数据库的应用程序的设计，即设计应用程序、事务处理等，所以结构设计是静态的，而行为设计是动态的，行为设计又称为动态模式设计。

### 3. 数据库设计的特点

（1）数据库建设是硬件、软件和构件（技术和管理的界面）的结合。

（2）数据库设计应该与应用系统设计相结合，也就是说，要将行为设计和结构设计密切结合起来形成一个"反复探寻、逐步求精的过程"。

## 9.1.2 数据库设计的基本方法

比较著名的新奥尔良（New Orleans）法，是目前公认的比较完整和权威的一种**规范数据库设计法**，将数据库设计分为四个阶段：需求分析（分析用户系统的需求）、概念设计（信息分析和定义）、逻辑设计（设计的实现）和物理设计（物理数据库设计）。其后，Yao 等又将数据库设计分为五个步骤。目前大多数设计方法都起源于新奥尔良法，并在设计的每个阶段采用一些辅助方法具体实现，下面概述几种比较有影响力的设计方法。

### 1. 基于E-R模型的数据库设计方法

基于 E-R 模型的数据设计方法的**基本步骤**是：① 确定实体类型；② 确定实体联系；③ 画出 E-R 图；④ 确定属性；⑤ 将 E-R 图转换成某个 DBMS 可接受的逻辑数据模型，即二维表结构；⑥ 设计记录格式。

### 2. 基于3NF的数据库设计方法

基于 3NF 的数据库设计方法的**基本思想**是，在需求分析的基础上确定数据库模式中的全部属性与属性之间的依赖关系，将它们组织到一个单一的关系模式中，然后将其投影分解，消除其中不符合 3NF 的约束条件，将其规范成若干 3NF 关系模式的集合。

### 3. 计算机辅助数据库设计方法

**计算机辅助数据库设计**主要分为需求分析、逻辑结构设计、物理结构设计几个步骤进行。设计中，哪些可在计算机辅助下进行？能否实现全自动化设计？这是计算机辅助数据库设计需要研究的问题。

按照规范化的设计方法以及数据库应用系统开发过程，**数据库应用系统的开发设计过程**可分为六个开发设计阶段（图 9-1）：需求分析、概念结构设计、逻辑结构设计、物理结构设计、数据库的实施、数据库运行和维护。

设计数据库时，前两个阶段面向用户及新应用系统要求，面向具体的问题，中间两个阶段面向数据库管理系统，最后两个阶段面向具体的实现方法。前四个阶段可统称为分析和设计阶段，后面两个阶段统称为实现和运行阶段。

> ⚠**注意**：计算机辅助数据库设计软件 PowerDesigner 提供了一种数据库结构的图形表

示。只需绘制新表或输入信息,即可更好地修改数据库的结构或创建全新的表。在设计完成后,PowerDesigner 可生成一个 SQL 脚本,以生成新的数据库。

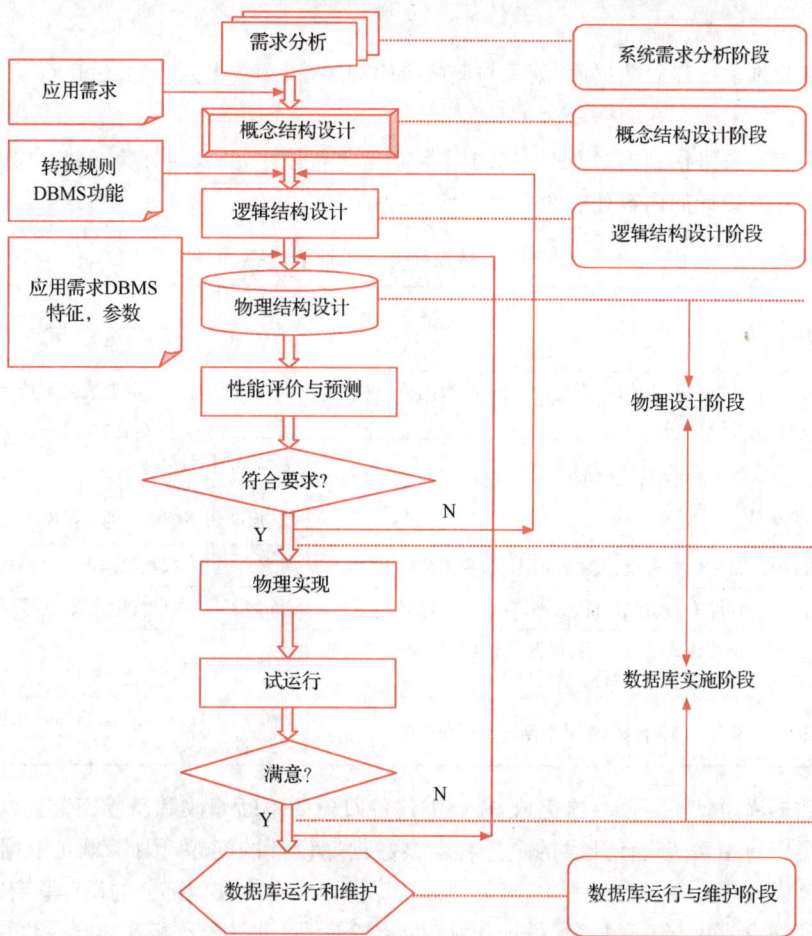

```
                          ┌──────────┐
                     ┌────│ 需求分析 │────────── 系统需求分析阶段
          ┌────────┐ │    └──────────┘
          │ 应用需求│ │         │
          └────────┘ │    ┌──────────┐
                     └────│概念结构设计│────────── 概念结构设计阶段
       ┌──────────┐       └──────────┘
       │ 转换规则 │            │
       │DBMS功能 │──────  ┌──────────┐
       └──────────┘       │逻辑结构设计│────────── 逻辑结构设计阶段
                          └──────────┘
    ┌──────────────┐          │
    │应用需求DBMS   │      ┌──────────┐
    │特征,参数     │──────│物理结构设计│
    └──────────────┘      └──────────┘
                              │
                          ┌──────────┐
                          │性能评价与预测│          物理设计阶段
                          └──────────┘
                              │
                          ◇符合要求?◇──── N
                              │Y
                          ┌──────────┐
                          │ 物理实现 │
                          └──────────┘
                              │
                          ┌──────────┐
                          │  试运行  │            数据库实施阶段
                          └──────────┘
                              │
                          ◇ 满意? ◇──── N
                              │Y
                    ┌──────────────────┐
                    │ 数据库运行和维护  │────── 数据库运行与维护阶段
                    └──────────────────┘
```

图 9-1 数据库开发设计的六个阶段

### 9.1.3 数据库开发设计的步骤

数据库开发设计主要有以下六个步骤。

#### 1. 需求分析阶段

**需求分析**是指准确了解和分析用户及新 DB 应用系统的需求,这是最困难、最费时、最复杂的一步,也是最重要的一步,决定了以后各步设计的速度和质量。

#### 2. 概念结构设计阶段

**概念结构设计**是指对用户的需求进行分析综合、归纳与抽象,形成一个独立于具体 DBMS 的概念模型,是整个数据库设计的关键。

#### 3. 逻辑结构设计阶段

**逻辑结构设计**是指将概念模型转换成某个 DBMS 所支持的 ER 模型(二维表结构),并对其进行优化。

#### 4. 物理设计阶段

**物理设计**是指为逻辑数据模型选取一个最适合应用环境的物理结构(包括存储结构顺序和存储方法),如建立排序文件、索引。

#### 5. 数据库实施阶段

**数据库实施**是指建立数据库,编写与调试应用程序,组织数据入库,并试运行。

#### 6. 数据库运行与维护阶段

**数据库运行与维护**是指对数据库系统实际正常运行使用,并及时评价、调整、修改和完善。

**数据库开发设计的内容**如表 9-1 所示。

表 9-1 数据库开发设计的内容

| 设计各阶段 | 设计内容 | |
| --- | --- | --- |
| | 数据 | 处理 |
| 需求分析 | 业务数据描述,全系统中数据项、数据流、数据存储的描述 | 业务数据流图核定表数据字典及处理过程的描述 |
| 概念结构设计 | 概念模型(E-R图)<br>数据字典 | 系统说明书,包括:<br>① 新系统要求、方案和概图<br>② 反映新系统信息的数据流图 |
| 逻辑结构设计 | 某种数据模型、关系模型库表、视图结构 | 系统结构图、模块结构图、DB 结构 |
| 物理设计 | 存储安排、存取方法选择、存取路径建立 | 模块设计、IPO 表、建立索引、排序文件 |
| 实施阶段 | 编写模式(建库、表、视图、索引及编程)、装入数据、数据库试运行 | 程序编码、编译连接、测试 |
| 运行与维护 | 性能测试,转储/恢复数据库重组和重构 | 新旧系统转换、运行、维护(修正性、适应性、改善性维护) |

通常数据库设计不可能一次完成,需要上述各阶段的不断修改和反复完善。以上六个阶段是从数据库应用系统设计开发的全过程考察数据库设计的问题,因此,既是数据库也是应用系统的开发过程。在设计过程中,努力使数据库设计和系统其他部分的设计紧密结合,将数据和处理的需求收集、分析、抽象、设计和实现在各个阶段同时进行、相互参照、相互补充,以完善各方面的设计。按此原则,数据库各个阶段的设计尽量用图表描述。

如图 9-2 所示。应用系统经过需求分析在概念结构设计阶段形成独立于机器特点、独立

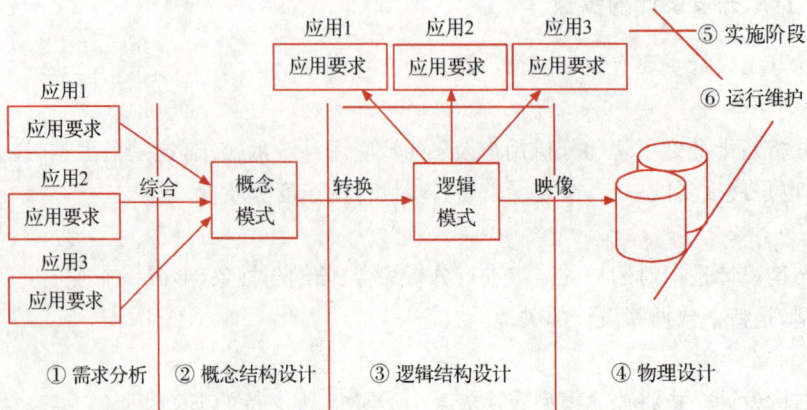

图 9-2 数据库设计过程与各级模式

于各个 DBMS 产品的概念模型,在本书中就是 E-R 图;在逻辑设计阶段将 E-R 图转换成具体的数据库产品支持的数据模型,如关系模型中的关系模式;然后根据用户处理的要求、安全性、完整性要求等,在基本表的基础上建立必要的视图(可认为是外模式或子模式);在物理设计阶段,根据 DBMS 特点和处理性能等的需要,进行物理设计(如存储安排、建立索引等),形成数据库内模式;实施阶段开发设计人员基于外模式,进行系统功能模块的编码与调试;设计成功后进入系统的运行与维护阶段。

📖 **讨论思考**

基于 E-R 模型的数据库设计方法和基于 3NF 的设计方法的特点和区别有哪些?

# 9.2　数据库应用系统开发

### 9.2.1　系统需求分析

**需求分析**简单地说是分析用户的具体实际要求,需求分析是设计数据库的基本和起点,需求分析的结果是否准确地反映了用户的实际需求,将直接影响到后面各个阶段的设计,并影响到设计结果是否合理与实用。也就是说,如果这一步做得不好,获取的信息或分析结果有误,那么后面的各步设计即使再优化也只能前功尽弃。因此,必须高度重视系统的需求分析。

#### 1. 需求分析的任务

**需求分析的任务**是通过详细调查现实业务要处理的对象,通过对原系统工作情况的充分了解,明确用户的各种需求,在此基础上确定新系统的功能。

数据库**需求分析的任务**主要包括数据(或信息)和处理要求两方面。

(1) 信息要求:指用户需要从数据库中获得信息的内容与性质。由信息要求可以导出各种数据要求。

(2) 处理要求:指用户有什么处理要求(如处理功能、内容、方式、顺序、流程、响应时间等),最终要实现什么处理功能。

**具体需求分析阶段的任务**包括两方面。

(1) 调查、收集、分析用户需求,确定系统边界,具体做法如下。

① 调查组织机构情况,包括了解该组织机构的部门组成情况、各部门的业务职责等,为分析信息流程做准备。

② 调查各部门的业务活动情况,包括了解各部门输入和使用的具体数据,加工处理数据方式及方法,输出信息及输出业务部门,输出结果的格式等,这是调查的重点。

③ 在熟悉业务的基础上,明确用户对新系统的各种具体要求,如信息要求、处理要求、功能要求、一致性和完整性要求。

④ 确定系统边界及接口。即确定哪些活动由计算机或将来由计算机完成,哪些只能由人工来完成。由计算机完成的功能是新系统应该实现的功能。

(2) 编写系统需求分析说明书。系统需求分析说明书也称为系统需求规范说明书,是系统分析阶段的最后工作,是对需求分析阶段的总结,编写系统需求分析说明书是一个不断反复、逐步完善的过程。系统需求分析说明书一般应包括如下内容:① 系统概况,包括系统的目标、范围、背景、历史和现状等;② 系统的运行及操作的主要原理和技术;③ 系统总体结构和子系统的结构描述及说明;④ 系统总体功能和子系统的功能说明;⑤ 系统数据处理概述、工程项目体制和设计阶段划分;⑥ 系统方案及技术、经济、实施方案可行性等。

系统需求分析说明书可以提供以下附件。

(1) 系统的软硬件支持环境的选择及规格要求(所选择的数据库管理系统、操作系统、计算机型号及其网络环境等)。

(2) 组织结构图、组织之间的联系图和各结构功能业务一览图。

(3) 数据流程图、功能模块图和数据字典等图表。

### 2. 需求分析的方法

用于需求分析的方法很多,其中**结构化分析**(structured analysis, SA)方法是一种简单实用的方法,主要的方法有自顶向下和自底向上两种,SA 方法是从最上层的系统组织入手,采用自顶向下、逐层分解的方法分析系统。

SA 方法将每个系统都抽象成图 9-3 的形式。图 9-3 只是给出了最高层次抽象的系统概貌,要反映更详细的内容,可将处理功能分解为若干子系统,每个子系统还可以继续分解,直到将系统工作过程表示清楚为止。在处理功能逐步分解的同时,它们所用的数据也逐级分解,形成有若干层次的数据流图。

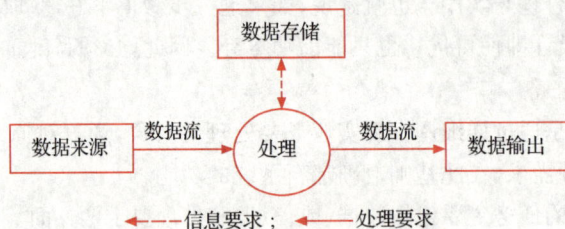

图 9-3　系统最高层数据抽象图

数据流图表达了数据和处理过程的关系。在 SA 方法中,处理过程的处理逻辑常常借助判定表和判定树来描述。系统中的数据则借助数据流图和数据字典来描述。

下面概要介绍数据流图和数据字典。

### 1) 数据流图

**数据流图**(data flow diagram, DFD)是描述数据与处理流程及其关系的图形表示。**数据流图**有多种画图标准,其中一种常用的**基本元素**有以下几种。

(1) 箭头描述数据流的流向。被加工处理的数据及其流向,数据流线上注明数据名称,箭头代表数据流动方向。

(2) 矩形描述一个处理,输入数据经过处理产生输出数据,其中注明处理的名称。

(3) 椭圆表示数据的产生(输入)源点或输出汇点,其中注明源点或汇点的名称。

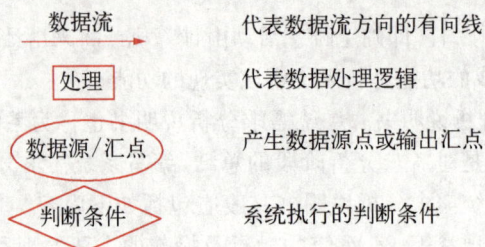

（4）菱形表示系统或程序执行过程中的判断条件。

**构建数据流图的目的**主要是系统分析师与用户能够进行明确的交流，以便指导系统的设计，并为下一步工作打下基础。所以要求数据流图既要简单，又要易于理解。

构建数据流图通常采用自顶向下、逐层分解的方法，直到功能细化为止，形成若干层次的 DFD。

2）数据字典

**数据字典**是系统中各类业务数据及结构描述的集合，是各类数据结构和属性的清单。与数据流图互为解释，数据字典贯穿于数据库需求分析直到数据库运行的全过程，在不同的阶段其内容形式和用途各有区别，在需求分析阶段，通常**数据字典包括五部分**。

（1）数据项。数据项描述＝{数据项名，数据项含义说明，别名，数据类型，长度，取值范围，取值含义，与其他数据项的逻辑关系，数据项之间的联系}，其中，取值范围、与其他数据项的逻辑关系定义了数据的完整性约束条件。

（2）数据结构。数据结构描述＝{数据结构名，含义说明，组成：{数据项或数据结构}}。

（3）数据流。数据流描述＝{数据流名，说明，数据流来源，数据流去向，组成：{数据结构}，平均流量，高峰期流量}。

（4）数据存储。数据存储描述＝{数据存储名，说明，编号，流入的数据流，流出的数据流，组成：{数据结构}，数据量，存取方式}。

（5）处理过程。处理过程描述＝{处理过程名，说明，输入：{数据流}，输出：{数据流}，处理：{简要说明}}。

其中，**简要说明**主要描述该处理过程的功能及处理要求。

① 功能：该处理过程用于具体的实际操作，如查询、插入、修改、删除等。

② 处理要求：处理频度要求（如单位时间处理的事务及数据量）、响应时间要求等。处理要求是后面物理设计的输入及性能评价的标准。

最终形成的数据流图和数据字典为系统需求分析说明书的主要内容，这是下一步进行概念设计的基础。

## 9.2.2　概念结构设计

**概念结构设计**是将需求分析得到的用户具体业务数据处理的实际需求抽象为信息结构（概念模型）的过程，是**整个数据库设计的关键**。

在进行数据库功能设计时，如果将现实世界中的客观事物对象直接转换为机器世界中的对象，就会感到比较复杂，注意力往往被牵扯到更多的细节限制方面，而不能集中在最重要的信息的组织结构和处理模式上，因此，通常是将现实世界中的客观事物对象首先抽象为不依赖任何 DBMS 支持的数据模型，如 E-R 图。故概念模型可以看成现实世界到机器世界的一个过渡的中间层次。

概念模型是各种数据模型的共同基础，与数据模型相比更独立于计算机、更抽象。将概念结构设计从设计过程中独立出来，**体现的主要优点**如下。

（1）任务相对简单，设计复杂程度大大降低，便于管理。

（2）概念模式不受具体的 DBMS 限制，也独立于存储安排和效率，更加稳定。

（3）概念模型不含具体 DBMS 所附加的技术细节，更容易被用户理解，因而更能准确地反映用户的信息需求。

**概念结构设计**的**特点**有以下几点。

（1）易于理解，从而可以和不熟悉计算机的用户交换意见，用户的积极参与是数据库设计成功的关键。

（2）能真实、充分地反映现实世界的具体事物，包括事物和事物之间的联系，能满足用户对数据的处理要求，是反映现实世界的一个真实模型。

（3）易于更改，当应用环境和应用要求改变时，容易对概念模型修改和扩充。

（4）易于向关系、网状、层次等各种数据模型转换。

### 1. 概念结构的设计方法

（1）自顶向下。首先定义全局概念结构的框架，然后逐步细化。其设计方法如图9-4所示。

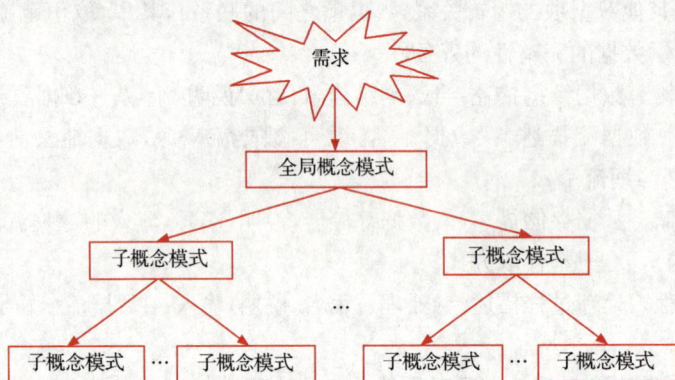

图9-4 自顶向下的设计方法

（2）自底向上。首先定义各局部应用的概念结构，然后将它们集成，得到全局概念结构。这种设计方法如图9-5所示。

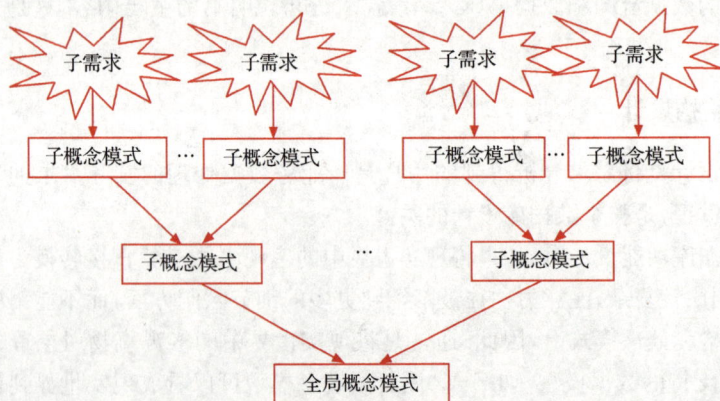

图9-5 自底向上的设计方法

（3）逐步扩张。首先定义最重要的核心概念结构，然后向外扩充，以滚雪球的方式逐步生成其他概念结构，直至得到总体概念结构，如图9-6所示。

（4）混合策略。将自顶向下和自底向上设计方法相结合，采用自顶向下的策略设计一个全局概念结构的框架，以它为骨架集成由自底向上策略中设计的各局部概念结构。

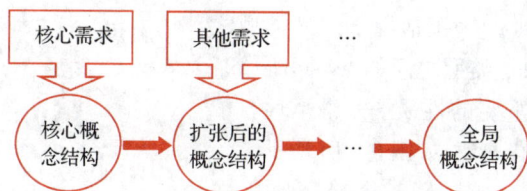

图 9 - 6  逐步扩张的设计方法

其中最常用的设计方法是自底向上。即自顶向下地进行需求分析,再自底向上地设计概念模式结构。

### 2. 概念结构设计的步骤

对于自底向上的设计方法,图 9 - 7 所示的**概念结构**分为两个步骤。

(1) 进行数据抽象,设计局部 E - R 模型。

(2) 集成各局部 E - R 模型,形成全局 E - R 模型。

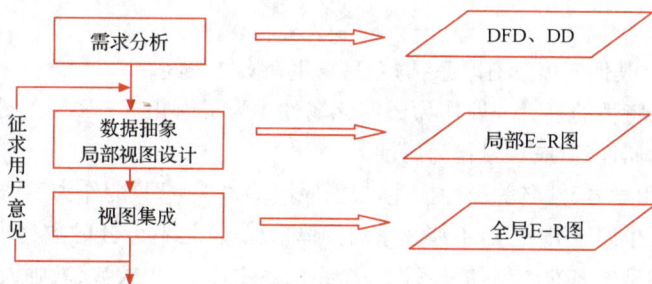

图 9 - 7  自底向上方法的设计步骤

### 3. 数据抽象与局部 E - R 模型设计

(1) 数据抽象。抽象是对实际的人、物、事和概念进行分析概括,抽取人们关心的共同特性,忽略非本质细节,并将这些特性用各种概念精确地描述,组成某种模型。

① 分类(classification)。分类是指将一组具有某些共同特性和行为的实体抽象为一个实体型。抽象实体与实体型之间的"is member of"的关系。

例如,在教学管理系统中,"张立"是一名学生,表示张立是学生中的一员,他具有学生共同的特性和行为,如图 9 - 8 所示。

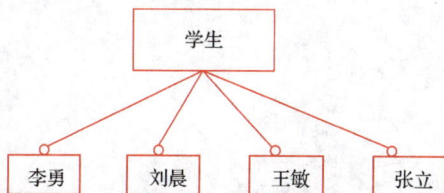

图 9 - 8  分类示意图

图 9 - 9  聚集示意图

② 聚集(aggregation)。聚集定义实体型的组成成分,将实体型的组成成分抽象为实体型特征的属性。属性与实体型之间是"is part of"的关系。

例如,学号、姓名、性别、年龄、系别等可以抽象为学生实体型的属性,其中学号是标识学生实体的主键,如图 9 - 9 所示。

③ 概括(generalization)。概括用于定义类型之间的一种子集联系,抽象了类型之间的"is subset of"的语义。概括有一个很重要的性质——继承性。子类继承父类上定义的所有抽象,如图9-10所示。

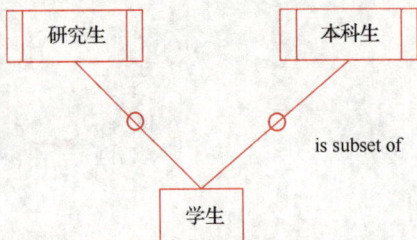

图9-10　概括示意图

(2) 局部视图设计。选择好一个局部应用之后,就要对每个局部应用逐一设计分 E-R 图,也称为局部 E-R 图。将各局部应用涉及的数据分别从数据字典中抽取,参照数据流图标定各局部应用中的实体、实体的属性、标识实体的键,确定实体之间的联系及其类型($1:1,1:n$,$m:n$)。

实际上实体和属性是相对的,通常要根据实际情况进行必要的调整,在**调整时要遵守两个原则**。

① 属性不能再具有需要描述的性质,必须是不可分数据项,不能再由另一些属性组成。

② 属性不能与其他实体具有联系,联系只发生在实体之间。

符合上述两条特性的事物一般作为最简化属性。为了简化 E-R 图的处置,现实世界中的事物凡能够作为属性的,应尽量作为属性。

例如,"学生"由学号、姓名等属性描述,根据原则①,"学生"只能作为实体,不能作为属性。如果系别只表示学生属于哪个系,不涉及系的具体情况,就是不可分的数据项,则根据原则①可以作为学生实体型的属性。但如果考虑一个系的系主任、学生人数、教师人数、办公地点等,则系别应看作一个实体型,如图9-11所示。

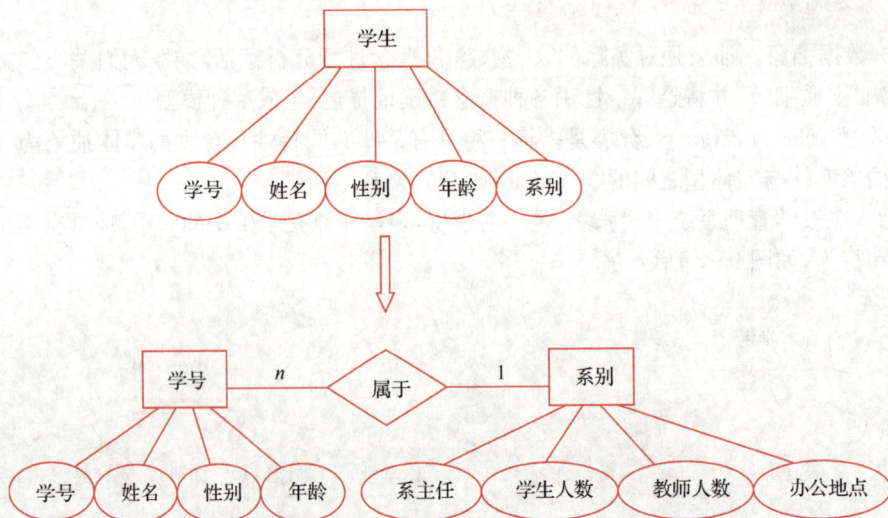

图9-11　系别作为实体的局部 E-R 图

又如,职称通常作为教师实体的属性,在涉及任务分配时,由于任务与职称有关,即职称与任务实体之间有联系,根据原则②,此时将职称作为实体来处理更合适,如图9-12所示。

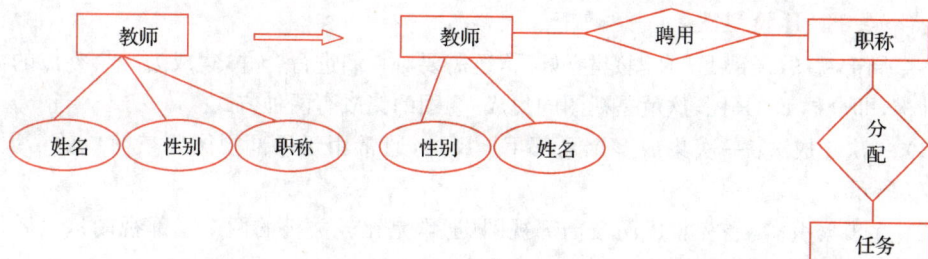

图 9-12　职称作为一个属性或实体聘用任务

【案例 9-2】　在简单的教务管理系统中,有如下语义约束:

① 一个学生可选修多门课程,一门课程可被多个学生选修,学生和课程是多对多联系;

② 一名教师可讲授多门课程,一门课程可为多个教师讲授,教师和课程也是多对多联系;

③ 一个系可有多名教师,一名教师只属于一个系,因此系和教师是一对多联系,同样系和学生也是一对多联系。

根据上述约定,可以得到图 9-13 所示的学生选课局部 E-R 图和教师任课局部 E-R 图(图 9-14)。

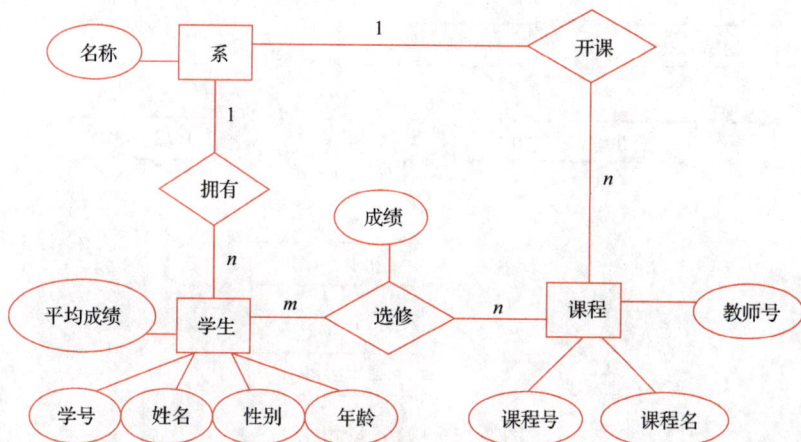

图 9-13　学生选课局部 E-R 图

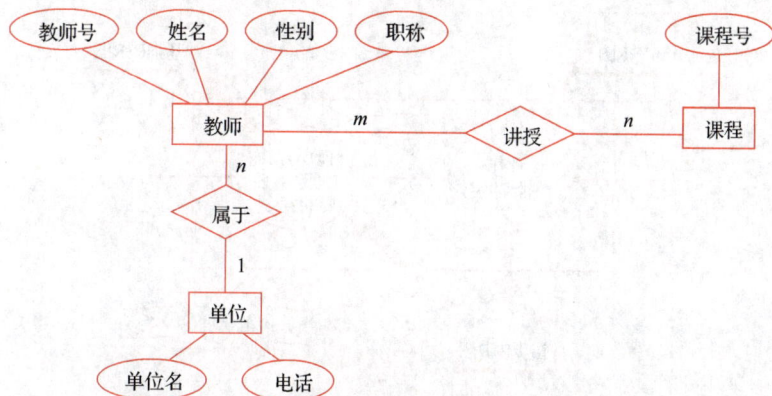

图 9-14　教师任课局部 E-R 图

### 4. 全局 E-R 模型设计

各个局部视图(局部 E-R 图)建立好后,还需要对它们进行合并,集成为一个整体的概念数据结构,即全局 E-R 图,这就是视图的集成,**视图的集成**有两种**方式**。

(1) 一次集成法:一次集成多个局部 E-R 图,通常用于局部视图比较简单的情况,如图 9-15 所示。

(2) 逐步累积式:首先集成两个局部视图(通常是比较关键的两个局部视图),以后每次将一个新的局部视图集成进来,如图 9-16 所示。

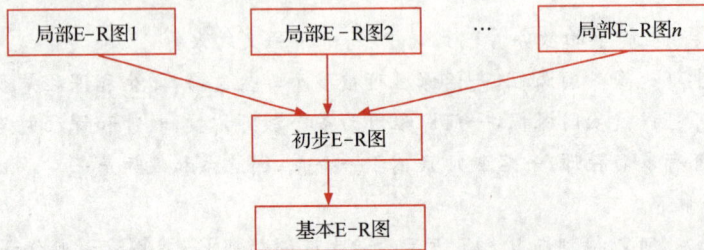

图 9-15 一次集成法

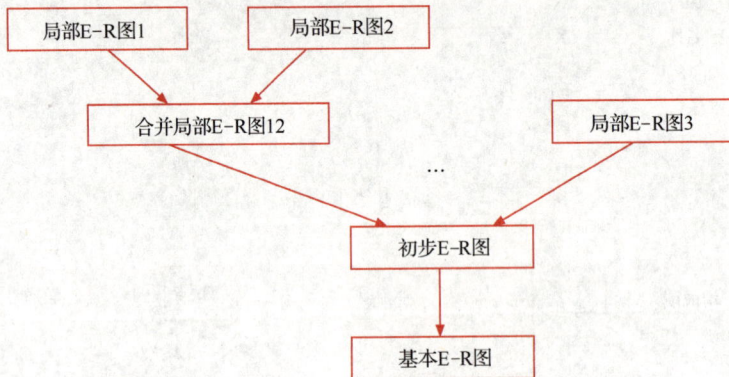

图 9-16 逐步累积式

由此可知,不管使用哪种方法,集成局部 E-R 图都分为两个步骤,如图 9-17 所示。

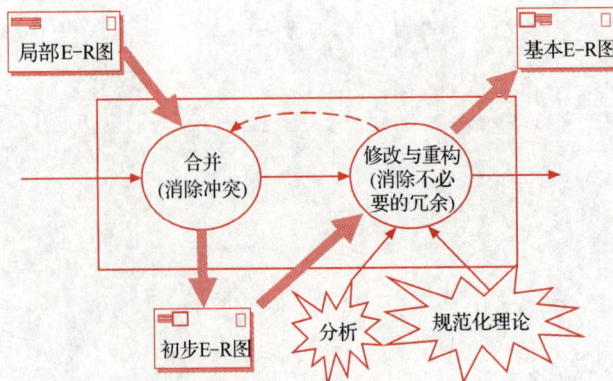

图 9-17 视图的集成

1) 合并

合并需要解决各个局部 E-R 图之间的冲突,将各个局部 E-R 图合并生成初步 E-R 图。合并局部 E-R 图时不能简单地将各个局部 E-R 图拼凑到一起,而是必须着力消除各个局部 E-R 图中不一致的地方,以形成一个能为全系统中所有用户共同理解和接受的统一概念模型。合理消除各局部 E-R 图的冲突,是合并局部 E-R 图的主要工作与关键。

**E-R 图中的冲突有三种**：属性冲突,命名冲突和结构冲突。

(1) 属性冲突。属性值的类型、取值范围或值域不同,可能引起属性取值单位冲突。

(2) 命名冲突。命名不一致可能发生在实体名、属性名或联系名之间,其中属性的命名冲突更为常见,一般表现为同名异义或异名同义。

同名异义：不同意义的对象在不同的局部应用中具有相同的名字。

异名同义(一义多名)：同一意义的对象在不同的局部应用中具有不同的名字。

命名冲突可能发生在属性级、实体级、联系级上。其中,属性的命名冲突最常见。命名冲突通常通过讨论、协商等手段解决。

(3) 结构冲突(有三类结构冲突)。同一对象在不同应用中具有不同的抽象。

解决方法：通常是将属性变换为实体或将实体变换为属性,使同一对象具有相同的抽象。变换时要遵循两个准则。

① 同一实体在不同局部视图中所包含的属性不完全相同,或属性排列次序不完全相同。

解决方法：使该实体的属性取各局部 E-R 图中属性的并集,再适当设计属性的次序。

② 实体之间的联系在不同局部视图中呈现不同的类型。

解决方法：根据应用语义对实体联系的类型进行综合或调整。

【**案例 9-3**】　下面以教务管理系统中的两个局部 E-R 图为例,说明如何消除各局部 E-R 图之间的冲突,进行局部 E-R 模型的合并,从而生成初步 E-R 图。

首先,在消除两个局部 E-R 图中存在命名冲突,学生选修课程的局部 E-R 图中的实体型"系"与教师任课局部 E-R 图中的实体型"单位"都指"系",即所谓的异名同义,合并后统一改为"系",这样属性"名称"和"单位名"即可统一为"系名"。

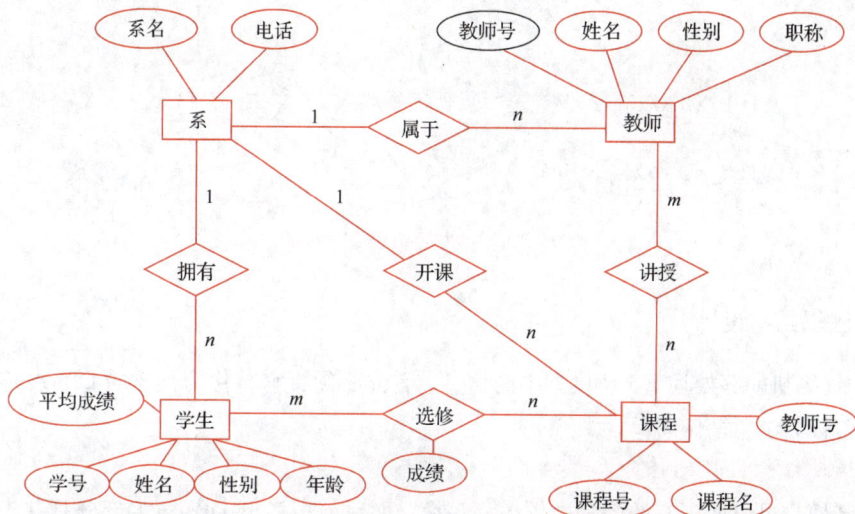

图 9-18　消除各局部 E-R 图之间冲突并进行合并

其次,还存在结构冲突,实体型"系"和实体型"课程"在两个不同应用中的属性组成不同,合并后这两个实体的属性组成为原来局部 E-R 图中的同名实体属性的并集。解决上述冲突后,合并两个局部 E-R 图,生成如图 9-18 所示的初步 E-R 图。

2) 修改与重构

主要消除不必要的冗余,生成基本 E-R 图。消除不必要的冗余,设计基本 E-R 图。

**冗余的数据**是指可由基本数据导出的重复数据,**冗余的联系**是指可由其他联系导出的重名联系。冗余数据和冗余联系容易破坏数据库的完整性,给数据库维护增加困难。

采用分析的方法来消除数据冗余,以数据字典和数据流图为依据,根据数据字典中关于数据项之间逻辑关系的说明来消除冗余。

**【案例 9-4】** 下面以教务管理系统中的合并 E-R 图为例说明消除不必要的冗余,从而生成基本 E-R 图的方法。

在初步 E-R 图中,"课程"实体型中的属性"教师号"可由"讲授"这个"教师"与"课程"之间的联系导出,而学生的平均成绩可由"选修"联系中的属性"成绩"计算出来,所以"课程"实体型中的"教师号"与"学生"实体型中的"平均成绩"均属于冗余数据。

另外,"系"和"课程"之间的联系"开课",可以由"系"和"教师"之间的"属于"联系与"教师"和"课程"之间的"讲授"联系推导出来,所以"开课"属于冗余联系。

初步 E-R 图在消除冗余数据和冗余联系后,便可得到基本 E-R 图,如图 9-19 所示。

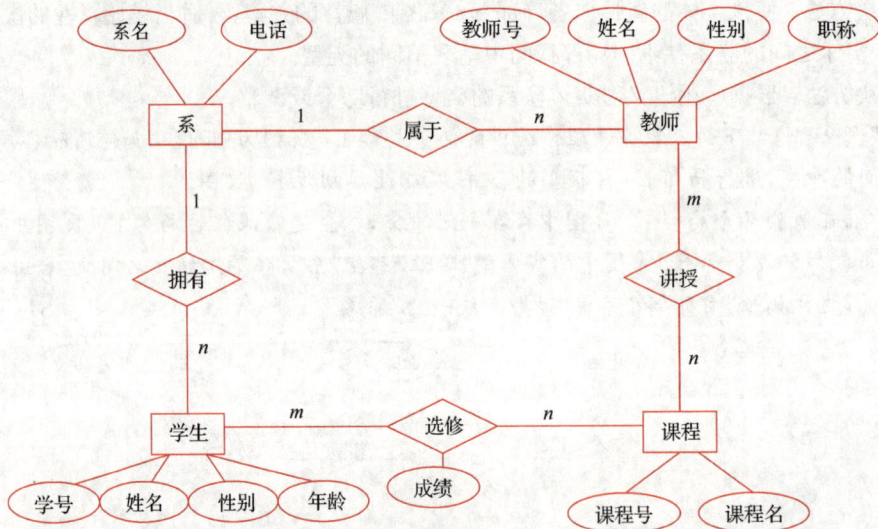

图 9-19  初步的全局 E-R 图

### 9.2.3  逻辑结构设计

要使计算机能够处理 E-R 模型中的信息。首先必须将它转化为具体的 DBMS 能处理的数据模型,称为逻辑结构的设计。

#### 1. 逻辑结构设计的任务和步骤

E-R 模型可以向现有的各种数据模型转换。而目前市场上 DBMS 大部分是基于关系数据模型的,所以主键只学习 E-R 模型向关系数据模型(二维表)的转换方法。

从 E-R 图中可以看出,E-R 模型实际上是实体型及实体间联系所组成的整体,而前面也介绍过,关系模型的逻辑结构是一系列关系模式的集合。所以将 E-R 模型转化为关系模型,实质上就是将实体型和联系转化为关系模式,也就是如何用关系模式来表达实体型以及实体集之间的联系的问题。下面学习这种转化的步骤。

一般的**逻辑结构设计分为三个步骤**(图 9-20)。

(1) 将概念结构转化为一般的关系(或网状或层次)模型。

(2) 将转化的模型向特定 DBMS 支持下的数据模型转换。

(3) 对数据模型进行优化。

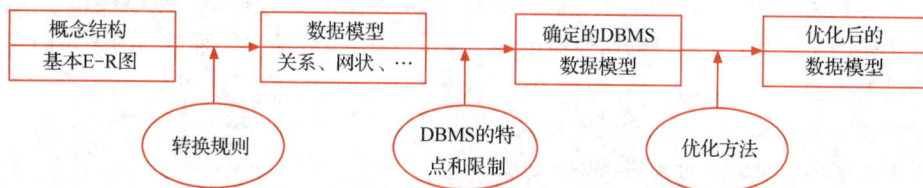

图 9-20　逻辑结构设计步骤

### 2. 初始化关系模式设计

1) 转换原则

(1) 一个实体转换为一个关系模式。

关系的属性:实体的属性、关系的键、实体的键。

(2) 一个 $m:n$ 联系转换为一个关系模式。

关系的属性:与该联系相连的各实体的键以及联系本身的属性。

关系的键:各实体键的组合。

(3) 一个 $1:n$ 联系可以转换为一个关系模式。

关系的属性应与该联系相连的各实体的键以及联系本身的属性,键为 $n$ 端实体的键。

⌨**说明:**一个 $1:n$ 联系也可以与 $n$ 端对应的关系模式合并,这时需要将 1 端关系模式的键和联系本身的属性都加入 $n$ 端对应的关系模式中。

(4) 一个 $1:1$ 联系可以转换为一个独立的关系模式。

关系的属性:与该联系相连的各实体的键以及联系本身的属性。

关系的候选键:每个实体的键均是该关系的候选键。

⌨**说明:**一个 $1:1$ 联系也可以与任意一端对应的关系模式合并,这时需要将任一端关系模式的键及联系本身的属性都加入另一端对应的关系模式中。

(5) 三个或三个以上实体间的一个多元联系转换为一个关系模式。

关系的属性:与该多元联系相连的各实体的键以及联系本身的属性。

关系的键:各实体键的组合。

2) 具体做法

(1) 将一个实体转换为一个关系。首先分析该实体的属性,从中确定主键,然后将其转换为关系模式。

【**案例 9-5**】 以图 9-19 为例将四个实体分别转换为关系模式(带下划线的为主键):

学生(<u>学号</u>,姓名,性别,年龄)

课程(<u>课程号</u>,课程名)

教师(教师号,姓名,性别,职称)

系(系名,电话)

(2) 将每个联系转换成关系模式。

【案例 9-6】 将图 9-19 中的四个联系转换成关系模式:

属于(教师号,系名)

讲授(教师号,课程号)

选修(学号,课程号,成绩)

拥有(系名,学号)

(3) 三个或三个以上实体间的一个多元联系在转换为一个关系模式时,与该多元联系相连的各实体的主键及联系本身的属性均转换成关系的属性,转换后所有得到的关系的主键为个实体键的组合。

【案例 9-7】 图 9-21 表示供应商、项目和零件三个实体之间的多对多联系,如果已知三个实体的主键分别为"供应商号"、"项目号"与"零件号",则它们之间的联系"供应"转换为关系模式:供应(供应商号,项目号,零件号,数量)。

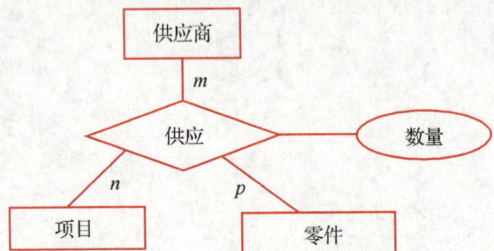

图 9-21　多个实体之间的联系

### 3. 关系模式的规范化

关系模型的优化通常是以规范化理论为基础的。**规范化方法**如下。

(1) 确定数据依赖,按需求分析阶段所得到的语义,分别写出每个关系模式内部各属性之间的数据依赖以及不同关系模式属性之间数据依赖。

(2) 对于各个关系模式之间的数据依赖进行极小化处理,消除冗余联系。

(3) 按照数据依赖的理论对关系模式逐一进行分析,考查是否存在部分函数依赖、传递函数依赖、多值依赖等,确定各关系模式分别属于第几范式。

(4) 按照需求分析阶段得到的各种应用对数据处理的要求,分析对于这样的应用环境这些模式是否合适,确定是否要对它们进行合并或分解。

(5) 按照需求分析阶段得到的各种应用对数据处理的要求,对关系模式进行必要的分解或合并,以提高数据操作的效率和存储空间的利用率。

【案例 9-8】 对职工管理系统全局 E-R 模型进行关系模型的转化,如图 9-22 所示。

(1) 将每一个实体型转换为一个关系模式。将实体集的属性转换成关系的属性,实体集的键对应关系的键,实体集的名对应关系的名。职工管理系统全局 E-R 模型中的五个实体集可以表示如下:

职工(职工号,姓名,性别,年龄)

部门(部门号,名称,电话,负责人)

职称职务(代号,名称,津贴,住房面积)

工资(工资号,补贴,保险,基本工资,实发工资)

项目(项目号,名称,起始日期,鉴定日期)

(2) 将每个联系转换为关系模式。用关系表示联系,实质上是用关系的属性描述联系,那

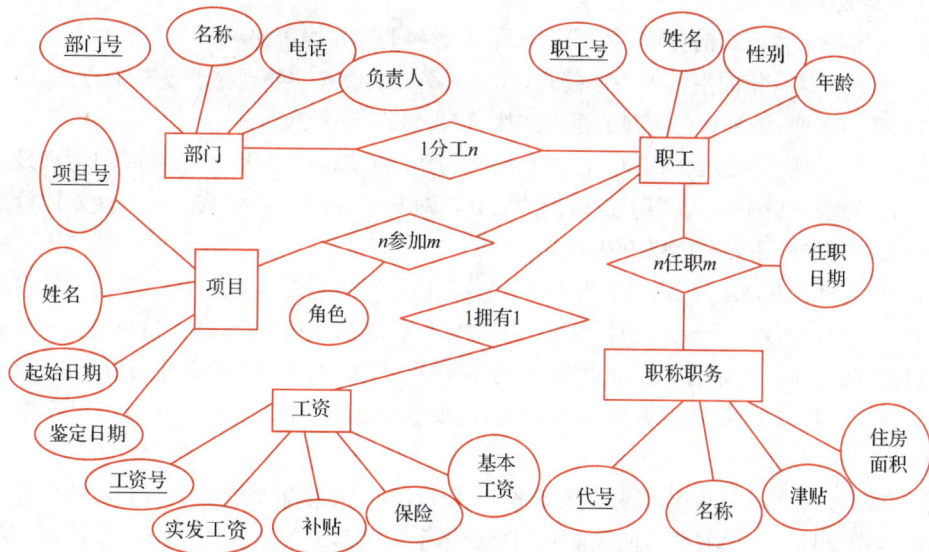

图 9-22 职工管理系统全局 E-R 模型

么该关系的属性从何而来呢？可以说，对于给定的联系 R，所转换的关系具有以下属性：

联系 R 单独的属性都转换为该关系的属性；联系 R 涉及的每个实体集的键属性(集)转换为该关系的属性。

例如，职工管理系统中的联系可以表示如下：

| | |
|---|---|
| 分工(职工号，部门号) | n∶1 联系 |
| 任职(职工号，代号，任职日期) | n∶m 联系 |
| 拥有(职工号，工资号) | 1∶1 联系，职工号和工资号都可作为主键 |
| 参加(职工号，项目号，角色) | n∶m 联系 |

根据联系的不同类型，联系转换为关系后，关系的键的确定也相应地有不同的规则：① 若联系 R 为 1∶1 联系，则每个相关实体的键均可作为关系的候选键；② 若联系 R 为 1∶n 联系，则关系的键为 n 端实体的键；③ 若联系 R 为 n∶m 联系，则关系的键为相关实体的键的集合。

(3) 根据具体情况，将具有相同键的多个关系模式合并成一个关系模式。

具有相同键的不同关系模式，本质上所描述的是同一实体的不同侧面(属性)，因此可以合并。合并过程也是将对事物不同侧面的描述转化为对事物的全方位的描述。

合并后的关系包括两个关系的所有属性，这样做可以简化系统，节省存储空间。上列关系中的职工关系、分工关系和拥有关系就可以合并如下：

职工(职工号，姓名，性别，年龄，部门，工资号)

现在可以看出，当将联系 R 转换为关系模式时，只有当 R 为 m∶n 联系时，才有必要建立新的关系模式；当 R 为 1∶1、1∶n 及 "is a" 联系时，只需对与该联系有关的关系作相应的修改即可。

**4. 关系模式的评价与改进**

1) 模式的评价

对模式的评价包括设计质量的评价和性能评价两方面。

2）数据模式的改进

（1）分解。关系模式的分解一般分为水平分解和垂直分解两种。

（2）合并。具有相同主键的关系模式，且对这些关系模式的处理主要是查询操作，而且经常是多关系的查询，那么可对这些关系模式按照组合频率进行合并。

在关系模式规范化过程中，很少注意数据库的性能问题，一般认为，数据库的物理设计与数据库的性能关系更密切，事实上逻辑设计的好坏对它也有很大的影响。除了性能评价提出的模式修改意见外，还要考虑以下几方面。

（1）尽量减少连接运算。在数据库操作中，连接运算运行时间长。参与连接的关系越多越大，开销越大。所以，对于一些常用的、性能要求比较高的数据查询，最好是单表操作。这与规范化理论相矛盾。有时为了保证性能，不得不将规范化的关系再连接起来，即反规范化。当然，这可能带来数据冗余和更新异常等问题，需要在数据库的物理设计和应用程序中加以控制。

（2）减小关系的大小和数据量。关系的大小对查询的速度影响也很大。有时为了提高查询的速度，需要将一个大关系纵向或横向划分成多个小关系。

关系的元组个数太多时，需要从横向进行划分。例如，对于学生关系，可将全校学生放在一个关系中，也可按系建立学生关系，前者可方便全校学生的查询，后者可提高按系查询的速度。当然也可按年级建立学生关系，总之要按照应用的具体情况确定不同的划分策略。

关系的属性太多时，需要从纵向划分关系，可将常用的和不常用的属性分别放在不同的关系中，以提高查询关系的速度。

（3）为每个属性选择合适的数据类型。关系中每个属性都要求有一定的数据类型，为属性选择合适的数据类型不但可以提高数据的完整性，还可以提高数据库的性能，节省系统的存储空间。

① 使用变长的数据类型：当用户和 DBA 不能确定一个属性数据的实际长度时，可使用变长的数据类型。例如，varbinary 和 varchar 是很多 DBMS 都支持的变长数据类型。

② 预期属性值的最大长度：在关系设计中，必须能预期属性的最大长度，只有这样才能为属性定制最有效的数据类型。例如，表示人的年龄可选择 tinyint（2B）；表示书的页数，就可选择 smallint（4B）。

③ 使用用户自定义的数据类型：如果使用的 DBMS 支持用户自定义的数据类型，则利用它可以更好地提高系统性能，更有效地提高存储效率，并能保证数据安全。

### 9.2.4　数据库物理设计

数据库物理设计的任务是为上一阶段得到的数据库逻辑模式，即数据库的逻辑结构选择合适的应用环境的物理结构，即确定有效实现逻辑结构模式的数据库存储模式，确定在物理设备上所采用的存储结构和存取方法，然后对该存储模式进行性能评价、修改设计，经过多次反复，最后得到一个性能较好的存储模式。

#### 1. 确定物理结构

数据库物理设计内容包括记录存储结构的设计、存储路径的设计，以及记录集簇的设计。

（1）记录存储结构的设计。记录存储结构的设计就是设计存储记录的结构形式，它涉及不定长数据项的表示。

（2）关系模式的存取方法选择。DBMS 常用存取方法有索引方法（目前主要是 B+树索引方法）、聚簇（cluster）方法、Hash 方法。

1）索引方法

索引存取方法的主要内容：对哪些属性列建立索引，对哪些属性列建立组合索引，对哪些索引要设计为唯一索引。

索引是用于提高查询性能的，但它要牺牲额外的存储空间，增大更新维护的代价，所以必须根据用户的需求和应用的需要来合理使用和设计索引。

索引从物理上分为聚簇索引和普通索引。确定索引一般顺序的方法如下。

（1）确定关系的存储结构，即记录的存放顺序，或按某属性（或属性组）聚簇存放。

（2）确定不宜建立索引的属性或表。对于太小的表或经常更新的属性或表，需要对索引进行频繁的维护，代价太大；属性值很少的表，如"性别"，只有两个值；对于过长的属性，索引所占存储空间较大，有不利之处；一些特殊数据类型的属性，如大文本、多媒体数据等；不出现或很少出现在查询条件中的属性。

（3）确定宜建立索引的属性。

关系的主键或外键一般应建立索引。因为数据更新时，系统对主键和外键分别作唯一性和参照完整性检查，建立索引可以加快检查速度。对于以查询为主或只读的表，可以多建索引。对于范围查询，即以＝、＜、＞、≤、≥等比较符确定查询范围的，可在有关属性上建立索引。使用聚集函数（Min、Max、Avg、Sum、Count）或需要排序输出的属性最好建立索引。在 RDBMS 中，索引是改善存取路径的重要手段。使用索引的最大优点是可以减少检索的 CPU 服务时间和 I/O 服务时间，提高检索效率。

若无索引，系统只能通过顺序扫描数据表来寻找相匹配的检索对象，时间耗费太大。但是不能在频繁做存储操作的关系上建立过多索引，因为当进行存储操作（增、删、改）时，不仅要对关系本身做存储操作，还要增加一定的 CPU 时间来对各个有关的索引作相应的修改。因此，关系上过多的索引会影响存储操作的性能。

2）聚簇

为了提高某个属性（或属性组）的查询速度，将这个或这些属性（称为聚簇键）上具有相同值的元组集中存放在连续的物理块称为聚簇。聚簇的用途：大大提高按聚簇属性进行查询的效率。

3）Hash 方法

当一个关系满足下列两个条件时，可以选择 Hash 存取方法。

（1）该关系的属性主要出现在等值连接条件中或在相等比较选择条件中。

（2）关系大小可预知且不变或动态改变，但所选用的 DBMS 可提供动态 Hash 存取方法。

**2. 评价物理结构**

同前面几个设计阶段一样，在确定了数据库的物理结构之后，要进行评价，重点是时间和空间的效率。如果评价结果满足设计要求，则可进行数据库实施，实际上，往往需要经过检验复查才能优化物理设计。

## 9.2.5　数据库实施

**数据库实施**是指根据逻辑设计和物理设计的结果，在计算机上建立实际的数据库结构，装入数据,进行测试和试运行的过程。数据库实施的工作内容包括系统结构用 DDL 定义数据库结构,组织数据入库,编制与调试应用程序,数据库试运行。

### 1. 建立实际数据库结构

确定了数据库的逻辑结构与物理结构后,就可以用所选用的 DBMS 提供的数据定义语言来严格描述数据、表、视图的具体库结构。

### 2. 装入数据

数据装载方法有人工方法与计算机辅助数据入库方法两种。

(1) 人工方法适用于小型系统,其步骤如下。

① 采集筛选数据。需要装入数据库中的数据通常分散在各个部门的数据文件或原始凭证中,所以首先必须将需要入库的数据筛选出来。

② 转换数据格式。采集筛选出来的需要入库的数据,其格式往往不符合数据库要求,还需要进行转换,如图表。这种转换有时很复杂。

③ 输入数据。将转换好的数据输入计算机。

④ 校验数据。检查输入的数据是否有误。

(2) 计算机辅助数据入库适用于中大型系统,其步骤如下。

① 筛选数据。按业务数据类型或某种需求筛选数据。

② 输入数据。将原始数据直接输入计算机中。数据输入子系统应提供输入界面。

③ 校验数据。数据输入子系统采用多种检验技术检查输入数据的正确性。

④ 转换数据。数据输入子系统根据数据库系统的要求,从录入的数据中抽取有用成分,对其进行分类,然后转换数据格式。抽取、分类和转换数据是数据输入子系统的主要工作,也是数据输入子系统的复杂性所在。

⑤ 综合数据。数据输入子系统将转换的数据根据系统要求进一步综合成最终数据。

### 3. 编制与调试应用程序

数据库应用程序的设计应该与数据库设计并行进行。在数据库实施阶段,当数据库结构建立好后,就可以开始编制与调试数据库的应用程序。调试应用程序时由于数据入库尚未完成,可先使用模拟数据。

### 4. 数据库试运行

数据库试运行也称为联合调试,其主要工作如下。

(1) 功能测试。实际运行应用程序,执行对数据库的各种操作,测试应用程序的各种功能。

(2) 性能测试。测量系统的性能指标,分析是否符合设计目标。

(3) 安全可靠性测试。由于数据入库工作量太大,所以可以采用分期输入数据的方法:先输入小批量数据供先期联合调试使用;待试运行基本合格后再输入大批量数据;逐步增加数据量,逐步完成运行评价。

### 5. 整理文档

在程序的编制和试运行中,应将发现的问题和解决方法记录下来,将它们整理存档为资料,供以后正式运行和改进时参考,全部调试工作完成之后,应该编写应用系统的技术操作说明书,在系统正式运行时给用户,完整的资料是应用系统的重要组成部分。

### 9.2.6  数据库运行和维护

数据库试运行结果符合设计目标后,就可以真正投入实际应用了。数据库投入运行标志着开发任务的基本完成和维护工作的开始,对数据库设计进行评价、调整、修改等维护工作是一个长期的任务,也是设计工作的继续和提高。

对数据库经常性的维护工作主要是由 DBA 完成的,包括数据库的转储和恢复,数据库的安全性、完整性控制,数据库性能的监督、分析和改进。

#### 1. 数据库的安全性、完整性

DBA 必须根据用户的实际需要授予其不同的操作权限,在数据库运行过程中,由于应用环境的变化,对安全性的要求也会发生变化,DBA 需要根据实际情况修改原有的安全性控制。由于应用环境的变化,数据库的完整性约束条件也会变化,也需要 DBA 不断修正,以满足用户要求。

#### 2. 监视并改善数据库性能

在数据库运行过程中,DBA 必须监督系统运行,对监测数据进行分析,找出改进系统性能的方法,主要包括以下几项。

(1) 利用监测工具获取系统运行过程中一系列性能参数的值。

(2) 通过仔细分析这些数据,判断当前系统是否处于最佳运行状态。

(3) 如果不是,则需要通过调整某些参数来进一步改进数据库性能。

#### 3. 数据库的重组织和重构

数据库的重组织并不改变原设计的逻辑和物理结构,而数据库的重构则不同,它是指重新构建、部分修改数据库的模式和内模式。

由于业务、技术和数据库应用环境发生变化,增加了新的应用或新的实体,取消了某些旧的应用,有的实体与实体间的联系也发生了变化等,使原有的数据库设计不能满足新的需要,必须调整数据库的模式和内模式。当然数据库的重构也是有限的,只能作部分修改。

📖讨论思考

(1) 举例说明 E - R 模型中实体之间多对多联系转换成关系数据模型的方法是什么?

(2) 假设要为某超市设计一个数据库,设想如何设计 E - R 模型,并将其转换成关系数据模型和画出数据结构图(提示:超市的数据环境至少要有商品、收银员、销售等实体,可以自定义实体的属性)。

# 9.3  数据库设计文档

数据库设计文档即数据库设计说明书,描述了一个数据库的设计,数据库是将一组相关数据存储为一个或多个计算机文件,并允许用户或计算机程序通过数据库管理系统访问这些数据。数据库设计文档是实现数据库和相关软件模块的基础,它提供了数据库设计的可视性以及软件支持所需的信息。根据 GB8567—2006 计算机软件文档编制规范,数据库设计文档规定要有以下几部分。

#### 1. 引言

引言部分包括编写目的、编写背景、专门术语的定义、参考资料等,具体说明如下。

（1）编写目的。说明编写这份数据库设计说明书的目的，指出预期的读者。

（2）背景。主要说明：① 待开发的数据库的名称和使用此数据库的软件系统的名称；② 该软件系统开发项目的任务提出者、用户以及将安装该软件和这个数据库的计算站（中心）。

（3）专门术语的定义。列出本文件中用到的专门术语的定义、外文首字母词组的原词组。

（4）参考资料。列出有关的参考资料：① 本项目的经核准的计划任务书或合同、上级机关批文；② 属于本项目的其他已发表的文件；③ 本文件中各处引用的文件资料，包括所要用到的软件开发标准。

需列出这些文件的标题、文件编号、发表日期和出版单位，说明能够取得文件来源。

## 2. 外部设计

（1）标识符和状态。联系用途详细说明用于唯一标识该数据库的代码、名称或标识符，附加的描述性信息也要给出。如果该数据库属于尚在实验中、尚在测试中或是暂时使用的，则要说明这一特点及其有效时间范围。

（2）使用它的程序。列出将要使用或访问此数据库的所有应用程序，对于这些应用程序的每一个，给出它的名称和版本号。

（3）约定。陈述一个程序员或一个系统分析员为了能使用此数据库而需要了解的建立标号、标识的约定，例如，用于标识数据库的不同版本的约定和用于标识库内各个文件、记录、数据项的命名约定等。

（4）专门指导。向准备从事此数据库的生成、测试、维护人员提供专门的指导，例如，将被送入数据库的数据的格式和标准、送入数据库的操作规程和步骤，用于产生、修改、更新或使用这些数据文件的操作指导。如果这些指导的内容篇幅很长，则仅列出可参阅的文件资料的名称和章条。

（5）支持软件。简单介绍同此数据库直接有关的支持软件，如数据库管理系统、存储定位程序和用于装入、生成、修改、更新数据库的程序等。说明这些软件的名称、版本号和主要功能特性，如所用数据模型的类型、允许的数据容量等。列出这些支持软件的技术文件的标题、编号及来源。

## 3. 结构设计

（1）概念结构设计。说明本数据库将反映的现实世界中的实体、属性和它们之间的关系等的原始数据形式，包括各数据项、记录、系、文件的标识符、定义、类型、度量单位和值域，建立本数据库的每一个用户视图。

（2）逻辑结构设计。说明将上述原始数据分解、合并后重新组织起来的数据库全局逻辑结构，包括所确定的关键字和属性、重新确定的记录结构和文件结构、所建立的各个文件之间的相互关系，形成本数据库的数据库管理员视图。

（3）物理结构设计。建立系统程序员视图，包括：① 数据在内存中的安排，包括对索引区、缓冲区的设计；② 所使用的外存设备及外存空间的组织，包括索引区、数据块的组织与划分；③ 访问数据的方式方法。

## 4. 运用设计

（1）数据字典设计。对数据库设计中涉及的各种项目，如数据项、记录、系、文件、模式、子模式等一般要建立数据字典，以说明它们的标识符、同义名及有关信息。在本节中要说明对此数据字典设计的基本考虑。

（2）安全保密设计。说明在数据库的设计中，将如何通过区分不同的访问者、不同的访问类型和不同的数据对象,进行分别对待而获得的数据库安全保密的设计考虑。

📖**讨论思考**

数据库设计文档包括哪几部分?

# 9.4　数据库应用系统设计案例

下面通过一个典型的数据库应用系统设计案例说明数据库设计过程和方法。通过高等院校的学生成绩管理系统的具体案例,按照数据库应用系统开发步骤进行系统需求分析、数据库概念结构设计、逻辑结构设计、物理结构设计,使学生掌握数据库应用软件的开发流程、SQL 语句的使用和存储过程的使用。

## 9.4.1　引言

高校学生的成绩管理工作量大、繁杂,人工处理非常困难。学生成绩管理系统借助计算机强大的处理能力,大大减轻了管理人员的工作量,并提高了处理的准确性。学生成绩管理系统的开发运用,实现了学生成绩管理的自动化,不仅将广大教师从繁重的成绩管理工作中解脱出来、将学校从传统的成绩管理模式中解放出来,而且对学生成绩的判断和整理更合理、更公正,同时也给教师提供了一个准确、清晰、轻松的成绩管理环境。

## 9.4.2　系统需求分析

本系统是针对高等院校的学生学籍管理,因此学籍管理系统的用户包括系统管理员、教师和学生。主要涉及系部信息、班级信息、任课教师信息、学生信息、课程信息以及选课记录和成绩等多种数据信息。

### 1. 实现功能

能够进行数据库的数据定义、数据操纵、数据控制等处理功能,进行联机处理的相应时间较短。具体功能应包括:系统应该提供课程安排数据的插入、删除、更新、查询;成绩的添加、修改、删除、查询,学生及教职工基本信息查询的功能。

### 2. 数据定义

数据字典是对系统所用到的所有表结构的描述,是系统中各类数据描述的集合,是进行详细的数据收集和数据分析所获得的主要内容,学生成绩管理的主要数据如表 9-2～表 9-10 所示。

(1)教师数据定义如表 9-2 所示。

表 9-2　教师数据定义

| 数据项名 | 数据类型 | 长度 | 完整性约束 | 备注 |
|---|---|---|---|---|
| 教师编号 | char | 20 | 主键,唯一,非空 | |
| 教师姓名 | char | 20 | | |
| 教师性别 | char | 2 | | |
| 教师年龄 | char | 20 | | |
| 职称 | char | 10 | | |
| 联系电话 | char | 20 | | |

（2）上课数据定义如表9-3所示。

**表9-3　上课数据定义**

| 数据项名 | 数据类型 | 长度 | 完整性约束 | 备注 |
|---|---|---|---|---|
| 教师编号 | char | 20 | 主键,唯一,非空,外键 | 教师编号,班级编号都是外键 |
| 班级编号 | char | 20 | 外键 | |

（3）授课数据定义如表9-4所示。

**表9-4　授课数据定义**

| 数据项名 | 数据类型 | 长度 | 完整性约束 | 备注 |
|---|---|---|---|---|
| 教师编号 | char | 20 | 主键,唯一,非空 | 教师编号 |
| 课程编号 | char | 20 | 外键 | 课程编号 |

（4）课程数据定义如表9-5所示。

**表9-5　课程数据定义**

| 数据项名 | 数据类型 | 长度 | 完整性约束 | 备注 |
|---|---|---|---|---|
| 课程编号 | char | 20 | 主键,唯一,非空 | |
| 课程名称 | char | 20 | | |
| 教师姓名 | char | 20 | | |
| 学期 | char | 20 | | |
| 学时 | int | 10 | >0 | |
| 考试或考查 | char | 4 | | |
| 学分 | int | 4 | >0 | |

（5）选课数据定义如表9-6所示。

**表9-6　选课数据定义**

| 数据项名 | 数据类型 | 长度 | 完整性约束 | 备注 |
|---|---|---|---|---|
| 学生学号 | char | 20 | 主键,唯一,非空 | |
| 课程编号 | char | 20 | 外键 | |
| 学期 | char | 10 | | 放入教师姓名,减少与教师表的自然连接 |
| 课程名称 | char | 20 | | |
| 成绩 | int | 10 | | |
| 教师姓名 | char | 20 | | |

（6）学生数据定义如表9-7所示。

**表 9－7　学生数据定义**

| 数据项名 | 数据类型 | 长度 | 完整性约束 | 备注 |
|---|---|---|---|---|
| 学生学号 | char | 12 | 主键，唯一，非空 | 已修学分总数用触发器实现自动统计功能 |
| 学生姓名 | char | 10 | | |
| 学生性别 | char | 2 | | |
| 学生年龄 | int | 4 | | |
| 生源所在地 | char | 20 | | |
| 已修学分总数 | int | 4 | | |
| 班级编号 | char | 10 | 外键 | |

（7）开设数据定义如表 9－8 所示。

**表 9－8　开设数据定义**

| 数据项名 | 数据类型 | 长度 | 完整性约束 | 备注 |
|---|---|---|---|---|
| 课程编号 | char | 20 | 联合主键，唯一，非空 | |
| 班级编号 | char | 20 | | |

（8）班级数据定义如表 9－9 所示。

**表 9－9　班级数据定义**

| 数据项名 | 数据类型 | 长度 | 完整性约束 | 备注 |
|---|---|---|---|---|
| 班级编号 | char | 20 | 主键，唯一，非空 | |
| 班级名称 | char | 20 | | |
| 专业编号 | char | 20 | 外键 | |

（9）专业数据定义如表 9－10 所示。

**表 9－10　专业数据定义**

| 数据项名 | 数据类型 | 长度 | 完整性约束 | 备注 |
|---|---|---|---|---|
| 专业编号 | char | 20 | 主键，唯一，非空 | |
| 专业名称 | char | 20 | | |

### 9.4.3　概念结构设计

概念结构设计是整个数据库设计的关键，它通过对用户需求进行综合、归纳与抽象，形成独立于具体 DBMS 的概念模型，如图 9－23 所示。

概念模型是在对用户需求分析之后，通过画出本系统抽象出的 E－R 图，由概念模型辅助工具 PowerDesigner 设计的，通过具体的设置和绘图，最后就形成了概念模型图，生成的概念结构就能真实、充分地反映现实世界，包括事物和事物之间的联系，能满足用户对数据的处理要求，是对现实世界的真实反映。

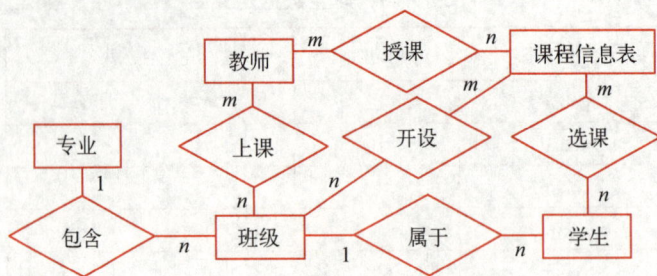

图 9-23  成绩管理系统 E-R 图

### 9.4.4  逻辑结构设计

将概念结构设计阶段设计的基本 E-R 图转换为如下关系模型：

教师(<u>教师编号</u>,教师姓名,教师性别,教师年龄,职称,联系电话)

上课(<u>教师编号</u>,<u>班级编号</u>)

授课(<u>教师编号</u>,课程编号)

课程(<u>课程编号</u>,课程名称,教师姓名,学期,学时,考试或考查,学分)

选课(<u>学生学号</u>,<u>课程编号</u>,学期,课程名称,成绩,教师姓名)

学生(<u>学生学号</u>,学生姓名,学生性别,学生年龄,生源所在地,已修学分总数,班级编号)

开设(<u>课程编号</u>,<u>班级编号</u>)

班级(<u>班级编号</u>,班级名称,专业编号)

专业(<u>专业编号</u>,专业名称)

学生账号(<u>学生编号</u>,学生密码)

教师账号(<u>教师编号</u>,教师密码)

管理员账号(<u>管理员编号</u>,管理员密码)

其中,带下划线的为主键。

### 9.4.5  物理结构设计

#### 1. 确定数据库的存储结构

由于本系统的数据库不是很大,所以数据存储采用一个磁盘的一个分区。

#### 2. 存取方法和优化方法

存取方法是快速存取数据库中数据的技术。数据库管理系统一般都提供多种存取方法,常用的存取方法有三类:第一类是索引方法,目前主要是 B+树索引方法;第二类是聚簇方法;第三类是 Hash 方法。数据库的索引类似书的目录,在书中,目录允许用户不必浏览全书就能迅速找到所需要的位置。在数据库中,索引也允许应用程序迅速找到表中的数据,而不必扫描整个数据库。在书中,目录就是内容和相应页号的清单。在数据库中,索引就是表中数据和相应存储位置的列表。使用索引可以大大缩短数据的查询时间。

需要注意的是,索引虽然能加速查询的速度,但是为数据库中的每张表都设置大量的索引并不是一个明智的做法。这是因为增加索引也有其不利的一面:首先,每个索引都占用一定的存储空间,如果建立聚簇索引(会改变数据物理存储位置的一种索引),占用的空间就会更大;其次,当对表中的数据进行增加、删除和修改的时候,索引也要动态地维护,这样就降低了数据的更新速度。

### 3. 评价物理结构

数据库的物理结构设计完成后,需要对时间效率、空间效率、维护代价和各种用户要求进行权衡,其结果可产生多种方案,数据库设计人员必须对这些方案进行细致评价,从中选择较优方案作为数据库物理结构。评价方法完全依赖所选用的 DBMS,主要从定量估算各种方案的存储空间、存取时间和维护代价等方面权衡和修改设计。

## 9.4.6　数据库的实施、运行和维护

完成数据库的物理设计之后,设计人员就要用 RDBMS 提供的数据定义语言和其他实用程序将数据库逻辑设计和物理设计结果严格描述出来,成为 DBMS 可以接受的源代码,再经过调试产生目标模式。然后就可以组织数据入库了,这就是数据库实施阶段。

### 1. 数据库的实施

数据库的实施主要是根据逻辑结构设计和物理结构设计的结果,在计算机系统上建立实际的数据库结构、导入数据并进行程序的调试。相当于软件开发中的代码编写和程序调试阶段。

当在 PowerDesigner Trial 12 中设计完本系统的物理结构之后,就可在数据库中转换为相应的表。选择菜单中的 Database→Connect 命令,通过添加数据源,连接数据源,输入用户名和密码进行转换,生成相关的 SQL 语句,在通过运行之后,最终在 SQL Server 2014 中生成如图 9-24 所示的数据表。

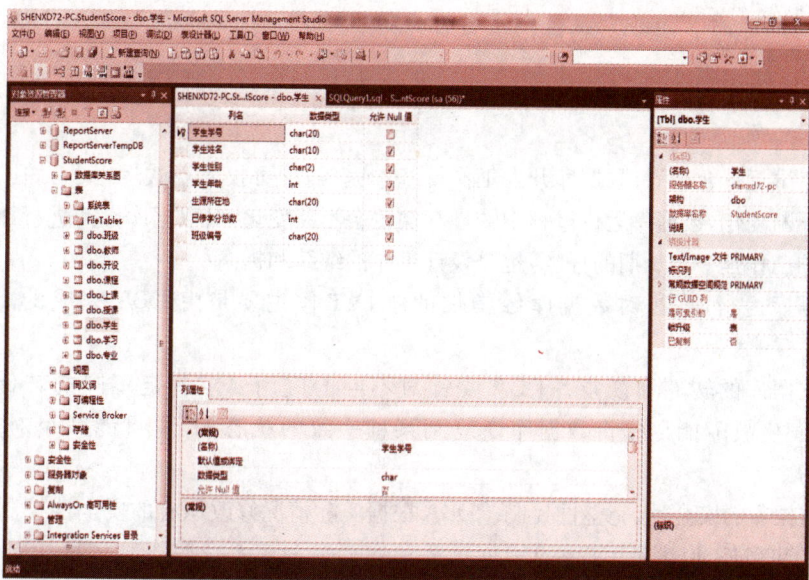

图 9-24　各个数据表的生成

### 2. 数据的载入

数据库实施阶段包括两项重要的工作,一项是数据的载入,另一项是应用程序的编码和调试。由于重点并非进行应用程序的开发,因此对于后一项工作在此不作过多描述。

### 3. 数据库的调试

通过 SQL 语句执行可以进行简单测试和联合测试。先进行各功能模块的简单测试,当一部分业务数据输入数据库后,就可以开始对数据库系统进行多模块联合调试,这一阶段要实际运行数据库应用程序,执行对数据库的各种操作,由于没有全部完整的应用程序,所以只有通过 SQL 直接在数据库中执行对数据库的部分操作。

通过在 SQL Server 2014 的查询分析器中输入相应的 SQL 语句,可以得到相应的运行结果。

(1) 班级课程开设查询,输入 SQL 语句:

```
SELECT  班级.班级编号,班级.班级名称,课程.课程编号,课程名,学时,学分
FROM  班级,课程,开设
WHERE  班级.班级编号 = 开设.班级编号  AND  开设.课程编号 = 课程.课程编号
```

(2) 教师任课查询,输入 SQL 语句:

```
SELECT  教师.教师编号,课程.教师姓名,课程.课程编号,课程名,学时,学分
FROM  教师,课程,授课
WHERE  授课.课程编号 = 课程.课程编号 AND  授课.教师编号 = 教师.教师编号
```

(3) 删除课程的基本信息,输入 SQL 语句:

```
DELETE
FROM  课程
WHERE  课程名 = '大学英语';
```

(4) 更新学生基本信息(将学号为 1 的学生的生源所在地改为上海),输入 SQL 语句:

```
UPDATE student
SET 生源所在地 = '上海'
WHERE  学生学号 = '1';
```

### 4. 数据库的运行和维护

数据库试运行合格后,数据库开发工作就基本完成,即可投入正式运行了。但是,由于应用环境在不断变化,数据库运行过程中物理存储也会不断变化,对数据库设计进行评价、调整、修改等维护工作是一个长期的任务,也是设计工作的继续和提高。

在数据库运行阶段,对数据库**经常性的维护工作**主要是由 DBA 完成的,包括以下几项。

(1) 数据库的转储和恢复。DBA 要针对不同的应用要求制定不同的转储计划,以保证一旦发生故障能尽快将数据库恢复到某种一致的状态,并尽可能减小对数据库的破坏。

(2) 数据库的安全性、完整性控制。DBA 根据实际情况修改原有的安全性控制和数据库的完整性约束条件,以满足用户要求。

(3) 数据库性能的监督、分析和改造。在数据库运行过程中,DBA 必须监督系统运行,对监测数据进行分析,找出改进系统性能的方法。

(4) 数据库的重组织与重构。数据库运行一段时间后,由于记录不断增、删、改,会使数据库的物理存储情况变坏,降低了数据的存取效率,数据库性能下降,这时 DBA 就要对数据库进行重组织或部分重组织。

## 9.5　实验八　数据库应用系统设计

### 9.5.1　实验目的

（1）综合应用数据建模工具、SQL Server 2014 等，科学规范地完成一个小型数据库应用系统的设计。

（2）掌握数据库系统的基本概念、原理和技术，掌握 SQL Server 等常用数据库管理系统软件的操作，掌握软件开发工具的使用及软件开发的一般步骤与方法，从而提高其系统分析、软件设计、数据库应用及团队开发能力。

（3）熟悉利用 SQL Server 2014 常用操作功能的应用开发，开发一个 Windows 数据库应用程序（C/S 模式）或开发一个 Web 数据库应用程序（B/S 模式）。

### 9.5.2　实验内容及步骤

在本实验中，可选择自己比较熟悉的行业应用系统业务模型。要求通过本实验能较好地巩固数据库的基本概念、基本原理、关系数据库的设计理论、设计方法等主要相关知识点，针对实际问题设计概念模型，并应用现有的软件开发工具完成小型数据库应用系统的设计与实现。

可以参考上海市精品课程配套教材《数据库原理及应用学习与实践指导》（贾铁军主编），利用数据库技术自行创建一个数据库应用系统。使用户可以通过 Windows 应用程序向系统数据库添加、修改和删除数据。系统数据库至少包括基本数据库及部分关系表，主要的实验步骤如下。

（1）选定一个 Windows 应用程序项目或 Web 应用程序项目。

（2）对选题（项目）业务系统和用户进行需求分析。

（3）数据库设计。数据库的概念结构设计、逻辑结构设计、物理结构设计。

（4）开发设计某主题内容的 Windows 方式、Web 方式或 Windows 方式与 Web 方式相结合的数据库应用系统，要求具有查询、插入、修改和删除等功能。

## 9.6　本 章 小 结

本章讲述了数据库应用软件开发设计过程，共分六个阶段：需求分析、概念设计、逻辑设计、物理设计、数据库实施和数据库运行与维护。

通过跟班作业、开会调查、专人介绍、用户填表、查阅记录等方法调查用户需求，通过编制组织结构图、业务关系图、数据流图和数据字典等方法来描述和分析用户需求。

概念设计是数据库设计的核心环节，是在用户需求描述与分析的基础上对现实世界的抽象和模拟。目前使用最广泛的概念设计工具是 E-R 模型。对于小型的不太复杂的应用可使用集中模式设计法进行设计，对于大型数据库设计可采用视图集成法。

逻辑设计是在概念设计的基础上，将概念模型转换成所选用的具体的 DBMS 支持的数据模型的逻辑模式。本章重点介绍了 E-R 图向关系模型的转换，首先进行规范化处理，然后根据实际情况对部分关系模式进行逆规范化处理。物理设计是从逻辑设计出发,设计一个可实现的有效的物理数据库结构。

数据库实施过程包括数据载入、应用程序调试、数据库试运行等几个步骤,该阶段的主要目标是对系统的功能和性能进行全面测试。

数据库运行与维护阶段的主要工作有数据库安全和完整性控制、数据库的转储和恢复、数据库性能监控分析与改进、数据库的重组和重构等。

# 第 10 章　数据库安全技术

在计算机网络应用中,数据库中的数据资源最重要。进入 21 世纪现代信息化社会,数据库技术已经广泛应用到各个领域和层面,同时也出现了数据库安全问题。数据库是各种重要数据资源的存储中心,容易遭受病毒或人为攻击及破坏。需要采取切实有效的安全保护措施,确保数据库系统安全运行及业务数据的安全。SQL Server 2014 提供了一个安全、可靠、高效的企业级数据管理平台,可使数据业务安全、高效、稳定地运行和管理。

## 教学目标

理解数据库安全相关概念、层次结构和安全机制
掌握角色、权限和完整性控制
理解并发控制与封锁技术
掌握数据库的备份与恢复方法
掌握数据库安全实验常用操作和应用

## 10.1　数据库安全问题

【案例 10-1】　全球重大数据泄露事件频发,针对性攻击持续增多。根据赛门铁克 2013 年 10 月的《安全分析报告》,发现全球近几年最严重的一起重大数据泄露事件,已造成 1.5 亿用户的个人资料被泄露,到目前为止所知的数据泄露事件中,被泄露最多的信息为用户的真实姓名、证件号(如社会保险卡卡号)和出生日期等重要信息,而且全球各种有针对性的攻击也持续增多。

### 10.1.1　数据库安全相关概念

数据库存放着大量有重要价值或机密的数据,这些数据包括金融、财政、知识产权、企业数据、用户信息等。数据库往往会成为黑客的主要攻击对象,网络黑客会利用各种手段和途径侵

入数据库窃取相关数据信息,所以保证数据库安全极为重要。

### 1. 数据库安全的概念

在企事业单位的计算机网络应用系统中,**最重要且最关键的是数据库中的数据资源**。保障数据安全也需要确保相关的数据库和数据库系统的安全。

**数据安全**(data security)是指数据的保密性、完整性、可用性、可控性和可审查性,防止数据被非授权泄露、更改、破坏或被非法系统辨识与控制。

**数据库安全**(database security)是指对数据库及其相关数据和文件进行有效的保护。**数据库安全的关键和核心**是其**数据安全**。由于数据库存储着大量的重要信息和机密数据,而且在数据库系统中大量数据集中存放,供多用户共享,因此,必须加强对数据库访问的控制和数据安全防护。

**数据库系统安全**(database system security)是指通过对数据库系统采取各种有效的安全保护措施,防止系统和数据遭到破坏、更改和泄露。计算机系统的重要指标之一是系统的安全可靠性,即确保整个系统的正常运行及服务的安全,对于数据库系统主要通过 DBMS 和其他各种防范措施防止对其非授权访问与使用,防止系统软硬件和其中的数据资源遭到破坏、更改和泄露。

### 2. 数据库安全的内涵

从系统与数据的关系上,也可将**数据库安全分为**数据库的系统安全和数据安全。

**数据库系统安全**主要利用在系统级控制数据库的存取和使用的机制,包含以下内容。

(1) 系统的安全管理及设置,包括法律法规、政策制度、实体安全、系统安全设置等。

(2) 数据库的访问控制和权限管理。

(3) 用户的资源限制,包括访问、使用、存取、维护与管理等。

(4) 系统运行安全及用户可执行的系统操作。

(5) 数据库审计安全及有效性。

(6) 用户对象可用的磁盘空间及数量。

在数据库系统中,通常采用访问控制、身份认证、权限限制、用户标识和鉴别、存取控制、视图,以及密码存储等技术进行安全防范。

**数据安全**是在对象级控制数据库的访问、存取、加密、使用、应急处理和审计等机制,包括用户可存取指定的模式对象及在对象上允许的具体操作类型等,后面将详细介绍。

### 10.1.2 威胁数据库安全的要素

由于数据库系统的自身特点,各种大量重要的业务数据都是集中存放并在数据库中为多用户所共享,所以数据库的安全问题更为突出。

### 1. 威胁数据库安全的要素

**威胁数据库安全的要素**主要体系在以下七方面。

(1) 法律法规、社会伦理道德和宣传教育等问题。

(2) 政策、规章制度、人为及管理问题。

(3) 硬件系统控制问题,如 CPU 是否具备安全性方面的特性。

(4) 实体安全,包括服务器、计算机或外设、网络设备等安全及运行环境安全。

(5) 操作系统及数据库管理系统的安全性问题。

(6) 可操作性问题,主要包括防止误操作和密码使用等方面的安全性。

（7）数据库系统本身的漏洞、缺陷和隐患带来的安全性问题。

### 2. 数据库系统缺陷及隐患

Web 服务器都通过操作系统和 DBMS 使用数据库存储数据，由于许多应用程序经常通过页面提交方式接收客户的各种请求，如查询网络各种信息，注册、提交或修改用户信息等操作，实质上是与应用程序的后台数据库交互，从而留下很多安全漏洞和隐患。

常见**数据库的安全缺陷和隐患要素**如下。

（1）数据库应用程序的研发、管理和维护等人为因素的疏忽。

（2）用户对数据库安全的忽视，安全设置和管理失当。

（3）部分数据库机制威胁网络低层安全。

（4）系统安全特性自身存在的缺陷。

（5）数据库账号、密码容易泄露和破译。

（6）操作系统后门及漏洞隐患。

（7）网络协议、病毒及运行环境等其他威胁。

## *10.1.3　数据库安全的层次与结构

### 1. 数据库安全的层次分布

**数据库安全**主要涉及 **5 个层次**，如图 10-1 所示。

（1）用户层。用户层主要侧重用户权限管理、身份认证及访问控制等，防范非授权用户以各种方式对数据库及数据的非法访问。

（2）物理层。系统最外层最容易受到攻击和破坏，主要侧重保护计算机网络系统、网络链路及其网络节点的实体安全。

（3）网络层。所有网络数据库系统都允许通过网络进行远程访问，网络层安全性和物理层安全性一样极为重要。

| 数据库系统层 |
| 操作系统层 |
| 网络层 |
| 物理层 |
| 用户层 |

图 10-1　**数据库安全的层次**

（4）操作系统层。操作系统在数据库系统中，与 DBMS 交互并协助控制管理数据库。操作系统安全漏洞和隐患将成为对数据库进行非授权访问的手段。

（5）数据库系统层。包括 DBMS 和各种数据库等，数据库存储着重要程度和敏感程度不同的各种数据，并通过网络为不同授权的用户所共享，数据库系统必须采取授权限制、访问控制、加密和审计等安全措施。

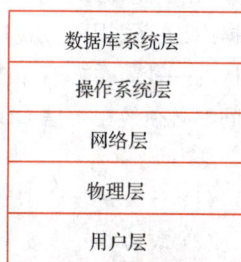

> 🔔**注意：**为了确保数据库安全，必须在所有层次上实施安全性保护措施。若较低层次上安全性存在缺陷，则严格的高层安全性措施也可能被绕过而出现安全问题。

### 2. 可信 DBMS 体系结构

**可信 DBMS 体系结构**分为两类：TCB 子集 DBMS 体系和可信主体 DBMS 体系。

（1）TCB 子集 DBMS 体系结构。用位于 DBMS 外部的可信计算基（TCB）（如可信操作系统或可信网络），执行安全机制的可信计算基子集 DBMS，及对数据库客体的强制访问控制。该体系将多级数据库客体按安全属性分解为单级断片（同一断片的数据库客体属性相同），分别进行物理隔离存入操作系统客体中。每个操作系统客体的安全属性就是存储于其中的数据库客体的安全属性，TCB 可对此隔离的单级客体实施强制存取控制（MAC）。

该体系的最简单方案是将多级数据库分解为单级元素,安全属性相同的元素存在一个单级操作系统客体中。使用时先初始化一个运行于用户安全级的 DBMS 进程,通过操作系统实施的强制访问控制策略,DBMS 仅访问不超过该级别的客体。之后,DBMS 从同一个关系中将元素连接起来,重构成多级元组,返回给用户,如图 10-2 所示。

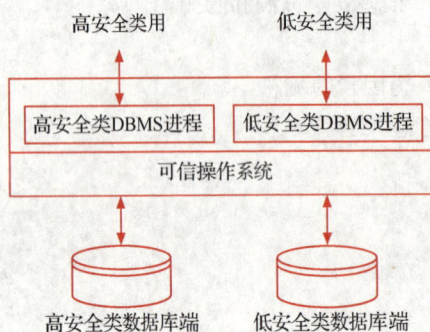

图 10-2　TCB 子集 DBMS 体系结构　　　　图 10-3　可信主体 DBMS 体系结构

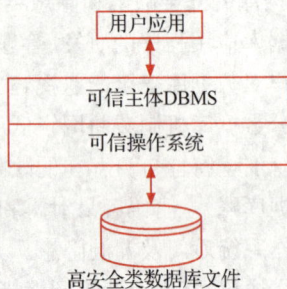

(2) 可信主体 DBMS 体系结构。该体系结构执行强制访问控制,按逻辑结构分解多级数据库,并存储在几个单级操作系统客体中。这种各客体可同时存储多种级别的数据库客体(如数据库、关系、视图、元组或元素),并与其中最高级别数据库客体的敏感性级别相同。该体系结构的一种简单方案如图 10-3 所示,DBMS 软件仍在可信操作系统上运行,所有对数据库的访问都必须经由可信 DBMS。

📖**讨论思考**

(1) 什么是数据库的安全及数据安全?

(2) 威胁数据库安全的要素有哪些?

(3) 数据库安全的层次和结构如何?

# 10.2　数据库安全技术及机制

## 10.2.1　数据库安全关键技术

在网络数据库安全中,**常用的数据库安全关键技术**包括三大类。

(1) 预防保护类,主要包括身份认证、访问管理、加密、防恶意代码、防御和加固。

(2) 检测跟踪类,主体对客体的访问行为需要进行监控和事件审计,防止在访问过程中可能产生的安全事故的各种举措,包括监控和审核跟踪。

(3) 响应恢复类,网络或数据一旦发生安全事件,应确保在最短的时间内对其事件进行应急响应和备份恢复,尽快将其影响降至最低。

【**案例 10-2**】　某银行以网络安全业务价值链的概念,将网络数据库安全的技术手段分为预防保护类、检测跟踪类和响应恢复类三大类,如图 10-4 所示。

常用的 8 种**网络数据库安全关键技术**如下。

(1) 身份认证(identity and authentication),确保网络用户身份的正确存储、同步、使用、管理和一致性确认,防止别人冒用的技术。

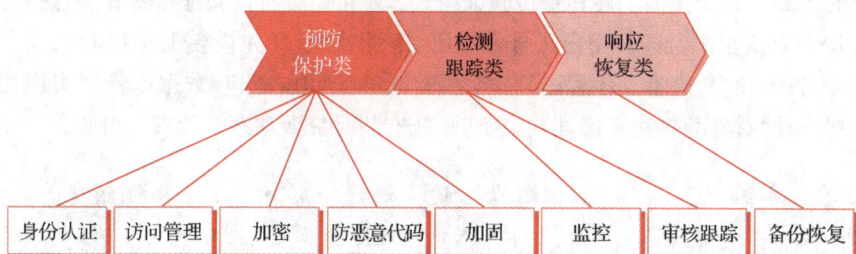

图 10 - 4　网络安全关键技术

（2）访问管理（access management），用于确保授权用户在指定时间对授权的资源进行正当的访问，防止未经授权的访问的措施。

（3）加密（cryptograghy），以加密技术，确保网络信息的保密性、完整性和可审查性。加密技术包括加密算法、密钥长度的定义和要求等，以及密钥整个生命周期（生成、分发、存储、输入/输出、更新、恢复、销毁等）的技术和管理方法。

（4）防恶意代码（anti-malicode），通过建立计算机病毒的预防、检测、隔离和清除机制，预防恶意代码入侵，迅速隔离查杀已感染病毒，识别并清除网内恶意代码。

（5）加固（hardening），对系统自身弱点采取的一些安全预防手段，主要是通过系统漏洞扫描、渗透性测试、安装安全补丁及入侵防御系统、关闭不必要的服务端口和对特定攻击的预防设置等技术或管理手段确保并增强系统自身的安全。

（6）监控（monitoring），通过监控主体的各种访问行为，确保对客体访问过程中安全的技术手段，如安全监控系统、入侵监测系统等。

（7）审核跟踪（audit trail），对出现的异常访问、探测及操作相关事件进行核查、记录和追踪。每个系统可以有多个审核跟踪不同的特定相关活动。

（8）备份恢复（backup and recovery），为了确保网络出现异常、故障、入侵等意外事故时，及时恢复系统和数据而进行的预先备份等技术手段。备份恢复技术主要包括四方面：备份技术、容错技术、冗余技术和不间断电源保护。

### 10.2.2　数据库的安全策略和机制

#### 1. SQL Server 的安全策略

SQL Server 2014 系统负责管理大量的业务数据，保证其业务数据安全是数据库管理员的一项重要任务。SQL Server 系统提供了强大的安全机制保证数据的安全。**数据库的安全性包括三方面**：管理规章制度方面的安全性、数据库服务器实体（物理）方面的安全性和数据库服务器逻辑方面的安全性。

（1）管理规章制度方面的安全性。SQL 系统在使用中涉及各类操作人员，为了确保系统安全，应着手制定严格的规章制度和对 DBA 的要求，以及在使用业务信息系统时的标准操作流程等。

（2）数据库服务器物理方面的安全性。为了实现数据库服务器物理方面的安全，应该做好数据库服务器置于安全房间、相关计算机置于安全场所、数据库服务器不与 Internet 直接连接、使用防火墙、定期备份数据库中的数据、使用磁盘冗余阵列等工作。

（3）数据库服务器逻辑方面的安全性。身份验证模式是 SQL 系统验证客户端和服务器之间连接的方式。系统提供了两种身份验证模式：Windows 身份验证模式和混合模式。

SQL 服务器安全配置涉及用户账号及密码、审计系统、优先级模型和控制数据库目录的特别许可、内置式命令、脚本和编程语言、网络协议、补丁和服务包、数据库管理实用程序和开发工具。在设计数据库时，应考虑其安全机制，在安装时更要注意系统安全设置。

> **注意：** 通常，在 Web 环境下，除了对 SQL Server 的文件系统、账号、密码等需要进行规划以外，还应当注意数据库端和应用系统的开发安全策略，最大限度地保证互联网环境下的数据库安全。

### 2. SQL Server 的安全管理机制

SQL Server 的安全机制对数据库系统的安全极为重要，包括访问控制与身份认证、存取控制、审计、数据加密、视图机制、特殊数据库的安全规则等，如图 10-5 所示。

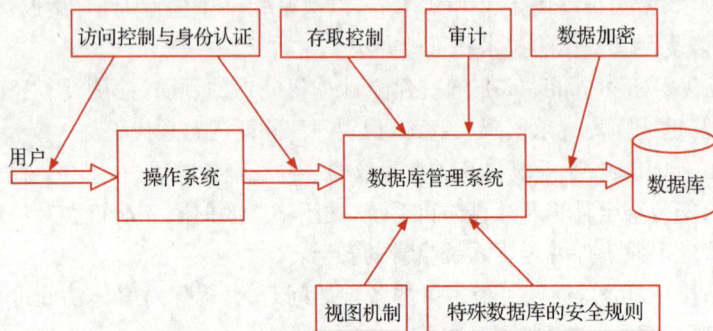

图 10-5　数据库系统的安全机制

**SQL Server 具有权限层次安全机制。** SQL Server 2014 的安全性管理**可分为以下 3 个等级。**

(1) 操作系统级的安全性。用户使用客户机通过网络访问 SQL Server 服务器时，先要获得操作系统的使用权。一般没必要登录运行 SQL Server 服务器的主机，除非 SQL Server 服务器运行在本地机。SQL Server 可直接访问网络端口，实现对 Windows 安全体系以外的服务器及数据库的访问，操作系统安全性是其及网络管理员的任务。由于 SQL Server 采用了集成 Windows 网络安全性机制，操作系统安全性得到提高，同时也加大了 DBMS 安全性的灵活性和难度。

(2) SQL Server 级的安全性。SQL Server 的服务器级安全性建立在控制服务器登录账号和口令的基础上。SQL Server 采用标准 SQL Server 登录和集成 Windows NT 登录两种方式。无论使用哪种登录方式，用户在登录时提供的登录账号和口令，决定了用户能否获得 SQL Server 的访问权，以及在获得访问权后，用户在访问 SQL Server 时拥有的权利。

(3) 数据库级的安全性。在用户通过 SQL Server 服务器的安全性检验以后，将直接面对不同的数据库入口，这是用户将接受的第三次安全性检验。

> **说明：** 在建立用户的登录账号信息时，SQL Server 会提示用户选择默认的数据库。以后用户每次连接上服务器后，都会自动转到默认的数据库上。对任何用户 master 数据库总是打开的，设置登录账号时没指定默认的数据库，则用户的权限将仅限于此。

在默认情况下，只有数据库的拥有者才可访问该数据库的对象，数据库的拥有者可分配访问权限给别的用户，以便让其他用户也拥有对该数据库的访问权限，在 SQL Server 中并非所有的权利都可转让分配。**SQL Server 2014 支持的安全功能**如表 10-1 所示。

表 10-1　SQL Server 2014 支持的安全功能

| 功能名称 | Enterprise | 商业智能 | Standard | Web | Express with Advanced Services | Express with Tools | Express |
|---|---|---|---|---|---|---|---|
| 基本审核 | 支持 | 支持 | 支持 | 支持 | 支持 | 支持 | 支持 |
| 精细审核 | 支持 | | | | | | |
| 透明数据库加密 | 支持 | | | | | | |
| 可扩展密钥管理 | 支持 | | | | | | |

### 3. SQL Server 安全性及合规管理

SQL Server Denali 在 SQL Server 环境中增加了灵活性、审核易用性和安全管理性，使企事业单位用户可以更便捷地**解决安全合规管理策略**相关问题。

(1) 合规管理及认证。根据美国政府有关文件，从 SQL Server 2008 SP2 企业版就达到了完整的 EAL4＋合规性评估。不仅通过了支付卡行业（payment card industry，PCI）数据安全标准（data security standard，DSS）的合规性审核，还通过了 HIPAA 的合规性审核，同时以企业策略、HIPAA 和 PCI 的政府规范来确保合规性。

(2) 数据保护。用数据库解决方案帮助保护用户数据，该解决方案在主数据库管理系统供应商方面具有最低的风险。

(3) 加密性能增强。SQL Server 可用内置加密层次结构透明地加密数据，使用可扩展密钥管理，标记代码模块等。在很大程度上提高了 SQL Server 的加密性能，如以字节创建证书的能力，用 AES256 对服务器主密钥（SMK）、数据库主密钥（DMK）和备份密钥的默认操作，对 SHA2（256 和 512）新支持和对 SHA512 哈希密码的使用。

(4) 控制访问权限。通过有效地管理身份验证和授权，仅向有需求的用户提供访问权限来控制用户数据的访问权。

(5) 用户定义的服务器角色。提高了灵活性、可管理性，且有助于使职责划分更加规范。允许创建新的服务器角色，以适应根据角色分离多位管理员的不同企业。用户也可嵌套角色，在映射企业的层次结构时获得更多的灵活性，使数据库管理不需要再聘请系统管理员，用户定义服务器角色界面如图 10-6 所示。

(6) 默认的组间架构。数据库架构等同于 Windows 组而非个人用户，并以此提高数据库的合规性。可简化数据库架构的管理，削减通过个人 Windows 用户管理数据库架构的复杂性，防止当用户变更组时向错误用户分配架构而导致的错误，避免不必要的架构创建冲突，并减小使用错误架构时查询错误产生的概率。

(7) 内置的数据库身份验证。通过允许用户直接在进入用户数据库时，进行身份验证而不需要登录提高合规性。用户的登录信息（用户名和密码）直接存储在用户数据库中，用户只需在其中进行 DML 操作而不需要进行数据库实例级别的操作，内置的数据库身份验证使用户不需要再登录数据库实例，并可避免数据库实例中孤立的或未使用的登录。这项特性用于 AlwaysOn，以促进在服务器发生故障时用户数据库在服务器间的可移植性，不需要为群集中所有的数据库服务器进行登录。

(8) SharePoint 激活路径。内置的信息技术控制端使终端用户数据分析更加安全，包括为在 SharePoint 中发布与共享的终端用户报表建立的新的 SharePoint 和激活路径安全模型。安全模型的性能提高增强了在行和列级别上的控制。

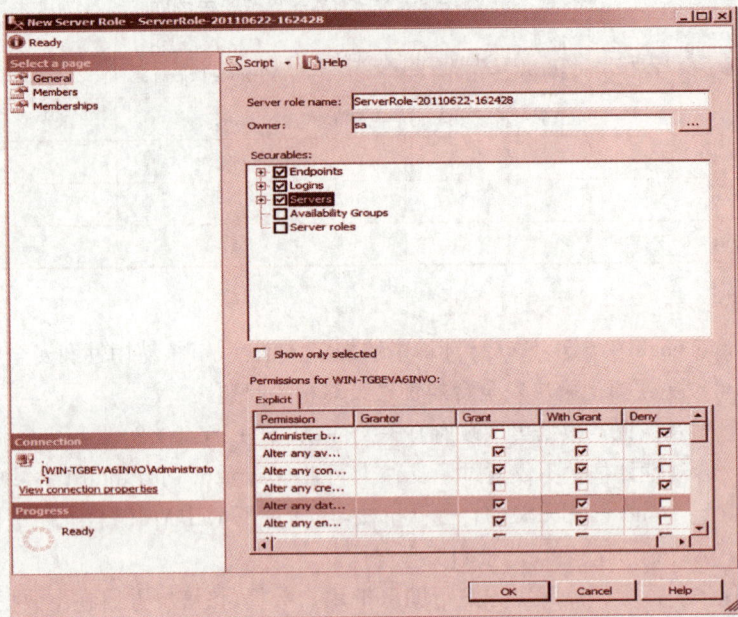

图 10-6　用户定义服务器角色界面

SQL Server 相关功能特点包括强制密码策略，用户角色和代理账户，提供安全性能提高的元数据访问权限，通过执行上下文提高安全性能。

（9）对 SQL Server 所有版本的审核。允许企业将 SQL Server 的审核价值从企业版扩展到所有版本，由于更多的 SQL Server 数据库的审核惯例具有审核标准化、更优越的性能和更加丰富的功能的优势。

SQL Server 相关功能特点还包括：自动更新软件，以自动的基于策略的管理配置外围应用，用 SQL Server 审核提高审核性能，用 DDL 触发器来创建自定义的审核解决方案。在审核的恢复力方面，可从暂时的文件和网络问题中恢复审核数据。

对于用户定义的审核，允许应用程序将自定义事务写进审核日志，以增强存储审核信息的灵活性。可对审核筛选，可提供更强的灵活性来筛选进入审核日志的不需要的事务。

📖**讨论思考**

（1）数据库安全的关键技术有哪些？

（2）数据库的安全策略和机制是什么？

# 10.3　访问权限及控制管理

## 10.3.1　数据库的权限管理

### 1. 权限管理的概念

**权限**是进行操作和访问数据的通行证，SQL 管理者可通过权限保护分层实体集，其实体被称为**安全对象**，是 SQL 的各种受安全保护控制资源。**主体**（principal）和安全对象之间是通过权限相关联的，在 SQL 中，主体可以请求系统资源的个体和组合过程。

权限主要用于管理控制用户对数据库对象的访问,以及指定用户对数据库可执行的操作,用户可以设置服务器和数据库的权限,主要涉及 **3 种权限**:服务器权限、数据库对象权限和数据库权限。

(1) 服务器权限,允许 DBA 执行管理任务。这些权限定义在固定服务器角色(fixed server role)中。这些角色可以分配给登录用户,但不能修改。一般只将服务器权限授给 DBA,而不需要修改或授权给别的用户登录。服务器的相关权限和配置将在后面介绍。

(2) 数据库对象权限,数据库对象是授予用户以允许其访问数据库中对象的一类权限,对象权限对于使用 SQL 语句访问表或视图是必需的。

**【案例 10-3】**　在 SSMS 中为用户添加对象权限。

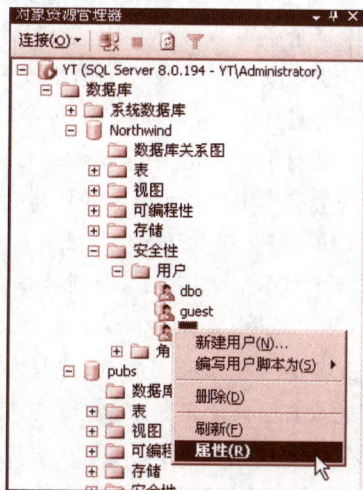

单击"对象资源管理器"窗口中树形节点前的"+"号图标,直到展开目标数据库的"用户"节点为止,如图 10-7 所示。在"用户"节点下面的目标用户上右击,弹出快捷菜单,从中选择"属性"命令。

(3) 数据库权限,用于控制对象访问和语句执行。对象权限使用户可访问存在于数据库中的对象,除此权限外,还可给用户分配数据库权限。SQL 数据库权限除了授权用户可以创建数据库对象和进行数据库备份外,还增加了一些更改数据库对象的权限。一个用户可直接分配到权限,也可作为一个角色中的成员来间接得到权限。

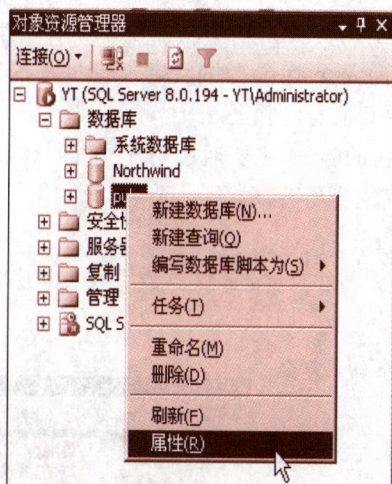

图 10-7　为用户添加对象权限　　　　图 10-8　为用户添加 DB 权限

**【案例 10-4】**　通过下面的方式给用户添加数据库权限。

在"对象资源管理器"窗口中,单击服务器前的"+"号,展开服务器节点。单击"数据库"前的"+"号图标展开数据库节点。在要给用户添加数据库权限的目标数据库上右击,弹出快捷菜单,从中选择"属性"命令,如图 10-8 所示。

### 2. SQL 的安全模式与验证

1) SQL 的安全模式

**SQL Server 采用两层安全模式**:① 访问 SQL Server,涉及验证所连接人员的有效账号,称为**登录**;② 访问数据库。由于 SQL Server 支持多个数据库,所以每个数据库都有各自的安全层,通过用户账号提供对数据库的访问。然后,这些用户映射服务器登录,提供访问。在各数据库中建立用户时,可根据需要限制对数据库的访问。

在 SQL Server 中,登录对象和数据库用户对象都是 SQL Server 进行权限管理的两种不同的对象。一个登录用户对象是服务器的一个实体,使用一个登录名可与服务器上的所有数据库进行交互。而用户对象是一个或多个登录在数据库中的映射,可以对用户对象进行授权,以便为登录对象提供对数据库的访问权限。

用户操作时经过两个安全性阶段:身份验证和授权(权限验证)。身份验证使用登录账号,并只验证该用户连接 SQL Server 实例的能力。若身份验证成功,则用户可连接到 SQL Server 实例,然后用户需要访问服务器上数据库的权限。权限验证阶段控制用户在 SQL Server 数据库中所允许的活动。

2) 登录身份验证模式及设置

验证用户后连接到 SQL Server 账户称为 **SQL Server 登录**:用户需要由特定数据库定义(建立),要创建用户,必须先定义该用户为登录状态,用户 ID 与登录类似,而其名称不需要与登录时相同。

用户可以防止数据库被未授权的用户故意或无意地修改。SQL Server 为每一用户分配了唯一的用户名和密码,可以为不同账号授予不同的安全级别。

对于访问 SQL Server 登录,有**两种验证模式**:Windows 身份验证和混合模式身份验证。在 Windows 身份验证中,SQL Server 依赖于 Windows 操作系统提供的登录安全性,SQL Server 检验登录需要 Windows 验证身份才可进行访问。SQL Server 与 Windows 二者登录安全过程结合提供安全登录服务。网络安全性通过向 Windows 提供复杂加密过程进行验证。用户登录一经过验证,访问 SQL Server 将不再需要其他身份验证。

混合模式身份验证是 SQL Server 对登录及身份的验证,主要通过用户提供的登录名和与预先存储在数据库中的登录名和密码进行比较来完成身份验证。

**【案例 10 - 5】** 在 SSMS 中设置身份验证模式。

(1)打开 SSMS 并连接到目标服务器,在"对象资源管理器"窗口中右击目标服务器,弹出快捷菜单,从中选择"属性"命令,如图 10 - 9 所示。

(2)出现"服务器属性"窗口,选择"选择页"中的"安全性"选项,进入安全性设置页面,如图 10 - 10 所示。

(3)在"服务器身份验证"选项级中选择验证模式前的单选按钮,选中需要的验证模式。用户还可以在"登录审核"选项区中设置需要的审核方式,如图 10 - 11 所示。

审核方式取决于安全性要求,**4 种审核级别**的含义分别如下。

无:表示不使用登录审核。

仅限失败的登录:表示记录所有的失败登录。

仅限成功的登录:表示记录所有的成功登录。

失败和成功的登录:表示记录所有的登录。

最后单击"确定"按钮,完成登录验证模式的设置。

**3. 权限的管理**

只有拥有针对某种安全对象的指定权限时,才能对此对

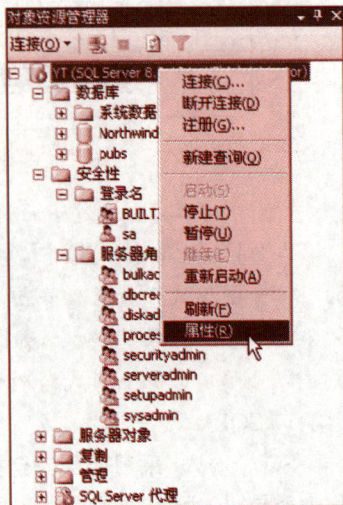

图 10 - 9 设置身份验证模式

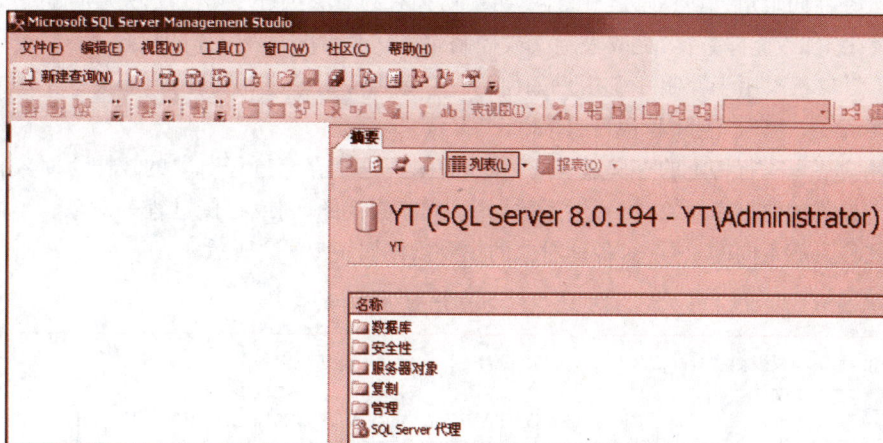

图 10-10　服务器属性窗口的安全性页面

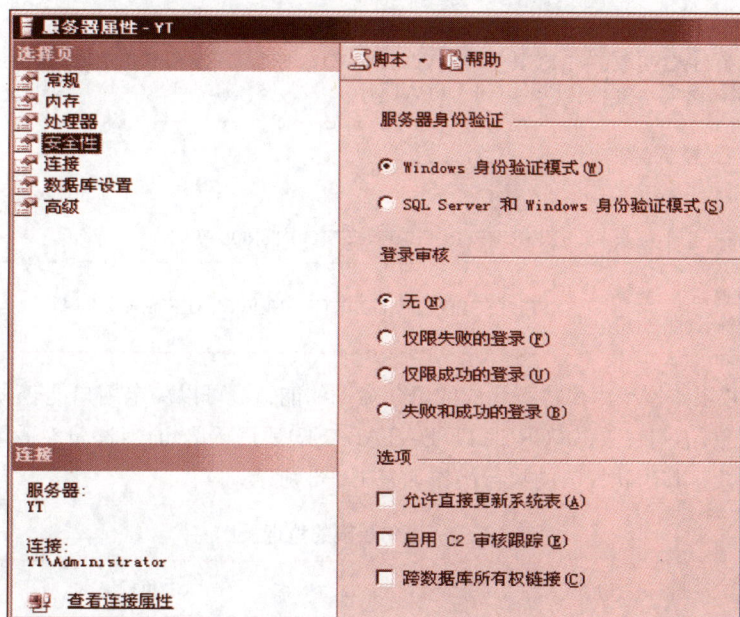

图 10-11　服务器属性

象执行相应的操作。在 SQL 中,不同的对象有不同的权限。**权限管理的内容**包括权限的种类、授予权限、收回权限、取消权限等方面。

1) 权限的种类

可按照预先定义情况划分权限为两类:预先定义的权限和预先未定义的权限。按照针对的对象分为针对所有对象的权限和针对特殊对象的权限。通常按照权限等级分为 3 种:系统权限(隐含权限)、对象权限和语句权限。

(1) 系统权限也称为隐含权限,是数据库服务器级别上对整个服务器和数据库进行管理的权限,包括 create database、backup database、shutdown 等,服务器权限以服务器角色的方式授予管理登录,而不授予其他登录。服务器角色 sysadmin 具有全部系统权限。数据库对象所有者和服务器固定角色均具有这种权限，可对所拥有的对象执行一切活动。例如，拥有表的用户可查看、添加或删除数据，更改表定义或控制允许其他用户对表操作的权限。

（2）对象权限用于控制一个用户如何与一个数据库对象进行交互操作，有 5 个不同的权限：查询、插入、修改、删除和执行（EXECUTE）。

当用户可以执行特定的存储过程时，就具有执行这个存储过程对象的权限。对象权限决定了用户操作的数据库对象，主要包括数据库中的表、视图、列或存储过程等对象。不同的安全对象往往具有不同的权限，对各种对象的主要操作如表 10-2 所示。

表 10-2　对象类型和操作权限

| 操作对象 | 权限类型 | 操作权限列举 |
| --- | --- | --- |
| 数据库 | 创建操作、修改操作、备份操作 | CREATE DATABASE、CREATE TABLE、CREATE VIEW、CREATE FUNCTION、CREATE PROCEDURE、CREATE TRIGGER、ALTER DATABASE、ALTER TABLE、ALTER VIEW、ALTER FUNCTION、ALTER PROCEDURE、ALTER TRIGGER、BACKUP DATABASE、BACKUP LOG、CONNECT、CONTROL |
| 表和视图 | 数据插入、更新、删除、查询、引用 | INSERT、UPDATE、DELETE、SELECT、REFERENCES 等（对列操作权限：SELECT 和 UPDATE） |
| 存储过程 | 执行、控制查看、定义 | EXECUTE、CONTROL 等 |
| 标量函数 | 执行、引用、控制 | EXECUTE、REFERENCES、CONTROL 等 |
| 表值函数 | 数据插入、更新、删除、查询、引用 | INSERT、UPDATE、DELETE、SELECT、REFERENCES 等 |

（3）语句权限。授予用户执行相应的语句命令的能力。可以决定用户能否操作数据库和创建数据库对象，语句权限（如 CREATE DATABASE）适用于语句自身，而不适用于数据库中定义的特定对象。其语句权限的执行操作如表 10-3 所示。

表 10-3　语句权限的执行操作

| 语句权限 | 执行操作 |
| --- | --- |
| BACKUP DATABASE | 备份数据库 |
| BACKUP LOG | 备份数据库日志 |
| CREATE DATABASE | 创建数据库 |
| CREATE DEFAULT | 在数据库中创建默认对象 |
| CREATE FUNCTION | 创建函数 |
| CREATE PROCEDURE | 在数据库中创建存储过程 |
| CREATE RULE | 在数据库中创建规则 |
| CREATE TABLE | 在数据库中创建表 |
| CREATE VIEW | 在数据库中创建视图 |

2）授予权限

在 SQL 系统中，可以使用 GRANT 语句将安全对象的权限授予指定的安全主体。可以使用 GRANT 语句**给安全对象授权**的包括应用程序角色、程序集、非对称密钥、证书、约定、数据库、端点、全文目录、函数、消息类型、对象、队列、角色、路由、架构、服务器、服务、存储过程、对称密钥、系统对象、表、类型、用户、视图、XML 架构集合等。

GRANT 语句的语法结构比较复杂，不同的安全对象有不同的权限，因此也有不同的授权方式。如果用户被直接授予权限或用户属于已经授予权限的角色，用户就可以执行操作。

```
GRANT { ALL }
      | permission [ ( column [ ,…n ] ) ] [ ,…n ]
      [ ON securable ] TO principal [ ,…n ]
      [ WITH GRANT OPTION ]
```

💻**说明：**其中各参数的含义如下。

（1）ALL：该选项并不授予全部可能的权限。

（2）permission：权限的名称。

（3）column：指定表中将授予其权限的列的名称，需要使用括号"（）"。

（4）securable：指定将授予其权限的安全对象。

（5）TO principal：主体的名称。

（6）GRANT OPTION：使被授权者在获得指定权限的同时还可将其权限授予其他主体。

3）收回权限

可用 REVOKE 语句从某个安全主体处**收回（也称为撤销）**权限。REVOKE 语句与 GRANT 语句相对应，可以将通过 GRANT 语句授予安全主体的权限收回（删除），使用 REVOKE 语句也可以收回对特定数据库对象的权限。

**收回权限**是指不再赋予此权限，但并非禁止，因为用户可能从角色中继承了该项权限。

REVOKE 语句的**语法格式**如下：

```
REVOKE [ GRANT OPTION FOR ]
    { [ ALL ] |permission [ ( column [ ,…n ] ) ] [ ,…n ] }
    [ ON securable ]
    { TO | FROM } principal [ ,…n ]
    [ CASCADE ]
```

💻**说明：**其中各参数的含义如下。

（1）GRANT OPTION FOR：指示将撤销授予指定权限的能力。

（2）CASCADE：指示当前正在撤销的权限也将从其他被该主体授权的主体中撤销。

其余参数的含义与 GRANT 语句中的各参数含义相同。

4）取消（剥夺）权限

安全主体可通过**两种方式**获得权限，第一种方式是直接用 GRANT 语句为其授权，第二种方式是通过角色成员继承角色的权限。用 REVOKE 语句只能删除安全主体以第一种方式得到的权限，要彻底取消安全主体的指定权限，必须使用 DENY 语句。DENY 语句的语法格式与 REVOKE 语句类似。

使用 DENY 语句可以取消对特定数据库对象的权限,防止主体通过其组或角色成员身份继承权限。具体**语法格式**如下:

```
DENY { ALL }
    | permission [ ( column [ ,…n ] ) ] [ ,…n ]
    [ ON securable ] TO principal [ ,…n ]
    [ CASCADE ]
```

🖳**说明:**参数 CASCADE 指示拒绝授予指定主体该权限,同时,拒绝该主体将该权限授予其他主体。其余参数的含义与 GRANT 语句中的各参数含义相同。

### 4. 管理权限的设置

**设置权限有两种方法:**一种方法是使用 SSMS 菜单操作方式;另一种方法是使用 T-SQL 语句管理权限。两种方法各有利弊,前者操作简单而直观,但不能设置表或视图的列权限,使用 T-SQL 语句操作较烦琐,但其功能齐全。

1) 使用 SSMS 设置权限

在"数据库属性"窗口,选择"选择页"窗口中的"权限"项,可以进入"权限设置"页面进行设置。

2) 使用 T-SQL 语句设置权限

T-SQL 语句中的**权限设置方法有 3 种**。

(1) GRANT 语句: 允许权限。

(2) REVOKE:收回权限。

(3) DENY:取消权限。

GRANT 语句的账户权限设置**语法格式**如下:

```
GRANT { ALL | statement [ ,…n ] }
    TO security_account [ ,…n ]
    REVOKE { ALL | statement [ ,…n ] }
    FROM security_account [ ,…n ]
    DENY { ALL | statement [ ,…n ] }
    TO security_account [ ,…n ]
```

🖳**说明:**其中参数与上述类似。

### 10.3.2　安全访问控制管理

#### 1. 登录名管理

登录名管理包括创建登录名、设置密码策略、查看登录名信息、修改和删除登录名。登录名管理的方法主要有两种。

1) 创建登录名

**创建登录名操作**主要包括基于创建 Windows 登录名、创建 SQL Server 登录名、查看登录名信息。

**【案例 10-6】**　登录属于服务器级的安全策略,通过合法的登录才能连接到数据库。SQL Server 系统登录验证过程如图 10-12 所示。在 SSMS 中创建登录的步骤如下。

(1) 打开 SSMS 并连接到目标服务器,在"对象资源管理器"窗口中单击"安全性"节点前

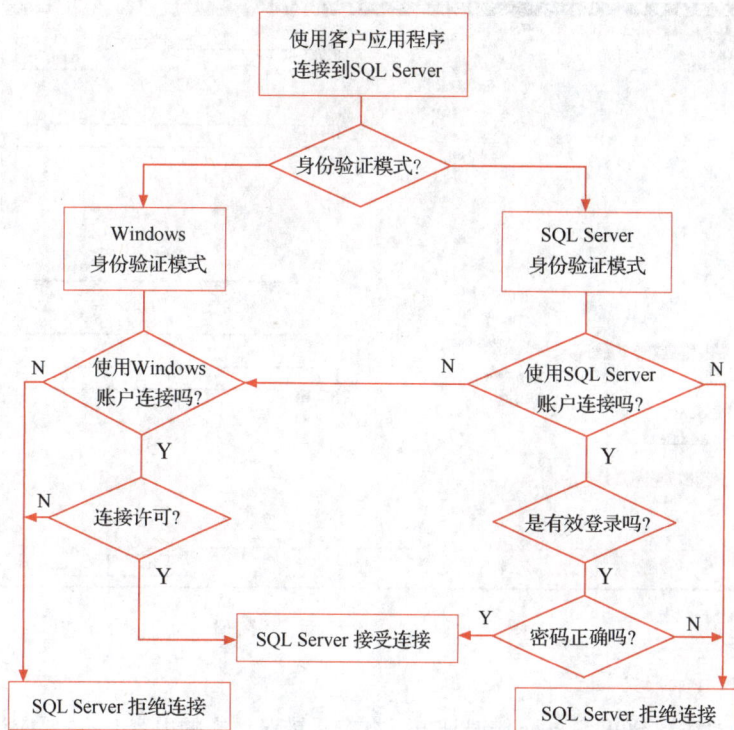

图 10-12　SQL Server 系统登录验证过程

的"＋"号图标,展开安全节点。在"登录名"上右击,弹出快捷菜单,从中选择"新建登录名"命令,如图 10-13 所示。

(2) 出现"登录名-新建"窗口,选中需要创建的登录模式前的单选按钮,选定验证方式,如图 10-14 所示,并完成登录名、密码、确认密码和其他参数的设置。

(3) 选择"选择页"中的"服务器角色"项,出现服务器角色设定页面,用户可以为此用户添加服务器角色。

(4) 选择"登录名-新建"对话框中的"用户映射"项,进入映射设置页面,可以为这个新建的登录添加映射到此登录名的用户,并添加数据库角色,从而使该用户获得数据库的相应角色对应的数据库权限。最后单击"确定"按钮,完成登录名的创建。

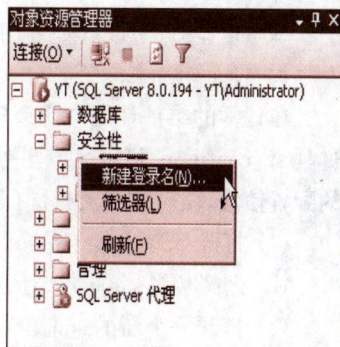

图 10-13　利用对象资源管理
器创建登录

2) 修改和删除登录名

数据库管理员应定期检查访问过 SQL Server 的用户。访问 SQL Server 服务器的用户可能经常变动,表明有些 SQL Server 的账户可能无人使用。为了系统安全,应将这些账户删除,以防止非法访问。如果是 Windows 身份认证体系,则可通过 Windows 系统的安全机制来强化口令老化和限制口令的最小长度,根据需要也可增加 SQL Server 账户。

在登录名创建完成后,可以根据需要修改登录名的名称、密码、密码策略、默认的数据库等信息,可以禁用或启用该登录名,甚至可以删除不需要的登录名。

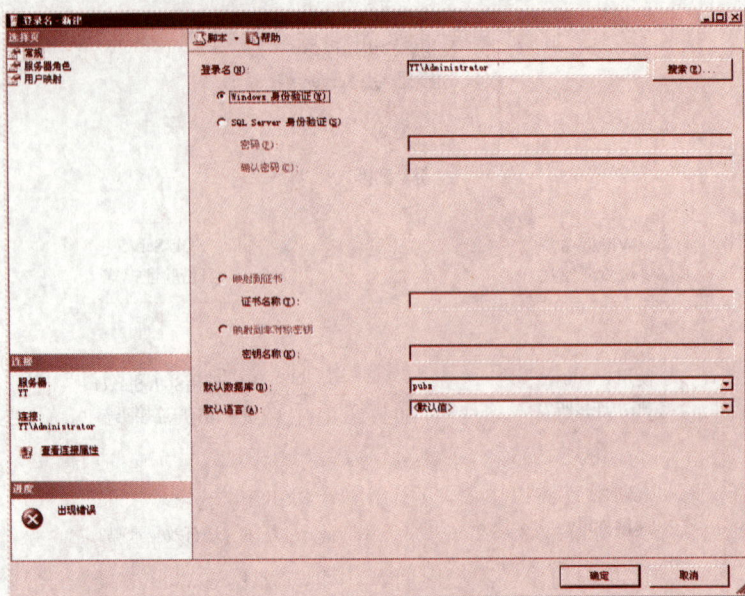

图 10-14　"登录名-新建"窗口

### 2. 监控错误日志

用户应时常查看 SQL Server 错误日志。在查看错误日志的内容时,主要应注意在正常情况下不应出现的错误消息。**错误日志的内容**很多,包括出错的消息,以及大量关于事件状态、版权信息等各类消息。要求学会在繁杂的错误信息中找到关键的出错信息。当浏览错误日志时,要**特别注意**错误、故障、表崩溃、16 级错误和严重错误等关键字。

**查看日志有两种方法:**利用 SSMS 查看日志和利用文本编辑器查看日志。

### 3. 记录配置信息

在日常的维护计划中应该安排对配置信息的维护,特别是当配置信息修改时,使用系统过程 sp_configure 可以生成服务器的配置信息列表。当无法启动 SQL Server 时可借助服务器的配置信息,微软技术支持部门可帮助恢复服务器的运行,其**具体操作**如下。

(1) 打开 SSMS 操作界面。

(2) 选择服务器,单击"连接"按钮,进入 SSMS 窗口。

(3) 打开一个新的查询窗口,可以输入各种 SQL 命令。

(4) 在查询窗口中输入相应命令。

## 10.3.3　用户与角色管理

通常对用户管理的数据库级的安全策略,在为数据库创建新的用户前,必须存在创建用户的一个登录或使用已经存在的登录创建用户。

### 1. 使用 SSMS 创建用户

**【案例 10-7】** 使用 SSMS 创建用户的**具体步骤**如下。

(1) 打开 SSMS 并连接到目标服务器,在"对象资源管理器"窗口中单击"数据库"节点前的"十"号图标展开数据库节点。单击要创建用户的目标数据节点前的"十"号图标展开目标数据库节点 Northwind。单击"安全性"前的"＋"号图标展开节点。在"用户"节点上右击,弹出快捷菜单,从中选择"新建用户"命令,如图 10-15 所示。

(2) 在出现的"数据库用户-新建"对话框的"常规"页面中,填写用户名,选择登录名和默认架构名称。添加此用户拥有的架构,并添加此用户的数据库角色。

(3) 在"数据库用户-新建"对话框的"选择页"中选择"安全对象"项,进入权限设置页面("安全对象"页面)。"安全对象"页面主要用于设置数据库用户拥有的能够访问的数据库对象以及相应的访问权限。单击"添加"按钮为该用户添加数据库对象,并为添加的对象添加显示权限。最后,单击"数据库用户-新建"对话框底部的"确定"按钮,完成用户的创建。

### 2. 角色管理

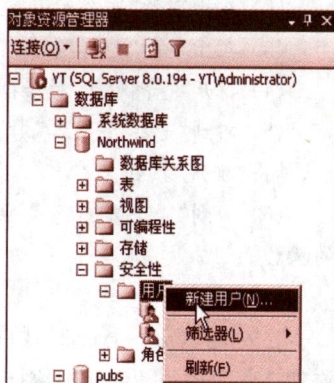

图 10-15　利用对象资源管理器创建用户

#### 1) 角色的概念

**角色**(role)是具有指定权限的用户(组),**用于**管理数据库访问权限。根据角色自身的不同设置,一个角色可以看作一个数据库用户或一组用户。角色可以拥有数据库对象(如表)并可将这些对象上的权限赋予其他角色,以控制所拥有的具体访问对象的权限。另外,也可以将一个角色的**成员**(membership)**权限赋予其他角色,**这样就允许成员角色使用它被赋予成员权限的角色之权限。

数据库角色从概念上与操作系统用户无关,在实际使用中将它们对应起来可以比较方便,数据库角色在整个数据库集群中是全局的(而不是每个库不同)。

角色可用于简化将很多操作权限分配给用户这一复杂任务的管理。角色允许用户分组接受同样的数据库权限,而不用单独给每一个用户分配这些权限。用户可使用系统自带的角色,也可创建一个代表一组用户使用的权限角色,然后将此角色分配给工作组的用户。

通常,角色由特定的工作组或任务分类设置,用户可根据所执行的任务成为一个或多个角色的成员。用户可不必是任何角色的成员,也可为用户分配个人权限。

#### 2) 固定服务器角色

当 SQL Server 安装时创建服务器级别上应用的大量预定义的角色,每个角色对应着相应的管理权限。其固定服务器角色用于授权给数据库管理员,拥有某种或某些角色的 DBA 就会获得与相应角色对应的服务器管理权限。通过给用户分配固定服务器角色,可使用户具有执行管理任务的角色权限。固定服务器角色的维护比单个权限维护容易,但固定服务器角色不能修改。

**【案例 10-8】**　用 SSMS 为用户分配固定服务器角色,从而使该用户获取相应的权限。

(1) 在"对象资源管理器"中,单击服务器前的"＋"号图标展开服务器节点。单击"安全性"节点前的"＋"号图标展开安全性节点。此时在次节点下可以看到固定服务器角色,如图 10-16 所示,在要给用户添加的目标角色上右击,

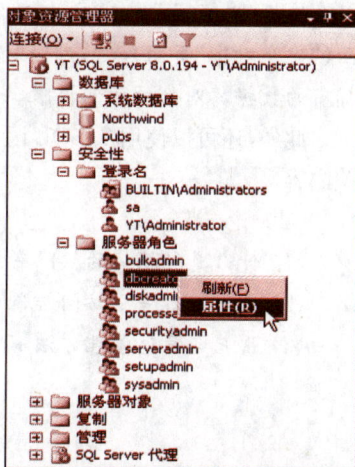

图 10-16　为用户分配固定服务器角色

弹出快捷菜单,从中选择"属性"命令。

(2) 在出现的"服务器角色属性"对话框中,单击"添加"按钮。

(3) 在出现的"选择登录名"对话框中,单击"浏览"按钮。

(4) 打开"查找对象"对话框,选中目标用户前的复选框,选择其用户,最后单击"确定"按钮。

(5) 回到"选择登录名"对话框,可以看到选中的目标用户已包含在对话框中,确定无误后,单击"确定"按钮。

(6) 回到"服务器角色属性"对话框。确认无误后,单击"确定"按钮,完成为用户分配角色的操作。

3) 数据库角色

在安装 SQL Server 时,数据库级别上也有一些预定义的角色,在创建每个数据库时都会添加这些角色到新创建的数据库中,每个角色对应着相应的权限。其数据库角色用于授权给数据库用户,拥有某种或某些角色的用户会获得相应角色对应的权限。

可以为数据库添加角色,然后将角色分配给用户,使用户拥有相应的权限,在 SSMS 中,给用户添加角色(或叫做将角色授权用户)的操作与将固定服务器角色授予用户的方法类似,通过相应角色的属性对话框可以方便地添加用户,使用户成为角色成员。

用户也可使用图形界面工具 T-SQL 命令创建新角色,使之拥有某个或某些权限;创建的角色还可修改其对应的权限。**用户需要完成 3 项任务**:创建新的数据库角色、给创建的角色分配权限、将角色授予某个用户。

【案例 10-9】 利用 SSMS 创建新的数据库角色的具体操作步骤如下。

展开要添加新角色的目标数据库,单击目标数据库节点下的"安全性"节点前的"十"号图标展开此节点。然后在"角色"节点上右击,弹出快捷菜单,选择"新建"→"新建数据库角色"命令,如图 10-17 所示。

出现"数据库角色-新建"对话框,在"常规"页面中添加"角色名称"和"所有者",并选择此角色所拥有的架构。在此对话框中也可单击"添加"按钮为新创建的角色添加用户。

选择"选择页"中的"安全对象"项,进入权限设置页面("安全对象"页面),之后可以为新创建的角色添加所拥有的数据库对象的访问权限。

此外,还可以使用 T-SQL 语句来实现同样目标的相关内容。

📖讨论思考

(1) 什么是数据库的权限管理?

(2) 如何进行安全访问控制管理?

(3) 用户与角色管理方法有哪些?

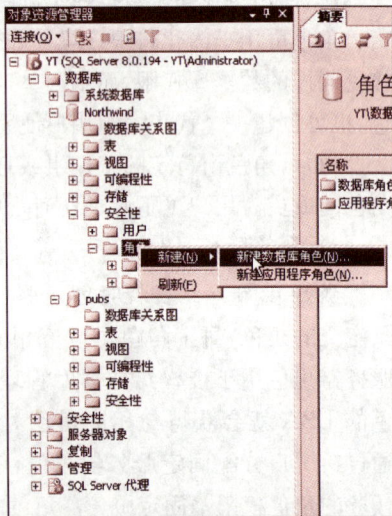

图 10-17　新建数据库角色

# 10.4　数据的完整性

本书 2.2 节介绍了关系模型的完整性,是为了确保关系数据库中数据的完整性,对其关系提出的具体约束条件,即关系模型的完整性规则。

## 10.4.1　数据完整性的概念

**数据完整性**(data integrity)是指数据的**准确性**(accuracy)和**可靠性**(reliability),用于避免数据库中存在不符合语义规定的数据造成无效操作或错误。DBMS 提供一种检查数据库中的数据是否满足语义规定条件的机制,数据语义检查条件称为**数据完整性约束条件**,作为表定义的一部分存储在数据库中。DBMS 中检查数据完整性条件的机制称为**完整性检查**。系统对各种关系取长补短,并有针对性地采取不同的方法。

维护数据的完整性非常重要,数据库中的数据是否具备完整性,关系到数据能否真实地反映实际业务信息,如月份只能用 1~12 的正整数表示。

狭义上数据的完整性和安全性是数据库保护的两个不同的方面。安全性侧重保护数据库,以防止非法使用所造成数据的泄露、更改或破坏,其防范对象是非法用户和非法操作;完整性是防止合法用户使用数据库时向数据库中加入不符合语义的数据,或改动了传输过程中的数据,防范对象侧重不合语义的数据。但从宏观角度来看,安全性和完整性密切相关,完整性也属于安全性范畴。

## 10.4.2　数据完整性规则构成

由 DBA 或应用开发者所决定的一组预定义的完整性约束条件称为**规则**。关系数据库允许用完整性约束和数据库触发器定义各种数据完整性规则。

**数据的完整性规则**主要由以下三部分构成。

(1) 触发条件:规定系统什么时候使用规则检查数据。

(2) 约束条件:规定系统检查用户发出的操作请求违背了什么样的完整性约束条件。

(3) 违约响应:规定系统如果发现用户的操作请求违背了完整性约束条件,应该采取一定的动作来保证数据的完整性,即违约时要做的事情。

**完整性规则**从执行时间上**可分为**立即执行约束和延迟执行约束。

(1) 立即执行约束(immediate constraints)是指在执行用户事务过程中,某一条语句执行完成后,系统立即对此数据进行完整性约束条件检查。

(2) 延迟执行约束(deferred constraints)是指在整个事务执行结束后,再对约束条件进行完整性检查,结果正确后才能提交。例如,银行数据库中"借贷总金额应平衡"的约束就应属于延迟执行约束,从账号 $A$ 转一笔钱到账号 $B$ 为一个事务,从账号 $A$ 转出去钱后,账就不平了,必须等转入账号 $B$ 后,账才能重新平衡,这时才能进行完整性检查。

当一条语句执行完后,系统立即对其数据进行完整性约束条件检查。若发现用户操作请求违背了立即执行约束,则可拒绝该操作,以保护数据的完整性。若发现用户操作请求违背了延迟执行约束,而又难以确认哪个事务的操作破坏了完整性,则只能拒绝整个事务,将数据库恢复到该事务执行前的状态。

完整性约束是一组完整数据的约束规则,规定了数据模型中的数据必须符合的条件,是对数据进行操作的保证。关系数据模型的完整性约束,是对表的列定义规则的说明性方法,其**完整性约束条件**包括三大类:实体完整性、参照完整性和用户自定义完整性。

📖**说明**:参数对于违反实体完整性和用户自定义完整性规则的操作一般都采用拒绝执行

的方式处理。对于违反参照完整性的操作,并非都是简单地拒绝执行,一般在接受这个操作的同时,执行一些附加的操作,以保证数据库的状态仍然正确。在删除被参照关系中的元组时,应将参照关系中所有的外码值与被参照关系中要删除元组主码值相对应的元组一起删除。

完整性规则都由 DBMS 提供的语句描述,经过编译后存放在数据字典中。进入系统后便开始执行该组规则。其主要优点是违规由系统来处理,而不是由用户处理。另外,规则集中在数据字典中,而不是散布在各应用程序之中,易于从整体上理解和修改,效率较高。数据库系统的整个完整性控制都是围绕完整性约束条件进行的,因此,完整性约束条件是完整性控制机制的核心。

### 10.4.3 数据完整性约束条件的种类

通常,**数据完整性约束**可以根据不同的方法分为以下**两类**。

#### 1. 依据约束条件使用的对象分

依据约束条件使用的对象,数据完整性约束条件分为值约束和结构约束两种。

1) 值约束

**值约束**是指对数据类型、数据格式、取值范围等进行具体规定。

(1) 对数据类型的约束包括数据的类型、长度、单位和精度等。

(2) 对数据格式的约束,如规定出生日期的数据格式为 YY. MM. DD。

(3) 对取值范围的约束,如月份的取值范围为 1～12,日期为 1～31。

(4) 对空值的约束。空值表示未定义或未知的值,与零值和空格不同。有的列值允许为空值,有的不允许,如学号和课程号不可为空值,但成绩可为空值。

2) 结构约束

**结构约束**是指对数据之间联系的约束。数据库中同一关系(表)的不同属性(列)之间,应满足一定的约束条件,同时,不同关系的属性之间也有联系,也应满足一定的约束条件。**常见的结构约束有 4 种**。

(1) 函数依赖约束,明确同一关系中不同属性之间应满足的约束条件。

(2) 实体完整性约束,规定键的属性列必须唯一,其值不能为空或部分为空。

(3) 参照完整性约束,规定不同关系的属性之间的约束条件,即外键的值应能够在参照关系的主键值中找到或取空值。

(4) 统计约束,规定某属性值与一个关系多元组的统计值之间必须满足某种约束条件。

> **注意:** 实体完整性约束和参照完整性约束是关系模型的两个极重要的约束,通常被称为关系的两个不变性。

#### 2. 依据约束对象的状态分

依据约束对象的状态,数据完整性约束条件分为静态约束和动态约束两种。

(1) 静态约束。静态约束是指对数据库每一个确定状态所应满足的约束条件,是反映数据库状态合理性的约束,这是最重要的一类完整性约束。上面介绍的值约束和结构约束均属于静态约束。

(2) 动态约束。动态约束是指数据库从一种状态转变为另一种状态时,新旧值之间所应满足的约束条件,动态约束反映的是数据库状态变迁的约束。例如,学生年龄在更改时只能增长,职工工资在调整时不得低于其原来的工资。

### 10.4.4　数据完整性的实施

数据库采用多种方法来**保证数据完整性**,包括外键、约束、规则和触发器。

#### 1. 实现数据完整性的方法

(1) 在服务器端。定义(建立)表时声明数据完整性,在服务器端以触发器来实现,只涉及在服务器端实现数据完整性的方法。

(2) 在客户端。在应用程序中以编程进行保证,在客户端实现数据完整性的好处是在将数据发送到服务器端之前,可以先判断,然后只将正确的数据发送给数据库服务器。缺点:数据完整性规则条件要求发生变化,都必须修改应用程序,因此,加重了维护应用程序的负担。

#### 2. 完整性约束条件的作用对象及实现

**完整性约束条件**的作用对象如下。

(1) 字段(列)级约束:数据类型、数据格式、取值范围、空值的约束。

(2) 行(元组)级约束:每个字段之间的联系的约束,如订货数量小于等于库存数量。

(3) 表(关系)级约束:表约束是指多行之间、表之间的联系的约束,如零件 ID 的取值不能重复也不能取空值。

具体**完整性约束条件的实现**包括主关键字约束、外关键字约束、唯一性约束、检查约束、缺省约束。约束提供了自动保持数据完整性的一种方法。

1) 主键约束

**主键约束**(primary key constraint)也称为**主关键字约束**,要求指定表的一列或几列的组合的值在表中具有唯一性,每个表中只能有一列被指定为主键,且 image 和 text 类型的字段都不能被指定为主键,也不允许指定主键列有 NULL 属性。主键约束可以确保实体完整性,可以在创建表的时候定义主键约束,也可以在以后改变表的时候添加。

当定义主键约束时,需要指定约束名。若未指定,SQL Server 会自动为该约束分配一个名字。若将主键约束定义在一个已经包含数据的列上,则检查该列中已经存在的数据。若发现了任何重复的值,则拒绝主键约束。其**语法格式**如下:

```
CONSTRAINT constraint_name
    PRIMARY KEY [CLUSTERED | NONCLUSTERED]
    (column_name1[, column_name2,…,column_name16])
```

**【案例 10-10】**　创建订单(Orders)表,设置订单编号(cOrderNo)为主键。

```
CREATE TABLE Orders
(
    cOrderNo CHAR(6) CONSTRAINT pkOrderNo PRIMARY  KEY CLUSTERED,
    …
)
```

也可以表示如下:

```
ALTER TABLE Orders
ADD CONSTRAINT pkOrderNo PRIMARY KEY CLUSTERED  (cOrderNo)
```

2) 外键约束

**外键约束**(foreign key constraint)也称为**外关键字约束**,定义了表之间的关系。当一个表中的数据依赖于另一个表中的数据时,可用外键约束避免两个表之间的不一致性。

当一个表中的一列或几列的组合和其他表中的主键定义相同时,就可将这些列或列的组合定义为外键,并设定它适合哪个表中哪些列相关联,还可用级联更新和插入检查方法。外键约束实施了引用完整性,与主键相同,不能使用一个定义为 text 或 image 数据类型的列创建外键,外键最多由 16 列组成。

外键约束具体的**语法格式**如下:

```
CONSTRAINT constraint_name
FOREIGN KEY(column_name1[, column_name2,…,column_name16])
REFERENCES ref_table [ (ref_column1[,ref_column2,…, ref_column16] )]
    [ ON DELETE { CASCADE | NO ACTION } ]
    [ ON UPDATE { CASCADE | NO ACTION } ] ]
    [ NOT FOR REPLICATION ]
```

💻**说明**:constraint_name 为约束名称,其他与上述类似。

【**案例 10-11**】 创建订单细节(OrderDetail)表,设置订单编号(cOrderNo)和玩具 ID(cToyId)为组合主键,同时又是外键,与订单表的订单编号、玩具表的玩具 ID 相关联。

```
CREATE TABLE OrderDetail
(
    cOrderNo CHAR(6) REFERENCES Orders (cOrderNo), /*省略部分关键字,行级约束*/
    cToyId    CHAR(6) NOT NULL,
    …
    CONSTRAINT pkOrderDetail PRIMARY KEY (cOrderNo, cToyId),
    FOREIGN KEY (cToyId)    REFERENCES    Toys (cToyId)    /*表级约束*/
)
```

也可以用 ALTER TABLE 命令修改表,命令如下:

```
ALTER TABLE OrderDetail
ADD CONSTRAINT fkOrderNo FOREIGN KEY (cOrderNo) REFERENCES Orders (cOrderNo)
ALTER TABLE OrderDetail
ADD CONSTRAINT fkToyId FOREIGN KEY (cToyId ) REFERENCES Toys(cToyId )
```

3) 唯一性约束

**唯一性约束**(unique constraint)用于指定一列或几列的组合的值具有唯一性,以防止在列中输入重复值。唯一性约束指定的列可以有 NULL 属性。由于主键值具有唯一性,所以主键列不能再设定唯一性约束。唯一性约束最多由 16 列组成。

**创建 UNIQUE 约束有关的规则**为:可创建在列级,也可创建在表级,不允许一个表中有两行取相同的非空值。一个表中可有多个 UNIQUE 约束,即使指定了 WITH NOCHECK 选项,也不能阻止根据约束对现有数据进行的检查。

具体操作的**语法格式**如下:

```
CONSTRAINT constraint_name
UNIQUE [CLUSTERED | NONCLUSTERED]
    (column_name1[,column_name2,…,column_name16])
```

【**案例 10-12**】 创建国家(Country)表,指定国家不能重复,设置 ID 为主键。

```
CREATE TABLE Country
(
```

```
cCountryId CHAR(3) PRIMARY KEY, /＊行级约束,没有指定约束名＊/
cCountry CHAR(25) NOT NULL UNIQUE   /＊行级约束,没有指定约束名＊/
)
ALTER TABLE Country
ADD CONSTRIANT unqCountry UNIQUE (cCountry)  /＊表级约束＊/
```

4）检查约束

**检查约束**（check constraint）通过限制插入列中的值控制域完整性,可以在一列上定义多个检查约束,并按照定义的次序进行实施。当约束被定义成表级时,单一的检查约束可以被应用到多列,操作的**语法格式**如下：

```
CONSTRAINT constraint_name
CHECK [NOT FOR REPLICATION]
   (logical_expression)
```

（1）IN 关键字。使用 IN 关键字可以确保键入的值被限制在一个常数表达式列表中。如下列命令在表 Shopper 的列 cCity 上创建了检查约束 chkCity。

```
CREATE TABLE Shopper
(
    ...
    cCity CHAR(15) NOT NULL CONSTRAINT chkCity CHECK(cCity IN ('Boston', 'Chicago','
    Dallas','New York', 'Paris','Washington'))
    ...
)
```

（2）LIKE 关键字。使用 LIKE 关键字可以通过通配符来确保输入某一列的值符合一定的约束模式,如 CHECK(cShopperId LIKE "[0-9][0-9][0-9][0-9][0-9][0-9]"),其中,检查约束指定[0-9][0-9]只能包含六位数值。

（3）BETWEEN 关键字。可以通过 BETWEEN 关键字指明常数表达式的范围,该范围包括上限值和下限值,如 CHECK(siToyQoh BETWEEN 0 AND 100)。

上述检查约束指定了属性 siToyQoh 的值只能是 0～100。

5）缺省约束

**缺省约束**（default constraint）也称为**默认约束**,可用于为某列指定一个常数值,这样用户就不需要为该列插入值。只能在一列上创建一个缺省约束,且该列不能是 IDENTITY 列。

缺省约束通过定义列的默认值或使用数据库的默认值对象绑定表的列,来指定列的默认值。SQL Server 推荐使用缺省约束,而不使用定义默认值的方式来指定列的默认值。

具体实际操作的**语法格式**如下：

```
CONSTRAINT constraint_name
DEFAULT constant_expression [FOR column_name]
```

【**案例 10-13**】　在 Shopper 表的 cCity 属性上创建缺省约束。若没有指定城市,则属性 cCity 将缺省地包含 Chicago。

```
CREATE TABLE Shopper
(
    ...
    cCity char(15) DEFAULT "Chicago",
```

```
    ...
    )
```

若表已经创建,而没有指定缺省,则可用 ALTER TABLE 命令**指定缺省**:

```
    ALTER TABLE Shopper
    ADD CONSTRAINT defCity DEFAULT "Chicago" FOR cCity
```

6)在企业管理器中创建约束

通过"属性"对话框选择操作,如图 10 - 18 所示。

7)系统对约束的检查

**通常系统对约束的检查方法**包括以下几种。

(1)主键约束。当用户插入数据时,系统检查新插入的数据的主键值是否与已存在的主键值重复,或新插入的主键值是否为空。当用户执行修改有主键约束的列时,系统检查修改后的主键值是否与表中的主键值重复,或修改后的主键值是否为空值。只有当新插入数据或修改后的主键值满足不重复且不为空时,系统才执行插入和修改操作,否则出错。

(2)唯一值约束。对唯一值约束的检查同主键很类似。只是在检查有唯一值约束的列时,系统只需检查新插入数据或更改后的有唯一值

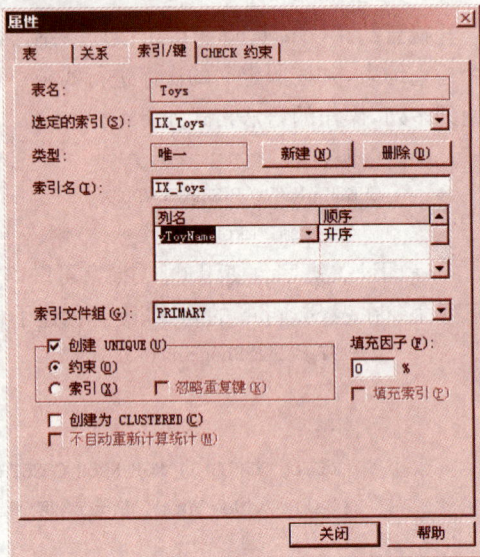

图 10 - 18　在企业管理器中创建约束

约束的列的值是否与表中已有数据重复,而不检查是否有空值。只有新插入数据或更改后的值满足不重复的条件,才可操作。

> **⌂注意:** 对于有唯一值约束的列,可以有空值,但整个列只允许有一个空值。系统会将后续的空值看成与第一个空值重复的值,因此全拒绝操作。

(3)外键约束。当在子表中插入数据时,应检查新插入数据的外键值是否在主表的主键值范围内,若在主键值范围,则可插入,否则插入失败。

当在子表中修改外键列的值时,检查修改后的外键值是否在主表的主键值范围内,若在主键值范围,则可进行修改,否则修改失败。

当在主表中删除数据时,检查被删除数据的主键值是否在主表中有对它的引用,若无对它的引用,则可删除;若有,则看是否允许级联删除,若允许级联删除则将子表中外键值等于被删除数据的主键值的记录一起删除,若不允许级联删除则删除失败。

当更改主表中的主键列的值时,检查被更改的主键值是否在子表中有对它的引用,若无对它的引用,则可更改,若有,则看是否允许级联更改,若允许级联更改,则将与表中外键值等于被更改主键值的记录的外键一起进行更改;若不允许级联更改,则更改失败。

(4)检查约束。检查约束同唯一值约束类似。当用户插入数据或修改有列取值约束的数据时,系统检查新插入的值或更改后的值是否符合列检查(取值范围)约束,若符合则执行插入或修改操作,否则拒绝操作。

（5）缺省约束。对于缺省约束，当用户对数据进行插入操作并且没有为某个列提供值时，系统检查省略值的列是否有默认值约束，若有就插入默认值，若无，则系统检查此列是否允许为空，若允许，则可插入空值，否则出错。

### 10.4.5　数据的完整性规则实现

规则（rule）是数据库中对存储在表的列或用户自定义数据类型中的值的规定和限制。规则是单独存储的独立的数据库对象。规则与其作用的表或用户自定义数据类型是相互独立的。规则和约束可以同时使用，表的列可以有一个规则及多个检查约束。

#### 1. 创建规则

1）用命令创建规则的方法

操作的**语法格式**如下：

```
CREATE RULE rule_name AS condition_expression
```

其中，condition_expression 子句是规则的定义。condition_expression 子句可以是能用于WHERE 条件子句的任何表达式，它可以包含算术运算符、关系运算符和谓词（如 IN、LIKE、BETWEEN 等）。

> ⚠**注意**：condition_expression 子句中的表达式必须以字符"@"开头，如表 10-4 所示。

**表 10-4　规 则 的 示 例**

| 示例 | 说明 |
| --- | --- |
| CREATE RULE rulDeptName AS @DeptName NOT IN ('accounts','stores') | 表明若要向规则绑定的列或用户自定义数据类型中插入值 accounts 或 stores，这些值将被拒绝 |
| CREATE RULE rulMaxPrice AS @MaxPrice >= $5000 | 允许 $5000 或更大的值被插入该规则绑定的列中或用户自定义数据类型中 |
| CREATE RULE rulEmpCode AS @EmpCode LIKE '[F-M][A-Z]___' | 允许符合 LIKE 子句中指定形式的字符串被插入该规则绑定的列中或用户自定义数据类型中 |

2）用企业管理器创建规则

在企业管理器中选择数据库对象"规则"并右击，从弹出的快捷菜单中选择"新建规则"命令。

3）使用规则的限制

有时只有一条规则可以绑定到某列或某个用户自定义数据类型上。若一条规则被绑定到某用户自定义数据类型上，并不会代替绑定到该数据类型的列上的规则。若一条新的规则绑定到某列或某数据类型上，而该列或类型上已经绑定了一条规则，则新规则将代替旧规则。规则不会应用到已经插入表的数据，表中现有的值不一定要符合规则指定的标准，不能为系统定义的数据类型定义规则。

#### 2. 查看规则

**语法格式**如下：

```
sp_helptext [@objname = ] 'name'
```

例如：exec sp_helptext birthday_defa 用来查看 birthday_defa 规则。

此外,还可以用 SSMS 方式查看规则,如图 10-19 所示。

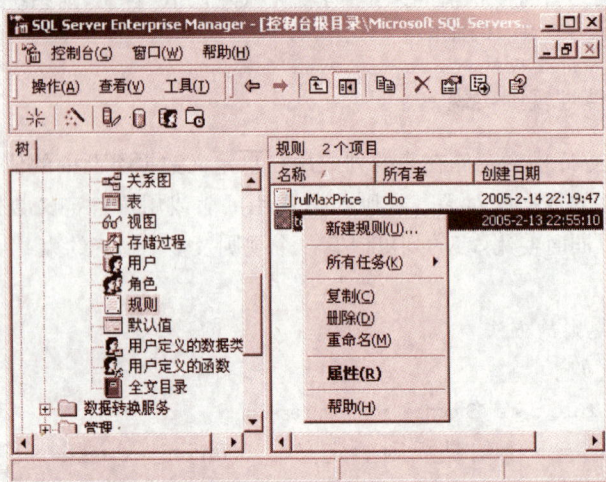

图 10-19　用 SSMS 查看规则

### 3. 规则的绑定与松绑

当创建规则以后,规则只是一个存在于数据库中的对象,并未发生作用。只有将规则与数据库表或用户自定义对象联系起来,才能达到创建规则的目的。

解除规则与对象的绑定称为**松绑**。

1) 用存储过程 sp_bindrule 绑定规则的语法格式如下:

```
sp_bindrule [@rulename = ] 'rule',
    [@objname = ] 'object_name'
    [, 'futureonly']
```

🖳**说明**:参数说明如下。

(1) [@rulename =] 'rule':指定规则名称。

(2) [@objname =] 'object_name':指定规则绑定的对象。

(3) 'futureonly':此选项仅在绑定规则到用户自定义数据类型上时才可以使用。当指定此选项时,仅以后使用此用户自定义数据类型的列会应用新规则,而当前已经使用此数据类型的列不受影响。

【**案例 10-14**】　绑定规则 rulMaxPrice 到用户自定义数据类型 MaxPrice 上。

```
exec sp_bindrule rulMaxPrice, MaxPrice
```

【**案例 10-15**】　绑定规则 rulMaxPrice 到用户自定义数据类型 MaxPrice 上,带 futureonly 选项。

```
exec sp_bindrule rulMaxPrice, MaxPrice, 'futureonly'
```

⚠**注意**:规则对已经输入表中的数据不起作用。

2) 用 sp_unbindrule 解除规则的绑定

通常实际操作的**语法格式**如下:

```
sp_unbindrule [@objname = ] 'object_name'[, 'futureonly']
```

【**案例 10 - 16**】 解除规则 rulMaxPrice 与用户自定义数据类型 MaxPrice 的绑定，带 futureonly 选项。可利用 exec sp_unbindrule birthday, 'futureonly'，或在企业管理器中绑定/解除规则。

#### 4. 删除规则

**删除规则的语法格式**如下：

```
DROP RULE {rule_name} [,···n]
```

> ⊙**注意**：在删除一个规则前，必须先将与其绑定的对象解除绑定。

【**案例 10 - 17**】 删除多个规则。

```
DROP RULE mytest1_rule, mytest2_rule
```

### 10.4.6 默认值

**默认值**（default）也称为**缺省值**，是往用户输入记录时没有指定具体数据的列中自动插入的数据。默认值对象与 CREATE TABLE 或 ALTER TABLE 命令操作表时用 DEFAULT 选项指定的默认值功能相似，但默认值对象可以用于多个列或用户自定义数据类型，其管理与应用同规则有许多相似之处。

表的某一列或一个用户自定义数据类型也只能与一个默认值绑定。

#### 1. 创建默认值

用 CREATE DEFAULT 命令创建默认值，CREATE DEFAULT 命令用于在当前数据库中创建默认值对象。其语法格式如下：

```
CREATE DEFAULT default_name AS constant_expression
```

> 🖥**说明**：constant_expression 子句是默认值的定义。constant_expression 子句可以是数学表达式或函数，也可以包含表的列名或其他数据库对象。

【**案例 10 - 18**】 创建生日默认值 birthday_defa。

```
CREATE DEFAULT birthday_defa AS '1978 - 1 - 1'
```

#### 2. 默认值的绑定与松绑

（1）用**存储过程** sp_bindefault 绑定默认值，其**语法格式**如下：

```
sp_bindefault [@defname = ] 'default',
    [@objname = ] 'object_name'
    [, 'futureonly']
```

（2）用**存储过程** sp_unbindefault 解除默认值的绑定，其**语法格式**如下：

```
sp_unbindefault [@objname = ] 'object_name'
    [,'futureonly']
```

#### 3. 删除默认值

通常可以选用在企业管理器中删除默认值的方法。首先选择默认值，然后右击，从弹出的快捷菜单中选择"删除"命令删除默认值。也可以使用 DROP DEFAULT 命令删除当前数据库中的一个或多个默认值。

实际操作的具体**语法格式**如下：

```
DROP DEFAULT {default_name} [,···n]
```

> ⊙**注意**：在删除一个默认值前必须先将与其绑定的对象解除绑定。

📖**讨论思考**

(1) 什么是数据完整性？数据完整性的构成包括哪些部分？

(2) 如何实施数据完整性？

(3) 完整性规则和默认值操作有哪些？

# 10.5 并发控制与封锁技术

## 10.5.1 并发操作产生的问题

数据库资源可为多个应用程序所共享。各用户在存取数据时，可能是串行执行。串行执行时，其他用户程序必须等到前一用户程序结束才能进行存取，若一个用户程序涉及大量数据的输入/输出交换，则系统的大部分时间将处于闲置状态。为了充分利用数据资源，进行并行存取，就会发生多用户同时存取同一数据的情况，即**数据库的并行操作**。

## 10.5.2 并发控制概述

### 1. 并发控制的概念

数据库的**并发控制**是对多用户程序并行存取的控制机制，**目的**是避免数据的丢失修改、无效数据的读出与不可重复读数据现象的发生，从而保证数据的一致性。

6.2.2 节介绍过事务的概念及 ACID 特性。事务是数据库并发控制的基本单位，是用户定义的一个操作序列。对事务的操作实行"要么都做，要么都不做"原则，将事务作为一个不可分割的工作单位。通过事务 SQL Server 可将逻辑相关的一组操作绑定在一起，以便服务器保持数据完整性。在 SQL Server＋.NET 开发环境下，有两种方法能够完成事务的操作，保持数据库的数据完整性，一是用 SQL 存储过程，二是在 ADO.NET 中一种简单的事务处理，如银行转账。保证事务 ACID 特性是事务处理的重要任务，而并发操作可能破坏其 ACID 特性。DBMS 并发控制机制对并发操作进行正确调度，保证事务的隔离性更强，确保数据库的一致性。

**【案例 10-19】** 以飞机订票系统说明并发操作带来的数据不一致问题。

以飞机订票系统中的一个活动序列(同一时刻读取)为例，分 4 步说明。

(1) 甲售票点(甲事务)读取某航班的机票余额 A，A＝16。

(2) 乙售票点(乙事务)读取同一航班机票余额 A，A＝16。

(3) 甲售票点卖出一张机票，修改 A＝A－1，即 A＝15，写入数据库。

(4) 乙售票点也卖出一张机票，修改 A＝A－1，即 A＝15，写入数据库。

结果：卖出两张票，数据库中机票余额只减少 1。

⚠**注意：**数据库的不一致性是由并发操作引起的。在此情况下，对甲、乙事务的操作序列是随机的。若按上面的调度序列执行，甲事务的修改被丢失，因为第四步中乙事务修改 A 并写回后覆盖了甲事务的修改。

### 2. 并发控制需要处理的问题

若没有锁定且多个用户同时访问一个数据库，则当多个事务同时使用相同的数据时可能发生问题。并发操作带来的数据不一致性包括以下几种。

(1) 丢失更新。当多个事务选择同一行(数据记录),然后基于最初选定的值更新该行时,会发生丢失更新问题。每个事务都不知道其他事务的存在。最后的更新将重写由其他事务所作的更新,这将导致数据丢失。

(2) 读脏数据(脏读)。读脏数据指事务 T1 修改某一数据,并将其写回磁盘,事务 T2 读取同一数据后,T1 由于某种原因被撤销,而此时 T1 将已修改过的数据又恢复原值,T2 读到的数据与数据库的数据不一致,则 T2 读到的数据就为脏数据,即不正确的数据。

**【案例 10-20】**　一个网站编辑正在更改网页的电子文档。在更改过程中,另一个编辑复制了该文档(该副本包含到目前为止所作的全部更改)并将其分发给预期的用户。此后,第一个编辑认为目前网页所作的更改是错的,于是删除了所作的编辑并保存了文档。分发给用户的文档包含不再存在的编辑内容,并且这些编辑内容应认为从未存在过。若在第一个编辑确定最终更改前任何人都不能读取更改的文档,则可避免该问题。

(3) 不可重复读。当事务 T1 读取数据后,事务 T2 执行更新操作,使 T1 无法读取前一次结果。不可重复读包括 3 种情况:事务 T1 读取某一数据后,T2 对其作了修改,当 T1 再次读该数据后,得到与前面不同的值。产生数据不一致性的主要原因是并发操作破坏了事务的隔离性。其现象如表 10-5 所示。

表 10-5　数据库并发操作中 3 种数据不一致性现象

| T1 | T2 | T1 | T2 | T1 | T2 |
|---|---|---|---|---|---|
| ① 读 $A=16$ | | ① 读 $A=50$<br>读 $B=100$<br>求和 $=150$ | | ① 读 $C=100$<br>$C=C\times2$<br>写回 $C$ | |
| ② | 读 $A=16$ | | ② 读 $B=100$<br>读 $B=B\times2$<br>写回 $B=200$ | | ② 读 $C=200$ |
| ③ $A=A-1$<br>写回 $A=15$ | | | | ③ ROLLBACK<br>$C$ 恢复为 $100$ | |
| ④ | $A=A-1$<br>写回 $A=15$ | ③ 读 $A=50$<br>读 $B=200$<br>求和 $250$<br>(演算不对) | | | |
| 丢失更新 | | 不可重复读 | | 读脏数据 | |

## 10.5.3　常用的封锁技术

**并发控制措施的本质**就是用正确的方式调度并发操作,使一个用户事务的执行不受其他事务的干扰,从而避免造成数据的不一致性。并发控制的主要技术是**封锁**(locking)。例如,在飞机订票例子中,甲事务要修改 $A$,若在读出 $A$ 前先锁住 $A$,其他事务不能再读取和修改 $A$,直到甲修改并写回 $A$ 后解除了对 $A$ 的封锁为止,这样就不会丢失修改。

事务 T 在对某个数据对象(表、记录等)操作之前,先向系统发出请求,对其加锁。加锁后 T 对数据对象有一定的控制(具体的控制由封锁类型决定),在事务 T 释放前,其他事务不能更新此数据对象。

基本的**封锁类型**有两种。

(1) 排它锁(X锁、写锁)。若事务 T 对数据对象 $A$ 加上 X 锁,则只允许 T 读取和修改 $A$,其他任何事务不能对 $A$ 加任何类型的锁,直到 T 释放 $A$ 上的锁。从而保证其他事务在 T 释放 $A$ 上的锁前不能再读取和修改 $A$。

(2) 共享锁(S锁、读锁)。T 对数据对象 $A$ 加上 S 锁,则 T 可以读 $A$ 但不能修改 $A$,其他事务只能再对 $A$ 加 S 锁,而不能加 X 锁,直到 T 释放 $A$ 上的 S 锁。这保证了在 T 对 $A$ 加 S 锁过程中其他事务对 $A$ 只能读,不能修改。

### 10.5.4 并发操作的调度

计算机系统以随机的方式对并行操作调度,而不同的调度可能产生不同的结果。若一个事务运行中不同时运行其他事务,则可认为该事务的运行结果为正常或预期的,因此将所有事务串行起来的调度策略是正确的调度策略。虽然以不同的顺序串行执行事务可能产生不同的结果,但由于不会将数据库置于不一致状态,所以都可以认为是正确的。由此可得**并发操作的结论**:几个事务的并行执行是正确的,当且仅当其结果与按某一次序串行执行的结果相同。此并行调度策略称为**可串行化**(serializable)的调度。**可串行性**(serializability)是并行事务正确性的唯一准则。

【**案例 10 - 21**】 现有两个事务,分别包含下列操作。

事务1:读 $B$;$A = B+1$;写回 $A$。

事务2:读 $A$;$B = A+1$;写回 $B$。

假设 $A$ 的初值为 10,$B$ 的初值为 2。表 10 - 6 给出了对这两个事务的三种不同的调度策略,(a)和(b)为两种不同的串行调度策略,虽然执行结果不同,但它们都是正确的调度。(c)中两个事务是交错执行的,由于执行结果与(a)、(b)的结果都不同,所以是错误的调度。(d)中的两个事务也是交错执行的,由于执行结果与串行调度(a)的执行结果相同,所以是正确的调度。

**表 10 - 6　对两个事务的不同调度策略**

| 串行调度 1(a) | 串行调度 2(b) | 不可串行化的调度(c) | 可串行化的调度(d) |
|---|---|---|---|
| 读 $B=2$ | 读 $A=10$ | 读 $B=2$ | 读 $B=2$ |
| $A \leftarrow B+1$ | $B \leftarrow A+1$ | 　读 $A=10$ | 　等待 |
| 写回 $A=3$ | 　写回 $B=11$ | $A \leftarrow B+1$ | $A \leftarrow B+1$ 等待 |
| 　读 $A=3$ | 　读 $A=3$ | 　写回 $A=3$ | 　读 $A=3$ |
| $B \leftarrow A+1$ | $A \leftarrow B+1$ | $B \leftarrow A+1$ | $B \leftarrow A+1$ |
| 　写回 $B=4$ | 　写回 $A=12$ | 　写回 $B=11$ | 　写回 $B=4$ |
| 结果:$A=3$, $B=4$ | 结果:$A=12$, $B=11$ | 结果:$A=3$, $B=11$ | 结果:$A=3$, $B=4$ |

为确保并行操作正确,DBMS 的并行控制机制提供了保证调度可串行化的手段。目前,DBMS 普遍采用悲观封锁方法,如 DM 和 SQL Server,以保证调度的正确性,即并行操作调度的可串行性。此外,还有时标封锁方法、乐观封锁方法等。

📖**讨论思考**

(1) 什么是并发操作? 什么是并发控制?

(2) 常用的封锁技术有哪些?

(3) 怎样进行并发操作的调度?

# 10.6　数据备份与恢复

数据备份与恢复极为重要,是防止出现意外故障、防患未然的必备措施。出现的**意外故障**主要包括存储媒体损坏、用户操作错误、硬件故障或自然灾难等。

## 10.6.1　数据备份

### 1. 数据备份概述

**数据备份**(data backup)是将数据库中的数据复制到备份设备的过程,**目的**是防止系统出现意外导致数据丢失,而将全部或部分数据从应用主机中复制(转存)到其他存储介质的过程。以便于对系统迅速恢复运行,因此,必须保证备份数据和源数据的一致性和完整性。关键在于保障系统的高可用性,即操作失误或系统发生故障后,能够保障系统的正常运行。常用的技术就是数据备份和登记日志文件。

数据备份并非简单的文件复制,多数是指**数据库备份**,是数据库结构和数据的复制,以便在数据库遭到破坏时进行恢复。备份内容包括用户数据库和系统数据库内容。

#### 1) 备份

**备份**也称为**转储**,是定期将整个数据库复制到介质上存储的过程,其备用的数据文本称为后备副本或后援副本。当数据库遭到破坏后可将其重新装入,但只能将数据库恢复到备份时的状态,要想恢复到故障发生时的状态,必须重新运行自备份以后的所有更新事务。

系统在 $T_a$ 时刻停止运行事务进行数据库备份,在 $T_b$ 时刻备份完毕,得到 $T_b$ 时刻的数据库一致性副本。系统运行到 $T_f$ 时发生故障。为恢复数据库,首先由 DBA 重装数据库后备副本,将数据库恢复至 $T_b$ 时刻的状态,然后重新运行自 $T_b$ 时刻至 $T_f$ 时刻的所有更新事务,就可将数据库恢复到故障发生前的状态,如图 10-20 所示。

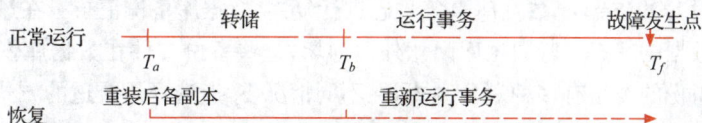

图 10-20　数据备份和恢复

**注意:**备份是十分耗费时间和资源的,不能频繁进行。DBA 应该根据数据库使用情况确定一个适当的备份周期。备份又可分为静态备份和动态备份。

#### 2) 日志文件

日志文件是用于记录事务对数据库的更新操作的文件。不同数据库系统采用的日志文件格式并不完全一样。概括起来**日志文件主要有两种格式**:以记录为单位的日志文件和以数据块为单位的日志文件。

对于以记录为单位的日志文件,在**日志文件中需要登记的内容**如下。

(1) 每个事务的开始(BEGIN TRANSACTION)标记。

(2) 每个事务的结束(COMMIT 或 ROLLBACK)标记。

(3) 每个事务的所有更新操作。

这里每个事务的开始标记、每个事务的结束标记和每个更新操作均作为日志文件中的一个日志记录(log record)。每个**日志记录的内容**主要包括以下几项。

(1) 事务标识(标明是哪个事务)。

(2) 操作的类型(插入、删除或修改)。

(3) 操作对象(记录内部标识)。

(4) 更新前数据的旧值(对于插入操作,此项为空值)。

(5) 更新后数据的新值(对于删除操作,此项为空值)。

日志文件在数据库恢复中起着极为重要的作用。可用于进行事务故障恢复和系统故障恢复,并协助后备副本进行介质故障恢复。必须用日志文件进行事务故障恢复和系统故障。

在动态备份方式中必须建立日志文件、后备副本和日志文件,进行综合利用才能有效地恢复数据库。在静态备份方式中,也可建立日志文件。当数据库破坏后可重新装入后援副本将数据库恢复到备份结束时刻的正确状态,然后利用日志文件,将已完成的事务进行重做处理,对故障发生时尚未完成的事务进行撤销处理。这样不必重新运行已完成的事务程序就可将数据库恢复到故障前某一时刻的正确状态,如图 10-21 所示。

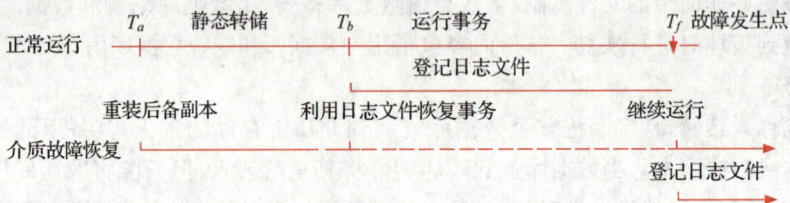

图 10-21 利用日志文件恢复

**登记日志文件**(logging)。为保证数据库是可恢复的,登记日志文件时必须遵循登记的次序严格按并发事务执行的时间次序;必须先写日志文件,后写数据库。

### 2. 数据备份类型

**备份**是指对 SQL Server 数据库事务日志进行复制,数据库备份记录了在进行备份操作时数据库中所有数据的状态。若数据库因意外而损坏,这些备份文件在数据库恢复时用于还原数据库。数据备份的类型有多种划分方式,在不同情况下,应选择最合适的方式。

制定一个良好的备份策略,定期进行备份是保护数据库的一项重要措施。一旦发生数据丢失或破坏,就可从数据库备份中将数据恢复到原来的状态。有时,在制作数据库副本和在不同服务器之间移动数据库时也要用到数据库备份。

SQL Server 对数据库的备份和恢复进行了改进,一些**新功能支持的备份类型**如下。

(1) 完整备份。完整备份也称为**数据库备份**,是对数据库内的所有对象都进行备份,包括事务日志部分(以便可以恢复整个备份),适用于数据库容量不是很大且不是全天运行的应用系统,也不是一个变化频繁的系统。虽然完整备份比较费时间,但是对于数据库还是需要定期做完整备份,如每周一次。

(2) 完整差异备份。完整差异备份也称为**数据库差异备份**(differential database backup),只备份从上次数据库完整备份后(非上次差异备份后)数据库变动的部分。它基于以前的完整备份,因此,这样的完整备份称为**基准备份**。差异备份仅记录自基准备份后更改过的数据。

(3) 部分备份。与完整备份相似,但部分备份并不包含所有文件组。部分备份包含主文件组、每个读写文件组以及任何指定的只读文件中的所有数据。

（4）部分差异备份。仅记录文件组中自上次部分备份后更改的数据，这样的部分备份称为差异备份的"基准备份"。

（5）文件和文件组备份。文件和文件组备份是针对单一数据库文件或文件夹进行备份和恢复，好处是便利和具有弹性，可以分别备份和还原数据库中的文件。使用文件备份使用户可以仅还原已损坏的文件，而不必还原数据库的其余部分，从而提高恢复速度。

（6）文件差异备份。创建文件或文件组的完整备份后，可基于该完整备份创建一系列差异备份。文件差异备份只捕获自上一次文件备份以来更改的数据。

（7）事务日志备份。**事务日志备份**（transaction log backup）仅用于完整恢复模式或大容量日志恢复模式。只备份数据库的事务处理记录，但在数据库恢复时无法单独运行，必须和一次完整备份一起才可以恢复数据库，而且事务日志备份在恢复时有一定的时间顺序。

### 3. 数据库备份方法

（1）利用 SSMS 管理备份设备。在备份一个数据库之前，需要先创建一个备份设备，如磁盘等，然后复制有备份的数据库、事务日志、文件/文件组。SQL Server 可以将本地主机或远端主机上的硬盘作为备份设备，数据备份在硬盘是以文件的方式被存储的。SQL Server 只支持将数据备份到本地磁盘，无法将数据备份到网络磁盘，主要有 4 个操作：新建一个备份设备、使用备份设备备份数据库、查看备份设备、删除备份设备。

（2）利用 SSMS 备份数据库。打开 SSMS，右击需要备份的数据库，选择"任务"中的"备份"命令，出现备份数据库窗口，可选择要备份的数据库和备份类型。

（3）数据库的差异备份。差异数据库备份只记录自上次数据库备份后发生更改的数据。差异数据库备份比数据库备份小而且备份速度快，因此可以经常备份，经常备份将减少丢失数据的危险。使用差异数据库备份将数据库还原到差异数据库备份完成的时刻。若要恢复到精确的故障点，必须使用事务日志备份。

## 10.6.2　数据恢复

**数据恢复**（data restore）是指将备份到存储介质上的数据再恢复（还原）到计算机系统中的过程，是数据备份的逆过程，可能涉及整个数据库系统的恢复。由于数据恢复直接关系到系统在经过故障后能否迅速恢复正常运行，所以数据恢复在整个数据安全保护中极为重要。

### 1. 数据库的故障和恢复策略

数据库系统在运行过程中发生故障后，有些事务尚未完成就被迫中断，这些未完成的事务对数据库所作的修改有一部分已写入物理数据库。这时数据库就处于一种不正确的状态，或者说是不一致的状态，这时可利用日志文件和数据库备份的后备副本将数据库恢复到故障前的某个一致性的状态。

数据库运行过程中可能会出现各种各样的故障，这些**故障可分为 3 类**：事务故障、系统故障和介质故障。根据故障类型的不同，应该采取不同的恢复策略。

1）事务故障及其恢复

事务故障表示由非预期的、不正常的程序结束所造成的故障。

造成程序非正常结束的原因包括输入数据错误、运算溢出、违反存储保护、并行事务发生死锁等。发生事务故障时，被迫中断的事务可能已对数据库进行了修改，为了消除该事务对数据库的影响，要利用日志文件中所记载的信息，强行**退回**该事务，将数据库恢复到修改前的初始状态。为此,要检查日志文件中由这些事务所引起的发生变化的记录,取消这些没有完成的事务所作的一切改变,恢复操作称为**事务撤销**(UNDO)。

(1) 反向扫描日志文件,查找该事务的更新操作。

(2) 对该事务的更新操作执行反操作,即对已插入的新记录进行删除操作,对已删除的记录进行插入操作,对修改的数据恢复旧值,用旧值代替新值。由后向前逐个扫描该事务已做的所有更新操作,并做同样的处理,直到扫描到此事务的开始标记,事务故障恢复完毕。

一个事务是一个工作单位,也是一个恢复单位。一个事务越短,越便于对其进行撤销操作。若一个应用程序运行时间较长,则应将该应用程序分成多个事务,用明确的 COMMIT 语句结束每个事务。

2) 系统故障及其恢复

**系统故障**是指系统在运行过程中,由于某种原因,造成系统停止运转,致使所有正在运行的事务都以非正常方式终止,要求系统重新启动。引起系统故障的原因有硬件错误(如 CPU 故障)、操作系统或 DBMS 代码错误、突然断电等。这时,内存中数据库缓冲区的内容全部丢失,存储在外部存储设备上的数据库并未破坏,但内容不可靠了。

系统故障发生后,**对数据库的影响有两种情况。**

(1) 一些未完成事务对数据库的更新已写入数据库,这样在系统重新启动后,要强行撤销所有未完成事务,清除这些事务对数据库所作的修改。这些未完成事务在日志文件中只有 BEGIN TRANSCATION 标记,而无 COMMIT 标记。

(2) 有些已提交的事务对数据库的更新结果还保留在缓冲区中,尚未写到磁盘上的物理数据库中,这也使数据库处于不一致状态,因此应将这些事务已提交的结果重新写入数据库。这类恢复操作称为事务的重做(REDO)。这种已提交事务在日志文件中既有 BEGIN TRANSCATION 标记,也有 COMMIT 标记。

**系统故障的恢复要完成两方面的工作,**既要撤销所有未完成的事务,还需要重做所有已提交的事务,这样才能将数据库真正恢复到一致的状态。**具体做法**如下。

(1) 正向扫描日志文件,查找尚未提交的事务,将其事务标识记入撤销队列。同时查找已经提交的事务,将其事务标识记入重做队列。

(2) 对撤销队列中每个事务进行撤销处理。与事务故障中所介绍的撤销方法相同。

(3) 对重做队列中的每个事务进行重做处理。重做处理方法是:正向扫描日志文件,按照日志文件中所登记的操作内容重新执行操作,使数据库恢复到最近某个可用状态。

系统发生故障后,由于无法确定哪些未完成的事务已更新过数据库,哪些事务的提交结果尚未写入数据库,这样系统重新启动后,就要撤销所有的未完成事务,重做所有已经提交的事务。但是在故障发生前已经运行完毕的事务有些是正常结束的,有些是异常结束的,所以不需要将其全部撤销或重做。

通常采用设立**检查点**(checkpoint)的方法来判断事务是否正常结束。每隔一段时间,如 5 min,系统就产生一个检查点,**具体操作**如下。

(1) 将仍保留在日志缓冲区中的内容写到日志文件中。

(2) 在日志文件中写一个检查点记录。

(3) 将数据库缓冲区中的内容写到数据库中,即将更新的内容写到物理数据库中。

(4) 将日志文件中检查点记录的地址写到"重新启动文件"中。

每个检查点记录包含的信息为：在检查点时间的所有活动事务一览表，每个事务最近日志记录的地址。在重新启动时，恢复管理程序先从"重新启动文件"中获得检查点记录的地址，从日志文件中找到该检查点记录的内容，通过日志往回找，能决定哪些事务需要撤销，恢复到初始状态，哪些事务需要重做。

3) 介质故障及其恢复

**介质故障**是指系统在运行过程中，由于辅助存储器介质受到破坏，使存储在外存中的数据部分丢失或全部丢失。这类故障破坏性很大，虽然发生的可能性很小却是一种最严重的故障，磁盘上的物理数据和日志文件可能被破坏，这需要装入发生介质故障前最新的后备数据库副本，然后利用日志文件重做该副本后所运行的所有事务。**具体方法**如下。

(1) 装入最新的数据库副本，使数据库恢复到最近一次备份时的可用状态。

(2) 装入最新日志文件副本，根据日志文件中的内容重做已完成的事务。首先正向扫描日志文件，找出发生故障前已提交的事务，将其记入重做队列。再对重做队列中的每个事务进行重做处理，方法为：正向扫描日志文件，对每个重做事务重新执行登记操作，即将日志文件中数据已更新后的值写入数据库。

通过上述对三类故障的分析，可见故障发生后**对数据库的影响**有两种可能性。

(1) 数据库没有被破坏，但数据可能处于不一致状态。这是由事务故障和系统故障引起的，这种情况在恢复时不需要重装数据库副本，直接根据日志文件撤销故障发生时未完成的事务，并重做已完成的事务，使数据库恢复到正确的状态。这类故障的恢复是系统在重新启动时自动完成的，不需要用户干预。

(2) 数据库本身被破坏。由介质故障引起，此情况在恢复时，将最近一次备份的数据装入，并借助日志文件对数据库进行更新，从而重建数据库。这类故障的恢复不能自动完成，需要 DBA 介入，先由 DBA 利用 DBMS 重装最近备份的数据库副本和相应的日志文件的副本，再执行系统提供的恢复命令。

**数据库恢复的基本原理**是利用数据冗余技术，比较简单，实现的方法也比较清楚，但真正实现很复杂，实现恢复的程序非常大，约占整个系统的 10% 以上。

> ⚠**注意**：数据库系统所采用的恢复技术是否行之有效，不仅对系统可靠程度起着决定性使用，而且对系统运行效率也有很大的影响，是衡量系统性能优劣的重要指标。

### 2. 数据恢复类型

**数据恢复操作**通常有 3 种类型：全盘恢复、个别文件恢复和重定向恢复。

(1) 全盘恢复。全盘恢复是将备份到介质上的指定系统信息全部备份到其原来的地方。全盘恢复一般应用在服务器发生意外灾难时导致数据全部丢失、系统崩溃或是有计划的系统升级、系统重组等，也称为系统恢复。

(2) 个别文件恢复。个别文件恢复是将个别已备份的最新版文件恢复到原来的状态。对大多数备份来说，这是一种相对简单的操作。利用网络备份系统的恢复功能，很容易恢复受损的个别文件。需要时只要浏览备份数据库或目录，找到该文件，启动恢复功能，系统将自动驱动存储设备，加载相应的存储媒体，恢复指定文件。

(3) 重定向恢复。重定向恢复是将备份的文件或数据，恢复到另一个不同的位置或系统上，而不是做备份操作时其所在的位置。重定向恢复可以是整个系统恢复，也可以是个别文件恢复。重定向恢复时需要慎重考虑,要确保系统或文件恢复后的可用性。

### 3. 恢复模式

**恢复模式**是一个数据库属性,**用于控制数据库备份和还原操作的基本行为**。恢复模式控制了将事务记录在日志中的方式、事务日志是否需要备份以及可用的还原操作。

1) 恢复模式的优点

可以简化恢复计划,并简化备份和恢复过程,明确系统操作要求之间的权衡,明确可用性和恢复要求之间的权衡。

2) 恢复模式的分类

在 SQL 中,有 3 种**恢复模式**:简单恢复模式、完整恢复模式和大容量日志恢复模式。

(1) 简单恢复模式。此模式简略地记录大多数事务,所记录的信息只是为了确保在系统崩溃或还原数据备份之后数据库的一致性。

(2) 完整恢复模式。可完整地记录所有事务,并保留事务日志记录,直到将其备份。

(3) 大容量日志恢复模式。可简略地记录大多数大容量操作(如索引创建和大容量加载),完整地记录其他事务。可提高大容量操作的性能,常用作完整恢复模式的补充。

### 4. 恢复数据库

1) 使用 SSMS 恢复数据库

启动 SSMS,选择服务器,右击相应的数据库,从弹出的快捷菜单中选择"还原(恢复)"命令,再单击"数据库"项,出现恢复数据库窗口。

2) 使用备份设备恢复

(1) 在还原数据库窗口选择"源设备"项,单击文本框右边的按钮,出现"指定备份"对话框。

(2) 选中备份媒体中的备份设备,单击"添加"按钮,出现"选择备份设备"对话框。

(3) 选择相应的备份设备,单击"确定"按钮。

3) 使用 T-SQL 语句恢复数据库

用 RESTORE 命令对备份数据库进行恢复。

(1) 完整恢复。完整恢复的**语法格式**如下:

```
RESTORE DATABASE database_name
    [ FROM <backup_device> [ ,…n ] ]
    [ WITH
      [ FILE = file_number ]
      [ [ , ] MOVE 'logical_file_name' TO 'operating_system_file_name' ] [ ,…n ]
      [ [ , ] { RECOVERY | NORECOVERY | STANDBY = {standby_file_name } } ]
      [ [ , ] REPLACE ]
    ]
    <backup_device> : : =
    {
          { logical_backup_device_name }
        | { DISK | TAPE } = { 'physical_backup_device_name' }
    }
```

(2) 部分恢复。部分恢复的**语法格式**如下:

```
RESTORE DATABASE   database_name
        <files_or_filegroups>
    [ FROM <backup_device> [ ,…n ] ]
    [ WITH
        PARTIAL
    [ FILE = file_number ]
      [ [ , ] MOVE 'logical_file_name' TO 'operating_system_file_name' ]
                    [ ,…n ]
      [ [ , ] NORECOVERY ]
      [ [ , ] REPLACE ]
    ]
    <backup_device> : : =
    {
        { logical_backup_device_name }
        | { DISK | TAPE } = { 'physical_backup_device_name' }
    }
    <files_or_filegroups> : : =
    { FILE = logical_file_name | FILEGROUP = logical_filegroup_name }
```

(3) 文件恢复或页面恢复。具体的**语法格式**如下：

```
RESTORE DATABASE database_name
        <file_or_filegroup> [ ,…f ]
    [ FROM <backup_device> [ ,…n ] ]
    [ WITH
      [ FILE = file_number ]
    [ [ , ] MOVE 'logical_file_name' TO 'operating_system_file_name' ] [ ,…n ]
      [ [ , ] NORECOVERY ]
      [ [ , ] REPLACE ]
    ]
    <backup_device> : : =
    {
        { logical_backup_device_name }
        | { DISK | TAPE } = { 'physical_backup_device_name' }
    }
    <file_or_filegroup> : : =
    { FILE = logical_file_name | FILEGROUP = logical_filegroup_name }
```

(4) 事务日志恢复。操作的**语法格式**如下：

```
RESTORE LOG database_name [ <file_or_filegroup> [ ,…f ] ]
    [ FROM <backup_device> [ ,…n ] ]
    [ WITH
      [ FILE = file_number ]
      [ [ , ] MOVE 'logical_file_name' TO 'operating_system_file_name' ] [ ,…n ]
      [ [ , ] { RECOVERY | NORECOVERY | STANDBY = standby_file_name } ]
```

```
        [ [ , ] REPLACE ]
    ]
    <backup_device> : : =
    {
            { logical_backup_device_name }
            | { DISK | TAPE } = { 'physical_backup_device_name' }
    }
    <file_or_filegroup> : : =
    { FILE = logical_file_name | FILEGROUP = logical_filegroup_name }
```

📖**讨论思考**

（1）什么是数据的备份？如何进行数据备份？

（2）数据恢复类型和模式有哪些？

（3）如何进行数据恢复？

# 10.7　实验九　数据库安全

### 10.7.1　实验目的

（1）理解 SQL Server 2014 系统的安全性机制。

（2）明确如何管理和设计 SQL Server 登录信息，实现服务器级的安全控制。

（3）掌握设计和实现数据库级的安全保护机制的方法。

（4）独立设计和实现数据库备份和恢复。

### 10.7.2　实验内容及步骤

#### 1. 建立 Windows 及 SQL Server 登录名

（1）创建 Windows 登录名。使用界面方式创建 Windows 身份模式的登录名：以管理员身份登录 Windows，选择"开始"→"设置"命令，打开控制面板，双击"用户账户"项，进入"用户账户"窗口。单击"新创建一个账户"项，在出现的窗口中输入账户名称，选择"计算机管理员"选项，"创建账户"即可完成新账户的创建。

以管理员身份登录 SSMS，在对象资源管理器中选择"安全性"项并右击"登录名"项，在快捷菜单中选择"新建登录名"命令，在"新建登录名"窗口中单击"添加"按钮添加 Windows 用户 sxd，选择"Windows 身份验证"选项，单击"确定"按钮完成。

使用命令方式创建 Windows 身份模式的登录名：

```
USE master
GO
CREATE LOGIN [shen-Think\sxd]   -- shen-Think 为计算机名
FROM WINDOWS
```

（2）SQL Server 登录名。使用界面方式创建登录名，类似上述方法，在"新建登录名"窗口中输入要创建的登录名（如 sqlsxd），并选择"SQL Server 身份验证"选项，输入密码和重复密码"123456"，单击"确定"按钮。

以命令方式创建 SQL Server 登录名：

```
CREATE LOGIN sqlsxd
WITH PASSWORD = '123456'
```

### 2. 创建数据库用户

（1）使用界面方式创建 teachingSystem 的数据库用户。

在对象资源管理器中选择数据库 teachingSystem 的"安全性"项并右击"用户"项，在弹出的快捷菜单中选择"新建用户"命令，在"数据库用户"窗口中输入新建数据库用户名 shenxd，输入使用的登录名 sqlsxd，"默认架构"设置为 dbo，单击"确定"按钮。

（2）以命令方式创建 teachingSystem 的数据库用户：

```
USE teachingSystem
GO
CREATE USER shenxd
FOR LONGIN sqlsxd
WITH DEFAULT_SCHEMA = dbo
```

### 3. 通过对象资源管理器添加固定服务器角色成员

以管理员身份登录 SQL Server，在对象资源管理器中选择"安全性"项，从中选择要添加的登录名（如 shenxd）并右击，从弹出的快捷菜单中选择"属性"命令，在登录名属性窗口中选择"服务器角色"选项卡，选择要添加到的服务器角色，单击"确定"按钮即可。

使用系统存储过程将登录名添加到固定服务器角色中：

```
EXEC sp_addsrvrolemember 'shenxd', 'sysadmin'
```

### 4. 固定数据库角色的创建

可以通过资源管理器添加固定数据库角色成员。

在数据库 teachingSystem 中展开"角色"→"数据库角色"→"db_owner"项并右击，在弹出的快捷菜单中选择"属性"命令，进入"数据库角色属性"窗口，单击"添加"按钮可以为该固定数据库角色添加成员。

使用系统存储过程将 teachingSystem 数据库用户添加到固定服务器角色 db_owner 中：

```
USE teachingSystem
GO
EXEC sp_addrolemember 'db_owner', 'shenxd'
```

### 5. 自定义数据库角色

以界面方式创建自定义数据库角色，并为其添加成员。

以管理员身份登录 SQL Server，在对象资源管理器中展开"数据库"项并选择要创建角色的数据库（如 teachingSystem），展开其中的"安全性"→"角色"项并右击，在弹出的快捷菜单中选择"新建"→"新建数据库角色"命令，在新建窗口中输入要创建的角色名 myrole，单击"确定"按钮。

在新建的角色 myrole 的属性窗口中单击"添加"按钮，即可为其添加成员。

以命令方式创建自定义数据库角色：

```
USE teachingSystem
GO
CREATE ROLE myrole
```

AUTHORIZATION dbo

### 6. 授予数据库权限

以界面方式授予数据库 teachingSystem 数据库上的 CREATE TABLE 权限。

以管理员身份登录 SQL Server，在对象资源管理器中展开"数据库"项，选择 teachingSystem 并右击，在弹出的快捷菜单中选择"属性"命令进入 teachingSystem 的属性窗口，切换到"权限"选项卡，选择数据库用户 shenxd，在下方的权限列表中选择相应的数据库级别的权限，完成后单击"确定"按钮。

以界面方式授予数据库用户在表 teacher 上的 SELECT、DELETE 权限。

以管理员身份登录 SQL Server，在对象资源管理器中找到 Employees 表，右击选择"属性"命令进入表 teacher 的属性窗口，切换到"权限"选项卡，单击"添加"按钮添加要授予权限的用户或角色，然后在权限列表中选择要授予的权限。

以命令方式授予数据库 teachingSystem 数据库上的 CREATE TABLE 权限：

```
USE teachingSystem
GO
GRANT CREATE TABLE
TO shenxd
GO
```

授予用户 shenxd 在数据库 teachingSystem 上表 student 的 SELECT、DELETE 权限：

```
USE teachingSystem
GO
GRANT SELECT, DELETE
ON student
TO shenxd
GO
```

### 7. 拒绝和撤销数据库权限

以命令方式拒绝用户 shenxd 在 teacher 表上的 DELETE 和 UPDATE 权限：

```
USE teachingSystem
GO
DENY UPDATE, DELETE
ON teacher
TO shenxd
GO
```

以命令方式撤销用户 shenxd 在 student 表上的 SELECT、DELETE 权限：

```
USE teachingSystem
GO
REVOKE SELECT, DELETE
ON student
FROM shenxd
GO
```

### 8. 数据库备份方法

（1）利用 SSMS 管理备份设备。在备份一个数据库之前，需要先创建一个备份设备，如磁带、硬盘等,然后复制有备份的数据库、事务日志、文件/文件组。请用户自己新建一个备份设备,查看备份设备,删除备份设备。

(2) 备份数据库。打开 SSMS,右击需要备份的数据库,选择"任务"→"备份"命令,出现备份数据库窗口。在此可以选择要备份的数据库和备份类型。

(3) 数据库的差异备份。差异数据库备份只记录自上次数据库备份后发生更改的数据。差异数据库备份比数据库备份小而且备份速度快,因此可以经常备份,经常备份将减少丢失数据的危险。使用差异数据库备份将数据库还原到差异数据库备份完成时那一点。若要恢复到精确的故障点,必须使用事务日志备份。

(4) 恢复数据库。使用 SSMS 恢复数据库,实验操作步骤:启动 SSMS,选择服务器,右击相应的数据库,从弹出的快捷菜单中选择"还原(恢复)"命令,再单击"数据库"项,出现恢复数据库窗口,在其中进行相应设置即可。

## 10.8　本　章　小　结

本章首先概述了数据库安全性和数据安全性的相关概念、威胁数据库安全的要素、数据库安全的层次和结构,以及二者之间的关系及其重要性。数据库安全的核心和关键是数据安全。在此基础上介绍了数据库安全关键技术、数据库的安全策略和机制、数据库的安全权限问题,以及安全控制方法与新技术。在数据的访问权限及控制方面,涉及数据库的权限管理、安全访问控制管理、用户与角色管理及控制,并结合 SQL Server 2014 实际应用,概述了具体的登录控制、角色管理、权限管理和完整性控制,以及并发控制与封锁等管理技术和方法。

对于数据的完整性,主要概述了数据完整性的概念、完整性规则构成、完整性约束条件的分类、数据完整性的实施、完整性规则实现和默认值等。之后简单地介绍了利用 SQL Server 2014 管理器 SSMS 或 SQL 备份/恢复语句在本地主机上进行数据库备份和恢复操作,最后概述了数据库的备份与恢复技术和操作方法。

# 第 11 章　数据库新技术

数据库是计算机科学技术中发展最快、应用最广的重要分支,已成为计算机信息系统和应用系统的重要技术基础和支柱。数据库技术在各领域已获得巨大成功,在业务数据管理等方面的新需求也直接推动了数据库技术的研究与发展。为了满足现代应用的需求,必须将数据库技术与其他现代信息、数据处理技术(如面向对象技术、时序和实时处理技术、人工智能技术、多媒体技术)集成,以形成新一代数据库技术,也可称为"现代数据库技术"。

## 教学目标

掌握新一代数据库技术的分类和特点
理解网络环境下的数据库体系
了解数据库新技术发展趋势

## 11.1　数据库新技术概述

### 11.1.1　数据库新技术概要

传统数据库系统包括层次数据库、网状数据库和关系数据库等,不论其模型和技术有何差别,都主要是面向、支持商业和事务处理应用领域的数据管理。用户应用需求的提高、硬件技术的发展和 Internet/Intranet 丰富多彩的多媒体交流方式,促进了数据库技术与网络通信技术、人工智能技术、面向对象程序设计技术、并行计算技术等相互渗透、互相结合,成为当前数据库新技术发展的主要特征。现代数据库的基本特征有:支持数据管理、对象管理、知识管理。**传统数据库技术面临**如下**挑战**。

(1)各种业务数据急剧增加。随着社会信息化进程的加快,信息海量,多维性,并急剧增长。例如,构成人类基因组的 DNA 排列图谱,每个基因组 DNA 排列长达几十亿个元素,每个元素又是一个复杂的数据单元,据估计人类的基因组约 5 万~6 万种,如何表示、访问和处理这样的图谱结构数据,是数据库面临的难题。

(2) 数据类型的多样化和一体化要求。传统数据库技术基本上是以字符表示的格式化、文本为主的数据,远远不能满足各种信息类型的需求。新数据库系统应支持各种静态和动态数据,如图形、图像、音频、文本、视频、动画、音乐、HTML/XML 等。

(3) 处理不确定或不精确的模糊信息。一般数据库的数据,除空值外都是确定的。但实际生活中要求数据库能表示、处理不确定或不精确的数据。

(4) 数据安全性。随着移动主机(便携式计算机)大量涌现,因特网扩展延伸,用户可随时随地访问数据库。移动主机若遗失、失窃,便会带来严重的数据库安全和保密问题。

(5) 数据操作的新要求。不仅包含通常意义下的插入、删除、修改、查询等,还需互操作(如视频快进操作等)、主动性操作、领域搜索浏览、时态查询等,还要能够进行自定义操作等。

(6) 对数据库理解和知识获取。人们对数据库的使用已不限于传统的查询,而希望把它作为知识源,从中提取知识,希望数据库具有推理、类比、联想、预测能力,甚至能从中得到意想不到的发现,数据库能主动而不是被动地提供服务等。

### 11.1.2　数据库新技术分类

**新一代数据库技术主要体现**在以下三方面。

(1) **体系系统方面**:相对传统数据库而言,在数据模型及其语言、事务处理与执行模型、数据库逻辑组织与物理存储等各个方面,都集成了新的技术、工具和机制。其包括面向对象数据库、主动数据库、实时数据库、时态数据库。

(2) **体系结构方面**:不改变数据库基本原理,而是在系统的体系结构方面采用和集成了新的技术。其包括分布式数据库、并行数据库、内存数据库、联邦数据库、数据仓库。

(3) **应用方面**:以特定应用领域的需要为出发点,在某些方面采用和引入一些非传统数据库技术,加强系统对有关应用的支撑能力,其包括工程数据库、空间数据库、科学与统计数据库、超文档数据库。

现代数据库应用的主要特征有多维性(支持时间、空间等属性)、智能化(知识表达与推理能力)、网络化(基于网络环境)、协同性(支持多系统融合)。

📖**讨论思考**

谈谈你对数据库新技术范畴的理解。

# 11.2　面向对象数据库

### 11.2.1　面向对象数据库的概念

**面向对象数据库系统**(object oriented database system, OODBS)是数据库技术与面向对象程序设计方法相结合的产物,既是一个 DBMS,又是一个面向对象系统,因而既具有 DBMS特性,如持久性、辅助管理、数据共享(并发性)、数据可靠性(事务管理和恢复)、查询处理和模式修改等,又具有面向对象的特征,如类型/类、封装性/数据抽象、继承性、计算机完备性、对象标识、复合对象和可扩充等特性。OODBS 支持 WWW 应用能力。

#### 11.2.2　面向对象数据模型

OODBS 支持**面向对象数据模型**(简称 OO 模型),是一个持久的、可共享对象库的存储和管理者;而一个对象库是由一个 OO 模型定义的对象集合体。**OO 模型的相关概念**如下。

##### 1. 对象、对象结构与对象标识

现实世界的任一实体都被统一地模型化为一个对象,每个对象有一个唯一的标识,称为对象标识(OID)。OID 是独立于值的、系统全局唯一的。对象结构:对象是由一组数据结构和在这组数据结构上的操作程序所封装起来的基本单位。属性(attribute)描述对象的状态、组成和特性,是每个对象固有的静态表示,所有属性的集合构成对象数据的数据结构。方法(method)又称为操作(operation),用于反映对象的行为特征,是对象的固有动态行为的表示,可用于审视并改变对象的内部状态(属性值)。在面向对象数据库模式中,可以有对象的嵌套关系。如果对象 $B$ 是对象 $A$ 的某个属性,则称 $A$ 是复合对象,$B$ 是 $A$ 的子对象。

##### 2. 封装(encapsulation)

每一个对象是其状态与行为的封装,其中状态是该对象一系列属性值的集合,而行为是在对象状态上操作的集合。封装是对象外部界面与内部实现之间实行清晰隔离的一种抽象,对象的内部表示即对象中的属性组成与方法实现,对象的外部表示即方法接口,也称为对象界面。

##### 3. 类(class)

共享同样属性和方法集的所有对象构成一个对象类(简称类),一个对象是某一类的一个实例(instance)。例如,学生是一个类,泽涛、家平、宝强等是学生类中的对象。在 OODBS 中,类是"型",对象是某一类的一个"值"。类属性的定义域可以是任何类,即可以是基本类,如整数、字符串、布尔型,也可以是包含属性和方法的一般类。类的概念与关系模式类似,表 11 - 1 列出了对照关系。

表 11 - 1　类与关系模式的对照

| 类 | 类的属性 | 对象 | 类的一个实例 |
|---|---|---|---|
| 关系模式 | 关系的属性 | 关系的元组 | 关系的一个元组 |

类本身也可以看作一个对象,称为类对象,面向对象数据库模式是类的集合。类的定义可以简化人们对复杂世界的了解。表 11 - 2 列出了一个类的实例。

表 11 - 2　类 的 实 例

| 类名 | 属性 | 方法 |
|---|---|---|
| 学生 | 学号,姓名,性别,出生日期,系别,年级,所修课程 | 选课,登记成绩,统计学分绩,升级 |

##### 4. 类层次(结构)与继承

在一个面向对象数据库模式中,可定义一个类(如 C1)的子类(如 C2),类 C1 称为类 C2 的超类(或父类)。子类(如 C2)还可以再定义子类(如 C3)。这样,面向对象数据库模式的一组类形成一个有限的层次结构,称为类层次。一个子类可以有多个超类,有的是直接的,有的是间接的。例如,C2 是 C3 的直接超类,C1 是 C3 的间接超类。一个类可以继承类层次中其直接

或间接超类的属性和方法。

(1) 类的层次结构：在面向对象数据模式中，一组类可以形成一个类层次。一个面向对象数据模式可能有多个类层次。在一个类层次中，一个类继承其所有超类的属性、方法和消息。图 11-1 表示在学校数据库中"学生"类的层次结构。

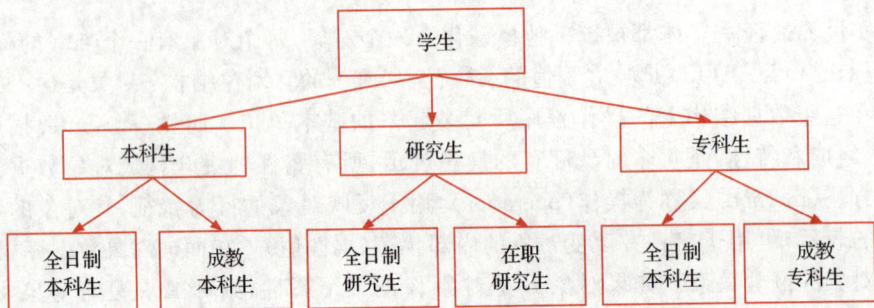

图 11-1　"学生"类的层次结构

作为最高一级的类（学生），具有所有学生应具备的属性、方法和消息。作为超类的下一级子类（研究生，本科生、专科生），除继承其超类的属性、方法和消息外，还各自具备其所在子类的属性、方法和消息，以此类推，超类与子类反映"从属"关系，子类与子类之间既有共同之处，又相互有所区别。

(2) 继承：继承分为单继承和多重继承。一个子类只能继承一个超类的特性为单继承。一个子类能够继承多个超类的特性为多重继承。图 11-2 的实例就是单继承的层次结构，"在职博士"既是教职工也是学生，因此"在职博士"继承了"教职工"和"学生"的全部特性（包括属性、方法和消息），所以是多重继承的层次结构。

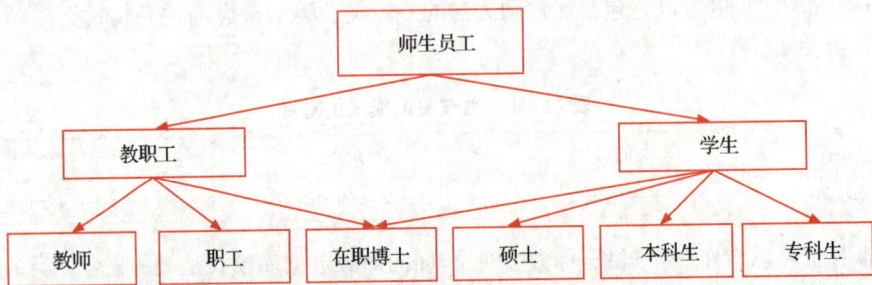

图 11-2　多重继承的层次结构

子类继承了超类的特性，可以避免许多重复定义。子类除继承超类的特性外还需要定义自己的特性，这时可能与从超类继承的特性（包括属性、方法和消息）发生冲突。这类冲突一般由系统制定优先级别规则来解决。

## 5. 消息（message）

由于对象是封装的，对象与外部的通信一般只能通过消息传递，即消息从外部传送给对象，存取和调用对象中的属性和方法，在内部执行所要求的操作，操作的结果仍以消息的形式返回。消息是对象间的一种协作机制，一个对象可以通过向另一个对象发送消息来调用其方法，以获得协作来共同完成某一个任务。

### 11.2.3　面向对象数据库语言

面向对象数据库语言(OODB 语言)用于描述面向对象数据库模式,说明并操纵类定义与对象实例。OODB 语言主要包括对象定义语言(object definition language,ODL)和对象操纵语言(OML),对象操纵语言中一个重要子集是对象查询语言(OQL)。OQL 支持 SQL 中的 5 中聚集函数(AVG、MAX、MIN、SUM、COUNT),支持 GROUP BY 子句,支持全称量词 FOR ALL 和存在量词 EXISTS。

#### 1. 面向对象数据库语言的功能

(1) 类的定义与操纵:面向对象数据库语言可以操纵类,包括定义、生成、存取、修改与撤销类。其中类的定义包括定义类的属性、操作特征、继承性与约束等。

(2) 操作方法的定义:面向对象数据库语言可用于对象操作方法的定义与实现。在操作实现中,语言的命令可用于操作对象的局部数据结构。对象模型中的封装性允许操作方法由不同程序设计语言来实现,并且隐藏不同程序设计语言实现的事实。

(3) 对象的操纵:面向对象数据库语言可以用于操纵(生成、存取、修改与删除)实例对象。

#### 2. 面向对象数据库语言的实现

(1) 类的定义和操纵语言:包括定义、生成、存取、修改和撤销类的功能。类的定义包括定义类的属性、操作特征、继承性与约束性等。

(2) 对象的定义和操纵语言:用于描述对象和实例的结构,并实现对对象和实例的生成、存取、修改以及删除等操作。

(3) 方法的定义和操纵语言:用于定义并实现对象(类)的操作方法,描述操作对象的局部数据结构、操作过程和引用条件。对象的操作方法允许不同的程序设计语言来实现。

### 11.2.4　对象-关系数据库

#### 1. 面向对象数据库系统的特点

面向对象数据库系统支持核心的面向对象数据模型和传统数据库系统的所有特征。OODBS 保持数据库系统的非过程化数据存取方式和数据独立性,支持对象管理和规则管理,且能更好地支持原有的数据管理。**对象-关系数据库系统的特点**如下。

(1) 扩充数据类型:对象-关系数据库系统允许用户根据应用需求自己定义数据类型、函数和操作符。而且一经定义,这些新的数据类型、函数和操作符将存放在数据库管理系统中,可供所有用户共享。

(2) 支持复杂对象:能够在 SQL 中支持复杂对象(组合、集合、引用)。复杂对象是指由多种基本数据类型或用户自定义的数据类型构成的对象。

(3) 支持继承的概念:能够支持子类、超类和继承的概念,包括属性数据的继承和函数及过程的继承;支持单继承与多重继承;支持函数重载(操作的重载)。

(4) 提供通用的规则系统:在传统 RDBMS 中用触发器来保证数据库数据的完整性。触发器可以看成规则的一种形式。对象-关系数据库系统规则中的事件和动作可以是任意 SQL 语句,可以使用用户自定义的函数,规则能够被继承等。

#### 2. 实现对象-关系数据库的方法

从关系数据模型出发,以关系数据库和 SQL 为基础扩展关系模型,具有扩展数据类型和允许用户自定义函数,同时具备面向对象特征。**当前主要的开发方法**如下。

(1) 在现有关系数据库的 DBMS 基础上扩展。

(2) 将现有关系数据库的 DBMS 与某种对象-关系数据库产品相连接,形成现有关系数据库的 DBMS。

(3) 将现有与某种对象-关系数据库产品相连接,使现有面向对象型的 DBMS 具备对象-关系数据库的功能。

(4) 扩充现有面向对象型的 DBMS 使之成为对象-关系数据库。

面向对象数据库目前存在的问题包括缺乏通用数据模型、缺乏理论基础、缺乏友好的用户界面与工具环境、缺乏有力的查询优化。

📖**讨论思考**

(1) 什么是对象-关系模型?

(2) 子表和超表应满足哪两个一致性要求?

# 11.3　分布式数据库

## 11.3.1　分布式数据库的概念

**分布式数据库系统**(distributed database system)是地理上分布在网络的不同节点而逻辑上属于同一个系统的数据库系统。DBS 由若干站点集合而成,这些站又称为节点,它们在通信网络中连接在一起,每个节点都是一个独立的数据库系统,它们都拥有各自的数据库、中央处理机、终端,以及各自的局部数据库管理系统。DBS 是分布式技术与数据库技术的结合,支持分布式数据管理的系统有 SDD1 系统、DINGRES 系统和 POREL 系统等。广义地理解,C/S 结构也是一种分布式结构。C/S 结构把任务分为两部分,一部分由前端(frontend,即客户机)运行应用程序,提供用户接口,而另一部分由后端(backend,即服务器)提供特定服务,包括数据库或文件服务、通信服务等。客户机通过远程调用或直接请求应用程序提供服务,服务器执行所要求的功能后,将结果返回客户机,客户机和服务器通过网络实现协同工作。

## 11.3.2　分布式数据库体系结构

### 1. 分布式数据库系统的模式结构

图 11-3 是分布式数据库系统模式结构示意图。**DBMS 由四部分组成,**由分布模式到各个局部数据库的映像,把存储在局部节点的全局关系或全局关系的片段映像为各个局部概念模式。

(1) 局部场地上的数据库管理系统(local DBMS),其功能是建立和管理局部数据库,提供场地自治能力,执行局部应用及全局查询的子查询。

(2) 全局数据库管理系统(global DBMS),提供分布透明性,协调全局事务的执行,协调各局部 DBMS 以完成全局应用,保证数据库的全局一致性,执行并发控制,实现更新同步,提供全局恢复功能等。

(3) 全局数据字典(global data directory, GDD),存放全局概念模式、分片模式、分布模式的定义以及各模式之间映像的定义,存放有关用户存取权限的定义,以保证全用户的合法权限和数据库的安全性,存放数据完整性约束条件的定义,其功能与集中式数据库的数据字典类似。

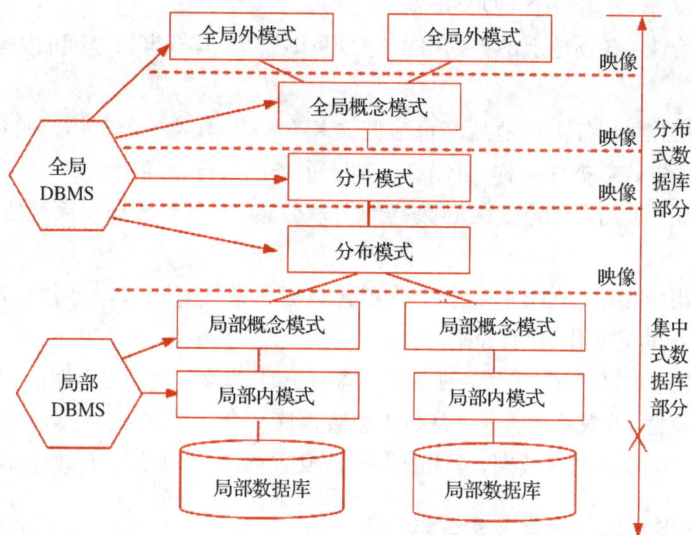

图 11-3　分布式数据库系统的模式结构

（4）通信管理（communication management，CM），通信管理系统在分布式数据库各场地之间传送消息和数据，完成通信功能。分布式系统是用通信网络连接的节点（也称为"场地"）的集合，每个节点都是拥有集中式数据库的计算机系统。

### 2. 分布透明性

分布透明性包括位置透明性和局部数据模式透明性等。用户或应用程序只考虑对全局关系的操作而不必考虑关系的分片，当分布模式改变时，通过全局模式到分布模式的映像（映像 2），使得全局模式不变，从而应用程序不变，这就是分布透明性。位置透明性是分布透明性的下一层。用户或应用程序不必了解片段的具体存储地点（场地），当场地改变时，通过分片模式到分布模式的映像（映像 3），使得应用程序不变。数据模式透明性是用户或应用程序不必考虑场地使用的是哪种数据模式和哪种数据库语言，这些转换是通过分布模式与局部概念模式之间的映像（映像 4）来实现的。

### 11.3.3　分布式数据库的特点

集中式数据库的许多概念和技术，如数据独立性、数据共享和减少冗余度、并发控制、完整性、安全性和恢复等，在分布式数据库系统中具有更加丰富的内容。分布式数据库系统包括分布式数据库和分布式数据库管理系统。DDBS 的体系结构有综合型体系结构、联合型体系结构。分布式数据库是典型的分布式结构。它包括对数据的分布式存储和对事务的分布式处理。DDBMS 提供的附加功能有数据跟踪：利用日志记录数据分布、分片和复制的能力；分布式查询处理（局部查询、远程查询和全局查询）：通过网络查询远程节点数据，节点间传送数据和请求；分布式事务处理：为分布式查询和更新等操作设计执行策略；复制数据的管理：故障后数据恢复的管理；安全性：用户授权/存取权限的安全管理；分布式目录管理等。其**特点**如下。

（1）物理分布性：数据分散存储在多个本地数据库系统中，通过网络连接这些本地数据库系统。

（2）逻辑整体性：数据物理分布在各个场地，但逻辑上相互关联，构成整体，它们被所有用户(全局用户)共享,并由一个 DDBMS 统一管理。

(3) 站点自治性:各场地上的数据由本地 DBMS 管理,具有自治处理能力,完成本场地的应用(局部应用)。

(4) 场地间协作性:各场地高度自治但又相互协作构成一个整体。对用户来说,使用 DDBS 如同使用集中式数据库一样,可以在任何一个场地执行全局应用。

(5) 数据独立性:用户不需要关心数据的物理分布、各本地数据库系统支持何种数据模型等细节问题。

(6) 自治和集中相结合的控制结构:分布式数据库系统管理各本地数据库系统,同时协调本地数据库系统间的工作,执行全局应用。

(7) 适度的数据重复:通过采用适度的数据重复策略,提高系统的可靠性、可用性及其性能。

(8) 全局一致性、可恢复性:主要是指本地数据库和全局数据库的一致性及可恢复性。

(9) 时限性:指数据的有效期,过期的数据是没有意义的,或者是有效性显著降低。

### 11.3.4　分布式数据库的分类及优缺点

**分布式数据库**主要分以下几类。

(1) 同构同质型 DDBS:各个场地都采用同一类型的数据模型(如都是关系型),并且是同一型号的 DBMS。

(2) 同构异质型 DDBS:各个场地采用同一类型的数据模型,但是 DBMS 的型号不同,如 DB2、Oracle、Sybase、SQL Server 等。

(3) 异构型 DDBS:各个场地的数据模型的型号不同,甚至类型也不同。随着计算机网络技术的发展,异种机联网问题已经得到较好的解决,此时依靠异构型 DDBS 就能存取全网中各种异构局部库中的数据。

**分布式数据库**的**优缺点**如下。

(1) DDBS 的主要优点:具有灵活的体系结构,更适合分布式管理和控制机构;经济性能优越;系统的可靠性高、可用性好;在一定条件下的响应速度快;可扩展性好,易于集成现有的系统。分布式使数据库系统能方便地将一个新的节点纳入系统,不影响现有系统结构和系统的正常运行。

(2) DDBS 的主要缺点:系统开销较大,主要花在通信部分;复杂的存取结构(如辅助索引、文件的链接技术),在集中式 DBS 中是有效存取数据的重要技术,但在分布式系统中不一定有效;数据的安全性和保密性较难处理。

📖**讨论思考**

(1) 分步式数据库是如何分类的?

(2) 分步式数据库有什么特点?

# 11.4　数据仓库与数据挖掘

### 11.4.1　数据仓库

数据仓库就是从不同的源数据中抽取数据,将其整理转换成新的存储格式,为决策目的将数据聚合在一种特殊的格式中,这种支持管理决策过程的、面向主题的、集成的、稳定的、不同时的数据聚合称为**数据仓库**(data warehouse)。数据仓库的最终目的是将企业范围内的全体数据集成到一个数据仓库中,用户可以方便地从中进行信息查询、产生报表和进行数据分析等。整个仓库系统可分为数据源、数据存储与管理、分析处理 3 个功能部分。典型的数据仓库系统有经营分析系统、决策支持系统等。数据仓库技术也是一种达成"数据整合、知识管理"的有效手段。

### 1. 数据仓库的概念

(1)面向主题的。仓库是围绕大的企业主题(如顾客、产品、销售量)而组织的。面向主题为特定的数据分析领域提供数据支持。数据仓库关注的是决策者的数据建模与分析,而不针对日常操作和事务的处理。

(2)集成的。数据仓库通常是结合多个异种数据源构成的,异种数据源可能包括关系数据库、面向对象数据库、文本数据库、Web 数据库、一般文件等。例如,水情数据仓库包括水文信息、气象信息、大堤抗洪能力、守堤抢险人员、抗洪物资供应等。

(3)时变的。数据仓库随时间变化而变化,随时间增加新的数据内容,随时删去旧的数据内容。数据仓库中的数据是经过抽取而形成的分析型数据,不具有原始性,供企业决策分析之用,执行的主要是查询操作。

(4)非易失的。数据仓库里的数据通常只需要两种操作,即初始化载入和数据访问,因此其数据相对稳定。数据仓库的数据不能被实时修改,只能由系统定期地进行刷新。

数据库数据与数据仓库数据对照如表 11-3 所示。

表 11-3　数据库数据与数据仓库数据对照

| 数据库数据 | 数据仓库数据 |
| --- | --- |
| 原始性数据 | 加工性数据 |
| 分散性数据 | 集成性数据 |
| 当前数据 | 历史数据 |
| 即时数据 | 快照数据 |
| 多种数据访问操作 | 读操作 |

### 2. 数据仓库的结构

数据仓库包括三部分内容:数据层实现对企业操作数据的抽取、转换、清洗和汇总,形成信息数据,并存储在企业级的中心信息数据库中;应用层通过联机分析处理,甚至是数据挖掘等应用处理,实现对信息数据的分析;表现层通过前台分析工具,将查询报表、统计分析、多维联机分析和数据挖掘的结论展现在用户面前。

(1)源数据:来自多个数据源、不同格式的数据,其中有大型关系数据库、对象数据库、桌面数据库、各种非格式化的数据文件等。数据仓库中的源数据来自企业中心数据库系统、企业各部门维护的数据库或文件系统中部门数据,在工作站和私有服务器的私有数据,外部系统(如 Internet、信息服务商的数据库、企业的供应商或顾客的数据库)的数据。

(2)装载管理器:又称为前端部件,完成所有与数据抽取和装入数据仓库有关的操作。有许多商品化的数据装载工具,可根据需要选择和裁剪。

(3)数据仓库管理器:从暂存转换、合并源数据到数据仓库的基表中。创建数据仓库基表上的索引和视图、非规范化数据、产生聚集、备份和归档数据。仓库管理包括对数据的安全、归档、备份、维护、恢复等工作。

（4）查询管理器：又称为后端部件，完成所有与用户查询管理有关的操作。这一部分通常由终端用户的存取工具、数据仓库监控工具、数据库的实用程序和用户建立的程序组成。它完成的操作包括解释执行查询和对查询进行调度。

（5）详细数据：在仓库的这一区域存储所有数据库模式中的所有详细数据，通常这些数据不能联机存取。

（6）轻度和高度汇总的数据：在仓库的这一区域存储所有经仓库管理器预先轻度和高度汇总（聚集）的数据。这一区域的数据是变化的，随执行查询的改变而改变。

（7）归档/备份数据：这一区域存储为归档和备份用的详细的各汇总过的数据，数据被转换到磁带或光盘上。

（8）元数据：数据源数据到数据仓库数据的转换过程中，需要按照一定的规律来进行，这种规律往往是用一定的表达式或算法形式表示，它们被称为数据仓库系统的元数据。元数据存储数据模型和定义数据结构、转换规则、仓库结构、控制信息等。

（9）终端用户访问工具：数据仓库的作用是为公司战略决策提供信息。访问工具有 5 类：报表和查询工具、应用程序开发工具、执行信息系统（EIS）工具、联机分析处理（OLAP）工具、数据挖掘工具。

### 3. 数据仓库管理系统

（1）数据仓库管理系统（DBMS）的要求如下。

装载性能：数据仓库需要不停地装载新数据，装载过程的性能应以每小时百兆行或每小时千兆字节数据来衡量。

数据质量管理：数据仓库对数据质量要求很高，即使有"误"的数据源，且数据源规模很大，数据仓库还是必须保证局部一致性、全局一致性和引用完整性。

查询执行性能：关键业务操作中的大的、复杂的查询必须在合理的时间内完成。

管理数据的规模：数据仓库的 RDBMS 对数据库的尺寸没有任何限制，RDBMS 必须支持海量存储设备的层次存储设备。查询的性能应与数据库尺寸无关。

海量用户支持：数据仓库的 RDBMS 应能支持成百上千的并行用户，且保持可让人接受的查询性能。

网络数据仓库：数据仓库系统能在更大的数据仓库网络上互操作。数据仓库必须有协调仓库间数据移动的工具。用户应能从一个客户工作站上看到、使用其他多个数据仓库。

数据仓库管理：数据仓库的巨大尺寸和时间上的周期性需要管理起来方便、灵活。RDBMS 应能支持查询优先级、顾客计费、负载跟踪和系统调节等功能。

高级查询功能：终端用户需要高级分析计算、各种序列和比较分析，以及对详细和汇总过的数据一致访问。RDBMS 必须提供一个完整的、高级的分析操作集合。

（2）并行 DBMS：并行 DBMS 可同时执行多个数据库的操作，将一个任务分解为更小的部分，由多个处理器来完成这些小的部分。并行 DBMS 必须能够执行并行查询，并行数据装载、表扫描和数据备份/归档等。

### 4. 数据仓库的类型

**数据仓库可分为**企业数据仓库（EDW）、操作型数据库（ODS）和数据市集（datamart）三种类型。企业数据仓库为通用数据仓库,它既含有大量详细的数据,也含有大量累赘的或聚集的数据,这些数据具有不易改变性和面向历史性,被用来进行涵盖多种企业领域上战略或战术上的决策。操作型数据库既可以被用来针对工作数据作决策支持,又可用作将数据加载到数据仓库时的过渡区域。与 EDW 相比较,ODS 是面向主题和面向综合的,是易变的,仅含有目前的、详细的数据,不含有累计的、历史性的数据。数据市集是数据仓库的一种具体化,它可以包含轻度累计、历史的部门数据,适合特定企业中某个部门的需要。几组数据市集可以组成一个 EDW。一个数据仓库的基本体系结构包括数据源、监视器、集成器、数据仓库和客户应用。

### 11.4.2　数据挖掘技术

#### 1. 数据挖掘的概念

**数据挖掘**(data mining, DM)也称为**数据库中的知识发现**。从技术角度考虑,DM 是从大量的、不完全的、有噪声的、模糊的、随机的实际数据中,提取隐含在其中的尚不完全被人们了解的、潜在有用的信息和知识的过程,提取的知识表现为概念(concept)、规则(rule)、规律模式约束等形式。数据挖掘必须包括三个因素,即数据挖掘的本源(大量完整的数据)、数据挖掘的结果(知识、规则)、结果的隐含性,因而需要一个挖掘过程。目前数据挖掘的研究和应用所面临的主要挑战是:对大型数据库的数据挖掘方法;对非结构和无结构数据库中的数据挖掘操作;用户参与的交互挖掘;对挖掘得到的知识的证实技术;知识的解释和表达机制;由于数据库的更新,原有知识的修正;挖掘所得知识库的建立、使用和维护。

#### 2. 数据挖掘的任务

数据开采以数据库中的数据为数据源,**整个过程可分为**数据集成、数据选择、预处理、数据开采、结果表达和解析等过程。

(1) 关联分析(association analysis):两个或两个以上变量的取值之间存在某种规律性,就称为关联。关联分为简单关联、时序关联和因果关联。关联分析的目的是找出数据库中隐藏的关联网。

(2) 聚类(clustering)分析:把数据按照相似性归纳成若干类别,同一类中的数据彼此相似,不同类中的数据相异。聚类分析可以建立宏观的概念,发现数据的分布模式,以及可能的数据属性之间的相互关系。

(3) 分类(classification):找出一个类别的概念描述,它代表了这类数据的整体信息,即该类的内涵描述,并用这种描述来构造模型,一般用规则或决策树模式表示。分类是利用训练数据集通过一定的算法求得分类规则。

(4) 预测(predication):预测是利用历史数据找出变化规律,建立模型,并由此模型对未来数据的种类及特征进行预测。预测关心的是精度和不确定性,通常用预测方差来度量。

(5) 时序模式(time-series pattern):时序模式是指通过时间序列搜索出的重复发生概率较高的模式。与回归一样,它是用已知的数据预测未来的值,但这些数据的区别是变量所处的时间不同。

(6) 偏差(deviation)分析:在偏差中包括很多有用的知识,数据库中的数据存在很多异常情况。偏差检验的基本方法就是寻找观察结果与参照之间的差别。

### 3. 数据挖掘系统的分类

**数据挖掘系统的分类**如图 11-4 所示。

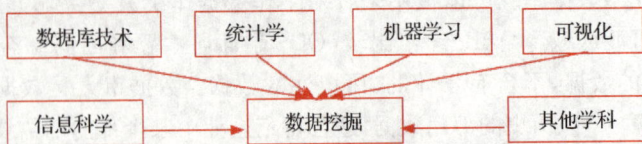

图 11-4　数据挖掘与其他学科的关联

（1）根据挖掘的数据库类型分类：数据库系统可以根据不同的标准分类，数据模型不同（如关系的、面向对象的、数据仓库等）、应用类型不同（如空间的、时间序列的、文本的、多媒体的等）。每一类需要相关的数据挖掘技术。

（2）根据挖掘的知识类型分类：根据数据挖掘的功能（如特征化、区分、关联、聚类、孤立点分析、演变分析等），构造不同类型的数据挖掘模型。

（3）根据所用的技术分类：根据用户交互程序（如自动系统、交互探察系统、查询驱动系统等），所使用的数据分析方法（如面向对象数据库技术、数据仓库技术、统计学方法、神经网络方法等）描述。

（4）根据应用分类：不同的应用通常需要对于该应用特别有效的方法，通常根据应用系统的需求与特点确定数据挖掘的类型。

### 4. 数据挖掘技术实施的步骤

（1）数据集成：从各类数据系统中提取挖掘所需的统一数据模型，建立一致的数据视图。在数据仓库数据的加载过程中，包括数据清理、填补丢失的数据、清除噪声数据、修正数据的不一致性、数据集成、数据转换。

（2）数据归约：数据归约技术有数据立方体计算、挖掘范围的选择、数据压缩、离散化处理、挖掘范围的选择。在不影响挖掘结果的前提下，尽可能选取那些与挖掘操作有关的属性集参与到数据挖掘中。通过数据压缩技术可以减小数据的规模，节省存储空间开销和数据通信开销。如果一个属性的值域是一个连续区域，则可以将它划分为若干区域，然后用每个区域的标识值来代替原来的值。

（3）挖掘：根据挖掘要求选择相应的方法与相应的挖掘参数，如支持度、置信度参数等，在挖掘约束后即可得到相应的规则。

（4）评价：经过挖掘后所得结果可能有多种，此时可以对挖掘的结果按一定标准作出评价，并选取评价较高者作为最终结果。

（5）表示：数据挖掘结果的规则可在计算机中用一定形式表示出来，它可以包括文字、图形、表格、图表等可视化形式，也可同时用内部结构形式存储于知识库中，供日后进一步分析之用。

### 5. 数据挖掘的工具

（1）基于规则和决策树的工具。大部分数据挖掘工具采用规则发现和决策树分类技术来发现数据模式和规则，其核心是某种归纳算法。

（2）基于神经元网络的工具。挖掘过程基本上是将数据簇聚，然后分类计算权值。

（3）数据可视化方法。这类工具支持多维数据的可视化，提供了多方向同时进行数据分析的图形化方法。

（4）模糊发现方法。应用模糊逻辑进行数据查询排序。

（5）统计方法。这类工具没有采用人工智能技术，因此更适于分析现有信息，而不是从原始数据中发现数据模式和规则。

（6）综合多种方法。许多工具采用多种挖掘方法，一般规模较大。

数据挖掘技术仍然面临着许多问题和挑战，如数据挖掘方法的效率亟待提高，尤其是超大规模数据集中数据挖掘的效率；开发适应多数据类型、容噪的挖掘方法，以解决异质数据集的数据挖掘问题；动态数据和知识的数据挖掘；网络与分布式环境下的数据挖掘等。

### 11.4.3　知识库概述

知识数据库系统的功能是如何把由大量的事实、规则、概念组成的知识存储起来，进行管理，并向用户提供方便快速的检索、查询手段。知识数据库可定义为：知识、经验、规则和事实的集合。知识数据库系统应具备对知识的表示方法；对知识系统化的组织管理；知识库的操作；库的查询与检索；知识的获取与学习；知识的编辑；库的管理等功能。知识库方法主要是通过分解常用知识来解决难题。

在人工智能中有**四类知识表达方法**：产生式规则、框架、语义网络和数学逻辑。一般认为知识库是基于知识逻辑的数据库，或称为逻辑数据库和演绎数据库并假定它们都是基于关系数据库之上的。知识库系统的设计和实现中存在的困难和问题有知识的表示，知识的一致性和知识库的查询处理。知识库基本问题为知识表达、知识推理和知识获取。图 11-5 所示为知识库结构。

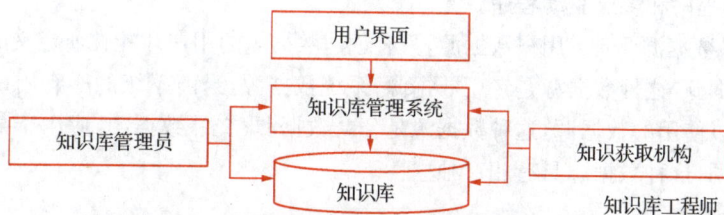

图 11-5　知识库结构

📖**讨论思考**

（1）数据仓库有什么特点？

（2）数据挖掘有什么任务？

## 11.5　开放式数据库的互连技术

开放式数据库的互连技术（ODBC）的出现，提出了解决应用程序很难实现访问多个数据库系统的问题。ODBC 是开发一套开放式数据库系统应用程序的公共接口，利用 ODBC 接口使得在多种数据库平台上开发的数据库应用系统之间可以直接进行数据存取，提高系统数据的共享性和互用性。

### 1. ODBC 的总体结构

ODBC 为应用程序提供了一套调用层接口函数库和基于动态链接库的运行支持环境。在使用 ODBC 开发数据库应用程序时,在应用程序中调用 ODBC 函数和 SQL 语句,通过加载的驱动程序将数据的逻辑结构映射到具体的数据库管理系统或应用系统所使用的系统。ODBC 的体系结构如图 11-6 所示。

| ODBC数据库应用程序 | | | |
|---|---|---|---|
| Oracle 驱动程序 | SQL Server 驱动程序 | Sybase 驱动程序 | Informix 驱动程序 |
| Oracle 数据源 | SQL Server 数据源 | Sybase 数据源 | Informix 数据源 |

图 11-6  ODBC 的体系结构

### 2. ODBC 的组成

(1) ODBC 应用程序主要包括连接数据库、向数据库发送 SQL 语句、为 SQL 语句执行结果分配存储空间、定义所读取的数据格式、读取结果和处理错误、向用户提交处理结果、请求事务的提交和回滚操作、断开与数据库的连接。

(2) 驱动程序管理器:连接各种数据库系统的驱动程序,其作用是加载 ODBC 驱动程序,检查 ODBC 调用参数的合法性,记录 ODBC 的函数调用,并且为不同驱动程序的 ODBC 函数提供单一的入口,调用正确的驱动程序,提供驱动程序信息等。

(3) 数据库驱动程序:驱动程序的作用包括建立应用系统与数据库的连接;向数据源提交用户请求执行的 SQL 语句;进行数据格式和数据类型的转换;向应用程序返回处理结果;将错误代码返回应用程序;设计、定义和使用各种操作按钮与光标。ODBC 的驱动程序有两种类型,即单层驱动程序和多层驱动程序。

(4) ODBC 数据源管理:用户数据源,只有创建数据源的用户才能在所定义的机器上使用自己创建的数据源,这种数据源是专用数据源;系统数据源,当前系统的所有用户和所运行的应用程序都可以使用的数据源,这种数据源是公共数据源;文件数据源,应用于某项专项应用所建立的数据源,这种数据源具有相对独立性。

### 3. ODBC 接口

ODBC 接口由一些函数组成,在 ODBC 应用程序中,通过调用相应的函数来实现开放数据库的连接功能。这些函数主要包括分配与释放函数、连接数据源函数、执行 SQL 语句并接收处理结果。

📖**讨论思考**

(1) 客户机/服务器系统的特点是什么?

(2) 谈谈你对开放式数据库互连技术的认识?

# 11.6  其他新型数据库

## 11.6.1  主动数据库

### 1. 主动数据库概述

传统数据库管理系统是被动的,用户给什么命令就做什么动作,如数据的创建、检索、修改和删除只根据用户的命令进行。数据库技术和人工智能技术相结合产生了**主动数据库**(active database)。主动数据库的**主要目标**是提供对紧急情况及时反应的能力,同时提高数据库管理系统的模块化程度。主动数据库具有各种主动服务功能,并以一种统一且方便的机制来实现各种主动需求。通常采用的方法是在传统数据库系统中嵌入 **ECA(事件-条件-动作)**规则,这相当于系统提供了一个"自动监测"机构,它主动地不时地检查这些规则中包含的各种事件是否已经发生,一旦某事件被发现,就主动触发执行相应的动作,而这些都不需要用户或应用程序干预。实现主动数据库的关键技术在于它的条件检测技术,能否有效地对事件进行自动监督,使得各种事件一旦发生就很快被发觉,从而触发执行相应的规则。

### 2. 主动数据库系统的功能

(1)主动数据库系统应该提供传统数据库系统的所有功能,且不能因为增加了主动性功能而使数据库的性能受到明显影响。

(2)主动数据库系统必须给用户和应用提供关于主动特性的说明,且说明应该成为数据库的永久性部分。

(3)主动数据库系统必须能有效地实现(2)中说明的所有主动特性,且能与系统的其他部分有效地集成在一起,包括查询、事务处理、并发控制和权限管理等。

(4)主动数据库系统应能够提供与传统数据库系统类似的数据库设计和调试工具。

### 3. 主动数据库系统模型

任何主动数据库管理系统都必须包含管理规则集的功能,包括对规则的定义、浏览、更新、操纵和权限管理等。有关规则由规则说明语言定义,与所支持的数据模型有关。在关系数据库系统中,ECA 规则可以作为定义在特定关系上的触发器来说明;在面向对象数据库系统中,可作为单独的规则类或一个规则类的实例被定义。对规则的操作权限包括创建权限、修改和删除权限、激活/抑制权限、查询权限。一个**主动数据库系统可表示如下**:

$$ADBS = DBS + EB + EM$$

其中,DBS 代表传统数据库系统,用来存储、操作、维护和管理数据;EB 代表 ECA 规则库,用来存储 ECA 规则,每条规则指明在何种事件发生时,根据给定条件应主动执行什么动作;EM 代表事件监测器,一旦检测到某事件发生就主动触发系统,按照 EB 中指定的规则执行相应的动作。

ECA 规则的**一般形式**如下:

```
Rule <规则名> [(<参数 1>,<参数 2>,…)]
When    <事件表达式>
    If <条件 1> Then <动作 1>
    …
    If <条件 n> Then <动作 n>
End Rule
```

规则系统结构包括事件检测器,监测事件信号、更新事件记录、将事件信号发送给规则管理器;规则管理器,接收信号、事件匹配、触发规则、规则调度;语言解释器,完成规则条件的评估,规则动作的执行。

例如,某销售系统,当某种商品售出时则触发三条规则:

R1:WHEN 修改库存量(立即型)

　　　　　　IF 上午 8 点至下午 7 点 THEN　登记

R2：WHEN 修改库存量（立即型）

　　　　IF 提货量＞100　THEN　打印出库单细目

R3：WHEN 修改库存量（分离型）

　　　　IF 库存低于 50　THEN　订货

### 4. 主动数据库管理系统的体系结构

　　（1）分层结构：分层结构又称为松散耦合结构，主动功能模块与传统的被动数据库系统是完全分离的。在这种结构下，主动功能模块截获传到数据库系统的服务请求、返回给用户或应用程序的数据，如果用户定义的事件发生，这些事件将被直接传送到主动功能模块，由其执行相应的动作。这种结构的优点是不需修改传统的被动数据库系统就可实现主动数据库功能，开发费用较低。

　　（2）集成结构：又称为紧耦合结构。在集成结构中，主动功能模块作为整个数据库管理系统的一部分嵌入 DBMS 中，对规则的管理和处理都集成到了数据库系统中。集成结构的实现有两种途径：① 修改现有被动数据库系统，把主动数据库功能用数据库工具加入相关的功能子系统中；② 重新设计主动数据库管理系统。这种结构的优点：规则事件的监视、条件评估和动作执行都直接发生在数据库系统内部；对数据库子系统的直接存取允许实现较复杂的规则特性，如耦合模式、并发控制、错误恢复等。缺点是需修改已有代码，实现代价大；如果不同的被动数据库系统转换为主动数据库系统，则被动数据库系统的差别可能带到主动功能模块中。

　　（3）编译型结构：当应用过程或数据库操作被编译时，系统自动进行修改使其包含主动数据库规则的效应。其实现要求应用程序语言必须便于修改，以便增加一些操作来完成规则处理部分的条件评估和动作执行，所有的触发事件都通过编译器进行监测。这种结构的优点是省略了事件监测和规则执行环节，减小了实现的复杂程度，改进了系统性能。缺点是只适用于有限的应用语言、规则语言和规则集。

### 5. ADBMS 的实现途径

　　事件监视器能有效地检测各种事件的发生，又不过多地影响应用程序的执行速度。这往往需要软硬件的配合，尤其是硬件的支持。为了**实现主动数据库功能**，一种方案是在原有数据库管理系统之上增建一个经常有机会运行的事件监测器。此时，事件规则库是统一的一个库，由用户预先设置好，在应用程序运行的同时，由事件监视器来监视事件的发生，并自动采取相应的行动；另一种方案是嵌入主动程序设计语言，一般的方法是把一般程序设计语言改造成一种主动的程序设计语言，然后按传统方法把数据库操作嵌入其中执行；第三种方案是重新设计主动数据库程序设计语言，重新设计主动数据库程序设计语言将数据管理和操作与应用程序彻底融合。可**采取的措施**如下。

　　（1）在单处理器系统中，事件监测器操作控制下的一个高优先级进程，起到主动监视各种事件发生的作用。规则被分块时，可选择只针对某一规则进行监视，以提高效率。

　　（2）在多处理器系统中，可以独立由一个处理器来完成事件监视器的任务。

　　（3）当系统执行到可能发生事件的地方，如执行更新语句之前或之后，都产生一个软中断，迫使转到事件监视器工作，以便核实该事件是否被指定在规则库中，若是则执行对应规则（立即执行或延迟执行），否则返回。

### 11.6.2　多媒体数据库

#### 1. 多媒体数据库概述

数字、字符等属于格式化的数据,而文本、图形、图像、声音等则属于非格式化的数据。**多媒体数据库系统**(multimedia database system)就是把组织在不同媒体上的数据一体化的系统,能直接管理数据、文本、图形、图像、视频、音频等多媒体数据的数据库。实现对格式化和非格式化的多媒体数据的存储、管理和查询。

#### 2. 多媒体数据库系统的主要特征

(1) 能表示和处理多种媒体数据。多媒体数据库系统提供管理异构表示形式的技术和处理方法,实现对格式化和非格式化的多媒体数据的存储、管理和查询。

(2) 能反映和管理各种媒体数据的特性。多媒体数据库能够协调处理各种媒体数据,能正确识别和表现各种媒体数据的特征、各种媒体间的空间或时间的关联(如正确表达空间数据的相关特性和配音、文字和视频等复合信息同步),如多媒体对象在表达时就必须保证时间上的同步性。

(3) 有效地操作各种媒体信息。能像对格式化数据一样对各种媒体数据进行搜索、浏览等操作,且对不同的媒体可提供不同的操纵,如声音的合成、图形的缩放等。允许对 Image 等非格式化数据进行整体和部分搜索,允许通过范围、知识和其他描述符的确定值和模糊值搜索各种媒体数据,允许同时搜索多个数据库中的数据,允许通过对非格式化数据的分析建立图示等索引来搜索数据,允许通过举例查询(query by example)和通过主题描述查询使复杂查询简单化。

(4) 提供事务处理与版本管理功能。能提供多媒体数据库的 API(应用程序接口),提供不同于传统数据库的特种事务处理和版本管理功能。

#### 3. 多媒体数据模型

(1) 文件系统管理方式:Windows 的文件管理器或资源管理器不仅能实现文件的存储管理,而且能实现有些图文资料的修改,演播一些影像资料。文件系统方式存储简单,当多媒体资料较少时,浏览查询还能接受,但演播的资料格式受到限制。

(2) 扩充关系数据库的方式:用关系数据库存储多媒体资料的方法一般包括用专用字段存放全部多媒体文件;多媒体资料分段存放在不同字段中,播放时再重新构建;文件系统与数据库相结合,多媒体资料以文件系统存放,用关系数据库存放媒体类型、应用程序名、媒体属性、关键词等。

(3) 面向对象数据库的方式:多媒体数据具有对象复杂、存储分散和时空同步等特点。面向对象的方法最适合于描述复杂对象,通过引入封装、继承、对象、类等概念,可以有效地描述各种对象及其内部结构和联系。多媒体资料可以自然地用面向对象方法所描述,面向对象数据库的复杂对象管理能力正好对处理非格式多媒体数据有益。

#### 4. 多媒体数据库系统的体系结构

(1) 组合式结构:该结构是根据不同媒体的特点分别建立数据库和数据库管理系统,各MDBMS 之间可以相互通信,用户可对单个或多个 MDB 进行存取,如图 11-7 所示。这种结构要求系统中的每个 MDBMS 能够相互协调工作,对单个数据库实现起来比较容易,但联合操作和合成处理则较为困难。

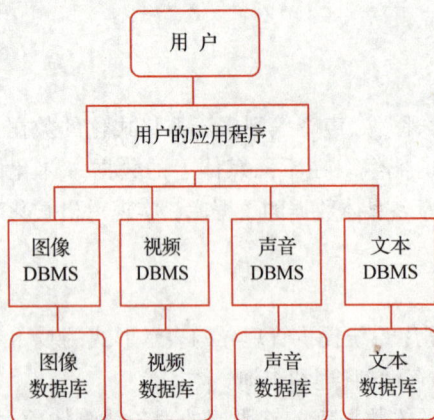

图 11-7　组合式结构图

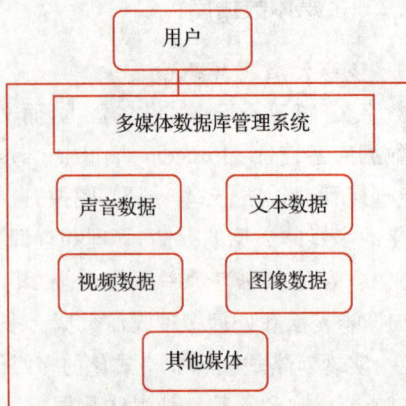

图 11-8　集中式结构图

（2）集中式结构：该结构是建立一个多媒体数据库管理系统集中统一管理所有媒体数据库。这种结构需要集成多种媒体技术，实现起来有一定难度，但便于对各种媒体数据进行统一管理和处理，如图 11-8 所示。

（3）客户机/服务器结构：各种媒体数据的管理分别通过各自服务器上的数据管理结构 MDM 实现，所有媒体通过多媒体服务器上的 MDBMS 统一管理，客户机和服务器之间通过特定的中间件连接，用户通过多媒体服务器使用多媒体数据库，如图 11-9 所示。

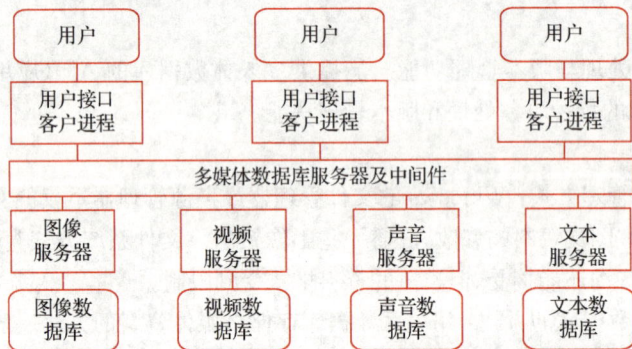

图 11-9　客户机/服务器结构

（4）超媒体型结构：该体系结构强调对数据时空索引的组织，把数据库分散在网络上，把它看成一个信息空间，只要设计好访问工具就能够访问和使用这些信息。

**5. 多媒体数据库管理系统**

（1）物理存储视图：描述如何在文件系统中存储多媒体对象，多媒体对象特别大，存储和检索需要不同的技术。

（2）概念数据视图：描述由媒体对象物理存储表示层生成的解释，这一视图同时用于处理如何通过索引机制提供快速存取的问题。

（3）过滤视图：多媒体数据的查询方式有关键字查询、对媒体属性值的精确查询（可视化查询）；根据用户提供的视图查询，相似性查询（语义查询）；与媒体内容和语义相关的查询（文本数据的查询，即利用索引按照关键字查询、全文检索）；声音数据的查询（主要是语音数据的

查询);图像数据的查询(基于图像的颜色、形状、纹理、数据、内容(综合检索))。IBM 公司的
QBIC 系统允许用颜色、纹理、草图、关键词等查询图像数据库。

(4) 用户视图:该显示描述了如何将数据库中提取出来的对象正确演示出来,为多媒体
数据库应用及用户之间提供了一个接口。

(5) 媒体对象和用户的物理位置:可以存储在不同的系统中,用户可以在计算机网络上
存取存储的数据。

基于内容的多媒体信息检索支持其他多媒体信息技术,如超媒体技术、虚拟现实技术、多
媒体通信网络技术等。**多媒体内容的处理分为三部分**:内容获取、内容描述和内容操纵。当
前很多商用的 DBS 对多媒体应用提供支持。例如,Oracle、Sybase、DB2 等都可以不同程度地
支持多媒体应用,但主要是在系统中引入无结构的大对象数据类型来存储多媒体数据,因而
无法满足语义信息复杂的多媒体应用建模需求。此外,现有的面向对象 DBS 的查询机制、事
务管理和并发控制及数据访问等,只能在一定程度上支持多媒体应用。因而,多媒体数据库的
许多课题仍有待研究与开发。

## 11.6.3　工程数据库

### 1. 工程数据库概述

**工程数据**一般由产品的几何定义、工程分析、制造工艺以及计划销售管理等多个部分组
成,包括产品从设计、制造到销售等各个方面的数据。传统数据库系统不适合于管理工程数
据,因而提出了**工程数据库**(engineering database)。**工程数据库**是一种能存储和管理各种工
程图形,并能为工程设计提供各种服务的数据库系统。工程数据库适用于 CAD/CAM、计算
机集成制造(CIM)、地理信息处理和军事指挥、通信工程等通称为 CAx 的工程应用领域。

### 2. 工程数据库的数据模型

(1) 扩充的关系数据模型:第一种扩充的关系数据模型是 NF2(嵌套关系型),其属性既
可是原子类型也可以是关系,能表达"表中表"。在 NF2 模型中可以把一个结构对象作为一个
整体存储于数据库中,从而把这种复杂的工程对象作为整体进行操作。第二种扩充是取消
1NF 的限制,关系的属性域可以是函数或过程。这种扩充支持关系间的继承并引入抽象数据
模型,支持在关系上定义函数和运算符,达到了扩充数据模型的目的,提高了复杂对象的建模
能力。

(2) 面向对象数据模型:面向对象数据模型能表示复杂的数据结构,如类、类层次、继承
等概念,能很好地表示复杂的工程数据。例如,在汽车 CAD 中,车身对象由车身表面、车门、仪
表盘、车身骨架、座椅等对象组成,车身表面对象又由模型号、版本号、测量数据、数学模型、工
程图等组成,面向对象模型能很好地表示这些数据。

(3) 语义数据模型:语义数据模型是具有较高的抽象层次和较强的语义表达能力的数据
模型,除了描述实体间的联系外还包含如 is a、is part of 等多种语义信息,能够更自然地表达
工程数据间的不同联系。比较常用的有语义网络数据模型、超图数据模型、函数数据模型、
IFO(is a funcation object)数据模型等。工程数据库一般采用多层结构,就是把工程数据库从
逻辑上分为全局数据库和局部数据库。

### 3. 工程数据库系统特点

(1) 复杂对象的表达和处理。一个工程对象往往由几十个乃至几百个简单对象组成,工

程数据库要有对这种复杂对象的描述能力。

（2）复杂多样的数据存储和集中管理。工程数据具有多种类型，如图形数据、文本数据、数字数据、过程数据和超长文本数据等。在形态上，也有标准数据、动态数据和历史数据等多种形式。工程数据库系统应支持上述复杂多样的数据存储和管理。

（3）变长数据实体的处理。在工程设计环境中，工程数据的实体是复杂的、变长的。工程数据库系统必须能处理可变长度的非结构化数据。

（4）模式的动态修改和扩展。工程设计是一种反复试探，不断接受用户反馈，逐步修改的过程。工程数据库系统必须能支持模式的动态修改和扩展。

（5）数据版本管理。工程设计是一个试探性的过程，因而保留设计过程是很重要的。工程数据库系统必须能有效地存储并管理不同版本的数据。

（6）长事务及并发控制。工程数据库系统能进行长事务和嵌套事务的处理与恢复。目前，在解决长事务等待方面可采用的方法有版本法（对象版本化、模式版本化）、成组事务、软锁技术等。

### 11.6.4  并行数据库

#### 1. 并行数据库概述

**并行数据库系统**（parallel database system，PDBS）是在并行计算机上具有并行处理能力的数据库系统，它是数据库技术与计算机并行处理技术相结合的产物。利用多处理器平台的能力，通过多种并行性，提供优化的响应时间与事务吞吐量。PDBS发挥了多处理机结构的优势，将数据库在多个磁盘上分布存储，利用多个处理机对磁盘数据并行处理，从而解决了磁盘I/O瓶颈问题，通过采用先进的并行查询技术，开发查询间并行、查询内并行以及操作内并行，大大提高查询效率。对并行数据库系统的研究已取得很大成效，出现了一些并行数据库的原型系统，如 ARBRE、BUBBA、GAMMA、GRACE、ERADAT、XPRS 等，大型商品化数据库管理系统如 Oracle、Sybase 等，也增加了并行处理能力。目前，并行数据库的研究工作集中在体系结构、并行算法与查询优化等方面。

#### 2. 并行数据库系统的体系结构

（1）共享内存结构：共享内存结构是单 SMP（紧耦合全对称多处理器）硬件平台上最优的并行数据库结构。在该结构中，多个处理器、多个磁盘和共享内存通过网络相连，数据库存储在多个磁盘上，可被所有处理器通过连接网络访问。

（2）共享磁盘结构：共享磁盘结构是共享磁盘的松耦合群集机硬件平台上最优的并行数据库结构。采用共享磁盘结构，每个处理器都有自己的私有内存，消除了内存访问瓶颈。但多处理器对共享磁盘的访问会造成磁盘访问瓶颈，因而处理器的数目最多只能扩展到数百个，可扩展性仍不够理想。

（3）无共享结构：无共享结构是 MPP（大规模并行处理）和 SMP 群集机硬件平台上最优的并行数据库结构，是复杂查询和超大规模数据库应用的优选结构。采用无共享结构，每个处理器都有自己的内存和磁盘，实现了共享资源最小化，具有极佳的可扩展性，处理器的数目可扩展到数千个，并可获得接近线性的伸缩比；可在多个节点上复制数据，可用性较高；消除了内存访问瓶颈。

#### 3. 并行处理技术

（1）查询间的并行：是指不同用户事务或同一事务内部不同查询间的并发执行。查询间的并行可以提高并行数据库的事物吞吐量,而不会缩短单个事务的响应时间。

(2) 查询内的并行:是使一个查询的一个或多个操作在多个处理器上并行执行,因此可以加快查询处理的速度。如 Oracle 并行查询能力,Oracle 系统可利用多 CPU 计算机的多 CPU 特性,提高 Oracle 并行查询能力,使用并行查询技术,Oracle 可并行处理多个操作。例如,Oracle 8i 服务器能并行处理分类、连接、表搜索、表密度和创建索引操作。

(3) 操作内的并行:操作内的并行是将同一操作(扫描操作、连接操作、排序操作等)分解成多个独立的子操作,由不同的处理器同时执行。

#### 4. 并行数据库系统和分布式数据库系统的区别

(1) 应用目标不同:并行数据库系统的目标是充分发挥并行计算机的优势,利用系统中的各节点并行地完成数据库任务,提高数据库系统的整体性能。分布式数据库系统的主要目的在于实现场地自治和数据的全局透明共享,而不是利用网络中的各节点提高系统处理性能。

(2) 实现方式不同:在并行数据库系统中,为了充分利用各个节点的处理能力,各节点间采用高速网络互连,节点间数据传输率可达 100 Mbit/s 以上,数据传输代价相对较低,可以通过系统中各个节点负载平衡和操作并行来提高系统性能。分布式数据库系统中,各节点之间一般采用局域网或广域网相连,网络带宽较低,节点间通信开销较大。

(3) 各节点的地位不同:并行数据库系统中不存在全局应用和局部应用的概念,各节点是完全非独立的,在数据处理中只能发挥协同作用。在分布式数据库系统中,各节点除了能通过网络协同完成全局事务外,还具有场地自治性,每个场地使用独立的数据库系统。每个场地有自己的数据库、客户、CPU 等资源,运行自己的 DBMS,执行局部应用,具有高度自治性。

### 11.6.5　空间数据库

#### 1. 空间数据库概述

**空间数据库**(spatial database)是以描述空间位置和点、线、面、体特征的位置数据(空间数据)以及描述这些特征的属性数据(非空间数据)为对象的数据库,其数据模型和查询语言支持空间数据类型和空间索引,并且提供空间查询和其他空间分析方法。空间数据用于表示空间物体的位置、形状、大小和分布特征等信息,用于描述所有二维、三维和多维分布的关于区域的信息,它不仅表示物体本身的空间位置和状态信息,还能表示物体之间的空间关系。非空间信息主要包含表示专题属性和质量的描述数据,用于表示物体的本质特征。由基本的空间数据类型,导出区域、划分和网络三种空间数据类型。区域(region),如森林、湖泊、行政区域等。区域有位置、面积、周长等覆盖范围。划分(partition),一个区域可以是按其自然、行政或其他特征分成若干区域。子区域互不相交,其"并"覆盖该区域,则子区域的集合就称为一个划分,如国家行政区域划分土地利用图。划分可嵌套,例如,国家分成省市,省市分成县区,县区分成乡镇等。网络(network),网络由若干点和一些点与点之间的连线组成,如公路网等。

#### 2. 空间数据库的特性

(1) 复杂性:一个空间对象可以由一个点或几千个多边形组成,并任意分布在空间中。通常不太可能用一个关系表,以定长元组存储这类对象的集合。

(2) 动态性:删除和插入是以更新操作交叉存储的,这就要求有一个强壮的数据结构完成对象频繁的插入、更新和删除等操作。

(3) 海量化:空间数据往往需要上千兆甚至上万兆的存储量,要想进行高效的空间操作,二级和三级存储的集成是必不可少的。

（4）算法不标准：尽管提出了许多空间数据算法，但至今仍没有一个标准的算法，空间算子严重依赖于特定空间数据库的应用程序。

（5）运算符不闭合性：例如，两个空间实体的相交，可能返回一个点集、线集或面集。

### 3. 空间数据的查询与索引

（1）临近查询：临近查询是指为找出特定位置附近的对象所作的查询，如找出最近的餐馆。

（2）区域查询：区域查询是指为找出部分或全部位于指定区域的对象所作的查询，如找出城市中某个区的所有医院。

（3）针对区域的交和并的查询：例如，给出区域信息，如年降雨量和人口密度，要求查询所有年降雨量低且人口密度高的区域。

### 4. 空间数据库的应用

（1）设计数据库：即计算机辅助设计数据库，是用于存储设计信息的空间数据库。设计数据库存储的对象通常是几何对象，其中简单二维几何对象包括点、线、三角形、矩形和一般多边形等，复杂的二维对象可由简单二维对象通过并、交、差操作得到，简单三维对象包括球、圆柱等，复杂三维对象由简单三维对象通过并、交、差操作得到。

（2）地理数据库：常被称为地理信息系统，是用于存储地理信息的空间数据库。地理数据在本质上是空间的，可以分为两类：① 光栅数据，这种数据由二维或更高维位图或像素组成；② 二维光栅图像的典型例子是云层的卫星图像，其中每个像素存储了特定地区云层的可见度。栅格数据结构是以规则的阵列来表示空间地物或现象分布的数据组织，组织中的每个数据表示地理要素的非几何属性特征。获取方法包括手工网格法、扫描数字化法、分类影像输入法、数据结构转换法。矢量数据：通过记录坐标的方式来表示点、线、面、体等地理实体。地图数据常以矢量形式表示。特点是定位明显，属性隐含。空间数据库主要面向 GIS 应用。

## 11.6.6 移动数据库

### 1. 移动数据库概述

**移动数据库**（mobile database）是指在移动计算环境中的分布式数据库，其数据在物理上分散而在逻辑上集中，它涉及数据库技术、分布式计算技术、移动通信技术等多个学科领域。移动数据库包括以下两层含义：人在移动时可以存取后台数据库或其副本；人可以带着后台数据库的副本移动。它还可以充分利用无线通信网络固有的广播能力，以较低的代价同时支持大规模的移动用户对热点数据的访问，从而实现高度可伸缩性，这是传统的客户机/服务器或分布式数据库系统所难以比拟的。

### 2. 移动数据库的特点

（1）移动性与位置相关性：移动数据库可在无线通信单元内及单元间自由移动，而且在移动的同时仍可能保持通信连接。此外，应用程序及数据查询都可能是位置相关的。

（2）频繁的断接性：移动数据库与固定网络之间经常处于主动或被动的断接状态，这要求移动数据库系统中的事务在断接的情况下能继续运行，或者自动进入休眠状态，不会因为网络断接而撤销。

（3）网络条件的多样性：在整个移动计算空间中，不同时间和地点联网条件悬殊。因此，移动数据库应提供充分的灵活性和适应性,提供多种系统运行方式和资源优化方式,以适应网络条件的变化。

(4) 系统规模庞大:在移动计算环境下,用户规模比常规网络环境庞大,采用普通的处理方法将导致移动数据库系统的效率十分低下。

(5) 系统的安全性和可靠性较差:由于移动计算平台可以远程访问系统资源,从而带来新的不安全因素。此外,移动主机遗失、失窃等现象也容易发生,因此移动数据库系统应提供比普通数据库系统更强的安全机制。

(6) 资源的有限性:电池电源对移动设备来说是有限的资源,通常只能维持几小时。此外,移动设备还受通信带宽、存储容量、处理能力等的限制。移动数据库系统必须充分考虑这些限制,在查询优化、事务处理、存储管理等环节提高资源的利用效率。

(7) 网络通信的非对称性:上行链路的通信代价和下行链路有很大差异,要求移动数据库在实现中充分考虑这种差异,采用合适的方式(如数据广播)传递数据。

**3. 移动数据库系统对数据管理的要求**

(1) 可用性和可伸缩性:保证读写操作的高可用性,在节点或副本数目以及工作负荷增加时,不会引起性能的急剧下降,同时保持系统的稳定。

(2) 移动性:允许移动节点在网络断连时进行数据库的读写。

(3) 可串行性:事务处理满足单副本可串行性。

(4) 收敛性:提供一定的机制以保证系统收敛于一致性状态。

**4. 移动计算环境**

**移动计算环境**包括移动计算机(移动主机)和有线计算机网络。每个移动支持站点管理其蜂窝(它所覆盖的地理区域)内的移动主机。由于移动主机有时可能关闭电源,因而一个主机可能离开一个蜂窝后在某个很远的蜂窝内重新启动,因此蜂窝间的移动不一定是在相邻蜂窝间进行的。在一个小区域内部,如一个建筑物内,移动主机可能通过一个无线局域网相连,这与蜂窝广域网相比,前者连接成本低,而且减少了交接的开销。

**移动数据管理的研究内容**主要集中在以下几方面,首先是数据同步与发布的管理,数据发布主要是指在移动计算环境下,如何将服务器上的信息根据用户的需求有效地传播到移动客户机上。数据同步指在移动计算环境下,如何将移动客户机的数据更新同步到中央服务器上,使之达到数据的一致性。目前面临的一个主要问题是持续查询(continuous query),从根本上讲,持续查询采用的是发布/预订(publish/subscribe)的发布方法。其次是移动对象管理技术,移动对象数据库是指对移动对象(如车辆、飞机、移动用户等)及其位置进行管理的数据库。利用移动对象数据库技术可以实现智能运输系统、出租车/警员自动派遣系统、智能社会保障系统以及高智能的物流配送系统。移动对象管理主要研究问题包括位置的表示与建模、移动对象索引技术、移动对象及静态空间对象的查询处理、位置相关的持续查询及环境感知的查询处理。

## 11.6.7　微小型数据库技术

预计在下一个十年,将有亿万个微型信息设备连接到 Web 上,每个微型信息设备都可能配置一个数据库,称其为微型数据库。**微小型数据库系统**(a small-footprint DBMS)可以定义为:只需很小的内存来支持的数据库系统内核。微小型数据库系统针对便携式设备,其占用的内存空间大约为 2 MB,而对于掌上设备和其他手持设备,占用的内存空间只有 50 KB 左右。内存限制是决定微小型数据库系统特征的重要因素。微小型数据库系统在两个方面与传统的数据库不同:① 微小型数据库必须具有自调节和自适应能力,这就需要全部取消需要用户设置的系统参数,使它在没有程序员的情况下,具有自动调节的能力;② 随时保持与 Web 的连接,以快速、准确地获取 Web 上的大量信息。微小型数据库系统根据占用内存的大小又可以进一步分为超微 DBMS(pico-DBMS)、微小 DBMS(micro-DBMS)和嵌入式 DBMS 3 种。

(1) pico-DBMS 包括 Gnat-DB 和 pico-DBMS,分别占用 11 KB 和 35 KB 内存,适用于智能卡(smart card)等微小设备。

(2) micro-DBMS 包括 Sybase SQL Anywhere、IBM DB2 Everyplace 以及开放源码 DBMS——Berkeley DB,它们占用的内存空间通常为 50~300 KB,适用于手机等设备。

(3) 嵌入式 DBMS 包括 Oracle 9i Lite、Informix Cloudscape、人大"小精灵",分别占用 1~2 MB 的内存空间,适用于掌上电脑等设备。

移动设备所具有的计算能力小、存储资源不多、带宽有限以及 Flash 存储上写操作速度慢等特性,影响了微小型数据库系统的设计。要考虑诸如压缩性、RAM 的使用、读写规则、存取规则、基本操作系统和硬件的支持及稳定存储等因素。因此,在设计微小型数据库系统时,**应该考虑的设计原则**如下。

压缩性原则:数据结构和代码都要精简。

RAM 原则:最小化 RAM 的使用。

写原则:最小化写操作,以减小写代价。

读原则:充分利用快速读操作。

存取原则:利用低粒度和稳定内存的直接访问能力进行读和写。

安全原则:保护数据不受意外和恶意破坏,最小化算法的复杂性以避免安全漏洞。

微小型数据库技术目前已经从研究领域向广泛的应用领域发展,紧密结合各种智能设备的嵌入式移动数据库技术已经得到了学术界、工业界、军事领域和民用部门等各方面的重视并不断实用化。

**📖 讨论思考**

(1) 主动数据库的体系结构分为哪几种? 各有什么优缺点?

(2) 什么是工程数据库?

(3) 并行数据库的特点是什么?

(4) 谈谈空间数据库和移动数据库的应用。

# 11.7　数据库新技术发展趋势

数据库技术从诞生到现在,形成了坚实的理论基础、成熟的商业产品和广泛的应用领域。面对新的数据形式,人们提出了丰富多样的数据模型(层次模型、网状模型、关系模型、面向对象模型、半结构化模型等),同时也提出了众多新的数据库技术(XML 数据管理、数据流管理、Web 数据集成、数据挖掘等)。如今,在新形势下,数据库应该如何发展? 又有哪些重要的趋势呢?

## 1. 对 XML 的支持

如果谁能控制、支持和存储所有类型的数据,那么这样的厂商也就有能力扩展自己其他产品和服务的市场空间。因此整合 XML、对象数据、多媒体数据,将所有数据类型放在一个平台上将是传统的关系数据库发展的一大趋势。目前国际主流的数据库厂商均推出了兼容传统关系型数据与层次型数据(XML 数据)混合应用的新一代数据库产品。IBM 公司在它新推出的 DB2 9 版本(业内第一个同时支持关系型数据和 XML 数据的混合数据库)中,不需要重新定义 XML 数据的格式,或将其置于数据库大型对象的前提下,IBM DB2 9 允许用户无缝管理普通关系数据和纯 XML 数据。Oracle 和微软同时宣传它们的产品也可以实现高性能 XML 存储与查询,使现有应用更好地与 XML 并存。在 XML 数据查询处理研究中,存在下列焦点问题:如何定义完善的查询代数;如何将复杂、不确定的路径表达式转换为系统可识别的、明确的形式;XML 数据信息统计和代价计算。

### 2. 聚焦商业智能

为应对日益加剧的商业竞争,企业不断增加内部信息技术及信息系统,使企业的商业数据呈几何数量级不断递增,如何从这些海量数据中获取更多的信息,以便分析决策将数据转化为商业价值,成为目前数据库厂商关注的焦点。各数据库厂商在新推出的产品中,纷纷表示自己的产品在商业智能方面有很大提高。例如,微软最新版 SQL Server 2005 就集成了完整的商业智能套件,包括数据仓库、数据分析、ETL 工具、报表及数据挖掘等。如何更好地支持商业智能将是未来数据库产品发展的主要趋势之一。

### 3. SOA 架构

SOA(service-oriented architecture)已经成为目前信息技术业内的一个大的发展趋势,最初 IBM 和 BEA 是该理念的主要推动者,后来越来越多的企业加入,其中包括 Oracle,而微软开始并不是非常赞同 SOA,随着时间的推移,目前主流的数据库厂商都开始宣称其产品完全支持 SOA,包括微软 SQL Server 2005,从微软态度的转变可以看出,随着未来信息技术业的发展与融合,SOA 正在成长为一个主流的趋势。

### 4. 数据库的安全性

随着电子银行、电子政务以及移动商务应用的增加,需要处理的移动数据也迅速增加。保护数据不受意外和恶意破坏,最小化算法的复杂性以避免安全漏洞。现在从一个新的角度来重新研究解决数据关联、安全策略、支持多个个体的安全机制以及由第三方把持的信息控制等问题。这些问题与以前单一的防止不合法用户访问以保护数据的情形大为不同,是用于建立一个面向 Web 的安全模型。

### 5. 当前若干研究热点

数据库的研究热点有 Web 数据提取与信息检索、传感器网络数据管理、海量数据管理、数据流管理技术、移动数据管理、网格数据管理、统计数据库、DBMS 自适应管理、数据库和信息检索的融合、海量数据管理和永久存储技术、联邦数据库系统、协同数据库、工作流数据库、模糊数据库、智能数据的有效管理,普适设计的有效管理、万维网与数据库技术的进一步融合、时空数据库与传感器网络技术的融合、位置和道路模型数据库、导航数据库、智能普适数据管理、多媒体数据库与移动技术的结合,如第三代移动多媒体数据库 3G、移动地理数据库、移动数字图书馆(mobile digital libraries)等。

📖 **讨论思考**

(1) 数据库发展有什么趋势?

(2) 简述 SOA 的含义。

# 11.8　本章小结

数据库技术与多学科技术的有机结合,从而使数据库领域中新内容、新应用、新技术层出不穷,形成了各种新型的数据库系统。新型计算机体系结构和增强的计算能力也在促进数据库技术的发展。新型数据库应用对 DBMS 提出了新的要求。数据库技术与其他学科的内容相结合,是新一代数据库技术的又一个显著特征,出现了知识库、演绎数据库、时态数据库、统计数据库、科学数据库、文献数据库、图形/图像数据库、文档数据库、XML 数据库等。数据可视化是指在计算机屏幕上以图形或图像方式,形象地向用户显示各种数据,使用户快速理解和吸收数据所表示的信息,以提高人的大脑二次处理信息的速度和能力。数据可视化是一个刚刚开始的新的研究领域,还有许多问题有待探索。目前已经被提出的数据可视化技术有几何可视化技术、基于图标的可视化技术、基于像素的可视化技术、分析可视化技术等。立足于新的应用需求和计算机未来的发展,研究全新的数据库系统,有人将其称为"革新"了的数据库系统。

# 参考文献

陈玉哲,王艳君,李文斌,等.2010.数据库原理实验与实训教程.北京：清华大学出版社.

陈志峰.2010.Web 数据库原理与应用.北京：清华大学出版社.

冯俊,董惠丽.2012.大学计算机数据库与程序设计基础题解及课程设计指导.北京：清华大学出版社.

高凯,等.2011.数据库原理与应用.北京：电子工业出版社.

郭克华.2012.Oracle 数据库开发与应用.北京：清华大学出版社.

何泽恒,张庆华.2011.数据库原理与应用.北京：科学出版社.

黄德才,等.2014.数据库原理及其应用教程——学习指导、例题分析、习题解答与标准试题库.2 版.北京：科学出版社.

贾铁军,等.2014.网络安全技术及应用.2 版.北京：机械工业出版社.

贾铁军,等.2014.网络安全技术与实践.北京：高等教育出版社.

贾铁军,甘泉,等.2014.软件工程与实践.北京：清华大学出版社.

姜代红,蒋秀莲.2010.数据库原理及应用实用教程.北京：清华大学出版社.

克罗克,等.2011.数据库原理.5 版.赵艳,等译.北京：清华大学出版社.

雷景生.2012.数据库原理及应用.北京：清华大学出版社.

李锡辉,朱清妍,杨丽,等.2011.SQL Server 2008 数据库案例教程.北京：清华大学出版社.

李雪梅.2012.Visual Basic ＋ SQL Server 数据库应用系统开发教程.北京：清华大学出版社.

刘金岭,冯万利.2010.数据库原理及应用——实验与课程设计指导.北京：清华大学出版社.

刘升,曹红苹,李旭芳,等.2012.数据库系统原理与应用.北京：清华大学出版社.

刘玉宝.2011.数据库原理及应用.北京：清华大学出版社.

吕橙,张翰韬,周小平.2011.SQL Server 数据库原理与应用案例汇编.北京：清华大学出版社.

马建红.2011.数据库原理及应用(SQL Server 2008).北京：清华大学出版社.

孟宪虎,等.2011.大型数据库管理系统——技术应用与实例分析.2 版.北京：电子工业出版社.

钱雪忠.2011.数据库原理及技术.北京：清华大学出版社.

申时凯.2010.数据库原理与技术(SQL Server 2005).北京：清华大学出版社.

施伯乐,丁宝康,汪卫.2008.数据库系统教程.3 版.北京：高等教育出版社.

宋金玉.2011.数据库原理与应用.北京：清华大学出版社.

贾铁军,甘泉,等.2013.数据库原理应用与实践 SQL Server 2012.北京：科学出版社.

万年红,唐柱斌.2011.数据库原理及应用.北京：清华大学出版社.

王珊,萨师煊.2014.数据库系统概论.4 版.北京：高等教育出版社.

王世伟. 2012. 程序设计与医学数据库应用基础. 北京：清华大学出版社.

王世伟. 2012. 程序设计与医学数据库应用基础上机指导与习题集. 北京：清华大学出版社.

微软. SQL Server 2014 教程. http://msdn. microsoft. com/zh-cn/library/hh231699. aspx.

微软. SQL Server 2014 联机丛书. http://msdn. microsoft. com/zh-cn/library/ms130214. aspx.

徐爱芸. 2011. 数据库原理与应用教程. 北京：清华大学出版社.

许薇，谢艳新，张家爱，等. 2011. 数据库原理与应用. 北京：清华大学出版社.

严冬梅. 2011. 数据库原理. 北京：清华大学出版社.

杨晓光. 2014. 数据库原理及应用技术教程. 北京：清华大学出版社.

张凤荔，牛新征. 2012. 数据库新技术及其应用. 北京：清华大学出版社.

张俊玲，王秀英，籍淑丽，等. 2010. 数据库原理与应用. 2 版. 北京：清华大学出版社.

张顺仕，高飞，沙波. 2012. 深度挖掘：Oracle RAC 数据库架构分析与实战攻略. 北京：清华大学出版社.

赵池龙. 2012. 实用数据库教程. 2 版. 北京：清华大学出版社.

郑晓艳. 2011. Oracle 数据库原理与应用. 北京：清华大学出版社.

周鸿旋，王昕昕，傅龙天，等. 2011. 数据库原理与 SQL 语言. 北京：清华大学出版社.

周炜. 2011. 数据库原理及应用. 北京：清华大学出版社.

朱辉生. 2011. 数据库原理及应用实验与实践教程. 北京：清华大学出版社.

祝红涛. 2010. SQL Server 2008 数据库应用简明教程. 北京：清华大学出版社.